Huttary / Frey

Analog-, ISDN- und T-DSL-Handbuch

Rudolf Huttary / Horst Frey

Analog, ISDN und T-DSL Handbuch

Teil 1
Telefontechnik erfolgreich selbst installieren und reparieren

Teil 2
ISDN selbst anschließen und einrichten

Teil 3
T-DSL selbst anschließen und einrichten

FRANZIS

Bibliografische Information Der Deutschen Bibliothek

Die Deutsche Bibliothek verzeichnet diese Publikation in der Deutschen Nationalbibliografie; detaillierte Daten sind im Internet über **http://dnb.ddb.de** abrufbar

Satz: Fotosatz Pfeifer, 82166 Gräfelfing
art & design: www.ideehoch2.de
Druck: Legoprint S.p.A., Lavis (Italia)
Printed in Italy

ISBN 3-7723-**5975-2**

Teil 1

Rudolf Huttary

Telefontechnik

erfolgreich selbst installieren und reparieren

FRANZIS

Vorwort

Dieses Buch beschäftigt sich mit der Welt des Telefons und seiner Dreieinigkeit – Analogtelefonie, ISDN und T-DSL. Inhaltlich stehen Fragen der Installation und Ausgestaltung des Telefonsystems sowie die Fehlerbeseitigung in den Bereichen Haus, Wohnung und Büro im Vordergrund. Mit der Liberalisierung des Telefonmarkts in den zurückliegenden Jahren ist nicht nur der „Fernsprechteilnehmer" zum „Kunden" avanciert, auch die rigiden Beschränkungen, was Manipulationen am Telefonnetz betrifft, sind in ihrer Handhabung erheblich laxer geworden. Die Selbstinstallation von ISDN- oder T-DSL-Anschlüssen wird von der Deutschen Telekom sogar ausdrücklich gewünscht und durch gesalzene Mehrkosten für Techniker zusätzlich noch schmackhaft gemacht. Wenn man nun schon selbst Hand anlegt, liegt es natürlich nahe, auch die weitere Ausgestaltung selbst zu betreiben und sich nicht durch die „hübschen" grauen Kästchen mit ihren vielen schwarzen Kabeln seinen Wohnraum dort verschandeln zu lassen, wo die Post seinerzeit meinte, den Fernsprechanschluss installieren zu müssen – an zentraler Stelle versteht sich.

Neben einem Überblick über die verschiedenen Telefonsysteme und zahlreichen Anwendungsbeispielen für den Betrieb haushaltsüblicher Telefonanlagen gibt Ihnen das Buch konstruktive Anleitungen und Hinweise, wie Sie fachgerecht Installationen, Veränderungen und Reparaturen am Telefonnetz selbst durchführen können. Die ausführlichen Fehlertabellen sind dazu da, Sie bei der Fehlersuche zu inspirieren und auf die richtige Fährte zu bringen, wenn es einmal klemmt.

Die Darstellung des Stoffs erfordert keine Vorkenntnisse auf dem Gebiet der Telefontechnik, ist aber aufgrund der Problemorientierung sowohl für „Neueinsteiger" als auch für bereits „Abgehärtete" ausgelegt. Handwerkliches Geschick lässt sich natürlich nicht anlesen!

Bevor ich Sie nun in die eher kalte Materie des Technischen entlasse, möchte ich Sie daran erinnern, dass ich Ihnen noch eine Charakterisierung Ihrer selbst schuldig bin. Zunächst stelle ich Sie mir sowohl als Frau als auch als Mann vor, fest entschlossen, die Zügel selbst in die Hand zu nehmen. Sie haben ein wenig Zeit, Lust und Geduld, sich dem bei Telefonanlagen üblicherweise anfallenden Kabelsalat zu stellen. Neben ein wenig Geschick für Handwerkliches besitzen Sie die Fähigkeit des Beobachtens und Sich-Hineindenkens in Zusammenhänge. Zu guter Letzt erhalten Sie noch das Attribut der Vernunft. Denn Sie wissen, dass das, was Sie fabrizieren, auch für andere – Unbedarfte –

ungefährlich sein muss, wie für Sie selbst. Seien Sie daher sorgfältig in Ihrer Arbeit, denken Sie für andere mit und schätzen Sie Ihre eigene Kompetenz richtig ein.

Beachte Beachte

Haftungsausschluss

Obwohl alle Tipps besten Wissens und Gewissens für Sie zusammengestellt und aufgeschrieben wurden, können Verlag und Autor verständlicherweise keine Verantwortung und Haftung für das übernehmen, was Sie daraus machen. Bei auftauchenden Zweifeln sollten Sie daher in jedem Falle den Segen eines Fachkundigen oder geprüften Fachmanns einholen, bevor Sie Andere oder sich selbst unmittelbar oder mittelbar gefährden!

Beachte Beachte

Jetzt bleibt mir nur noch, Ihnen viel Spaß und Erfolg bei der Arbeit zu wünschen sowie der Hinweis, dass die „Angst der Anderen“ wohl auch ihre Gründe hat, wenn man so manche Self-Made-Arbeiten genauer betrachtet.

Den liebenswerten Geistern, die mir bei der Korrektur des Manuskripts behilflich waren, sei auf das Herzlichste gedankt.

München, Oktober 2001 Rudolf Huttary

Inhalt

Spätestens seit uns die Werbung den Internet-fähigen, selbst nachbestellenden Kühlschrank schmackhaft zu machen versucht, dürfte klar sein, dass kein Weg mehr in die heile Welt der Telefonie der 80er und frühen 90er Jahre zurückführt. Die Gründung der Deutschen Telekom AG mit dem Zweck der (Teil-)Privatisierung des deutschen Telefonnetzes im Jahre 1994 und das vier Jahre spätere Ende des Monopols auf den Fernsprechdienst waren die entscheidenden Weichenstellungen für die rasante Entwicklung des Telefonmarkts und des seitdem anhaltenden Internet-Booms. Die Wandlung unserer Gesellschaft in eine Informationsgesellschaft scheint vollzogen.

Es hat sich viel geändert: Für den „Kunden“ überwiegend zum Positiven, auch wenn einen die enorme Breite des Telefonmarktes, der undurchsichtige Tarifdschungel, die zunehmende Komplexität der Kommunikationstechnologie und die Vielfalt der Produkte inzwischen schier zu erschlagen drohen. Die Vorteile liegen jedoch auf der Hand:

- Festnetztelefonie ist erheblich billiger geworden. (Der Mobilfunk geht hier eigene Wege, indem er bei weitgehend konstanten Preisen immer komplexere Dienste anbietet. Mit Einführung des UMTS-Standards wird die rein sprachorientierte Telefonie neben Bildtelefonie, Internetanbindung sowie einer Fülle verschiedenster Informations- und Unterhaltungsdienste endgültig nur noch ein kleines Stück des gesamten Kuchens ausmachen.)
- Es ist vorbei mit dem rigiden Fernsprechgesetz von anno dazumal. So hat heute insbesondere jeder das Recht, seinen privaten Telefonanschluss individuell auszugestalten (ISDN-Anschluss) oder zumindest Endgeräte seiner Wahl zu betreiben (Analoganschluss). Es ist noch gar nicht so lange her, da war das noch keine Selbstverständlichkeit, und der Betrieb eines einfachen Zählers zur „Überwachung“ der Telefongesellschaft kostete Unsummen an Miete. Auch wahrlich absurde Regelungen, wie etwa die ZZF-Vorschrift des Zentralamtes für Zulassungen im Fernmeldewesen, dass der Ansagetext eines Anrufbeantworters mindestens 10 Sekunden dauern muss, sind inzwischen vom Tisch.
- Das Internet mit seinem schnellen und unbürokratischen Zugang hat uns zu Weltbürgern gemacht. Überwiegend national ausgerichtete und damit proprietäre Datenstandards wie DatexJ und BTX gibt es zwar noch, sie führen inzwischen aber ein Schattendasein – nicht zuletzt aufgrund der horrenden Kostenstruktur, der Schwerfälligkeit und der Unflexibilität, wie sie Produkten (ehemaliger) staatlicher Monopolbetriebe nun einmal anhaften.
- Mit ISDN und DSL stehen schnelle, flexible und billige Kommunikationsstandards zur Verfügung, die über die Telefonie hinausgehend die schnelle und ultraschnelle Datenkommunikation per Internet in jeden Haushalt bringen.

1 T-Net

Das Telekommunikationsnetz der Deutschen Telekom heißt nun T-Net. Diese Namensgebung war nötig, da seit 1998 auch andere Netzbetreiber – sprich: Konkurrenten – zugelassen sind. Mit Einführung von ISDN im Jahre 1996 zerfiel das T-Net der deutschen Telekom in zwei Netzwerke mit unterschiedlicher elektrischer Spezifikation: T-Net-Analog und T-Net-ISDN. Seit dem Jahr 2000 gibt es darüber hinaus T-DSL, ein Netz, das im Wesentlichen auf eine Ausweitung der Übertragungskapazität für den Datenverkehr abzielt, ISDN aber integriert. Obwohl der Kunde prinzipiell die freie Wahl zwischen den Netzwerkanbietern hat, das heißt, seinen ISDN- oder DSL-Antrag auch bei Anbietern wie beispielsweise Mobilcom oder Arcor stellen oder seinen Vertragspartner nach Belieben auch wechseln kann, gehört die „letzte Meile" nach wie vor der Deutschen Telekom.

1.1 T-Net-Analog – ein Schuss Nostalgie

Trotz der verständlichen Bemühungen und Anreize der Netzbetreiber, den Kunden zum Umstieg auf ISDN zu bewegen, darf man nicht den Vorwurf erheben, Kunden mit Analoganschlüssen blieben „im Regen stehen". Seit es *T-Net-Analog* gibt, sind viele der ISDN-Merkmale – schnelle Vermittlung, Anklopfen, Rückfragen, Anrufweiterschaltung, Dreierkonferenz, Makeln – auch für Analoganschlüsse verfügbar, vorausgesetzt, das verwendete Endgerät ist auf Tonwahl eingerichtet und verfügt über die Tasten [*] und [#]. Für sich genommen ist das bereits ein ungeheurer Fortschritt, den der Kunde eines Analoganschlusses genießen kann, ohne dass ihm Mehrkosten dafür anfallen würden. Ich persönlich habe allerdings noch nicht viele Menschen getroffen, die souverän mehrere Gespräche gleichzeitig führen und die dazu erforderlichen Tastenkombinationen aus dem FF beherrschen – was vielleicht auch daran liegt, dass sich derart fortschrittswillige Menschen meist bereits auf ISDN eingelassen haben. Wenn Sie diese Dienste nutzen wollen, besorgen Sie sich am besten beim nächsten T-Punkt (Kundenzentrum der Deutschen Telekom) eine entsprechende Broschüre, in der die Tastenkombinationen aufgeführt sind.

T-Net-Analog ist vollständig kompatibel mit dem herkömmlichen auf Impulswahl ausgerichteten Telefonsystem. Die Kompatibilität reicht so weit, dass auch noch antike Telefone, wie man sie auf Flohmärkten findet, als Endgeräte betrieben werden können – etwa das „gute alte" Telefondesign W48 der Firma Siemens aus dem Jahre 1936 –, vorausgesetzt, die Geräte sind noch in Ordnung (Reparaturhinweise finden Sie im Abschnitt „Telefone reparieren", Seite 81"). Abbildung 1.1 zeigt ein Nostalgietelefon.

Abb. 1.1: Antikes Telefon, das heute noch betrieben werden kann

Auf der anderen Seite ist T-Net-Analog hochmodern, da es nicht nur die Tonwahl (auch Mehrfrequenzwahlverfahren, kurz MFV genannt) nach amerikanischem Vorbild erlaubt, sondern, wie bereits gesagt, auch verschiedene ISDN-Dienste sowie Datenübertragungen per Modem bis 56 kBit/s. In der Tat basiert das Leitungs- und Vermittlungssystem der Netzbetreiber inzwischen vollständig auf der digitalen Technik. Wer noch einen Analoganschluss betreibt, dem wird sozusagen nur auf den letzten Metern vorgegaukelt, an einem analogen Netz teilzunehmen. Alles andere läuft heute digital (zumindest im zivilisierteren Teil der Welt). Das hat beispielsweise den Vorteil, dass Nummern heute auf dem Amt nicht mehr „geklemmt" (bzw. gelötet), sondern bequem am Bildschirm zugeordnet (und auch geändert) werden. Weiterhin ist die Vermittlung blitzschnell und die Übertragungsqualität überragend.

Mehr über den noch lange nicht „ausgestorbenen" Anschluss analoger Endgeräte sowie analoger Installationen lesen Sie im Abschnitt „Analoge Telefonie" auf Seite 17.

1.2 T-Net-ISDN – am Puls der Zeit

T-Net-ISDN ist das digitale Netz der deutschen Telekom. Wie der Name bereits sagt, ist dieses Netz auf den ISDN-Standard (Integrated Services Digital Network, zu „deutsch“: Diensteintegrierendes Digitales Fernmeldenetz) ausgerichtet, dessen Spezifikation nicht nur vielschichtiger als die des analogen Gegenstücks ist, sondern auch ungleich komplexer. Im Gefolge des ISDN-Standards tummeln sich inzwischen eine Fülle von Anbietern, die teils als eigenständige Netzbetreiber auftreten, teils jedoch nur Kapazitäten auf dem freien Markt anmieten und weiterverkaufen. Der größte Weiterverkäufer ist hier natürlich die Deutsche Telekom, die ihren Konkurrenten entsprechende Tarife, aber auch zunehmend Platz einräumen muss.

Das wesentliche Charakteristikum des ISDN-Netzes ist, dass es unterschiedliche Telekommunikationsdienste – wie Sprache, Fax und Daten – über eine Dienstekennung unterscheidet und dem Teilnehmer zur Kommunikation drei Kanäle zur Verfügung stellt: die beiden Nutzkanäle, auch B-Kanäle genannt, mit einer Bandbreite von je 64 kBit/s und einen Steuer- oder D-Kanal mit einer Bandbreite 16 kBit/s.

Der Steuerkanal ermöglicht es, dass Endgeräte gewissermaßen den Zweck eines Anrufs vorab mitgeteilt bekommen und noch im Vorfeld des Verbindungsaufbaus entscheiden können, ob sie für den angeforderten Dienst eingerichtet sind oder nicht – gegebenenfalls kommt die Verbindung dann eben nicht zustande, ohne dass Kosten anfallen. Damit entfällt beispielsweise das von der analogen Telefonie her bekannte wirklich lästige Problem mit der Annahme von Faxen und oder das ewige Vorgeplänkel (Handshake) beim Aufbau von Datenverbindungen per Fax oder Modem.

Über die Nutzkanäle läuft der inhaltsbezogene Transfer digitalisierter Tonsignale bzw. bereits ohnehin in digitaler Form vorliegender Daten. Jeder Kanal ersetzt dabei eine herkömmliche analoge Verbindung und kann unabhängig vom jeweils anderen für Telefonate, Faxübertragungen oder den Datenverkehr verwendet werden. Mit Blick auf den Datenverkehr ist darüber hinaus auch eine Bündelung beider Kanäle zu einem Kanal mit doppelter Bandbreite möglich – wobei natürlich die Kosten für zwei Verbindungen anfallen.

Mehr über den Anschluss und die Installation von ISDN lesen Sie im Abschnitt „ISDN-Telefonie“ auf Seite 50.

1.3 T-DSL – auf der Überholspur

Als in Deutschland damit begonnen wurde, eine flächendeckende Versorgung mit ISDN aufzubauen, lag eigentlich schon lange die nächste – um Größenordnungen schnellere –

Technologie in der Schublade. Sie läuft unter dem Oberbegriff *ADSL* (Asynchronous Digital Subscriber Line) und erreicht ihre hohe Bandbreite, indem sie den Übertragungsvorgang durch Verwendung mehrerer Trägerfrequenzen (Multiple-Carrier-Prinzip) weitgehend parallelisiert.

ISDN basiert noch auf einem Vorläufer dieser Technologie und kann vom Prinzip her über zwei verdrillte Adern bis zu 2 MBit/s oder maximal 30 B-Kanäle mit je 64 kBit/s übertragen. Das entsprechende Produkt, das die Telekom seit Beginn des ISDN-Zeitalters speziell für Firmenkunden im Angebot hat, trägt den Namen *Primärmultiplexanschluss* und ist mit erheblichen Kosten verbunden, die sich für einen privaten Haushalt kaum rechnen. Die Übertragungsgeschwindigkeit wird hier durch eine komplexe Frequenzmodulation kombiniert mit einem technisch recht aufwändigen Echtzeitkompensationsverfahren erreicht, wobei die Übertragung der einzelnen B-Kanäle im Multiplexverfahren (nacheinander, also nicht parallel) geschieht.

Die Obergrenze der Übertragungskapazität zweier verdrillter Kupferleitungen über eine Entfernung zwischen 1 und 10 km wird heute mit etwa 60 MBit/s gehandelt. Sie sehen, da ist noch einiges an „Luft", die allerdings mit jeder neu vorgestellten ADSL-Technik zunehmend dünner wird. So wurden bereits 1997 in Amerika mit VDSL, einer spezifischen ADSL-Variante spektakuläre 52 MBit/s in Richtung Kunde und 6 MBit/s in Richtung Netzbetreiber über eine solche Leitung realisiert, was sich zu einer Nettoübertragungsrate von 58 MBit/s addiert und selbst für hoch qualitative Video-Anwendungen ausreicht. Die treibende Kraft, die diese Art von Technologie früher oder später in den einzelnen Haushalt bringt, ist natürlich der Wunsch nach einer Vermarktung von „Video-on-Demand" – das Fernsehprogramm, das sich der Zuschauer individuell zusammenstellen kann (dann hoffentlich, ohne GEZ-Gebühren zahlen zu müssen).

Angesichts dieser Zahlen verblasst nicht nur die Leistung des gewöhnlichen, „nur" mit 144 kBit/s arbeitenden ISDN, auch die inzwischen in Breite verfügbare ADSL-Variante T-DSL der Deutschen Telekom mit einer Bandbreite von 768 kBit/s in Richtung Kunde und 128 kBit/s in Richtung Netzbetreiber nimmt sich dagegen beinahe stiefmütterlich aus – wiewohl die sechsfache Geschwindigkeit gegenüber der ISDN-Kanalbündelung bzw. die zwölffache gegenüber einer herkömmlichen ISDN-Verbindung über einen einzelnen B-Kanal natürlich einen wahren Segen für den Individualreisenden in Sachen Datenverkehr bedeuten.

Mehr über den konkreten T-DSL-Anschluss lesen Sie im Abschnitt „T-DSL" auf Seite 73.

2 Analoge Telefonie

Natürlich sähe es die Deutsche Telekom lieber, wenn bereits alle Haushalte auf ISDN umgestellt wären. Dieses Ziel ist jedoch in weiter Ferne, und es wird wohl auch noch die eine oder andere Generation dauern, bis es erreicht ist. Wer nichts weiter will, als telefonieren zu können wie eh und je, der ist mit dem traditionellen Analoganschluss nach wie vor bestens bedient. ISDN entwickelt seine Vorteile erst, wenn in einem Haushalt mehrere Telefonnummern benötigt werden und/oder der Datenverkehr per Computer eine gewisse Rolle spielt – eine Schwelle, die allerdings bereits erreicht ist, wenn ein Faxgerät im Haus ist. Faxgeräte unter der gleichen Nummer wie einen Telefonapparat zu betreiben, ist zwar möglich, zehrt aber an den Nerven.

Selbst, wenn Sie bereits auf einen ISDN-Anschluss umgestellt haben oder mit dem Gedanken spielen, dies in nächster Zukunft zu tun, werden Sie aller Wahrscheinlichkeit nach wohl noch eine Weile mit der Welt der analogen Telefonie verhaftet bleiben, wenn Sie Ihre zuvor teuer angeschafften Telefonapparate, Faxgeräte und/oder Telefonanlagen weiter verwenden wollen. Es sei denn, Sie sind ein Mensch der harten Brüche oder haben die Möglichkeit, „von vorne" anzufangen.

Um ältere Analoggeräte auch unter ISDN weiter nutzen zu können, schließt man einen *Analogwandler* (*a/b-Wandler*) oder gegebenenfalls gleich eine ISDN-Telefonanlage (ISDN-TK-Anlage) mit analogen Ausgängen (so genannten *a/b-Ports*) an den ISDN-Anschluss an. Die a/b-Ausgänge dieser Geräte sind vollwertige Analoganschlüsse im Sinne des traditionellen Telefonstandards und verhalten sich nicht anders als die a/b-Ausgänge einer herkömmlichen analogen Telefonanlage. Insbesondere erlauben diese Geräte auch die interne Vermittlung zwischen den a/b-Ausgängen bzw. im Falle einer TK-Anlage zusätzlich sogar noch zwischen ISDN-Geräten und Analoggeräten.

Wer will, kann an einem oder mehreren a/b-Ausgängen also auch eine gegebenenfalls bereits vorhandene herkömmliche Telefonanlage betreiben. Diese Variante bietet sich oft als billigste Umstellungslösung für Klein- und Handwerksbetriebe an, die in den Produktionsbereichen mit den alten Telefonfunktionen bestens auskommen.

2.1 Rechtliches

Aus rechtlicher Sicht gibt es natürlich Unterschiede. Während die analoge (und auch digitale) Welt hinter der ISDN-Anschlussbox (NTBA) vollständiges Eigentum des Teilnehmers ist und von diesem nach dem Motto „erlaubt ist, was funktioniert" auch frei gestaltet werden darf, ist ein Anloganschluss Eigentum der Deutschen Telekom, und Manipulationen daran unterliegen grundsätzlich ihrem Einverständnis.

Merke

Elektrisch gesehen ist der a/b-Ausgang eines ISDN-Analogwandlers ein vollwertiger Analoganschluss wie im herkömmlichen Telefonsystem. Rechtlich bestehen jedoch Unterschiede: Ein Analoganschluss ist Eigentum der Deutschen Telekom, a/b-Ausgänge von TK-Anlagen bzw. Analogwandlern gehören dem Teilnehmer.

Merke

In der Praxis ist es jedoch so, dass das Telefonsystem gewissermaßen idiotensicher ist und man schon grob fahrlässig oder in zerstörerischer Absicht handeln muss, um Schäden an Anlagen der Deutschen Telekom anzurichten. Da die Deutsche Telekom inzwischen auch Fremdfirmen mit der Installation und Wartung teilnehmerseitiger Anschlüsse beauftragt, hat sie faktisch keine Kontrolle mehr darüber, wie die Installation beim Teilnehmer vor Ort tatsächlich aussieht. Nichtsdestotrotz geht sie natürlich davon aus, dass alle Richtlinien eingehalten werden und macht die Fremdfirmen bzw. den Teilnehmer im Zweifelsfalle dafür haftbar, wenn dem nicht so ist und Schaden entsteht. Solange ein Anschluss jedoch funktioniert, stellt niemand irgendwelche Fragen – wozu auch.

Beachte

Es versteht sich, dass Sie an das Netz der deutschen Telekom, das beim ISDN-Anschluss bis zum NTBA, beim DSL-Anschluss bis zum Splitter und bei Analoganschlüssen hingegen bis zum Endgerät reicht, nur Geräte anschließen dürfen, die eine BZT- bzw. eine ZZF-Nummer[1] tragen.

Beachte

Wer selbst Hand anlegt ...

... sollte wissen, was er tut! Das ist bei der Telefoninstallation nicht anders als bei der 230 V-Installation oder bei handwerklichen Arbeiten generell. Wer handelt, trägt eben Verantwortung. Die Welt des Telefons ist aus elektrischer Sicht aber wesentlich einfacher, übersichtlicher, sicherer und vor allem auch ungefährlicher als die im Teil A vorgestellte 230 V-Elektrik. An den in Telefonsystemen üblichen Spannungen kann man sich zwar

[1] Für die Zuteilung von BZT-Nummern ist das Bundesamt für Zulassungen in der Telekommunikation zuständig. Dieses Amt hat 1993 das für die Verteilung der ZZF-Nummer zuständige Zentralamt für Zulassungen im Fernmeldewesen abgelöst.

Schläge holen, Spannungen bis 60 V gelten jedoch vom Prinzip her als ungefährlich für Leib und Leben – und tun auch nicht so weh.

Wenn man bedenkt, welch geringes Maß an Fachkenntnis und handwerklichem Geschick für die Installation einer Telefondose erforderlich ist, liegt es natürlich nahe, selbst Hand anzulegen. Da der Anschluss einer Telefondose durch einen Fernmeldetechniker bei regelrechten Neuanschlüssen im Allgemeinen im Preis enthalten ist (sofern keine zeitaufwändigen Extrawünsche bestehen), zielen solche Eingriffe in der Regel auf die Änderung eines bestehenden Anschlusses ab. Wer gibt schon gerne teueres Geld für einen Fernmeldetechniker aus, um eine bestehende Telefondose in den Keller, das Schreibzimmer oder auch nur – als Voraussetzung für einen ISDN-Anschluss – in die Nähe einer Steckdose zu verbannen, wenn er diese Arbeit in wenigen Minuten auch selbst verrichten kann.

Wenn auch Sie zu dieser „Einsicht" gelangt sind, sollten Sie die folgenden Abschnitte als Anleitung – nicht jedoch als Aufforderung – zur Selbsthilfe betrachten, die Ihnen die notwendigen Fachkenntnisse vermittelt.

2.2 Wie funktioniert Analogtelefonie?

Die Analogtelefonie ist so alt wie die von Edison erfundene drahtgebundene Telefonie selbst und in ihrem Wirkprinzip verblüffend einfach. Abbildung 2.1 zeigt den grundlegenden Schaltungsaufbau einer Fernsprechverbindung zwischen zwei Teilnehmern. Die Telefonbatterie sorgt dafür, dass ein Stromfluss durch beide Mikrofone und Übertrager stattfindet. Da die Batterie B einen hohen Innenwiderstand hat, rufen die durch das Mikrofon M des einen Fernsprechers erzeugten Gleichstromschwankungen im Übertrager Tr des anderen Fernsprechers Stromschwankungen hervor, die schließlich als echte Wechselspannung am Hörer H ankommen. Die raffinierte Brückenschaltung von M, Tr und R bildet die so genannte *Rückhördämpfung*, die das Signal am eigenen Hörer des Fernsprechers weitgehend unterdrückt, um Rückkopplungen zu vermeiden. (Die Brücke wird allerdings nicht vollständig abgeglichen, da ein leises Mithören zur Funktionskontrolle durchaus erwünscht ist.)

Analoge Vermittlungstechnik – Impulswahl und Tonwahl

Um in einem Telefonnetz zwischen verschiedenen Teilnehmern wählen zu können, verfügen Fernsprechapparate seit Einführung der automatischen Vermittlung über eine Vermittlungseinrichtung. Bis vor wenigen Jahren funktionierte diese Vermittlung ausschließlich nach dem Prinzip des *Impulswahlverfahrens* (IWV). Ältere Telefone verfügten zu diesem Zweck einen mechanischen Impulsgeber in Form eines Nummernschalters mit Federaufzugswerk und drei Schaltkontakten (vgl. Schaltbild für ein altes Telefon in Abbildung 2.2), der über eine Wählscheibe bedient wurde und das in Abbildung 2.3 gezeigte Impulsdiagramm generierte. Die durch den Impulskontakt des Nummernschalters hervorgerufenen Stromänderungen werden von der automatischen Vermittlung gezählt und als Telefonnummer des gewünschten Fernsprechteilnehmers interpretiert. Moderne Telefone erzeugen die für die Impulswahl notwendige Impulsfolge inzwischen natürlich auf elektronischem Wege – was natürlich nichts daran ändert, dass das Verfahren selbst steinzeitlich anmutet.

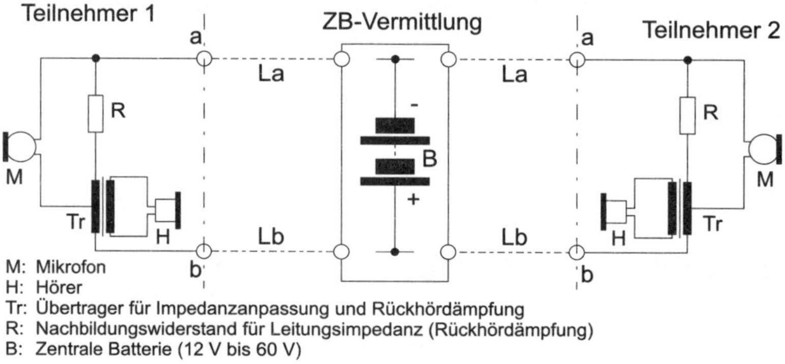

Abb. 2.1: Prinzipschaltbild einer Fernsprechverbindung

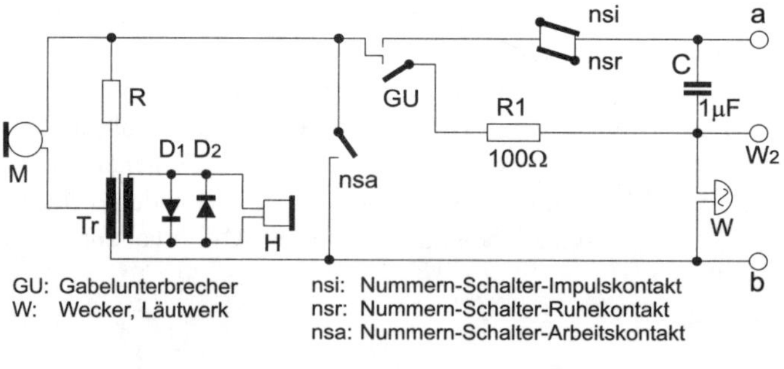

Abb. 2.2: Schaltbild des Siemens-Telefons W48, das für die automatische Vermittlung mit einem Schaltwerk für die Nummernwahl ausgerüstet ist

Die Umstellung der Vermittlungstechnik auf das *Mehrfrequenzwahlverfahren* (MFV), auch *Tonwahl* genannt, geschah erst vor wenigen Jahren – gewissermaßen in einem Aufwasch mit dem Ausbau des Telefonnetzes für ISDN. Seither stehen beide Vermittlungstechniken zur Verfügung, sodass ein gemischter Betrieb von älteren und modernen analogen Endgeräten (Telefonen und Fax-Geräten) weiterhin möglich ist. Bei dieser Vermittlungstechnik nach amerikanischem Vorbild werden die gewählten Ziffern eindeutig durch Töne verschiedener Frequenzen (genaugenommen sind es je Ziffer zwei überlagerte Grundtöne) repräsentiert, mit dem Vorteil, dass das Wählen wesentlich weniger Zeit in Anspruch nimmt. Im Schnitt ist das MFV etwa 10 mal schneller und bietet auch noch den Vorteil, dass es sich dafür eignet, Endgeräte wie Anrufbeantworter aus der Ferne zu programmieren (eigene Wahlgeber für die Fernbedienung von Anrufbeantwortern sind damit obsolet geworden, lassen sich aber umgekehrt auch dafür nutzen, alten Wählscheibentelefonen Tonwahl „beizubringen"). Moderne Analog-Telefone (dazu gehören so gut wie alle Tastentelefone) beherrschen beide Vermittlungsarten und lassen sich entsprechend konfigurieren.

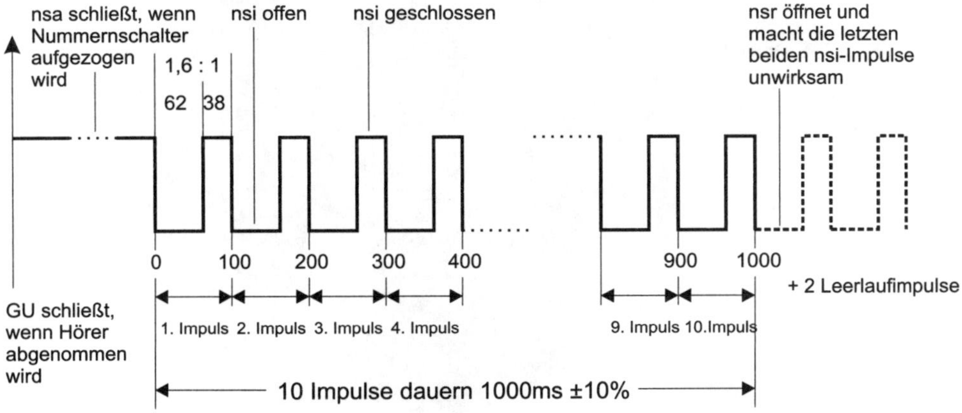

Abb. 2.3: Zeitdiagramm der Impulswahl und Funktion des Nummernschalters

Merke

Das Mehrfrequenzwahlverfahren spart Zeit beim Wählen. Um ältere Tastentelefone dauerhaft auf MFV umzuprogrammieren, gibt es eine spezifische Tastenfolge (bei manchen Geräten auch einen Schalter), die Sie der Geräteanleitung entnehmen oder notfalls auch beim nächsten T-Punkt oder dem Hersteller Ihres Telefons erfragen können.

Merke

2.3 Analoge Anschlüsse selbst installiert

Die Anschlusstechnik für analoge Telefonie blickt auf eine lange Geschichte zurück. Vor diesem Hintergrund sind natürlich auch die etwas archaisch anmutenden Bezeichnungen für die verschiedenen Elemente zu verstehen. Wie bereits erwähnt, hat die Analogtelefonie mit der Einführung von ISDN noch lange nicht ausgedient. Wer einen Analogwandler oder eine (teilweise) analoge TK-Anlage betreibt, erfährt in den folgenden Abschnitten alle Details, die er zum Ausbau des Analognetzes benötigt.

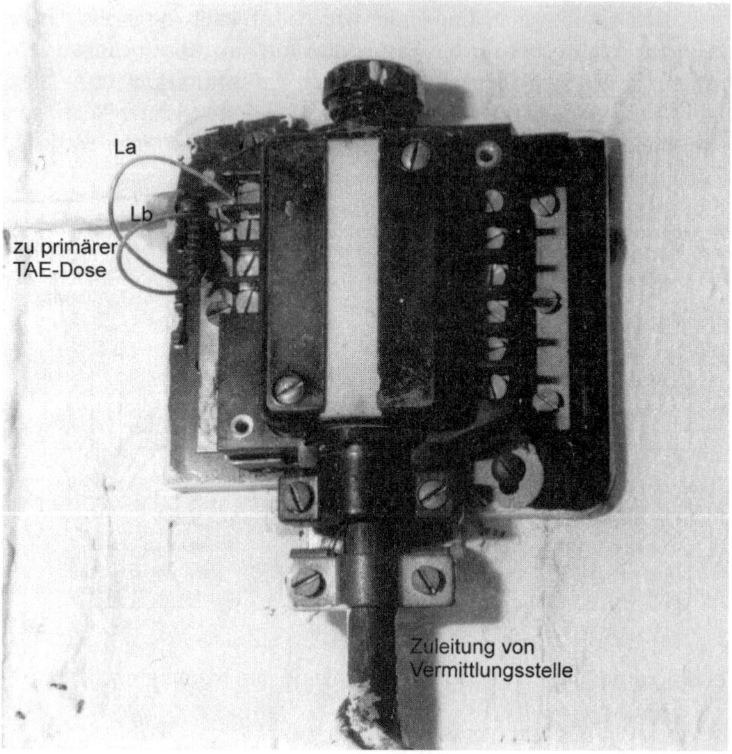

Abb. 2.4: Meist im Keller gelegener Abschlusspunkt (APL) für einen Hausanschluss

APL

Wie Abbildung 2.1 zeigt, werden zum Anschluss eines Analogtelefons nur zwei Adern benötigt. Diese Leitungen kommen bei einem Hausanschluss am so genannten *Abschlusspunkt des allgemeinen Leitungsnetzes*, kurz APL, an (vgl. Abbildung 2.4) und werden lapidar als La und Lb bezeichnet. Diese beiden Leitungen verbinden den privaten

Telefonanschluss mit dem Netz der Deutschen Telekom – bei analogem *und* bei ISDN-Anschluss gleichermaßen.

Für die analoge „Welt“ hinter einem ISDN-Analogwandler kann man den Analogwandler als APL für die einzelnen Nummern (a/b-Ausgänge) betrachten.

Von der APL-Dose aus geht es 2-adrig weiter zur *primären Telefondose*, an die Endgeräte angesteckt werden können. (An dieser Dose steckt man bei Umrüstung auf ISDN übrigens den NTBA an. Gegebenenfalls existierende weitere Dosen sind dann tot.)

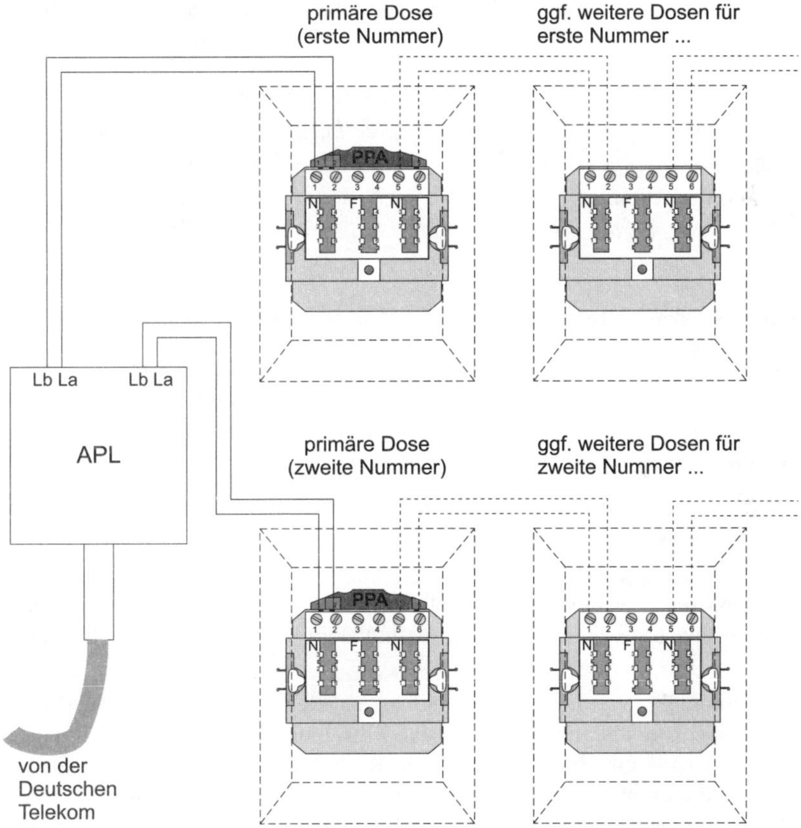

Abb. 2.5: Schaltbild für einen Hausanschluss mit zwei analogen Nummern

Auch wenn es eine Konvention gibt, die besagt, welche Adernfarbe bzw. -kennung für welche Ader zuständig ist, kann man sich in der Praxis nicht darauf verlassen (vgl. Abbildung 2.7). Die tatsächliche Belegung lässt sich am besten eindeutig über eine einfache Gleichspannungsmessung herausfinden.

Merke

Zwischen La und Lb herrscht im Ruhezustand (kein Endgerät aktiv) eine Gleichspannung von etwa 60 V, wobei der Pluspol mit Lb übereinstimmt und geerdet ist.

Merke

Wenn Sie kein Messgerät zur Hand haben, können Sie sich auch mit einem unschöneren „Messverfahren“ behelfen:

Tipp

Um herauszufinden, auf welcher Ader La liegt, halten Sie die blanken Enden der beiden Adern nacheinander kurz an ein Wasser- oder Heizungsrohr oder den Schutzleiter einer Steckdose (keinesfalls in die Steckkontakte). Die Leitung, bei der sich eine Funkenbildung beobachten lässt, ist der Minuspol oder La.

Tipp

Wiederholen Sie diesen Test nicht zu oft, da Sie sonst unter Umständen per Impulswahl eine Nummer wählen.

Eine Verpolung ist zwar nicht weiter schlimm, da die meisten Endgeräte auch bei umgekehrter Polung noch anstandslos ihren Dienst verrichten. Dennoch gibt es vier gute Gründe, die richtige Polung einzuhalten:

- Die Richtlinien der Deutschen Telekom für den Anschluss von Endgeräten sehen es so vor (rechtlicher Grund).
- Der Passive Prüfabschluss oder PPA (vgl. Abbildung 2.6), der der Deutschen Telekom eine Überprüfung der Leitung durch Strommessung nach Umpolung ermöglicht, ist bei Verpolung falsch geschaltet. Er zieht dann ständig Strom – zwar nicht viel, aber immerhin.
- Die Schaltkontakte von Endgeräten sind so ausgelegt, dass eine gewisse (in der Physik begründete) Materialwanderung von der Plus- zur Minusseite durch Funkenbildung einkalkuliert ist – mit Plus beaufschlagte Kontaktzungen sind daher massiver ausgeführt. Bei vertauschter Polung ist somit der Verschleiß des Minuskontakts höher, und es kommt auf lange Sicht schneller zu Locheinbrennungen oder Kontaktverschmelzungen (technischer Grund).
- Manche Endgeräte, die ihre Spannungsversorgung direkt über La und Lb beziehen, funktionieren bei falscher Polung nicht. (Es kann sich lohnen, dieser Hypothese nachzugehen, wenn ein Endgerät, das an einer anderen Dose problemlos funktioniert hat,

plötzlich seinen Dienst versagt.) Eine Zerstörung durch falsche Polung ist im Allgemeinen nicht zu befürchten (pragmatischer Grund).

Passiver Prüfabschluss (PPA)

Ein etwas sonderliches Bauelement, das sich in vielen (lange jedoch nicht in allen) primären Telefondosen findet, ist der *passive Prüfabschluss* kurz PPA (Abbildungen 2.5 und 2.6). Der PPA hat die alleinige Funktion, der Deutschen Telekom im Störungsfall das Durchmessen der Leitung zu ermöglichen. Zu diesem Zweck kehrt der Techniker in der Vermittlungsstelle die Polung für La und Lb um und misst dann den Stromfluss über die Diode und den Widerstand. Bei richtiger Polung sperrt die Diode, es kann kein Strom fließen, und der PPA verhält sich absolut passiv. Fehlt der PPA, hat das keinerlei Einfluss auf die Funktion des Telefonanschlusses – einzig potenzielle Prüfungen sind nicht möglich. Selbst bei irrtümlich vertauschter Polung von La und Lb führt ein angeschlossener PPA zu keinerlei Beeinträchtigungen oder gar Störungen – ja, auch der Telekomtechniker kann die Leitung noch messen, nun eben ohne Vertauschung der Polung.

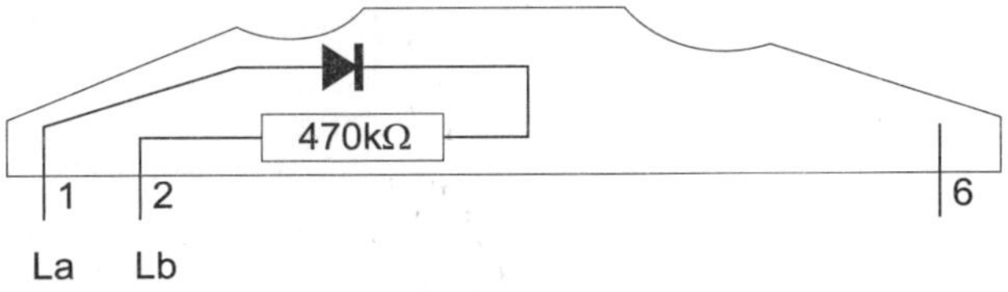

Abb. 2.6: Der Passive Prüfabschluss (PPA) ermöglicht der Telekom die Leitungsprüfung durch Strommessung nach Umpolung

Welches Kabel ist das richtige?

Für Hausanschlüsse verlegt die Deutsche Telekom ab dem APL standardmäßig 4-adrige Kabel (Sternvierer), wobei die Adern eine massive Kupferseele mit einen Durchmesser von 0,6 – 0,8 mm haben und miteinander verdrillt sind. Da für einen Analoganschluss – ebenso wie für einen ISDN-Anschluss (zwischen APL und primärer Dose, also vor dem NTBA) – nur zwei Adern benötigt werden, kann man so vom Prinzip her zwei Analoganschlüsse, einen ISDN-Anschluss und einen Analoganschluss oder gar zwei ISDN-Anschlüsse aufschalten, ohne dass an der bestehenden Leitungsinstallation etwas verändert werden muss. Abbildung 2.7 zeigt die übliche Belegung für die verschiedenen

Adernkennungen – Vorsicht, die Belegung kann im Einzelfall aber auch anders sein! Für farblich unterschiedene Adern gibt es keine nennenswerten Konventionen.

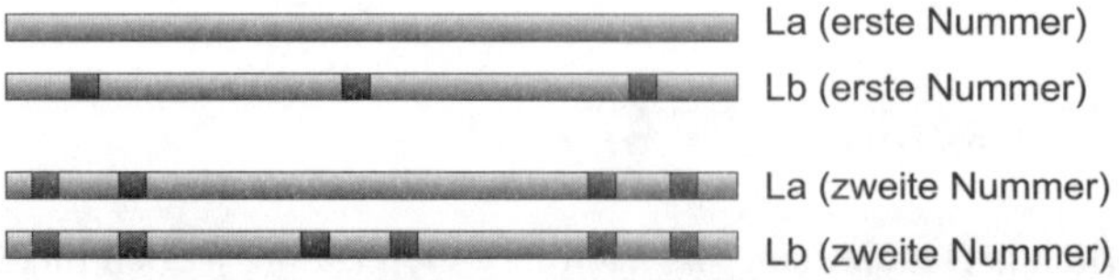

Abb. 2.7: Ringkodierung der Adern im Telefonkabel der Telekom

Im Zusammenhang mit der Anmeldung eines ISDN-Anschlusses und/oder der Inbetriebnahme einer TK-Anlage, aber auch bei sonstigen Erweiterungen oder Umbauten des Haustelefonnetzes ist jedoch häufig eine Änderung der bestehenden Installation unvermeidbar. War eine einzelne Dose im Hausflur für einen Analoganschluss noch tragbar, bringt ein ISDN-Anschluss gleich ein ganzes Sammelsurium an Gerätschaften und Kabelagen nach sich – angefangen von einer Steckdose, die nicht immer in unmittelbarer Nähe der Telefondose zu finden ist, über den NTBA bis hin zum Analogwandler oder einer TK-Anlage und den entsprechenden Netzgeräten.

Änderungen an einem Analoganschluss sollten auf jeden Fall mit Blick auf einen (späteren) Umstieg auf ISDN gemacht werden. Das Kabel spielt dabei eine wichtige Rolle. Während für einen Analoganschluss, mit dem nur telefoniert wird, vom Prinzip her „alles verwendet werden kann, was mindestens zwei getrennte Adern hat“, sind bereits beim Betrieb eines Modems oder Faxgeräts Schwierigkeiten zu erwarten, wenn das Kabel nicht datentauglich ist. Datentaugliche Kabel haben paarig verdrillte Adern (twisted pair) und meist auch eine Abschirmung aus Alu-Folie oder zumindest in Form eines so genannten *Beidrahts*. Da Analog- und ISDN-taugliches Telefonkabel nicht teuer ist, sollte man hier keine Kompromisse eingehen.

Wie Sie sich wahrscheinlich denken können, gibt es für Telefonkabel eine eigene DIN VDE-Vorschrift. Was Sie aber vielleicht nicht wussten: Es handelt sich hier um die Vorschrift mit der berühmten Nummer VDE 0815, die ihren Weg in unseren Sprachgebrauch gefunden hat. Die Vorschrift besagt im Wesentlichen, wie ein „Kabel zur Nachrichten- und Signalübertragung im NF-Bereich für die feste Verlegung in trockenen und feuchten Betriebsstätten in und unter Unterputz und im Freien“ gebaut sein muss, damit es die entsprechenden Frequenzbereiche gut überträgt und störstrahlungssicher ist.

Tabelle 2.1 gibt einen Überblick über zwei unterschiedliche Kabelausführungen, die sowohl für den Analog- wie auch den ISDN-Bereich geeignet sind. Beachten Sie auch den Abschnitt „Einkaufstipp“ auf Seite 34.

Je nach Kabelart und Hersteller werden Sie ein anderes System für die Unterscheidung der einzelnen Adern, Adernpaare und Sternvierer (Bündel aus zwei Adernpaaren) finden.

Tab. 2.1: Kabel für den Analog- und ISDN-Bereich

Kabelart	Adern-paare	Preis*)	Adern-∅	verwendbar für	Hinweis
J-Y(St)Y 2	2	0,50 €	0,8 mm	1×ISDN oder 2×Analog	erfüllt DIN VDE 0815
J-Y(St)Y 3	3	0,65 €	0,8 mm	1×ISDN, 1 × Analog oder 3×Analog	erfüllt DIN VDE 0815
J-Y(St)Y 4	4	0,85 €	0,8 mm	1 × ISDN, 2 × Analog oder 2 × ISDN oder 4 × Analog	erfüllt DIN VDE 0815
J-Y(St)Y 5	5	0,95 €	0,8 mm	1 × ISDN, 3 × Analog oder 2 × ISDN, 1 × Analog oder 5 × Analog	erfüllt DIN VDE 0815
...	...		ab 10 × 10 0,6 mm	(diese Kabel gibt es bis zu 100 Doppeladern)	erfüllt DIN VDE 0815
NCC J-2Y(Steuerelement) 2	2	0,55 €	0,6 mm	1×ISDN oder 2×Analog	geeignet, aber nicht postzugelassen für 144 kBit- und 2MBit-Schnittstelle
NCC J-2Y(Steuerelement) 4	4	0,8 €	0,6 mm	1×ISDN, 2×Analog oder 2×ISDN oder 4×Analog	geeignet, aber nicht postzugelassen für 144 kBit- und 2MBit-Schnittstelle
NCC J-2Y(Steuerelement) 6	6	1,20 €	0,6 mm	1 × ISDN, 4 × Analog oder 2 × ISDN, 2 × Analog oder 6 × Analog	geeignet, aber nicht postzugelassen für 144 kBit- und 2MBit-Schnittstelle

*) Die Preise sind Meterpreise bei Abnahme von mind. 25 m und entstammen der Preisliste von Bürklin Elektronik

Bevor Sie das Kabel anklemmen, sollten Sie daher erst einmal sein „Benennungssystem" studieren, damit es an anderer Stelle nicht zu Verwechslungen kommt. Vom Prinzip her sollten Sie dabei ohne Messungen mit dem Messgerät auskommen.

- Bei dem Kabel NCC J-2Y(St)xx sind die Adern farblich dahingehend unterschieden, dass jedes Adernpaar ein eigenes Farbenpaar besitzt, wobei die eine Farbe die Grundfarbe und die andere die Kennungsfarbe ist. Grundfarbe und Kennungsfarbe sind bei den Adern eines Paars jeweils vertauscht.

Bei vielen Kabelsorten ist jedoch nur eine Ader eines Pärchens farblich unterschieden, die andere besitzt eine neutrale Farbe (beispielsweise weiß). Da in so einem Fall besondere Verwechslungsgefahr herrscht, sollten Sie die Pärchen sofort nach Abziehen des Kabelmantels (mindestens 20 cm) explizit miteinander verdrillen, damit die Zuordnung nicht im Eifer des Gefechts verloren geht. In Abbildung 2.8 ist ein 10-adriges Telefonkabel zu sehen, das die parallele Führung von einem ISDN-Bus und drei anlogen Nummern ermöglicht und sich großer Beliebtheit bei der Hausinstallation erfreut. Abbildung 2.9 zeigt, wie das Kabel in einer Ringleitung ISDN- und Analog-Dosen versorgt.

Abb. 2.8: 10-adriges Telefonkabel mit Beidraht und alukaschierter Abschirmung. Die Adernpaare wurden sofort nach der Entmantelung noch einmal explizit verdrillt, um Verwechslungen auszuschließen, da vier der fünf Adernpaare eine weiße Ader enthalten.

Abb. 2.9: Gemischte Analog und ISDN-Installation – das als Ringleitung Aufputz-geführte 10-adrige Telefonkabel bedient die beiden ISDN-Dosen sowie die zwei analoge Nummern bereitstellende NFF-Dose.

TAE-Dosen

Das übliche Anschlussmedium für analoge Endgeräte ist die TAE-Dose (Telekommunikations-Anschluss-Einheit). Im Zusammenhang mit TK-Anlagen findet man zwar auch die amerikanischen Western-Dosen, dieser Fall ist aber recht selten. Wie die Abbildungen 2.10 bis 2.12 zeigen, gibt es die TAE-Dose in verschiedenen Ausführungen – für die Unter- und Aufputzmontage gleichermaßen. Neben den üblichen Ausführungen als F-, NFN- und NFF-Dose sind vereinzelt auch NF-Dosen oder gar FF-Dosen zu finden. Die Beschaltung ist dann sinngemäß wie bei der NFF- und der NFN-Dose.

Die Auf- und Unterputzmontage sieht von der Planung und Durchführung her nicht viel anders aus, als die Steckdosenmontage (vgl. [1], [2] im Literaturverzeichnis).

Aufputzinstallation

Hier die Schritte für die *Aufputzinstallation*:

1. Erstellen Sie einen Plan der Installation und kaufen Sie das notwendige Material.
2. Bohren Sie – am besten in Steckdosenhöhe etwa 30 cm über dem Fußboden – zwei Löcher à 5 oder 6 mm im Abstand von 40 mm. (Achten Sie darauf, dabei nicht versehentlich ein unter Putz laufendes Kabel anzubohren!)

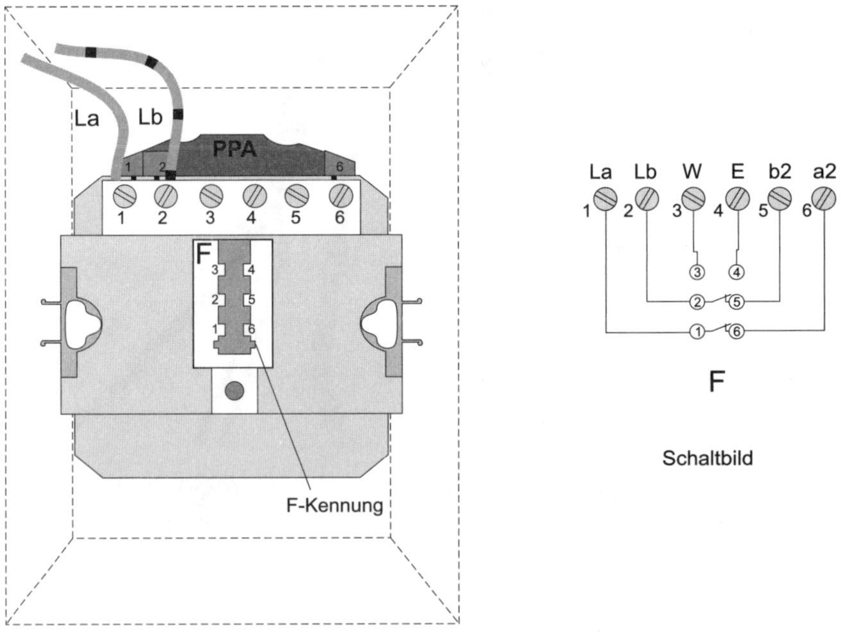

Abb. 2.10: Aufbau und Schaltung einer TAE-F-Dose zum Anschluss eines Telefons

3. Bei Aufputzinstallation führen Sie das Kabel am besten auf oder in der Fußbodenleiste. Fixieren Sie das Kabel mit Nagelschellen mit geeignetem Durchmesser. Es ist üb-

lich, das Kabel nach Entmantelung (20 cm) von unten in die Dose einzuführen und die Adern entweder unter die Dose zu klemmen oder seitlich am Doseneinsatz vorbei nach oben zu führen.

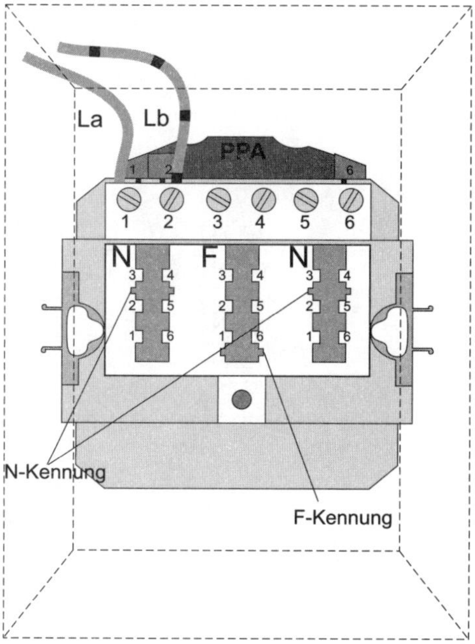

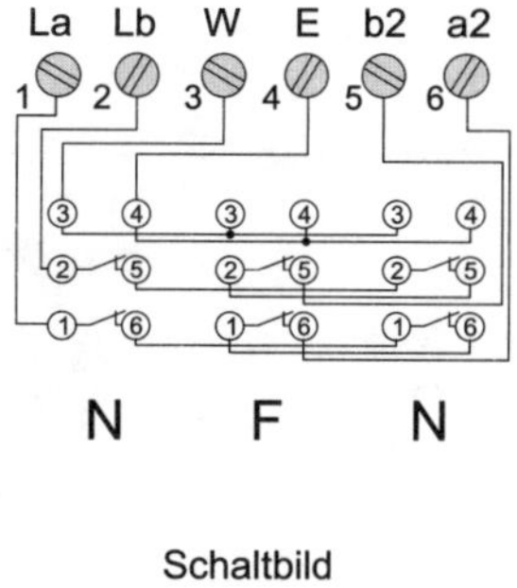

Abb. 2.11: Aufbau und Schaltung einer TAE-NFN-Dose zum Anschluss eines Telefons sowie zweier N-kodierter Endgeräte (Fax, Anrufbeanworter, Modem)

4. Schrauben Sie den Doseneinsatz fest.
5. Isolieren Sie die benötigten Adern auf eine Länge von 5 mm ab und klemmen Sie die Adern entsprechend der Abbildungen 2.5 bzw. 2.10 bis 2.13 – je nachdem, welcher Fall bei Ihnen vorliegt – fest. Da die Adern recht dünn sind, ist es im Allgemeinen nicht nötig, eine Kürzung vorzunehmen; selbst 15 cm Überlänge lassen sich noch bequem in der Dose verstauen.
6. Bevor Sie den Deckel aufschrauben, brechen Sie noch mit einem Seitenschneider, notfalls auch mit einem Messer, an der richtigen Stelle Aussparungen für die in die Dose führenden Kabel aus.

Unterputzinstallation

Die *Unterputzinstallation* von Telefondosen geht analog zur Steckdoseninstallation. Beachten Sie dabei allerdings, dass Telefonkabel grundsätzlich in eigenen Rohren zu führen sind.

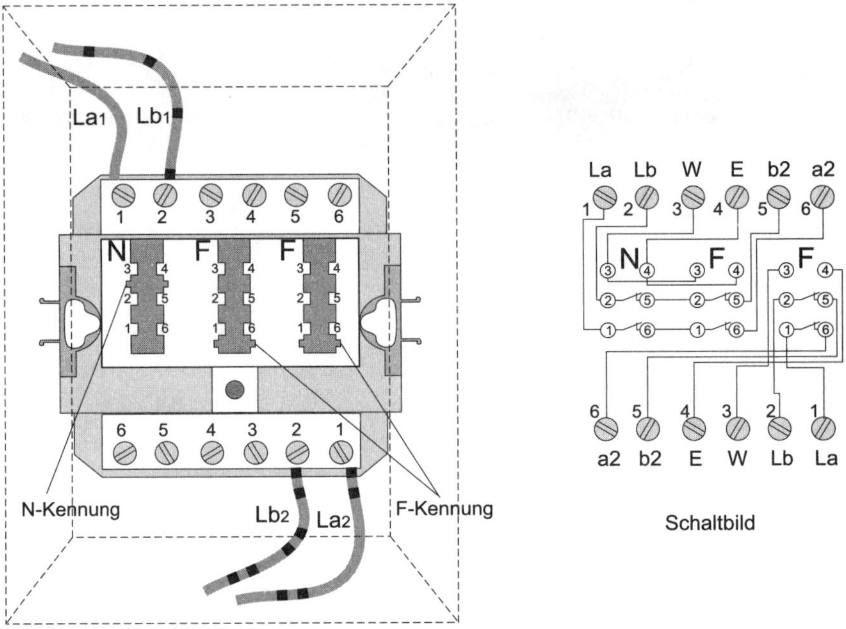

Abb. 2.12: Aufbau und Schaltung einer TAE-NFF-Dose, die den Anschluss zweier Telefone mit unterschiedlicher Nummer ermöglicht

> **Beachte**
>
> *Vermeiden Sie eine Parallelführung von 230 V-Kabeln und Telefonkabeln über längere Strecken, um eine Brummeinstreuung zu verhindern. Wenn es nicht anders geht, halten Sie zumindest einen gebührenden Abstand von einigen Zentimetern zwischen Telefon- und Stromleitungen. Auch ist eine strikte galvanische (das heißt: elektrische) Trennung der beiden Leitungsnetze auf jeden Fall einzuhalten.*

Schaltung

Für welche Schaltung Sie sich entscheiden, hängt von Ihren Bedürfnissen ab. Regulär sollten Sie, um eine mögliche Abhörung durch weitere Telefonapparate am gleichen Netz zu unterbinden, mehrere Dosen entsprechend Abbildung 2.5 bzw. Abbildung 2.13 rechts schalten. In diesem Fall kann immer nur das Telefon verwendet werden, das der primären Anschlussdose am nächsten ist. Nachgeschaltete Telefone sind – systembedingt – tot. Es gibt aber auch noch ältere Telefonapparate, die wie Faxgeräte eine Durchschleifung von La und Lb vornehmen, solange der Hörer aufliegt. In diesem Fall lässt sich ein nachgeschaltetes Telefon alternativ benutzen, wobei das vorgeschaltete Telefon jedoch Priorität hat, falls beide Telefone abgehoben sind. Bei neueren Apparaten ist eine Durchschleifung hingegen im Allgemeinen nicht mehr zu finden.

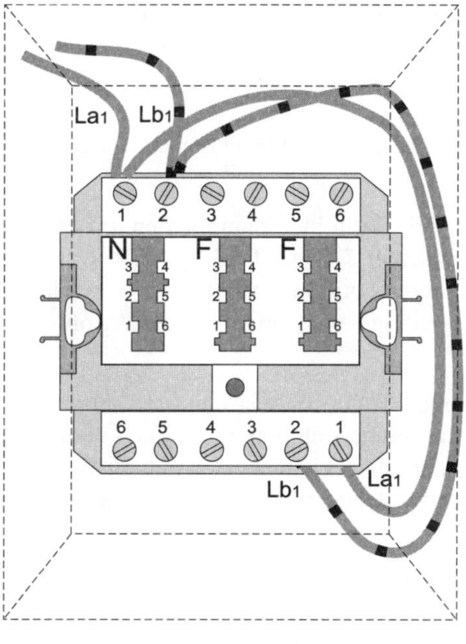

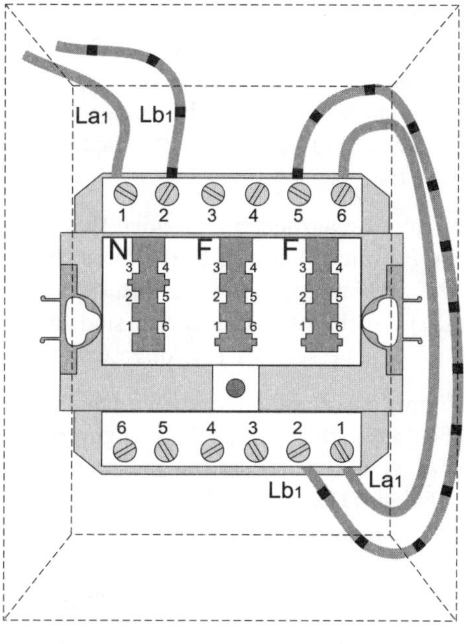

Abb. 2.13: Beschaltung einer NFF-Dose, um zwei Telefone für eine Nummer verwenden zu können – *links* Parallelschaltung (ermöglicht „Dreierkonferenz"); *rechts* Serienschaltung (abhörsicher)

Wenn dagegen der Wunsch besteht, mehrere moderne Telefonapparate wahlweise an verschiedenen Stellen benutzen zu können, sollten Sie die Schaltung analog Abbildung 2.13 links wählen – also La und Lb einfach in Parallelschaltung an jede Dose führen. In diesem Fall klingeln bei einem Anruf alle Telefone, und der Anruf lässt sich an allen Apparaten entgegennehmen. Leider kann es bei dieser Schaltung zu lästigen Klingelerscheinungen und Störungen im Zusammenhang mit der Impulswahl und mechanischen Läutwerken kommen. Obwohl in dieser Schaltung (gewollte wie ungewollte) Dreierkonferenzen möglich sind, ist die Lautstärke aufgrund unterschiedlicher Geräteimpedanzen oft ungleich verteilt, wenn die Geräte nicht baugleich sind.

Die bessere Lösung für größere Telefonnetze ist in jedem Fall eine TK-Anlage, sei es nur in Form eines mit mehreren Handteilen ausbaufähigen Schnurlostelefons.

Einkaufstipp

Seit die Deutsche Telekom mit der Einführung von ISDN die Telefoninstallation gewissermaßen in die Hände des Kunden gelegt hat, ist ein recht breiter Zubehörmarkt für die Telefoninstallation entstanden. „Breit" ist hier allerdings kein Synonym für günstig. Im Gegenteil: der Handel lässt sich die Eigenleistung des Kunden teuer bezahlen. Nicht selten liegt der Preis für Stecker, Dose und gegebenenfalls Adapter zusammengenommen erheblich höher als für das Endgerät. Hier gilt es sorgfältig abzuwägen, wofür man sein Geld ausgibt (Lösungen mit Adaptern sind immer unschön und teuer), und natürlich, bei wem man es lässt.

Führen Sie auf jeden Fall einen Preisvergleich durch, denn hier kann man enorm sparen. Ein Beispiel: Während Sie in Ihrem Elektrofachgeschäft für eine TAE-NFN-Dose um die 12 € hinblättern, sind Sie bei Bürklin Elektronik bereits mit 3 € (Aufputz) bis 4 € (Unterputz) dabei. Auch Baumärkte sind hier *nicht* unbedingt eine „gute" Adresse, wohl aber noch eine bessere als Telefongeschäfte.

Wärmstens empfehlen möchte ich Ihnen die Firma Bürklin. Sie ist nicht nur ausgesprochen gut sortiert (fast schon so gut, dass es wieder unübersichtlich wird), auch die Preise sind recht zivil. Bedenken Sie aber, dass gegebenenfalls Versandkosten und Lieferzeiten anfallen. Den vollständigen Katalog der Firma mit guter Suchfunktion finden Sie im Internet unter der Adresse *www.buerklin.com*.

Fehlerbilder einer TAE-Dose

Fehlerbild	Ein Endgerät erhält kein „Amt".
mögliche Ursachen	Das Endgerät oder das Kabel ist defekt. In manchen Fällen ist der Fehler nichts weiter als eine Folge von Herstellungsungenauigkeiten: TAE-Stecker und Buchse passen in diesem Fall nicht exakt zusammen, so dass La und/oder Lb nicht am Gerät ankommen. Das Kabel ist falsch kontaktiert.
Abhilfe	Prüfen Sie das Endgerät an einer anderen Dose, um einen Defekt aufseiten des Endgeräts auszuschließen. Wenn das Gerät dort funktioniert, nehmen Sie den Stecker und die fragliche Dose in Augenschein, ob sie Herstellungsungenauigkeiten entdecken können. Ungenauigkeiten las-

	sen sich meist durch eine kleine Feile (Nagelfeile) beseitigen. Wenn das Gerät neu ist und auch an anderer Stelle den gleichen Fehler zeigt, sollten Sie die Kontaktierung des Anschlusskabels prüfen. Wenn Sie sich scheuen, das Gerät zu öffnen, um die Belegung in Erfahrung zu bringen, können Sie die richtige Kontaktierung (ohne Risiko für das Gerät) auch durch „Versuch und Irrtum" herausbekommen: Entfernen Sie dazu den Deckel der Dose, lösen Sie die Adern La und Lb und stecken Sie den Stecker des Endgeräts ein. Nun probieren Sie die verschiedenen Kontaktierungsmöglichkeiten an der Dose aus, bis das Endgerät ein „Amt" erhält. Falls eine falsche Belegung vorliegt, besorgen Sie sich ein richtiges Anschlusskabel oder beachten Sie den Tipp „Umkontaktieren eines TAE-Steckers" auf Seite 39. Wenn Sie keine funktionierende Kontaktierung finden, liegt ein Defekt am Kabel oder am Endgerät vor. Das Kabel können Sie mit einem Messgerät durchmessen. Um die Kontakte eines Westernsteckers anzumessen „verlängern" die Messspitzen mit einer Nadel.
Fehlerbild	Nach Ausstecken eines Endgeräts erhalten die der TAE-Buchse nachgeschalteten Endgeräte kein „Amt" mehr.
mögliche Ursachen	TAE-Dosen sind zwar relativ robust, allzu häufiges Ein- und Ausstecken von Endgeräten führt aber dennoch mit der Zeit zu einem „Ausleiern" der Kontaktfedern. Wie den Schaltplänen in den Abbildungen 2.10 bis 2.13 zu entnehmen, enthält eine jede TAE-Buchse zwei Schalter in Form von vier Kontaktfedern, die durch das Einstecken eines TAE-Steckers unterbrochen und durch das Ausstecken geschlossen werden. Das Ausleiern macht sich also dadurch bemerkbar, dass nachgeschaltete Endgeräte kein Amt mehr erhalten.
Abhilfe	Biegen Sie die Kontaktfedern mit einem geeigneten Werkzeug nach, bis sie wieder sicher schließen. Dazu demontieren Sie die Dose am besten zuvor (vgl. Abbildung 2.14).
Fehlerbild	Nach Anstecken eines Endgeräts erhalten die der TAE-Buchse nachgeschalteten Endgeräte kein Amt mehr.
mögliche Ursachen	Dieses Fehlerbild ist reguläres Verhalten, wenn das eingesteckte Endgerät ein Telefon ist und nachfolgende TAE-Dosen abhörsicher geschaltet sind (Abhilfe: „Dreierkonferenz" analog Abbildung 2.13). Am wahrscheinlichsten kommt der Fehler daher, dass das verwendete Verbindungskabel falsch kontaktiert ist und daher keine Durchschleifung durch das Endgerät erfolgt. In manchen Fällen ist der Fehler nichts weiter als eine Folge von Herstellungsungenauigkeiten: TAE-Stecker und Buchse passen in diesem Fall nicht exakt zusammen, sodass ein Durchschleifungskontakt nicht

	zustande kommt. Seltener liegt der Fehler daran, dass das Endgerät entweder generell keine Durchschleifung vornimmt, die Relaiskontakte dafür oxidiert oder verschlissen sind, oder – was am wahrscheinlichsten ist – das verwendete Verbindungkabel falsch kontaktiert ist.
Abhilfe	Als Erstes nehmen Sie Stecker und Dose in Augenschein, ob Sie Herstellungsungenauigkeiten entdecken können. Wenn das Endgerät den Fehler an einer anderen TAE-Dose (nachgeschaltete Geräte beobachten) nicht zeigt, ist dieser Fehler wahrscheinlich. Die Ungenauigkeiten lassen sich meist durch eine kleine Feile (Nagelfeile) beseitigen. Wenn das Gerät neu ist und auch anderer Stelle den gleichen Fehler zeigt, wird das Anschlusskabel falsch kontaktiert sein. Messen Sie mit einem Messgerät, ob Sie am TAE-Stecker zwischen den Kontakten 1 und 6 sowie 2 und 5 einen Durchgang feststellen können. Falls nicht, messen Sie zwischen den anderen Kontakten, bis klar ist, welcher Kontakt zu welchem durchgeschleift ist. Besorgen Sie ein richtiges Anschlusskabel bzw. beachten Sie den Tipp „Umkontaktieren eines TAE-Steckers" auf Seite 39. Wenn die Messung ergibt, dass das Gerät keine Durchschleifung vornimmt, können Sie versuchen, das Relais im Gerät zu reparieren. Sollte sich beim Öffnen des Geräts herausstellen, dass das Gerät generell keine Durchschleifung vornimmt, weil es nur zwei Adern verwendet, bleibt als „Reparaturansatz" nur die Möglichkeit einer künstlichen Überbrükkung in der Dose: Verbinden Sie die Kontakte 1 mit 6 und 2 mit 5.

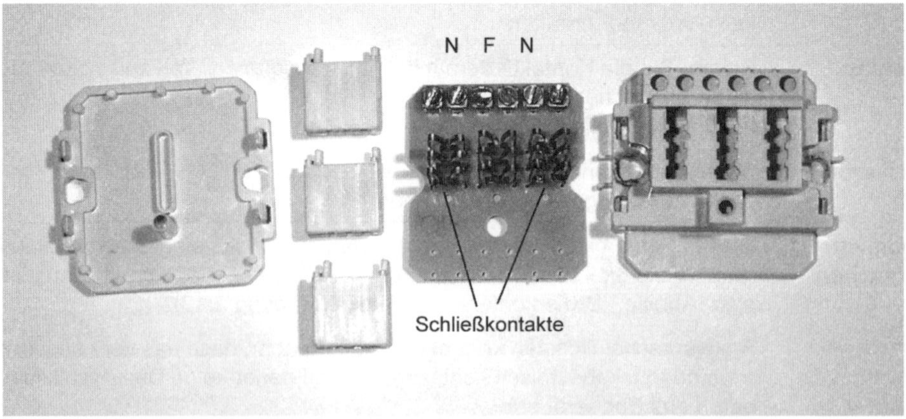

Abb. 2.14: NFN-Dose geöffnet – die Steckkontakte sind als Schließkontakte ausgeführt, die gerne mal Kontaktschwierigkeiten haben

Stecker

In der Analogtelefonie findet man heute im Wesentlichen zwei Steckerarten: den *TAE-Stecker* und den *Western-Stecker*. Andere Stecker und Dosen sollte man auswechseln, wenn nicht gerade auf eine originale Ausstattung antiker Geräte Wert gelegt wird.

TAE-Stecker

Der *TAE-Stecker* ist für den dosenseitigen Anschluss von Endgeräten zuständig:

- In der 4- oder 6-poligen Ausführung TAE-N passt der Stecker in N-kodierte Buchsen von TAE-Dosen und dient dann dem Anschluss von Nebengeräten (Modem, Fax oder Anrufbeantworter; vgl. Abbildung 2.15, links).
- In der 4-poligen Ausführung TAE-F passt der Stecker in F-kodierte Buchsen von TAE-Dosen und dient dann dem Anschluss von Telefonen (vgl. Abbildung 2.15, zweite Zeichnung von links).
- In der 2-poligen Ausführung TAE-F mit verbreitertem Rücken passt der Stecker in F-kodierte Buchsen von TAE-Dosen und dient dann ausschließlich dem Anschluss eines NTBA an dem für ISDN umgestellten Telefonanschluss. Der verbreiterte Rücken verhindert den gleichzeitigen Anschluss von Nebengeräten. Abbildung 2.17 zeigt das Verbindungsschema und die Steckerbelegungen in einem Anschlusskabel für den NTBA.

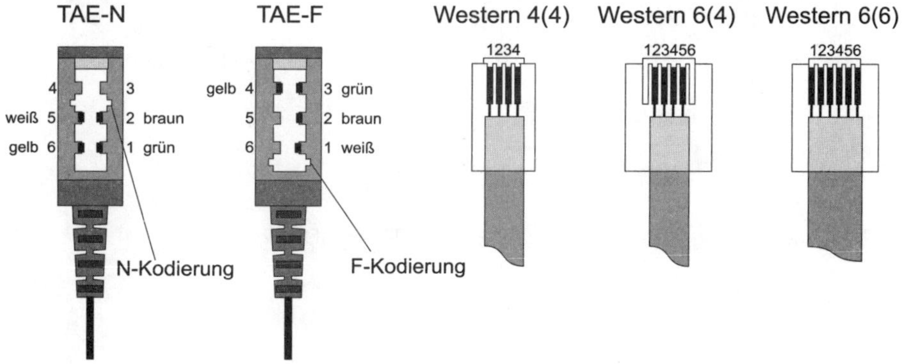

Abb. 2.15: Belegung von TAE- (links) und Westernsteckern (rechts)

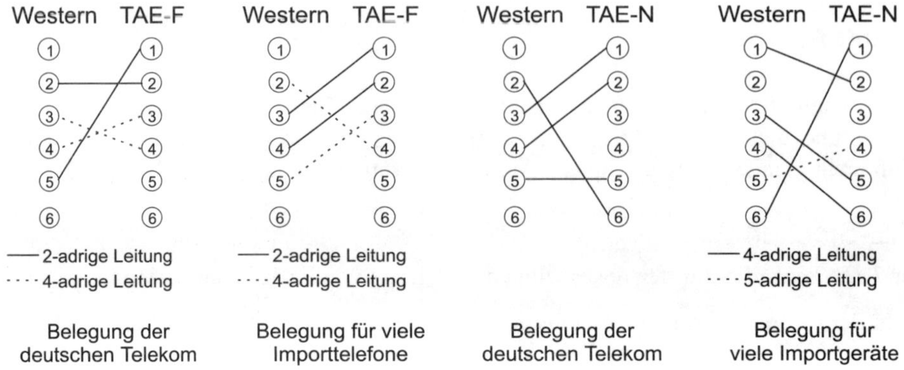

Abb. 2.16: Verbindungskabel mit TAE- und Western-Stecker

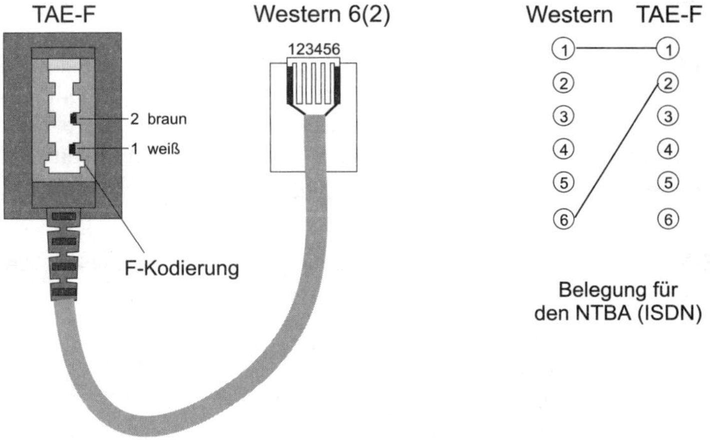

Abb. 2.17: Verbindungskabel für Anschluss des NTBA (ISDN)

Western-Stecker (RJ11)

Den *Western-Stecker* gibt es in zwei Ausführungen:

- In der 4-poligen Ausführung ist er regulär auf beiden Seiten des Höreranschlusskabels von Telefonen sowie zuweilen auch als Anschlussstecker für Importgeräte zu finden – wo er einen TAE-Adapter, die nachträgliche Montage eines TAE-Steckers oder schlicht den Austausch des Kabels erforderlich macht (vgl. Abbildung 2.15, mitte).
- In der 6-poligen Ausführung findet man den Western-Stecker heute standardmäßig bei Anschlusskabeln für Endgeräte, wo er für den geräteseitigen Anschluss zuständig ist.

Der dosenseitige Anschluss ist dann als TAE-Stecker ausgeführt. Abbildung 2.16 zeigt die „üblichen" Verbindungsschemata zwischen Western- und TAE-Steckern.

Soweit die graue Theorie. In der Praxis sieht es oft anders aus, insbesondere wenn es um den Anschluss fernöstlicher oder sonstiger Importgeräte geht. Die bei der Beschaffung des Geräts eingesparten paar Euro müssen dann schnell in passende – oder schlimmer noch, nur vermeintlich passende – Adapter investiert werden. Meiner Erfahrung nach ist es bei Geräten, für die sich partout kein Anschlussstecker oder -kabel finden lässt, meist das beste, an das mitgelieferte Kabel rigoros einen TAE-Stecker zu montieren. Die Steckerbelegung kann man per Versuch und Irrtum ermitteln; in manchen Fällen lässt sich die Belegung auch schlicht ausmessen, wenn ein Messgerät zur Verfügung steht. Für die Inbetriebnahme reicht es im Allgemeinen, wenn das Gerät La und Lb in beliebiger Polung zu sehen bekommt. Um Durchschleifungen kann man sich später kümmern. Ist zwar ein TAE-Stecker vorhanden, die Kontaktierung aber falsch, können Sie den TAE-Stecker entsprechend dem nachfolgenden Tipp umkontaktieren.

Merke

Analoge Faxgeräte, Anrufbeantworter und Modems schleifen La und Lb per Relais standardmäßig durch, wenn sie nicht gerade selbst eine Verbindung mit dem „Amt" haben. Falls das nicht geschieht, ist meist eine falsche Steckerbelegung Ursache des Übels!

Merke

Das ist notwendig, denn sonst könnte man keine weiteren Endgeräte an der gleichen oder einer nachgeschalteten TAE-Dose betreiben. Manche Geräte mit integrierter Faxweiche „hören sogar mit" und übernehmen das „Gespräch" gegebenenfalls, wenn sie den Pilotton für eine Faxverbindung erkennen.

Auch Modems schleifen La und Lb gewöhnlich durch, wenn sie nicht Betrieb sind. Es gibt aber auch Geräte, die sich mit einer 2-adrigen Verbindung „begnügen" – in diesem Fall müssen Sie auf den Parallelbetrieb ausweichen, indem Sie eine geeignete Überbrükkung der Kontakte 1 und 6 sowie 2 und 5 an der TAE-Dose vornehmen (vgl. sinngemäß auch Abbildung 2.13, links).

Fehlerbilder von Steckern

Vgl. die Fehlertabelle im Abschnitt „Fehlerbilder einer TAE-Dose" auf Seite 34.

Tipp: Umkontaktieren eines TAE-Steckers

Während Western-Stecker im Allgemeinen eingegossen sind und damit keinen Eingriff in die Steckerbelegung ermöglichen, lassen sich TAE-Stecker meist ohne größere Probleme umkontaktieren – freilich erst, nachdem man die richtige Kontaktierung (gegebenenfalls per „Versuch und Irrtum") ermittelt hat, denn allzu oft geht das Verfahren wegen der mechanischen Belastung der Steckkontakte durch diese Arbeit auch wieder nicht.

Für die Umkontaktierung gehen Sie wie folgt vor:

1. Erstellen Sie eine Zeichnung, wie die Belegung des Steckers am Ende aussehen soll.
2. Hebeln Sie mit einem kleinen Schraubenzieher vorsichtig am Kontakt 4 unter und versuchen Sie dann die Gehäusehälften des Steckers durch Nachhebeln an anderen Stellen zu trennen (vgl. Abbildung 2.18, links). Vorsicht, dass Sie dabei keinen der Klips beschädigen.
3. Hebeln Sie den vertauschenden Kontakt dort, wo die Ader angeklemmt ist, vorsichtig heraus und schieben Sie dann den gesamten Kontakt nach vorne hinaus (vgl. Abbildung 2.18, rechts).

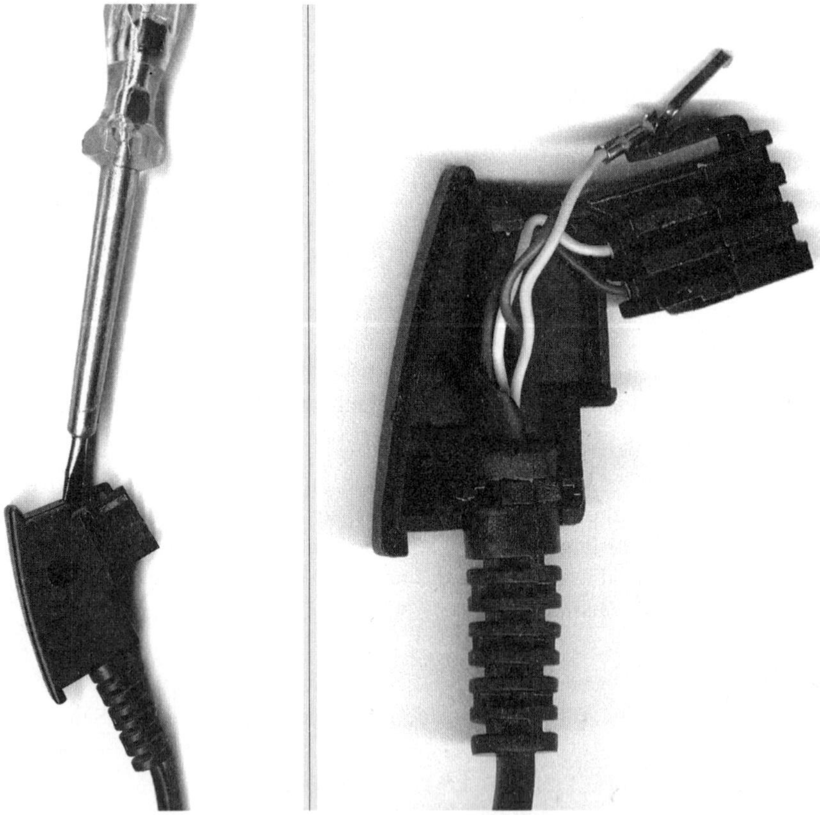

Abb. 2.18: *links* – Aufhebeln eines TAE-Steckers; *rechts* – herausgelöster Kontakt

4. Wiederholen Sie Schritt 2 für alle zu vertauschenden Kontakte.
5. Schieben Sie die einzelnen Kontakte nacheinander entsprechend der in der Zeichnung ausgewiesenen Position wieder vorsichtig von vorne ein und drücken Sie dann die Anschlussseite mit dem Schraubenzieher fest in das Bett.
6. Klicken Sie die Gehäusehälften zusammen – fertig.

Sollte eine Umkontaktierung auf diese Weise nicht möglich sein, können Sie natürlich immer noch zum Lötkolben greifen. Achten Sie in diesem Fall jedoch auf kurze Lötzeiten, da der Kunststoffträger eines TAE-Steckers einen niedrigen Schmelzpunkt hat.

Tipp: Kennung eines TAE-Steckers entfernen

Nachdem es wirklich einfach ist, TAE-Stecker umzukontaktieren, steht dem freien Gestaltungswillen oft aber noch die N- bzw. F-Kennung des Steckers im Wege. Diese Kennung können Sie einfach mit einer Feile oder einem scharfen Messer bleibend entfernen. Der Stecker passt dann wahlweise auf N- und F-kodierte TAE-Dosen, ohne dadurch seine Funktionsfähigkeit einzubüßen.

Indem Sie die Kennung an einem TAE-N-Stecker entfernen, können Sie insbesondere ein Fax oder Modem an einer TAE-F-Buchse betreiben, ohne dass nachgeschaltete Dosen darunter leiden. (Ein Telefon an einer N-Buchse zu betreiben, setzt hingegen nachgeschaltete N- und F-Buchsen außer Betrieb.)

Telefonanlagen

Eine wesentlich elegantere Methode, mehrere Telefone an einem oder mehreren Telefonanschlüssen zu betreiben, ist der Einsatz einer Telefonanlage (TK-Anlage) bzw. Nebenstellenanlage anstelle der passiven TAE-Schaltung. Sie unterteilt das Telefonnetz des Teilnehmers vermittlungstechnisch in einen internen und einen externen Bereich. Je nach Auslegung der Anlage stellt sie zwei oder mehrere interne Nummern in Form separater a/b-Kanäle bereit und ermöglicht auch die interne und externe Vermittlung zwischen diesen Nummern. Größere Anlagen kommen auch mit mehreren externen Nummern zurecht.

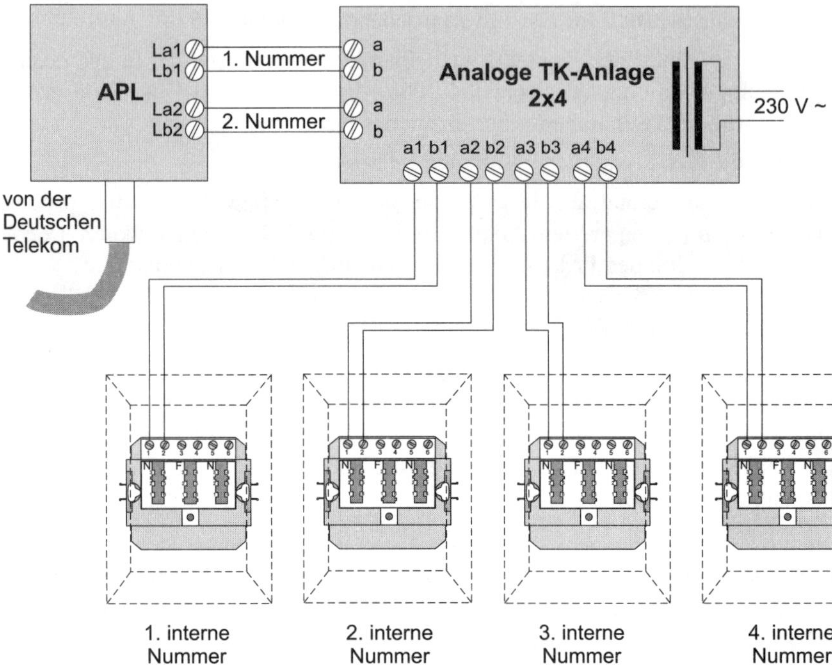

Abb. 2.19: Anschluss einer analogen TK-Anlage mit externen und internen Nummern

Im Zeitalter der Computerisierung haben sich moderne Nebenstellenanlagen zu wahrhaften Leistungs-Monstern entwickelt, deren vollständige Programmierung nicht nur gewisse Kenntnisse im Umgang mit Computern und einen scharfen Verstand erfordert, sondern auch ein ausführliches Studium des Leistungsumfangs voraussetzt.

Rein analoge TK-Anlagen wird man heute nicht mehr neu kaufen. Der Umstieg auf ISDN in Kombination mit einer digitalen TK-Anlage oder einem einfachen Analogadapter, der bereits viele der Eigenschaften einer klassischen Nebenstellenanlage unter sich vereint, ist sicherlich preisgünstiger und natürlich auch zukunftsweisender – nicht zuletzt deshalb, weil ein ISDN-Anschluss mindestens drei externe Nummern mitbringt.

TK-Anlagen anschließen

Die Beschaltung einer rein analogen oder teilanalogen ISDN-TK-Anlage ist nicht weiter schwierig. Neben der unvermeidlichen Stromversorgung gibt es einen Eingang, der entweder per ISDN-Kabel oder – im rein analogen Fall – über ein oder mehrere analoge La/Lb-Adernpaare versorgt wird. Auf der Ausgangsseite findet man mehrere a/b-Anschlüsse (auch a/b-Ports genannt), die entweder gleich als TAE-Buchsen ausgeführt sind oder entsprechende Schraubklemmen für den Anschluss von TAE-Dosen über festinstallierte Telefonleitungen vorsehen (zur Installation vgl. insbesondere Abschnitt „TAE-Dosen“ auf Seite 29). Jedem a/b-Paar ist eine interne Nummer zugeordnet. Die Belegung mit externen Nummern unterliegt der freien Zuordnung.

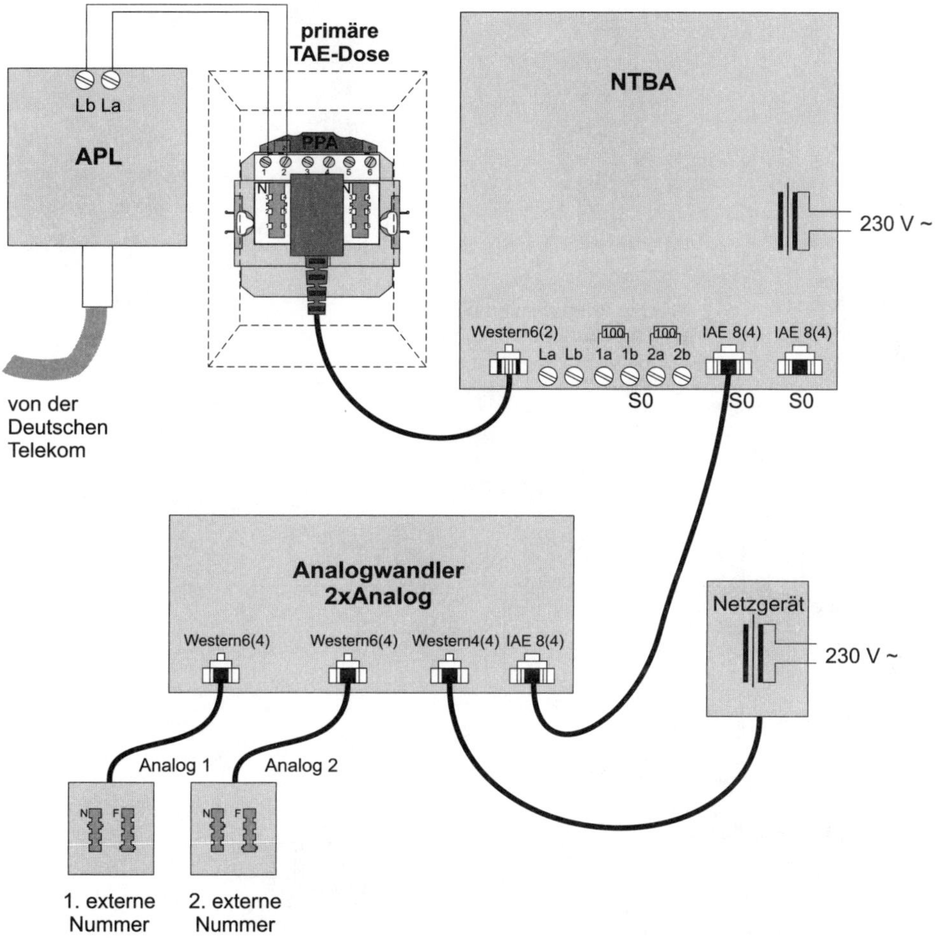

Abb. 2.20: Anschluss eines Analogwandlers für zwei analoge Nummern

Tipp

Um sich die teils etwas lästige Programmierung zu sparen, kann man auch die Standardzuordnung der TK-Anlage verwenden und die Endgeräte an die entsprechenden a/b-Ausgänge klemmen. In diesem Fall ist die Telefonanlage auch gut gegen „Vergessen“ geschützt.)

Tipp

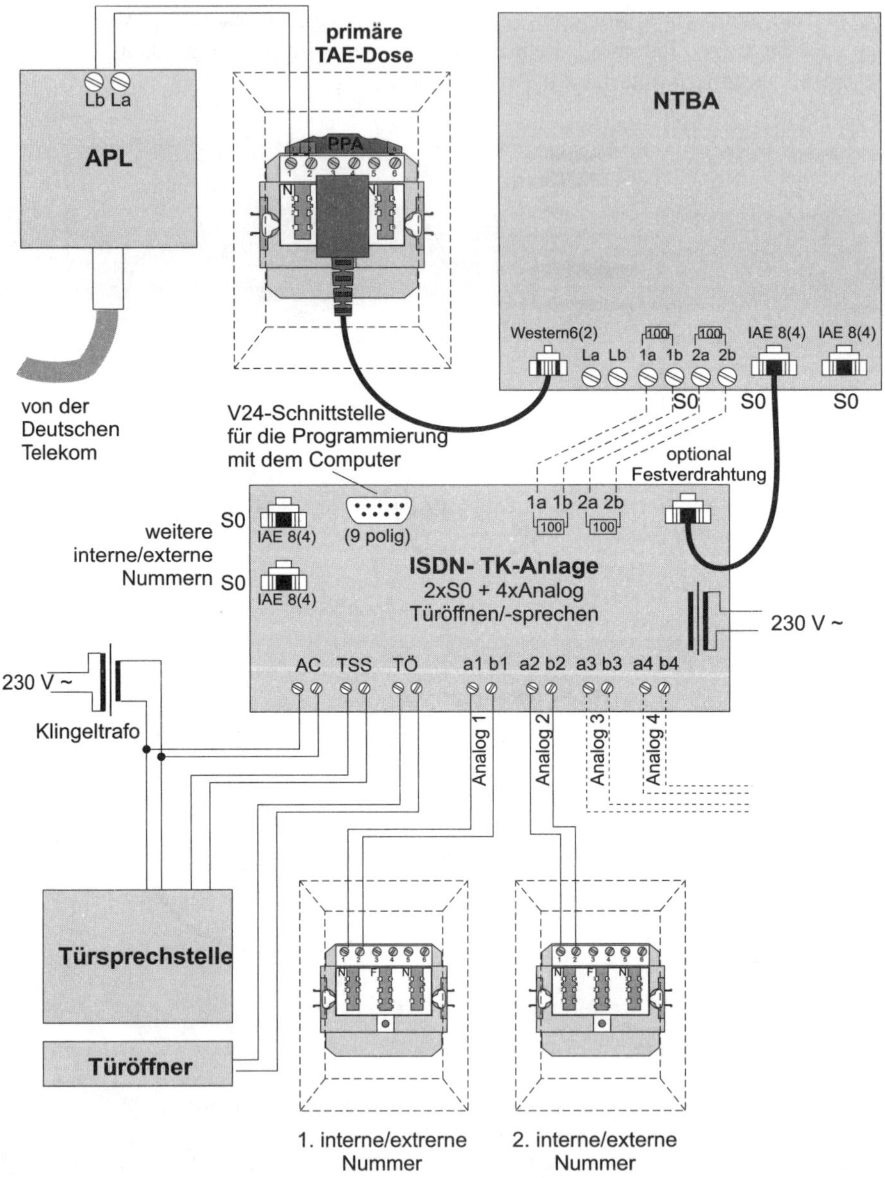

Abb. 2.21: Anschluss einer teilanalogen ISDN-TK-Anlage mit Türsprechfunktion

ISDN-TK-Anlagen mit analogen Ausgängen können auch zwischen der ISDN- und der analogen Welt vermitteln und besitzen daher auch einen oder mehrere ISDN-Ausgänge, die vollständige S_0-Busse verkörpern und jeweils den Anschluss von bis zu vier ISDN-Telefonen ermöglichen (mehr über den Ausbau und die Eigenschaften von S_0-Bussen lesen Sie im Abschnitt „ISDN-Telefonie“ auf Seite 50). Die Abbildungen 2.19 bis 2.21 zeigen, wie die verschiedenen Anlagentypen sinngemäß angeklemmt sind – im Einzelfall kann der Anschluss natürlich abweichen.

Analogwandler

Falls Sie auf ISDN umstellen und Ihre bereits erworbenen analogen Endgeräte ohne großen Aufwand weiter betreiben wollen, legen Sie sich am besten einen *Analogwandler* zu. Die Funktion eines solchen Geräts besteht darin, eine Brücke zwischen dem digitalen und dem analogen Telefonstandard zu errichten. In der einen Richtung digitalisiert es die von analogen Endgeräten stammenden Tonsignale und in der anderen Richtung wandelt es die aus dem ISDN-Netz stammenden Bits und Bytes wieder in Tonsignale um (diese Umwandlung muss natürlich auch bei einem ISDN-Telefon geschehen, findet dann aber innerhalb des Endgeräts und nicht in einem vorgeschalteten „Kästchen“ statt).

Vermittlung und Wahlverfahren

Damit aber nicht genug. Auch die Vermittlung ist in den beiden Telefonstandards natürlich höchst unterschiedlich. Nahezu alle Analogwandler kommen mit beiden Wahlverfahren – also sowohl mit Impulswahl als auch mit Tonwahl – zurecht. Meine Erfahrung zeigt allerdings, dass Analogwandler etwas pingeliger mit der Impulserkennung sind als das analoge Telefonsystem der Deutschen Telekom. Es kann also durchaus vorkommen, dass gerade die „guten alten“ Wählscheibentelefone an einem Analogadapter plötzlich nicht mehr wählen können, obwohl der Wandler laut Spezifikation Impulswahl beherrscht – Abhilfe finden Sie im Abschnitt „Wählscheibentelefone in Stand setzen“ auf Seite 81.

Rufnummern

Damit die Vermittlung auch funktioniert, müssen Sie dem Analogwandler „sagen“, welcher a/b-Kanal auf welche Nummer hören soll. In der Praxis können Sie einem analogen a/b-Kanal auch mehrere eingehende Nummern sowie eine ausgehende Nummer zuordnen. Es versteht sich, dass dabei nur solche Nummern zur Verfügung stehen, die im MSN-Nummernpaket (Multiple Subscriber Number, zu deutsch: Mehrfachrufnummer) des ISDN-Anschlusses enthalten sind.

Ja, Sie haben richtig gelesen: ein an einem a/b-Kanal eines Analogwandler angeschlossenes Endgerät kann für eingehende Gespräche auf mehrere Rufnummern programmiert werden – für ausgehende Gespräche verständlicherweise nur auf eine. (Je nach interner Logik des Analogadapters ist oft nicht einmal verlangt, dass die ausgehende Nummer unter den eingehenden zu finden ist.) Die ausgehende Nummer hat erstens den Zweck, dass die Deutsche Telekom Gespräche über den jeweiligen a/b-Kanal für die Abrechnung der gewünschten Nummer zuordnen kann und zweitens, dass der Angerufene sehen kann, wer ihn anruft (dieses „Merkmal" ist Teil des Leistungsumfangs von ISDN und lässt sich auch einmalig oder dauerhaft ausschalten). Falls für einen a/b-Kanal keine ausgehende Nummer programmiert ist, meldet sich der Kanal bei der Telekom und beim Angerufenen übrigens mit der Hauptnummer, auf die der ISDN-Anschluss läuft.

Weg mit dem fliegenden Aufbau

Analogwandler gibt es als Standalone-Geräte, aber auch in Kombination mit ISDN-Adaptern für Computer. Wie in Abbildung 2.20 gezeigt, sind Analogadapter in der Regel für den „fliegenden Aufbau" konzipiert, das heißt, alle Anschlüsse sind als Steckverbindungen ausgelegt. In der Praxis führt ein fliegender Aufbau mit unzähligen Strippen, Netzgeräten und ominösen kleinen Kästchen jedoch eher zu lästigen Schmuddelecken in Büro, Hausflur oder gar Wohnzimmer. Auch besteht für fliegende Aufbauten mit Blick auf Staubsauger, Kinder oder Haustiere erhöhte Ausfallgefahr.

Man wird daher das Telefonsystem des Hauses bzw. der Wohnung im Zuge der Umstellung auf ISDN in der Regel so umstricken, dass der ganze unansehnliche Kram in einer abgelegenen Ecke, in der Besenkammer oder im Keller verschwindet und „weitgehend" fest installiert wird (vgl. auch das „Fallbeispiel: Umstellen auf ISDN" auf Seite 67 und Abbildung 3.12.)

Beachten Sie, dass Sie dazu auf jeden Fall auch einen Stromanschluss für zwei Geräte – für das Netzteil des Analogwandlers und bei Bedarf auch für den NTBA – benötigen. Das hat natürlich auch einen unübersehbaren Nachteil.

Achtung

Bei Stromausfall kann man im Gegensatz zum traditionellen Analoganschluss über einen Analogwandler nicht mehr telefonieren. Um über den ISDN-Anschluss telefonieren zu können, benötigt man ein Telefon, das für den Notbetrieb geeignet ist.

Achtung

Nachdem die Stecker genormt sind und Analogwandler mit allen notwendigen Verbindungskabeln geliefert werden, erwarten Sie zwar von dieser Seite her keine Probleme, ein Festanschluss mit „ordentlichen" TAE-Dosen und starren, auf oder unter Putz verlegten Telefonleitungen hat aber die Tücke, dass Sie den Übergang irgendwie bewerkstelligen müssen. Auch wenn es hierfür keinen Königsweg gibt, die folgenden Vorschläge führen zumindest zum Ziel:

- Am „saubersten“ geht das, wenn Sie an die a/b-Adern des abgemantelten Kabels einen Westernstecker montieren. Solche Stecker lassen sich zwar auftreiben, die Montage setzt aber eine ruhige Hand und Löterfahrung voraus, die nicht jeder vorzuweisen hat. Die Belegung messen Sie am besten mit einem Messgerät (Plus ist b und Minus ist a, die Polung spielt aber keine so große Rolle) aus, *bevor* Sie den Stecker montieren, denn eine nachträgliche Änderung ist nahezu ausgeschlossen. Sie können natürlich auch ausgediente Kabel mit Westernstecker abschneiden und die Verbindung per Verdrillen, Lüsterklemme oder Verlöten und nachfolgendes Umwickeln mit Isolierband herstellen.
- Einfacher ist es, wenn Sie für jeden a/b-Kanal einen TAE-Stecker (Kontakte 1 und 2) an das abgemantelte Telefonkabel montieren. Die Stecker gibt es mit Crimp-Anschluss beispielsweise bei Bürklin und sie kosten dort etwa 1 €. Natürlich können Sie auch Stecker ausrangierter Kabel verwenden. In diesem Fall müssen Sie entweder mit dem Lötkolben ran oder Sie schneiden das Kabel ab und verbinden die mit den Kupferseelen des Telefonkabels verdrillten flexiblen Adern dauerhaft per Lüsterklemme.
- Die radikalste aber dauerhafteste Lösung ist sicher das Anklemmen am Analogwandler selbst. Dazu müssen Sie das Gerät gegebenenfalls öffnen und die entsprechenden Adern an den jeweiligen Buchsenkontakten anlöten – was natürlich nicht gerade jedermanns Sache ist.

Fehlerbilder eines Analogwandlers

Analogwandler sind für den jahrelangen Dauerbetrieb konzipiert und sollten im Allgemeinen keine Schwierigkeiten bereiten, die sich nicht durch eine kurzzeitige Abschaltung der Hilfsenergie (Ziehen des Netzgeräts bzw. Netzsteckers) für einige Sekunden beheben lassen.

Fehlerbild	Analoge Telefone erhalten auf allen a/b-Kanälen kein Signal (auch keine Rückhörgeräusche), die Betriebsanzeige (LED) am Analogwandler leuchtet nicht.
Mögliche Ursachen	Es liegt ein Stromausfall vor oder das Netzteil des Analogwandlers ist defekt.
Abhilfe	Sicherung des Stromkreises prüfen; Netzteil austauschen oder in Stand setzen.
Fehlerbild	Analoge Telefone erhalten zwar Rückhörgeräusche aber kein Signal, die Betriebsanzeige (LED) am Analogwandler leuchtet.
Mögliche Ursachen	Der NTBA kann defekt sein (unwahrscheinlich) oder die ISDN-Verbindung ist auf Seiten der Deutschen Telekom ausgefallen

	Der Analogwandler kann aufgrund von Netzstörungen in einen nicht vorhergesehenen logischen Zustand geraten oder defekt sein (wahrscheinlichste Ursache). Ein an den NTBA angeschlossenes ISDN-Gerät kann defekt sein und den ISDN-Bus stören.
Abhilfe	Prüfen Sie, ob ISDN-seitig Verbindungen möglich sind. Wenn ja, liegt der Fehler beim Analogwandler oder seiner Verbindung zum NTBA (andernfalls siehe „Fehlerbilder eines ISDN-Anschlusses", Seite 71). Prüfen Sie die Verbindung und stecken Sie das Netzgerät des Analogwandlers für mehrere Sekunden aus und dann wieder ein. Wenn sich nichts ändert, ist der Analogwandler defekt.
Fehlerbild	Analoge Telefone erhalten Besetztsignal, Telefonieren ist nicht möglich.
mögliche Ursachen	Beide ISDN-Kanäle sind besetzt (Fax und Computer in Betrieb?), weitere Verbindungen sind daher nicht möglich (wahrscheinlichste Ursache). Der Analogwandler kann aufgrund von Netzstörungen in einen nicht vorhergesehenen logischen Zustand geraten oder defekt sein. Der NTBA kann defekt sein (unwahrscheinlich) oder die ISDN-Verbindung ist auf Seiten der Deutschen Telekom ausgefallen. Der Analogwandler merkt, dass er keine Verbindung zum S0-Bus erhält und meldet nach einer gewissen Zeit ein Belegtzeichen.
Abhilfe	Prüfen Sie, ob ISDN-seitig Verbindungen möglich sind. Wenn ja, liegt der Fehler beim Analogwandler oder seiner Verbindung zum NTBA (andernfalls siehe „Fehlerbilder eines ISDN-Anschlusses", Seite 71). Prüfen Sie die Verbindung und stecken Sie das Netzgerät des Analogwandlers für mehrere Sekunden aus und dann wieder ein. Wenn sich nichts ändert, ist der Analogwandler defekt.
Fehlerbild	Ein a/b-Kanal ist ausgefallen.
mögliche Ursachen	Der Analogwandler kann aufgrund von Netzstörungen in einen nicht vorhergesehenen logischen Zustand geraten sein (wahrscheinlich) oder einen ernsthaften Defekt haben (unwahrscheinlich). TAE-Steckverbindung bzw -Installation ist nicht intakt. Vielleicht betreiben Sie ein N-kodiertes Endgerät, das keine Durchschleifung vornimmt. Analoges Endgerät oder dessen Anschlusskabel ist defekt.
Abhilfe	Prüfen Sie die Rückhörfunktion am ausgefallenen Kanal, indem Sie den Hörer abnehmen und die Muschel anblasen. Wenn Sie das Blasen im Hörer hören können, stecken Sie das Netzgerät des Analogwandlers für mehrere Sekunden aus und dann wieder ein.

	Prüfen Sie das betroffene Endgerät an einem anderen a/b-Kanal. Wenn es dort funktioniert, prüfen Sie ein anderes Endgerät am defekten a/b-Kanal. Wenn dieses dort gleichfalls seinen Dienst versagt, prüfen Sie die Installation zwischen Analogwandler und TAE-Buchse. Vielleicht liegt aber auch ein Stecker- oder Kabelproblem an der TAE-Dose vor (vgl. „Fehlerbilder einer TAE-Dose" auf Seite 34). Vertauschen Sie die a/b-Kanäle versuchshalber. Wenn das Problem nun am anderen Kanal besteht, liegt ein Fehler in der Installation vor.
Fehlerbild	Bestimmte externe Rufnummern (meist in TK-Anlagen) lassen sich nicht erreichen (ständiges Belegtzeichen).
mögliche Ursachen	Die Dienstekennung eines Analogwandlers ist standardmäßig auf „3,1kHz Audio" eingestellt und ermöglicht damit auch die Faxübertragung. Die ISDN-TK-Anlagen mancher Gegenstellen sind aber restriktiver eingestellt und erfordern dann die Dienstekennung „Sprache".
Abhilfe	Analogwandler auf die Dienstekennung „Sprache" umstellen (was aber wiederum zu Problemen bei eingehenden Gesprächen führen kann) oder ISDN-Telefon für das Telefonat verwenden.

3 ISDN-Telefonie

Um den Umstellungsdruck auf ISDN zumindest ein wenig zu erhöhen, bieten die Netzbetreiber ihren Kunden verschiedene Anreize positiver wie negativer Art. So „straft" die Deutsche Telekom „Uneinsichtige" beispielsweise durch vergleichsweise höhere Grund- und Gesprächsgebühren (der Vergleich „hinkt" nur dann nicht, wenn ein ISDN-Anschluss ohne zusätzlichen Schnickschnack mit zwei analogen Anschlüssen verglichen wird) und bietet gegen einen monatlichen Aufpreis Sondertarife (etwa den XXL-Tarif) nur für ISDN an. Außerdem findet eine Bezuschussung von ISDN-Geräten statt, wenn ein Kunde bereit ist, seinen analogen Anschluss in einen ISDN-Anschluss umzuwandeln oder einen solchen Anschluss neu zu beantragen.

Die analoge Telefonie ist aber noch nicht aus der Welt. Es gibt nach wie vor eine wahre Fülle von Haushalten, die sehr gut ohne den Segen der neuen „digitalen" Welt auskommen und es sicher auch noch eine Weile durchhalten werden. Wenn Sie bis zum heutigen Tag an 20 Jahren PC-Geschichte vorbeigekommen sind, ohne einen eigenen Computer zu besitzen, haben Sie gute Chancen, noch mindestens 10 Jahre ohne ISDN auszukommen.

3.1 Förderung

Das Modell für die Förderung sieht zur Zeit noch so aus, dass der Händler, bei dem Sie das Gerät kaufen oder bestellen, eine Ermäßigung gewährt, wenn Sie im Gegenzug Ihre Unterschrift unter einen ISDN-Auftrag setzen. Der Händler leitet diesen Auftrag dann an den Netzbetreiber (also beispielsweise an die Deutsche Telekom) weiter und erhält im Gegenzug eine Provision, die sich mit der Ihnen gewährten Ermäßigung weitgehend deckt. Nach einer gewissen Zeit meldet sich dann der Netzbetreiber (also beispielsweise die Deutsche Telekom) bei Ihnen, teilt Ihnen Ihre Nummern mit und vereinbart die Modalitäten für die Umstellung.

Die Fördermaßnahmen der Deutschen Telekom werden in nächster Zeit wohl auslaufen, es ist aber zu erwarten, dass an ihre Stelle Werbegeschenke des gewählten Netzbetreibers (Freiminuten, Monate ohne Grundgebühr etc.) treten – Wettbewerb belebt eben das Geschäft.

Die Endgeräte-Technologie zu ISDN hat sich in den letzten Jahren eher schlecht als recht entwickelt. Freilich, es gibt ISDN-Karten für Computer, ISDN-Tischtelefone in verschiedenen Ausführungen mit und ohne integrierten Anrufbeantworter und ISDN-TK-Anlagen. Wer aber beispielsweise nur einen ISDN-Anrufbeantworter sucht oder ein reines ISDN-

Fax als Tischgerät, muss sich bereits auf die Hinterbeine stellen, bis er etwas Vernünftiges und vor allem etwas Bezahlbares findet – die meisten Geräte haben neben einem unverhohlenen Hauch von Luxus einfach zu viele Funktionen, die man nicht benötigt, aber doch bezahlen muss. Und wer, die billigen analogen Schnurlostelefone vor Augen, ein äquivalentes ISDN-Gerät sucht, muss tief in die Tasche greifen. Es scheint fast so, als würde die Förderung der Deutschen Telekom dazu führen, dass die Preise auf hohem Niveau einfrieren.

Auf der anderen Seite ist gute Analogtechnologie billig wie noch nie. Hier findet echter Wettbewerb statt, keine verträumte Koexistenz, wie im ISDN-Sektor. Es sollte daher nicht verwundern, wenn die meisten Leute ihre ISDN-Lösung in einem ISDN-Analogadapter und einer einfachen ISDN-Karte für den PC sehen oder gleich auf ADSL umsteigen und ihren Analoganschluss behalten.

3.2 Wie funktioniert ISDN?

Bei ISDN ist „alles irgendwie digital", und digitale Signale lassen sich über beliebig weite Strecken völlig störungsfrei übertragen. Die Zeit der Ferngespräche, wo man an der Qualität der Sprachübertragung, am sphärischen Rauschen der Leitungen und an dem Klicken der Relais in den Vermittlungsstationen hören konnte, wie weit der andere weg war, ist ein für allemal vorbei – zumindest in der westlichen Welt. Einzig bei Ferngesprächen in die ärmeren Regionen dieser Welt lebt diese Kulisse noch einmal auf.

Es würde an dieser Stelle zu weit führen, auf die hinter der digitalen Telefonie steckenden technischen Details, Verfahren und Vorgänge im Einzelnen eingehen zu wollen. Die folgenden Abschnitte sollten aber reichen, um Ihnen zumindest einen gewissen Eindruck von der Thematik zu vermitteln und die wichtigsten Komponenten vorzustellen.

NTBA

Auf der Teilnehmerseite erfordert die Umstellung eines analogen Telefonanschlusses auf ISDN eigentlich nichts weiter als die Montage des so genannten *NTBA* (Netzwerk-Terminationspunkt-Basis-Anschlusseinheit). Wie Abbildung 3.2 zeigt, handelt sich dabei um ein Kästchen, das einen 230 V-Anschluss besitzt und ansonsten wie ein Analogtelefon an der F-kodierten Buchse der primären TAE-Dose angesteckt wird (zur Anschlussbelegung des Kabels vgl. Abbildung 2.17). Der Anschluss des NTBA an das 230 V-Netz ist nur erforderlich, wenn Endgeräte betrieben werden, die keine eigene Stromversorgung besitzen – mehr über dieses Thema im folgenden Abschnitt.

Das Kästchen wickelt die gesamte Kommunikation mit der Vermittlungsstelle ab und stellt teilnehmerseitig den so genannten *passiven S_0-Bus* zur Verfügung, an den ISDN-Endgeräte (Analogwandler, ISDN-Telefone, ISDN-Karten, ISDN-TK-Anlage etc.) angeschlossen werden können (Abbildung 3.1). Der Bus heißt deshalb „passiv", weil er keine wechselseitige Vermittlung zwischen den Endgeräten wie eine TK-Anlage vorsieht.

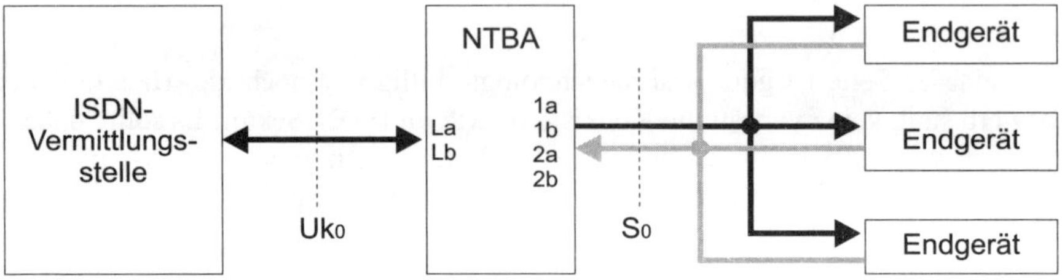

Abb. 3.1: Kommunikationsstruktur bei ISDN

Der NTBA kann seinen Dienst aufnehmen, sobald der Telefonanschluss aufseiten der Vermittlungsstelle auf ISDN umgestellt ist. Er zeigt seine Bereitschaft dann durch eine LED an. Den ungefähren Zeitpunkt (plus minus einige Stunden) einer solchen Umstellung teilt die Telekom vorher mit. Sobald die Umstellung geschehen ist, darf neben dem NTBA kein analoges Gerät an der gleichen oder einer parallel geschalteten TAE-Dose mehr angesteckt sein, sonst funktioniert der NTBA nicht. (Das analoge Gerät funktioniert an einem auf ISDN umgestellten Anschluss natürlich auch nicht.)

Achtung

An einem Telefonanschluss, der auf ISDN umgestellt ist, darf nur noch ein NTBA betrieben werden. Entfernen Sie alle gegebenenfalls noch mit dem TAE-Anschluss verbundenen Analoggeräte sowie nachgeschaltete TAE-Dosen.

Achtung

Die Telekom traut Ihnen zu, den NTBA selbst zu montieren, schickt Ihnen aber auch gegen einen Aufpreis von 50 € zur einmaligen Einrichtungsgebühr (gleichfalls 50 €) gerne einen „Techniker" vorbei, der Ihnen bei der Inbetriebnahme des Anschlusses behilflich ist. Zusätzlich anfallende Arbeiten, wie das Verlegen der primären TAE-Dose müssen gegebenenfalls noch extra bezahlt werden. Ein Blick auf die Abbildungen 2.20 und 2.21 dürfte Sie davon überzeugen, dass der Vorgang unkritisch ist. Alle Kabel sind mit eindeutig unterschiedenen Steckern versehen; es kann also nichts schief gehen.

Im Abschnitt „ISDN selbst installiert" ab Seite 64, finden Sie darüber hinaus eine ausführliche Anleitung, wie Sie Ihre ISDN-Anlage konzipieren und fachmännisch in Betrieb nehmen.

Abb. 3.2: NTBA der Telekom – eine von verschiedenen Ausführungen

Speisung von Endgeräten durch den NTBA und Notbetrieb

Der NTBA wird von der Vermittlungsstelle der Deutschen Telekom nicht nur mit Daten versorgt, sondern auf den gleichen zwei Adern auch mit einer Speisespannung, die ausreicht, um den Betrieb des NTBA sowie von Endgeräten, die in ihrer Summe nicht mehr als 400 mW benötigen, zu garantieren. Damit ist beispielsweise der Betrieb von Endgeräten mit eigener Stromversorgung (beispielsweise ISDN-Karte und Analogwandler) möglich, ohne dass der NTBA am 230 V-Netz angesteckt werden muss. Darüber hinaus gibt es im Handel auch ISDN-Telefone, die für den Notbetrieb geeignet sind und auch bei Ausfall der Stromversorgung noch Telefongespräche ermöglichen. In der Regel wird der NTBA aber an das 230 V-Stromnetz angeschlossen und kann dann über sein eigenes Netzteil bis zu vier ISDN-Telefone speisen.

Merke

Im Notbetrieb arbeitet der NTBA ohne zusätzliche 230 V-Stromversorgung und kann für den Notbetrieb geeignete Endgeräte mit einer Leistungsaufnahme bis ca. 400 mW betreiben.

Merke

Die Speisespannung von 40 V liegt zwischen den beiden Adernpaaren an, wobei 1a/1b als Minuspol und 2a/2b als Pluspol fungieren (vgl. Abbildung 3.3). Zwei hochintegrierte Schnittstellenbausteine (SBC und IEC) sind für die übertragungstechnischen Funktionen verantwortlich. Sie kommunizieren über die interne IOM-Schnittstelle (ISDN Oriented Modulation).

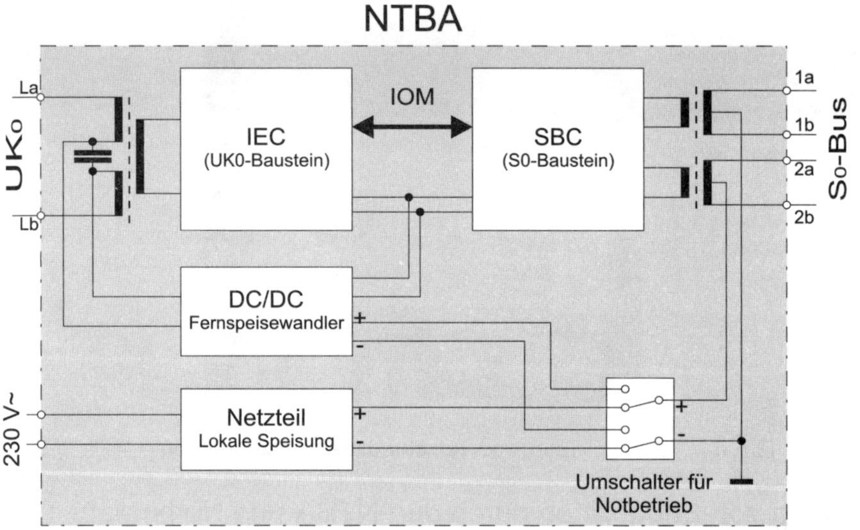

Abb. 3.3: Funktionsschaltbild des NTBA – bei Umschaltung auf Notbetrieb bezieht der S0-Bus seine Speisung aus dem Leitungsnetz der Telekom

S0-Bus

Wie im vorigen Anschnitt bereits angeklungen, präsentiert sich ein ISDN-Anschluss dem Teilnehmer in Form des so genannten S0-Busses. Die Bezeichnung „Bus" entstammt der Computertechnik und bezeichnet ein von mehreren Geräten für den wechselseitigen Datentransfer gemeinsam benutztes Adernbündel. Im Falle des S0-Busses besteht das Bündel aus vier Adern, die schlicht als 1a, 1b, 2a, 2b bezeichnet werden (vgl. die Abbildungen 2.20 und 2.21). Dabei fungieren aus Sicht des NTBA die Adern 1a und 1b als Sendeadern und 2a und 2b als Empfangsadern. Aus Sicht eines Endgeräts ist es natürlich genau anders herum.

Die über diesen Bus laufende Datenkommunikation unterteilt sich in drei logische Kanäle: D-Kanal, B1-Kanal und B2-Kanal. Der D-Kanal ist für die Übermittlung von Steuerinformation (Auf- und Abbau von Verbindungen, sowie für die Abwicklung der ISDN-spezifischen Dienste) zuständig, die B-Kanäle für die Übermittlung der Nutzdaten.

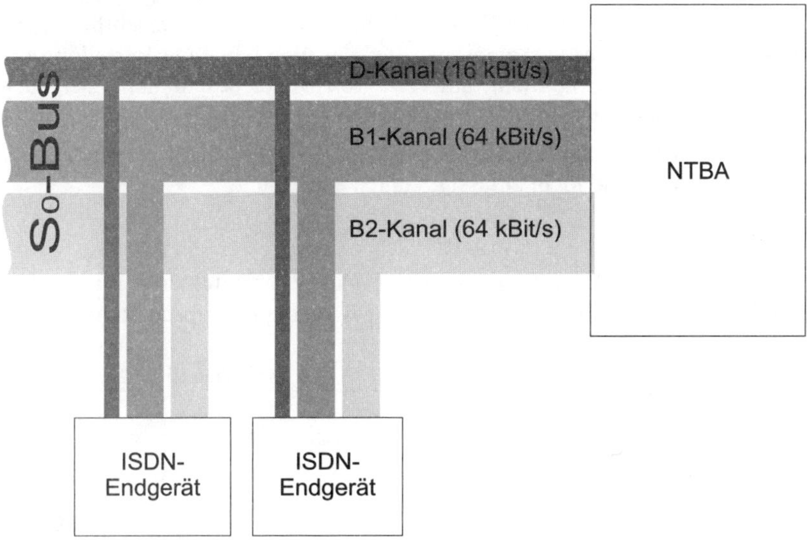

Abb. 3.4: Der S_0-Bus ermöglicht den Endgeräten die Kommunikation mit dem NTBA

> **Merke**
> *Am passiven S_0-Bus des NTBA dürfen nicht mehr als vier Telefone und insgesamt acht Endgeräte angeschlossen werden. Ab einer Leitungslänge von 150 m sind für die Installation Nebenbedingungen zu beachten.*

Da die Datenkommunikation per ISDN relativ hohe Frequenzen involviert, erlegt die Spezifikation des passiven S_0-Busses dem praktischen Ausbau einer ISDN-Installation gewisse Grenzen auf, die jedoch „im Hausgebrauch" selten eine Einschränkung darstellen.

- Der S_0-Bus benötigt Abschlusswiderstände am Ende – die Adernpaare werden dazu mit einem 100 Ω-Widerstand zwischen 1a und 1b und zwischen 2a und 2b verbunden (vgl. die Abbildungen 3.5 bis 3.8 und 3.9).
- Am S_0-Bus können bis zu 12 Dosen installiert werden (vgl. die Abbildungen 3.5 bis 3.7).
- Die Anschlusskabel der Endgeräte ab Dose dürfen nicht länger als 10 m sein.

- Am S_0-Bus können bis zu acht Endgeräte gleichzeitig angeschlossen sein, darunter dürfen jedoch nur vier ISDN-Telefone sein.
- Die Gesamtlänge des S_0-Busses darf prinzipiell 1000 m nicht überschreiten. Je nach verwendeter Architektur der ISDN-Installation gelten jedoch wesentlich stärkere Einschränkungen. So ist der *kurze passive Bus*, der eine beliebige Verteilung der ISDN-Dosen über den Bus ermöglicht, auf etwa 150 Meter beschränkt. (Der nächste Abschnitt stellt die verschiedenen Architekturen vor.)
- Das Installationskabel für den Bus muss der DIN VDE 0815 genügen (vgl. Tabelle 2.1). Andere Kabel sind nicht zulässig, taugen auch nicht.

Architekturen

Die Spezifikation des S_0-Busses erlaubt verschiedene Architekturen für die Installation von ISDN-Dosen. Die Abbildungen 3.5 bis 3.8 zeigen die Prinzipschaltungen.

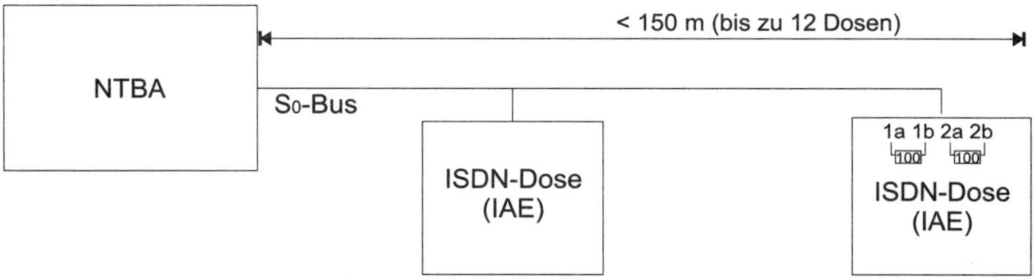

Abb. 3.5: Beim kurzen passiven Bus sind alle ISDN-Dosen an einem Strang, der nicht länger als 150 m sein darf. Die letzte Dose muss Abschlusswiderstände enthalten.

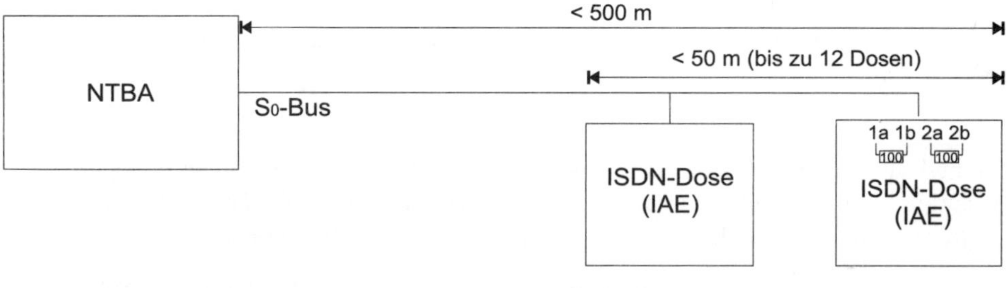

Abb. 3.6: Beim verlängerten passiven Bus sind alle ISDN-Dosen auf den letzten 50 Metern des Strangs zu finden (Cluster), daher kann der Strang eine Länge von bis zu 500 m erreichen; die letzte Dose muss Abschlusswiderstände enthalten

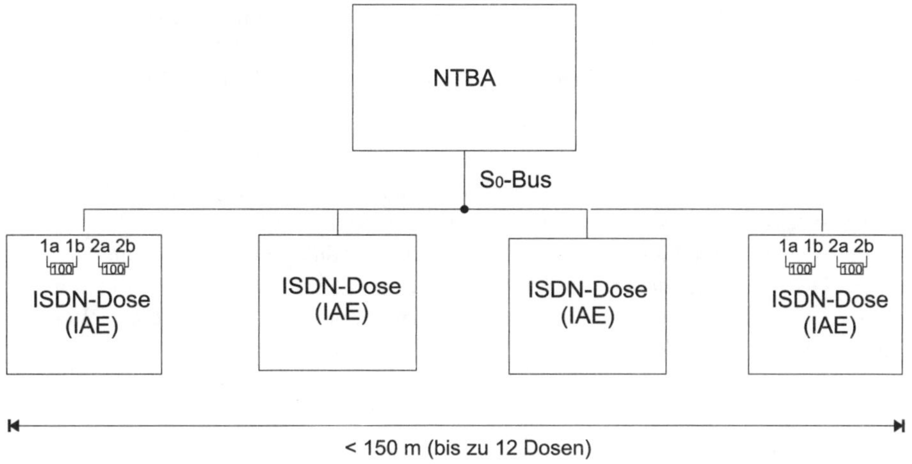

Abb. 3.7: Bei der Punkt-zu-Mehrpunkt-Verbindung sitzt der NTBA in der Mitte. Es gibt daher zwei Stränge, deren addierte Länge 150 m nicht überschreiten darf. Die jeweils letzte Dose im Strang muss Abschlusswiderstände enthalten.

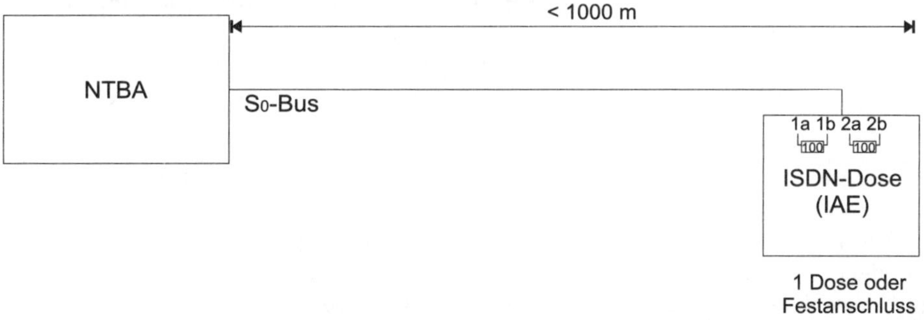

Abb. 3.8: Bei der Punkt-zu-Punkt-Verbindung wird nur ein Endgerät (TK-Anlage) an den NTBA angeschlossen. Die Stranglänge darf dann bei Verwendung des richtigen Kabels bis zu 1000 m betragen.

Kanal

An die Stelle der „analogen Leitung“ tritt bei einem ISDN-Anschluss der *Kanal*. Dabei unterscheidet man zwischen einem *Nutzkanal* (B-Kanal) und einem *Steuerkanal* (D-Kanal). *B-Kanäle* haben eine Bandbreite von 64 kBit/s – das sind etwas mehr als 64.000

Informationseinheiten pro Sekunde – und dienen der Übertragung konkreter Inhalte wie digitalisierter Tonsignale, Dateien oder Seiten aus dem Internet. Für die Übertragung von Telefongesprächen ist diese Bandbreite mehr als ausreichend, für die Bildtelefonie eher mager.

Ein *D-Kanal* hat eine Bandbreite von 16 kBit/s und ist für die Übertragung von Steuerinformationen konzipiert, die für den Verbindungsauf- und -abbau sowie für die Abwicklung der verschiedenen ISDN-Dienste anfallen. Seit März 2000 bietet die Deutsche Telekom allerdings für eine Pauschalgebühr von 5 € das Produkt ISDN@ctive an, das rein auf Basis des D-Kanals eine dauerhafte Verbindung zum Internet ermöglicht, etwa um Email-Konten oder Börsenkurse in regelmäßigen Abständen abzufragen. Auf diese Weise wird der ansonsten die meiste Zeit brach liegende D-Kanal besser genutzt.

Welche ISDN-Anschlüsse gibt es?

ISDN-Anschluss ist nicht gleich ISDN-Anschluss. Auch wenn die dahinter steckende Technologie die gleiche ist, bieten die Netzbetreiber verschiedene Produkte mit unterschiedlicher Leistungsausstattung an. Tabelle 3.1 gibt einen Überblick über die für private Haushalte in Frage kommenden „kleinen“ ISDN-Produkte der deutschen Telekom. Die Angebote anderer Netzbetreiber sehen – mit geringen Unterschieden – vom Prinzip her genauso aus, da sie (zur Zeit noch) auf die Infrastruktur der Deutschen Telekom aufsetzen.

Das billigste Produkt und zugleich die Minimalausstattung für einen ISDN-Anschluss ist der *ISDN-Basisanschluss* (BA). Da dieses Produkt insbesondere den wertvollen Dienst der Anrufweiterschaltung (Rufumleitung) nicht umfasst, entscheiden sich die meisten Umsteiger gleich für einen *ISDN-Komfortanschluss* (KA), der nur mit einem minimalen Aufpreis verbunden ist. Für Großfamilien oder kleinere Geschäftsbetriebe rentiert sich dagegen der *Anlagenanschluss* (AA), den es gleichfalls in der Basis- und in der Komfortausführung gibt. Der Leistungsumfang eines solchen Anschlusses hängt im Wesentlichen von der Leistungsfähigkeit der verwendeten (und auch erforderlichen) ISDN-TK-Anlage ab, umfasst aber ansonsten die Dienste des Basis- bzw. Komfortanschlusses – erweitert um einen größeren Rufnummernblock und der Möglichkeit der direkten Durchwahl.

Bei all diesen ISDN-Anschlussarten stehen zwei B-Kanäle und ein D-Kanal zur Verfügung. (Die Bandbreite beträgt somit 144 kBit/s netto bzw. 192 kBit/s brutto.)

Für größere Betriebe enthält die Produktpalette darüber hinaus noch den ISDN-Primärmultiplexanschluss (PA). Er umfasst 30 B-Kanäle und einen D-Kanal und ist somit für den reinen „Hausbedarf“ ein wenig überdimensioniert – auch natürlich, was die Kosten betrifft. Wer auf eine schnelle Datenübertragung abzielt, kann heute auf T-DSL ausweichen und muss dafür nicht einmal auf ISDN umstellen (vgl. den Abschnitt „T-DSL" ab Seite 73).

Tab. 3.1: Leistungsmerkmale der „kleinen" ISDN-Produkte der deutschen Telekom*)

ISDN-Dienste der Deutschen Telekom	Basis-anschluss	Komfort-anschluss	Anlagen-anschluss (Standard)	Anlagen-anschluss (Komfort)
Anschlussgebühr (einmalig) bei Selbstinstallation	50 €*)	50 €*)	50 €*)	50 €*)
monatliche Grundgebühr	23 €*)	25,50 €*)	32 €*)	34,50 €*)
3 Mehrfachrufnummern	ja	ja	ja	ja
weitere Mehrfachrufnummern	2,50 €*) Aufpreis	2,50 €*) Aufpreis	ja	ja
Einzelverbindungsübersicht	ja	ja	ja	ja
Einzelverbindungsübersicht	ja	ja	ja	ja
zwei B-Kanäle und ein D-Kanal	ja	ja	ja	ja
Umstecken des Endgeräts am S0-Bus	ja	ja	spezifisch für TK-Anlage	spezifisch für TK-Anlage
Anzeige der rufenden Nummer	ja	ja	ja	ja
Rufnummerunterdrückung (ständig/einmalig)	möglich	möglich	möglich	möglich
Übermittlung der eigenen Rufnummer	ja	ja	ja	ja
Halten, Rückfragen, Makeln	ja	ja	spezifisch für TK-Anlage	spezifisch für TK-Anlage
Dreierkonferenz	ja	ja	spezifisch für TK-Anlage	spezifisch für TK-Anlage
Anklopfen	ja	ja	ja	ja
Rückruf bei Besetzt	ja	ja	ja	ja

ISDN-Dienste der Deutschen Telekom	Basis-anschluss	Komfort-anschluss	Anlagen-anschluss (Standard)	Anlagen-anschluss (Komfort)
Gebührenanzeige nach Gespräch (nur für Telekomgespräche)	1 € Aufpreis*)	ja	1 € Aufpreis*)	ja
Gebührenanzeige während Gespräch (nur für Telekomgespräche)	1,50 € Aufpreis*)	1,50 € Aufpreis*)	1,50 € Aufpreis*)	1,50 € Aufpreis*)
Anrufweiterschaltung (immer/verzögert/bei besetzt)	2,50 € Aufpreis*)	ja	2,50 € Aufpreis*)	ja
Identifizierung böswilliger Anrufer	Aufpreis und schriftliche Anmeldung	Aufpreis und schriftliche Anmeldung	Aufpreis und schriftliche Anmeldung	Aufpreis und schriftliche Anmeldung

*) Die Preise beziehen sich auf den Zeitpunkt der Drucklegung dieses Buchs. Exakte Preisinformationen erhalten Sie im nächsten T-Punkt bzw. bei dem Netzbetreiber Ihrer Wahl.

Mehrfachrufnummern (MSN)

Während ein Analoganschluss immer fest mit einer einzelnen Telefonnummer verbunden ist, steht Ihnen bei einem ISDN-Anschluss gleich ein ganzer Pool von Nummern, so genannten MSN (Multiple Subscriber Number, im Telefon-Deutsch: *Mehrfachrufnummer*), zur Verfügung – mindestens drei, bei Bedarf und gegen Aufpreis auch mehr (bis zu zehn). Seit der Umstellung vom nationalen ISDN auf die Euro-ISDN-Norm ist es auch kein Problem mehr, ehemals analoge Nummern für ISDN zu übernehmen – durchgehende Rufnummernblocks sind daher zwar noch möglich, aber vom Prinzip her nicht mehr erforderlich.

Bei so vielen Nummern und nur zwei Kanälen wird klar, dass es keine feste Zuordnung zwischen Kanal und Rufnummer geben kann, diese wird vielmehr im Rahmen des Verbindungsaufbaus ausgehandelt – je nachdem, welcher B-Kanal gerade frei ist. Wie zu erwarten, gibt es bei ISDN aber eine feste (selbstverständlich frei programmierbare) Zuordnung zwischen Endgeräten und Rufnummern, wobei Sie einem Endgerät bei Bedarf mehrere Rufnummern sowie mehreren Endgeräten auch dieselbe Rufnummer zuordnen können.

Verbindungsauf- und -abbau

Das Prozedere für den Verbindungsaufbau zwischen zwei ISDN-Teilnehmern sieht wesentlich anders aus als die Vermittlung analoger Verbindungen. Als Benutzer haben Sie damit eigentlich nichts am Hut, dennoch ist es von Vorteil, wenn Sie das Prinzip kennen, um gegen gewisse (Denk-)Fehler gewappnet zu sein. Dabei spielen drei Informationen eine Rolle:

- Welcher Endgerätetyp (Telefon, Fax, Datenendgerät, Bildtelefon etc.) die Verbindung aufbaut – jedem Endgerätetyp ist eine so genannte *Dienstekennung* zugeordnet, die darüber eine Aussage macht, über welches Datenformat das Endgerät kommuniziert. Eine geeignete Prüfung der Dienstekennung vorausgesetzt, lassen sich Verbindungen zwischen nicht zueinander passenden Endgeräten, etwa Fax und Telefon, bereits im Vorfeld als unzulässig aussondern.
- Welche Rufnummer dem Endgerät selbst zugeordnet ist – eine Übermittlung der Rufnummer an die Telekom ist unvermeidlich, bei aktivierter Rufnummerunterdrückung (ISDN-Dienst) wird die Nummer dem Angerufenen wunschgemäß jedoch nicht übermittelt. (Dieser kann aber wiederum den kostenpflichtigen ISDN-Dienst „Fangen" benutzen, um Sie gegebenenfalls als „böswilligen Anrufer" offiziell von der Deutschen Telekom protokollieren und identifizieren zu lassen.)
- Welche Rufnummer das gerufene Endgerät hat.

Sobald Sie das Endgerät anweisen, die Verbindung aufzubauen, passiert Folgendes:

1. Das Endgerät belegt einen B-Kanal. Falls alle am Anschluss verfügbaren B-Kanäle bereits in Benutzung sind, erhalten Sie eine entsprechende Fehlermeldung („Netzabschnitt besetzt") – die meisten Endgeräte, abgesehen von Analogwandlern generieren kein Belegtzeichen.
2. Das Endgerät übermittelt eine Verbindungsanforderung an die ISDN-Vermittlungsstelle der Deutschen Telekom. Dabei „nennt" es seine eigene Rufnummer, die Rufnummer des anzuwählenden Endgeräts und eine Dienstekennung, die über die Art des von dem Endgerät gewünschten Diensts Aufschluss gibt.
3. Die Vermittlung stellt eine Verbindung mit dem D-Kanal des ISDN-Anschlusses her, der für die angewählte Rufnummer zuständig ist, und übermittelt diesem die Dienstekennung sowie die Rufnummer des Anrufers (sofern keine Rufnummerunterdrückung eingerichtet ist).
4. Falls an dem gerufenen ISDN-Anschluss im Augenblick kein B-Kanal frei ist, lehnt er die Verbindungsanforderung über die D-Kanal-Verbindung ab, woraufhin die Vermittlung ihrerseits die D-Kanal-Verbindung abbaut und an den D-Kanal des Anrufers die Meldung „Anschluss besetzt" schickt. Am B-Kanal erhält das rufende Endgerät dann das Besetztzeichen.

5. Falls an dem gerufenen ISDN-Anschluss zwar ein B-Kanal frei ist, sich aber kein Endgerät findet, das auf die Rufnummer und die Dienstekennung reagiert, lehnt er die Verbindungsanforderung über die D-Kanalverbindung mit der Meldung „Dienstmerkmal nicht vorhanden“ ab.
6. Falls sich an dem gerufenen ISDN-Anschluss unter der gewünschten Nummer ein Endgerät findet, das die angegebene Dienstekennung akzeptiert und ein B-Kanal frei ist, bestätigt dieses über den D-Kanal seine Bereitschaft, die Verbindung potenziell aufzubauen. Gebühren fallen erst an, wenn das gerufene Endgerät dem Verbindungswunsch (beispielsweise bei Abnehmen des Hörers im Falle eines ISDN-Telefons) tatsächlich nachkommt.

Der Abbau einer bestehenden Verbindung erfolgt, wenn eines der Endgeräte die Verbindung abbricht.

Hinweis Hinweis

Immer besetzt

Wenn der Aufbau einer ISDN-Verbindung nicht zustande kommt, weil kein passendes Endgerät auf die Anforderung reagiert, erhalten Sie ein Besetztzeichen bzw. eine oft nicht sehr aussagekräftige Fehlermeldung des Endgeräts. Das kann verwirrend sein, da nicht klar ist, ob dort alle B-Kanäle belegt sind, überhaupt ein Endgerät für die Nummer und die Dienstekennung zuständig ist oder das zuständige Endgerät ausgeschaltet ist bzw. die Verbindung aktiv ablehnt.

Hinweis Hinweis

IAE und UAE – ISDN-Dosen und Stecker

Das Gegenstück zur TAE-Dose (Telekommunikations-Anschluss-Einheit) des analogen Telefonsystems ist bei ISDN die IAE-Dose (ISDN-Anschluss-Einheit), wie in Abbildung 3.9 gezeigt. Das IAE-System verwendet den von der Computer-Netzwerktechnologie her bekannten RJ45-Stecker, ein Western-Stecker, der für acht Steckkontakte konzipiert ist. Von den acht möglichen Kontakten nutzt das IAE-System allerdings nur die inneren vier (vgl. Abbildung 3.10).

Abb. 3.9: ISDN-Dose (IAE) mit Abschlusswiderständen

Im Handel werden verschiedene Arten von ISDN-Dosen angeboten und zwar jeweils für die Auf- und die Unterputzmontage. Die in Abbildung 3.9 gezeigte Aufputzausführung IAE 2x8(4)AP enthält beispielsweise zwei parallel geschaltete IAE 8(4)-Buchsen sowie zwei 100 Ω Abschlusswiderstände. Es gibt aber die Ausführung IAE 8(4), die nur eine Buchse enthält, oder die Ausführung IAE 8(4)/8(4), die zwei unabhängige Buchsen mit je eigenen Klemmleisten besitzen.

Anders das UAE-System (Universelle-Anschluss-Einheit): Im Unterschied zum IAE-System nutzt es alle acht möglichen Kontakte aus und schafft somit 8-adrige Verbindungen. UAE-Dosen und -Stecker lassen sich jederzeit anstelle von IAE-Dosen und Steckern verwenden – die Stecker passen wechselseitig.

Merke

Für die ISDN-Installation können Sie wahlweise IAE- und/oder UAE-Dosen verwenden. Da die Klemmen einer UAE-Dose keine Adernbezeichnungen tragen, müssen solche Dosen nach Abbildung 3.10 rechts angeschlossen werden.

Merke

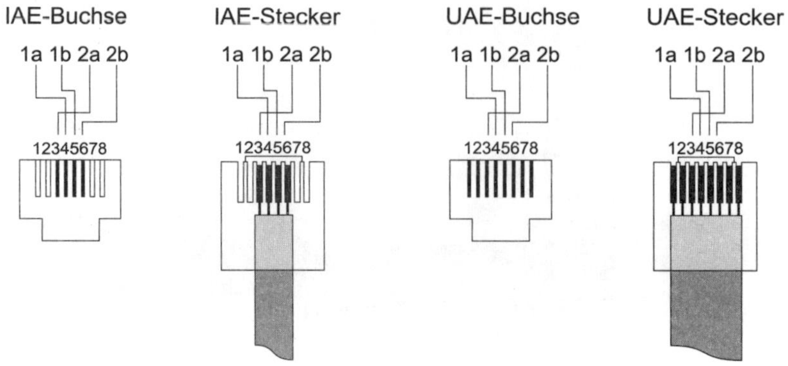

Abb. 3.10: IAE- und UAE-Belegung

Kontaktierung

Ein Blick auf die Kontaktierung einer IAE-Dose zeigt, dass die Anschlüsse 1a, 1b, 2a, 2b nicht einfach in naheliegender Weise auf die Kontakte 3, 4, 5, 6 verbunden werden, sondern die Adern 1a und 1b innen liegen – dieser Umstand kann schon mal zu Verwirrungen führen – insbesondere im Zusammenhang mit UAE-Dosen.

Abschlusswiderstand

Dosen, die mit 100 Ω Abschlusswiderständen beschaltet sind (Abbildung 3.9), dürfen Sie nur als letzte Dose eines S_0-Strangs (Strangabschlussdose) montieren – es sei denn, Sie zwicken die Widerstände an den Anschlussdrähten ab.

Dosen, die keine Abschlusswiderstände besitzen, dürfen Sie nicht als Strangabschlussdose montieren. Sie lassen sich aber problemlos mit zwei kleinen zwischen 1a und 1b sowie 2a und 2b geschalteten 100 Ω-Widerständen zu Strangabschlussdosen umfunktionieren. Die Farbkodierung dieser Widerstände ist: braun/schwarz/braun.

3.3 ISDN selbst installiert

Die Umrüstung von einem Analoganschluss auf einen ISDN-Anschluss können Sie selbst vornehmen. Der Ablauf von der Ummeldung bis zur Inbetriebnahme des ersten ISDN-Endgeräts involviert folgende Schritte:

1. *Planung* – planen Sie, welche Ausstattung Ihr ISDN-Anschluss haben soll. Überlegen Sie sich, welche analogen Endgeräte Sie weiter nutzen wollen, beispielsweise, ob Sie

einen Analogwandler einsetzen wollen oder ob Sie besser gleich auf eine ISDN-TK-Anlage setzen.

2. *Wahl des Netzbetreibers* – entscheiden Sie sich für einen Netzbetreiber (beispielsweise die Deutsche Telekom, Arcor oder Mobilcom) und erkundigen Sie sich beim Händler nach fertigen, gegebenenfalls bezuschussten Einsteigerpaketen. Das bisherige Verfahren sieht so aus, dass Sie beim Kauf eines ISDN-Geräts oder -Pakets in Verbindung mit der Anmeldung eines ISDN-Anschlusses etwa 25 € sparen. Die sollte man natürlich nicht verschenken.
3. *Auftragserteilung und Wahl der Grundausstattung* – entscheiden Sie sich für Ihre Grundausstattung und unterschreiben Sie den Auftrag für die Anmeldung eines ISDN-Anschlusses. Falls Sie eine oder mehrere analoge Telefonnummern für den ISDN-Anschluss übernehmen wollen, sollten Sie dies bereits beim Auftrag angeben, Sie können das aber später auch noch telefonisch regeln.
4. *Modalitäten für die Umstellung regeln* – das gekaufte ISDN-Endgerät können Sie zwar gleich mitnehmen, bis zur Umstellung selbst geht aber noch einiges an Zeit ins Land, da der Antrag erst bearbeitet werden muss. Nach einiger Zeit bestätigt der Netzbetreiber Ihren Auftrag und teilt Ihnen die neuen Rufnummern für den ISDN-Anschluss mit – drei an der Zahl, es sei denn, Sie haben weitere beantragt. Falls Sie unter den angeführten Rufnummern Ihre alte Rufnummer nicht finden, sollten Sie telefonisch Rückfrage halten. Das Standardverfahren ist übrigens, dass Sie einen analogen Anschluss gegen einen ISDN-Anschluss eintauschen und diese Nummer behalten. Falls Sie zwei analoge Anschlüsse haben, müssen Sie also den zweiten zum Umstellungstermin extra kündigen, damit Sie auch diese Nummer zum ISDN-Anschluss mitnehmen können. Meist klappt dieser „überaus komplexe Vorgang" nur, wenn Sie ihn nachhaltig begleiten. Mit ein bisschen Glück erhalten Sie dann aber gewissermaßen als Entschädigung zu den drei ISDN-Nummern noch Ihre alten Nummern als Geschenk.
5. *Einträge in das Telefonbuch festlegen* – bei Mitteilung der Rufnummern erhalten Sie Gelegenheit, festzulegen, welche Einträge Sie in das Telefonbuch aufnehmen wollen. Einträge für zwei Nummern sind im Preis inbegriffen, weitere müssen gegebenenfalls extra bezahlt werden. Auch das lässt sich häufig besser telefonisch erledigen, wenn Sie alle gewünschten Nummern haben.
6. *NTBA abholen* – mit Nennung des Umstellungstermins erfahren Sie auch, wo Sie den NTBA für den Selbstanschluss abholen können. Wenn Sie den Antrag bei der Deutschen Telekom gestellt haben, ist der nächste T-Punkt Ihre Anlaufstelle. Natürlich ist auch der Versand möglich.
7. *Wahl des Montageorts und Vorbereitung der Montage* – am Tag des Umstellungstermins müssen Sie sich darauf einstellen, eine Weile nicht telefonieren zu können. Bis dahin sollten Sie sich auch ein Konzept zurechtgelegt haben, wie die Installation aussehen soll und alle Vorbereitungen für die schnelle Umstellung getroffen haben. Da

der NTBA sowie der Analogwandler bzw. die ISDN-TK-Anlage auf einen Stromanschluss angewiesen sind, ist schon einmal die Nähe zu einer Steckdose angesagt. Für die Installation sollten Sie besser gleich Nägel mit Köpfen machen. Der fliegende Aufbau ist zwar möglich, das Kabel- und Kästchenwirrwarr wird aber früher oder später lästig. Suchen Sie sich für die Montage also einen Platz aus, der zwar einigermaßen zugänglich, trotzdem aber geschützt und versteckt ist – denn schön ist der Aufbau wirklich nicht. Gegebenenfalls müssen Sie dazu die primäre TAE-Dose geeignet verlegen. Alternativ können Sie den NTBA aber auch direkt an den APL (vgl. Seite 22) anstelle der primären TAE-Dose anklemmen. Bestand der Telefonanschluss früher nur aus einer TAE-Dose, kommen für ISDN nun der NTBA mit Netzkabel, eine TK-Anlage mit Netzkabel bzw. ein Analogwandler mit Steckernetzteil und natürlich die entsprechenden Steckdosen hinzu. (Wie Sie eine neue Steckdose verlegen, lesen Sie in Teil A des Buchs.)

8. *Verkabelung* – montieren Sie den NTBA sowie den Analogwandler bzw. die TK-Anlage am besten fest an die Wand. Die Verkabelung erfolgt am besten mittels der beigepackten Anschlusskabel. Diese Kabel zu kürzen, wäre Unsinn. Wickeln Sie sie am besten auf, bis die passende Länge erreicht ist, und verschnüren Sie sie dann. Wenn Sie alle Endgeräte direkt am NTBA bzw. am Analogwandler oder der TK-Anlage einstecken können, haben Sie an dieser Stelle bereits gewonnen. Falls Sie eine umfangreichere Installation mit mehreren TAE- und ISDN-Dosen durchführen wollen, steht Ihnen die meiste Arbeit noch bevor. Die dazu notwendigen Schritte entnehmen Sie der folgenden Anleitung.
9. *LED am NTBA zeigt Bereitschaft an* – vorausgesetzt, der NTBA ist an die primäre TAE-Dose oder direkt an den APL angeschlossen (vgl. Abbildung 2.20) und die Umstellung ist auch aufseiten der Vermittlung vollzogen, dann zeigt die grüne Leuchtdiode am NTBA an, dass die Verbindung mit der Vermittlungsstelle steht und dem ISDN-Betrieb nichts mehr im Wege steht.
10. *NTBA testen* – zum Test des NTBA schließen Sie am besten ein ISDN-Telefon an und versuchen „hinaus zu telefonieren“. Wenn das nicht gleich klappt, ist das Telefon nicht für den Notbetrieb eingerichtet, und es ist erforderlich, dass Sie den NTBA an das 230 V-Netz anstecken. Um angerufen werden zu können, müssen Sie das ISDN-Telefon erst auf die entsprechende Rufnummer programmieren. Natürlich können Sie den Test auch mit einem Analogwandler, einer TK-Anlage oder einem sonstigen ISDN-Gerät durchführen. Die Fehlersuche ist dann aber eher problematisch.
11. *Fehlersuche* – falls nach Ablauf der vom Netzbetreiber genannten Frist die LED am NTBA wider Erwarten einfach nicht leuchten will und auch das (ausgeliehene) ISDN-Telefon stumm bleibt, sollten Sie als erstes überprüfen, ob noch der analoge Anschluss geschaltet ist. Stecken Sie dazu ein Analogtelefon anstelle des NTBA an. Falls auch das Analogtelefon kein Amt erhält, sollten Sie prüfen, ob La und Lb an der primären TAE-Dose sowie am NTBA ankommen. Der elegantere Weg ist eine Spannungsprü-

fung am Stecker (als Messspitzen verwenden Sie Nadeln), der weniger elegantere das kurze Aneinandertippen der beiden Adern (auch hier bieten sich Nadeln für die Überbrückung an) oder der Selbsttest mit dem angefeuchteten Finger – bitte nicht mit der Zunge. Wenn dabei kleine Funken zu beobachten sind bzw. ein Kribbeln zu spüren ist, ist alles in Ordnung. Die Polung der beiden Adern spielt übrigens keine Rolle – Hauptsache, es kommt Spannung an. Wenn diese Prüfung keinen Fehler zu Tage gefördert hat, sollten Sie Ihren Netzbetreiber anrufen und fragen, ob die Umstellung bereits passiert ist (Wie? Na mit Ihrem Handy!). Im Allgemeinen ist dann aufseiten der Vermittlungsstelle etwas schief gegangen. Dass der NTBA kaputt ist, kommt ausgesprochen selten vor.

Fallbeispiel: Umstellen auf ISDN

Das folgende Fallbeispiel zeigt, wie die Installation eines ISDN-Anschlusses für ein Einfamilienhaus aussehen kann.

Welche Geräte?

Ausschlaggebend für die Umstellung auf ISDN ist der Wunsch nach einer schnellen Internet-Verbindung per ISDN. Da die ursprünglich für die beiden Analoganschlüsse des Hauses angeschafften Schnurlostelefone, Anrufbeantworter sowie das Faxgeräte weiter verwendbar bleiben sollen, bietet sich ein Einsteigerpaket an, das eine ISDN-Karte und einen Dreikanal-Analogwandler mit der Möglichkeit zur internen Vermittlung beinhaltet. Netzbetreiber soll die Deutsche Telekom sein.

Anstelle des Analogwandlers könnte man natürlich auch gleich eine ISDN-TK-Anlage mit mindestens drei Analogkanälen wählen. Während der Analogwandler intern nur zwischen den Analogkanälen vermitteln kann, kann die TK-Anlage intern auch zwischen ISDN- und Analoggeräten vermitteln.

Welche Nummern?

Es ist geplant, die bereits bestehenden Nummern für den ISDN-Anschluss zu übernehmen. Da eine dieser Nummern bisher dem Faxgerät zugeordnet war, soll dies auch so bleiben. Die andere Nummer wird die Hauptnummer, über die fortan die Abrechnung laufen soll. Die neue dritte Nummer ist als Büronummer gedacht. Gegebenenfalls sollte man gleich noch weitere Nummern beantragen, etwa um der ISDN-Karte eine Nummer für die getrennte Abrechnung zuordnen zu können – beispielsweise als Nachweis für das Finanzamt.

Antrag

Beim Stellen des Antrags ist darauf zu achten, dass der Anschluss mit der alten Hauptnummer in den ISDN-Anschluss umgewandelt wird. Die andere Nummer wird zum Umstellungstermin gekündigt und soll mit übernommen werden – da dies bei der Telekom nie richtig klappt, sollte man diesen Vorgang „begleiten“.

Installation

Bereits vor der Umstellung kann man damit beginnen, die Installation vorzubereiten und das benötigte Material einzukaufen. (Vgl. die Abschnitte „Welches Kabel ist das richtige“, Seite 25, und „TAE-Dosen“, Seite 29.)

- Dazu zeichnet man am besten einen Schaltplan im Stile von Abbildung 3.11 und überlegt sich dann anhand des Schaltplans den besten Verlauf des Kabels sowie den Sitz der einzelnen Dosen.
- Da die TAE-Dosen für die analogen Geräte und IAE-Dosen für die ISDN-Geräte am besten eng beieinander montiert werden, empfiehlt sich, den S_0-Bus und die drei analogen Nummern in einem gemeinsamen Kabel zu führen, das dann mindestens 10-adrig sein muss.
- Bei der Platzierung der Dosen sollte man darauf achten, dass die Anschlusskabel der Endgeräte später nicht quer durch den Raum verlaufen müssen, sondern möglichst kurz bleiben können.
- Den NTBA und den Analogwandler (bzw. die TK-Anlage) packt man am besten in den Keller, nach Möglichkeit gleich neben den APL (vgl. Abschnitt „APL“ auf Seite 22). Vom Prinzip her kann der Analogwandler aber auch an beliebiger Stelle (also in jedem anderen Stockwerk) an den S_0-Bus anschlossen werden. Diese Variante ist beispielsweise sinnvoll, wenn im Keller keine Steckdose zur Verfügung steht. Der NTBA lässt sich dann im Notbetrieb fahren, weil ISDN-Karte und Analogwandler ja ihre eigenen Stromversorgungen haben. Kritisch wird dieser Aufbau erst, wenn das erste ISDN-Telefon ohne eigene Stromversorgung ins Haus kommt – dann nämlich muss der NTBA an das 230 V-Netz angeschlossen werden, um den Strom für den Betrieb des Telefons zu liefern.
- Die gesamte Installation lässt sich noch vor der Umstellung vornehmen. Vor der Verdrahtung sollte eine Skizze erstellt werden, aus der hervorgeht, welche Adernfarbe (bzw. -kennung) für welche Klemme bestimmt ist (vgl. Abbildung 2.9).
- Um später zu wissen, an welcher TAE-Buchse welche Nummer anliegt, schreibt man am besten mit einem Filzstift eine Kennung über jede einzelne TAE-Buchse. Auch den S_0-Bus kann man gleich am NTBA anklemmen.
- Der Analogwandler lässt sich vorab in Betrieb nehmen und ermöglicht es per interner Vermittlung, die Funktionsfähigkeit der analogen Installation (TAE-Dosen und deren Verkabelung) vollständig zu prüfen.

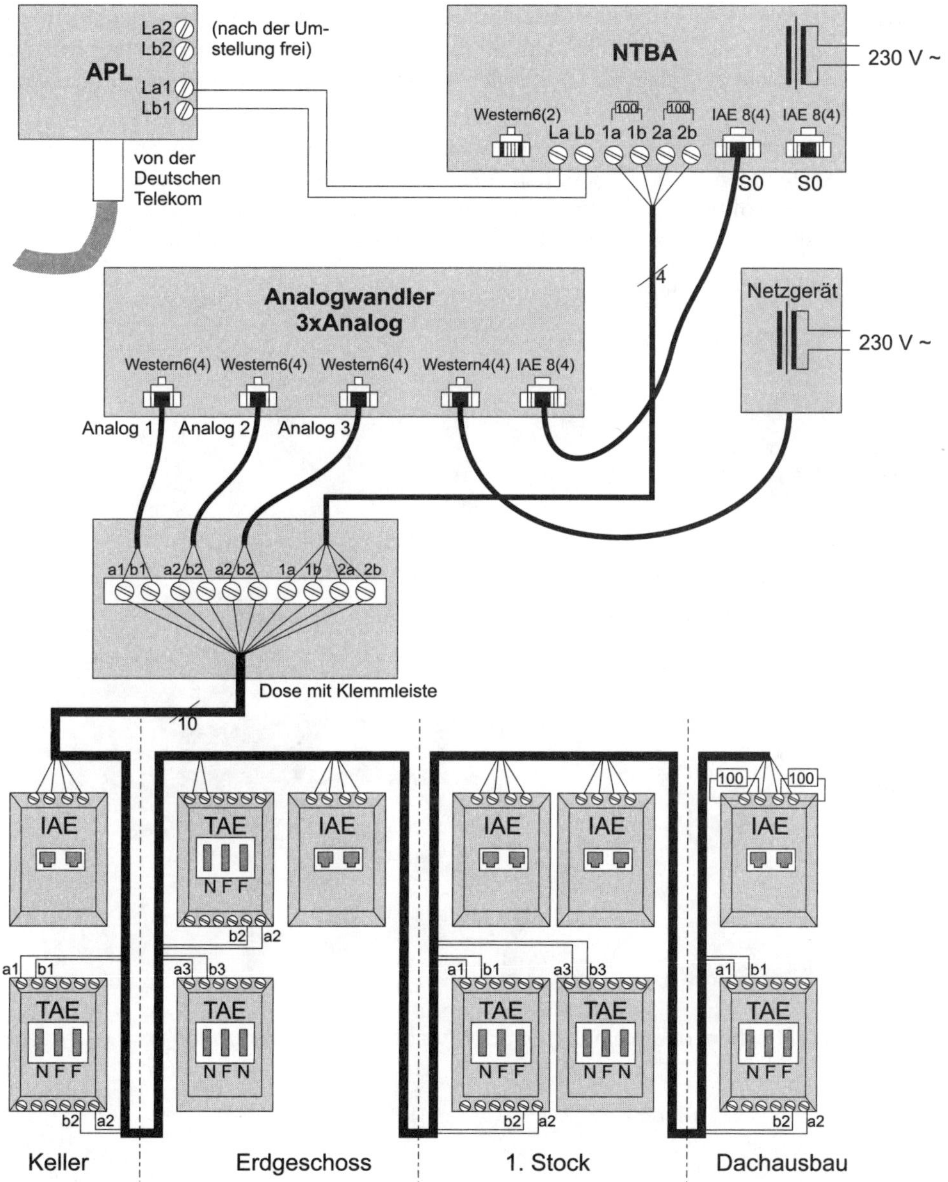

Abb. 3.11: Gesamtschaltplan – das 10-adrige Kabel zieht sich durch alle Stockwerke; in jedem Stockwerk ist mindestens eine IAE-Dose; im Erdgeschoss und 1. Stock besteht die Möglichkeit, das auf der dritten Nummer liegende Analog-Fax anzuschließen.

- Die letztc IAE-Dose muss die Abschlusswiderstände enthalten. Dazu kauft man entweder eine entsprechende Dose oder einfach zwei 100 Ω-Widerstände, die zwischen 1a und 1b sowie zwischen 2a und 2b der letzten Dose geklemmt werden (vgl. Abbildung 3.11).
- Bei der Umstellung bleibt dann nichts weiter zu tun, als den NTBA entweder direkt über die Klemmen La und Lb an den APL anzuklemmen (alle daran angeschlossenen TAE-Dosen sollten dann abgeschlossen werden) oder über das TAE 6(2)-Anschlusskabel an die primäre TAE-Dose anzustecken.

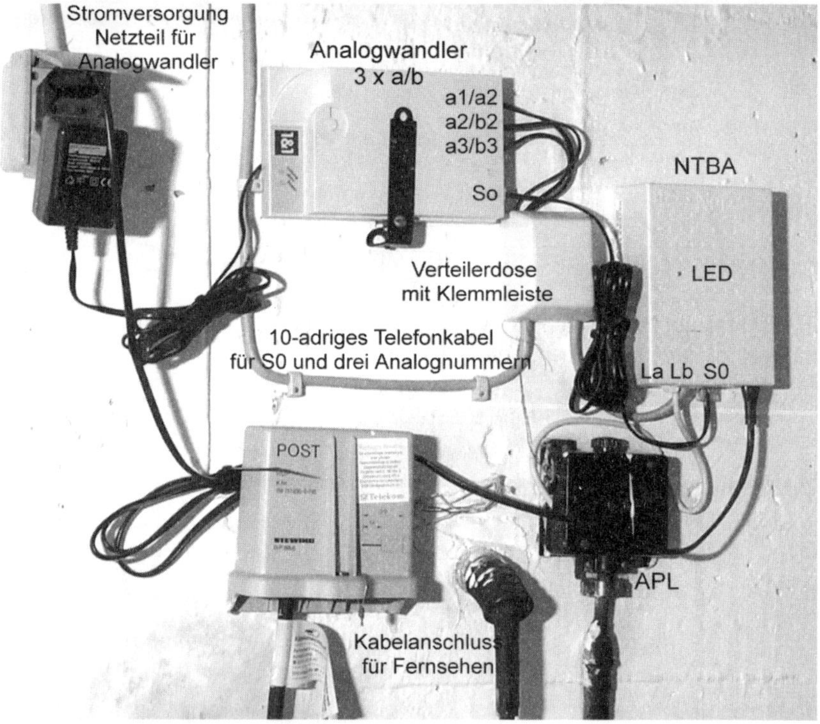

Abb. 3.12: Nicht schön, aber kompakt – ISDN-Anschluss mit Analogwandler

Inbetriebnahme

Die Inbetriebnahme erfordert die folgenden Schritte:

1. *Analogwandler (bzw. TK-Anlage) im Internbetrieb testen* – er muss Telefonate zwischen den a/b-Kanälen ermöglichen.
2. *a/b-Kanäle des Analogwandlers (bzw. TK-Anlage) der Reihe nach auf die Rufnummern programmieren* – eingehend und ausgehend; die meisten Analogwandler gestatten es übrigens auch, mehrere eingehende Nummern auf einen a/b-Kanal zu legen. Um einen Kanal zu programmieren, steckt man ein Analogtelefon an diesem Kanal an.
3. *Anschluss des NTBA an La und Lb* – wenn die LED am NTBA leuchtet, hat dieser die Kommunikation mit der Vermittlungsstelle erfolgreich etabliert.
4. *Analogtelefon abnehmen* – es müsste nun ein externes Freizeichen zu hören sein. Als erstes Telefonat bietet es sich an, sich selbst anzurufen – zuerst auf der gleichen Nummer (Belegtzeichen), dann auf einer der anderen Nummern (anderes Analogtelefon zuvor anstecken).
5. *ISDN-Karte in PC einbauen und Software installieren* – beachten Sie dazu die der ISDN-Karte beigelegten Informationen.
6. *Eingehende und abgehende Rufnummer für ISDN-Karte programmieren* – konsultieren Sie dazu die Dokumentation der Karte. Bei Modem- (Internet) und Fax-Betrieb ist die ausgehende Nummer wichtig, da über diese Nummer die Abrechnung erfolgt (Achtung: dieser Schritt ist gegebenenfalls für mehrere Anwendungen zu wiederholen). Ist keine ausgehende Nummer programmiert, gehen Verbindungen prinzipiell zu Lasten der Hauptnummer des ISDN-Anschlusses.

Fehlerbilder eines ISDN-Anschlusses

In der folgenden Auflistung finden sich nur Fehlerbilder, die in direktem Zusammenhang mit dem ISDN-Anschluss sowie dem S_0-Bus stehen. Beachten Sie ansonsten den Abschnitt „Fehlerbilder eines Analogwandlers“ auf Seite 47.

Fehlerbild	LED am NTBA leuchtet nicht.
mögliche Ursachen	Die Umstellung aufseiten der Vermittlungsstelle ist noch nicht erfolgt. Eine der Adern La und Lb kommt nicht am NTBA an. NTBA ist defekt (unwahrscheinlich)
Abhilfe	Analoges Telefon an primärer TAE-Dose anstecken. Wenn es noch tut, ist die Umstellung noch nicht erfolgt, dann Anruf bei der Deutschen Telekom, um in Erfahrung zu bringen, wann die Umstellung erfolgt.

	Spannung an den Klemmen La und Lb des NTBA und des APL messen. Hier müssten etwas weniger als 60 V anliegen. Ist an beiden Stellen keine Spannung zu messen, liegt eine Störung vor, die im Allgemeinen nur die Telekom beheben kann. Liegt die Spannung am APL an, am NTBA jedoch nicht, Leitung und Anschlüsse überprüfen.
Fehlerbild	LED am NTBA leuchtet, ISDN-Telefon geht nicht.
mögliche Ursachen	*Bei erster Inbetriebnahme:* ISDN-Telefon ist nicht für Notbetrieb geeignet und NTBA nicht an das 230 V-Netz angeschlossen. *Plötzlich:* Beide B-Kanäle sind durch andere Endgeräte belegt; Anschlusskabel oder -stecker des Telefons defekt (wahrscheinlichste Ursache); es sind mehr als vier ISDN-Telefone am S_0-Bus angeschlossen.; S_0-Bus ist unterbrochen oder hat Kurzschluss; NTBA defekt (selten)
Abhilfe	Funktion des ISDN-Telefons an anderem ISDN-Anschluss prüfen. Dann Telefon direkt am NTBA einstecken (gegebenenfalls andere Stränge des S_0-Bus abschließen). Funktioniert das Telefon so, Installation des S_0-Busses überprüfen, ansonsten Störungsstelle anrufen, da Verdacht auf defekten NTBA oder Störung aufseiten der Vermittlung naheliegt. *Bei gestörtem S_0-Bus*: Anderes Endgerät an gleicher Dose sowie mit gleichem Kabel versuchen. Angeschlossene Telefone zählen – sind es mehr als vier? Alle Endgeräte abstecken und der Reihe nach auf Funktion prüfen (dabei am Anschlusskabel bzw. -stecker wackeln).
Fehlerbild	LED am NTBA leuchtet, ISDN-Endgerät kann keine Verbindung aufbauen.
mögliche Ursachen	Beide B-Kanäle sind durch andere Endgeräte belegt; am S_0-Bus sind mehr als vier Telefone oder acht Endgeräte anschlossen. Anschlusskabel oder Steckverbindung des Endgeräts defekt; Kontakte in der IAE-Dose verbogen; Endgerät defekt. S_0-Bus ist unterbrochen (beispielsweise angebohrt oder durch Haustier angenagt), nicht über Abschlusswiderstände abgeschlossen oder verstößt gegen Regeln der ISDN-Architektur (vgl. Abbildungen 3.5 bis 3.8.)
Abhilfe	Stromversorgung des Endgeräts für einige Sekunden unterbrechen, dann noch einmal versuchen. Anderes Endgerät versuchen. Angeschlossene Endgeräte zählen. Alle Endgeräte abstecken und der Reihe nach auf Funktion prüfen (dabei am Anschlusskabel, -stecker wackeln). S_0-Installation überprüfen. Spannungsmessungen an der letzten Dose zwischen 1a und 2a bzw. 2b sowie zwischen 1b und 2a bzw. 2b müssen jeweils 40 V ergeben. Hat letzte Dose Abschlusswiderstände?

4 T-DSL

Unter dem Sammelbegriff T-DSL verkauft die Deutsche Telekom zwei Produkte: T-ISDN-DSL und T-Net-DSL. Beide Produkte kombinieren die neue ADSL-Technik (Asymmetrical Digital Subscriber Line) mit einem herkömmlichen Telefonsystem. Der Unterschied zwischen diesen Produkten ist der vorhandene Anschluss: T-ISDN-DSL setzt auf einen ISDN-Anschluss auf, T-Net-DSL dagegen auf einen herkömmlichen Analoganschluss. Mit anderen Worten, man muss nicht unbedingt ISDN-Kunde sein, um DSL nutzen zu können,

Beachte

Braucht man ISDN für ADSL?

Wenn Sie einen herkömmlichen Analoganschluss haben, können Sie ADSL beantragen, ohne gleichzeitig auf ISDN umstellen zu müssen.

Beachte

Inzwischen ist die Deutsche Telekom auch nicht mehr der einzige Netzbetreiber, der ADSL-Technologie anbietet. Wer ADSL von einem anderen Betreiber (beispielsweise Arcor oder Mobilcom) beziehen will, muss allerdings „mit Haut und Haaren überlaufen", denn ADSL und Telefonie gibt es nur im Doppelpack vom gleichen Netzbetreiber.

T-DSL stellt dem Nutzer einen Downstream (vom Internet zum Kunden) von 768 kBit/s und einen Upstream (vom Kunden zum Internet) von 128 kBit/s zur Verfügung – die Produkte der anderen ADSL-Anbieter arbeiten (momentan) noch mit geringeren Geschwindigkeiten. Obwohl vonseiten der Telekom her noch schnellere Produkte in Vorbereitung sind, scheint der interne Netzausbau jedoch gewisse Schwierigkeiten zu bereiten, sodass wohl noch einige Zeit lange Wartezeiten für die Umstellung in Kauf zu nehmen sind.

4.1 Was braucht man für T-DSL?

Ein frischgebackener ADSL-Kunde fängt sich zur Zeit noch zwei weitere Kästchen ein: einen so genannten *Splitter* und ein *ADSL-Modem* – Kombigeräte sind aber zu erwarten. Da ADSL ein anderes Frequenzband nutzt als ISDN bzw. die analoge Sprach- und Datenübertragung, kann man gleichzeitig telefonieren und per ADSL Daten übertragen. Abbildung 4.1 zeigt, welche Komponenten bei einem T-DSL-Anschluss zusammenspielen.

4.2 Splitter (BBAE)

Aufgabe des im Telefondeutsch auch BBAE (Breitband-Anschluss-Einheit) genannten Splitters ist es, die Frequenzbänder für das herkömmliche Telefonsystem (analog oder ISDN) und für ADSL in getrennte Bahnen zu lenken.

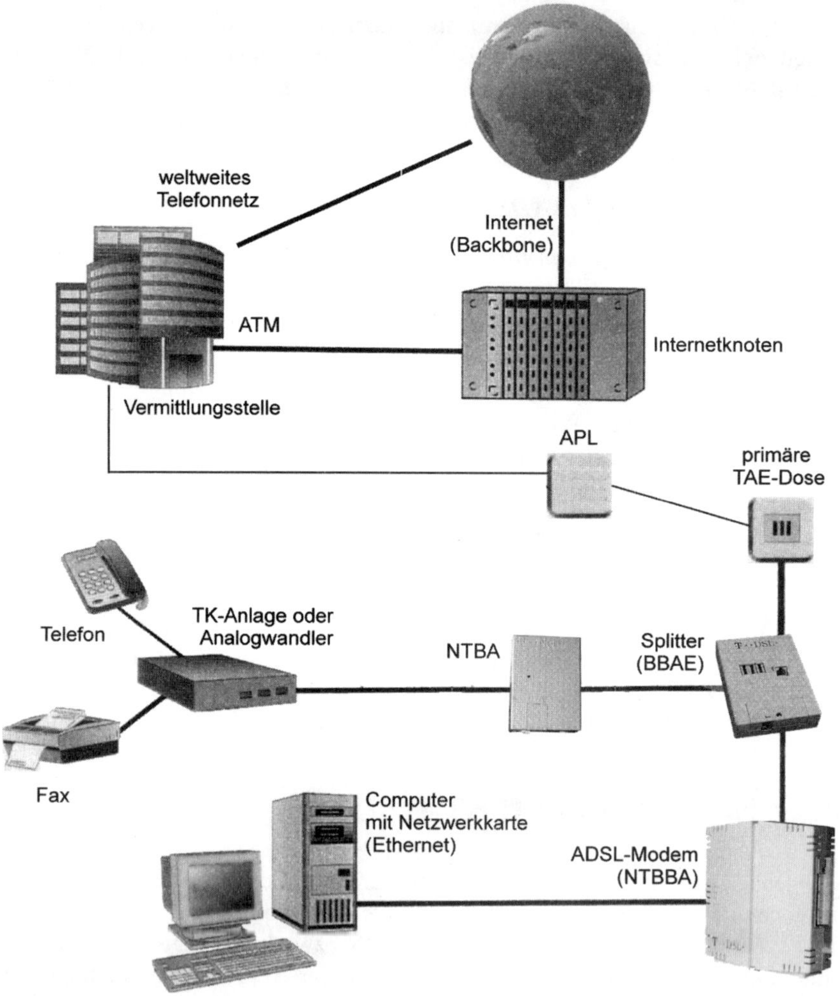

Abb. 4.1: Netzausbau für T-DSL

Aufgrund der Verschiedenartigkeit der beiden Telefonsysteme muss der Splitter per Schalter darauf konfiguriert werden, ob er für einen analogen Telefonanschluss oder für ISDN verwendet wird. Das Kästchen kann aber immerhin beides und schlüpft somit in die Rolle der primären TAE-Dose, während es seinerseits an die eigentliche primäre TAE-Dose (bzw. den APL) angeschlossen wird.

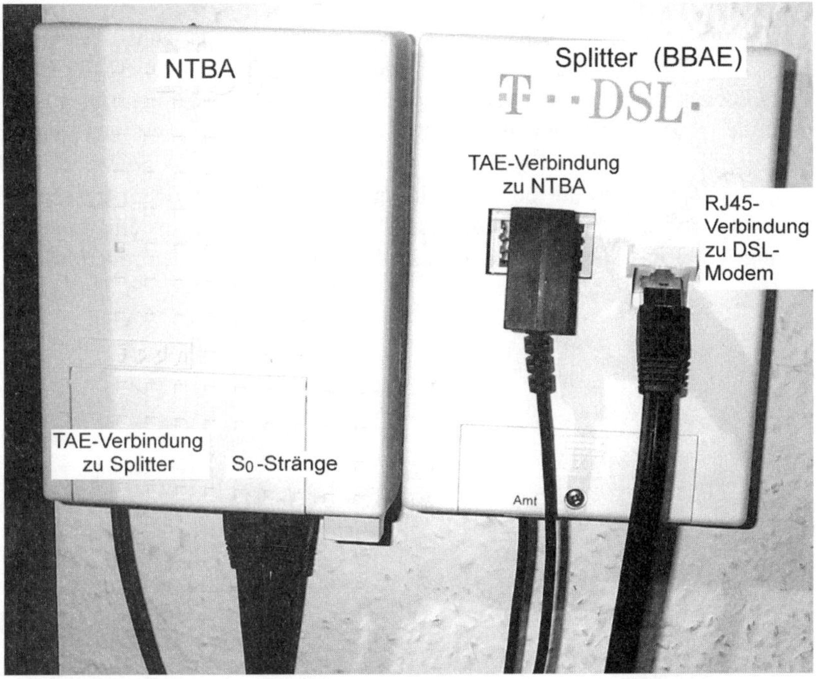

Abb. 4.2: T-ISDN-DSL *rechts* Splitter; *links* NTBA

Am Splitter finden sich also drei TAE-Buchsen in NFN-Kodierung, an die sich bei einem Analoganschluss wie gewohnt analoge Endgeräte und bei einem ISDN-Anschluss der NTBA anstecken lassen (vgl. Abbildung 4.2).

Merke

Um nach der Umstellung auf T-DSL telefonieren zu können, gibt es nichts weiter zu tun, als den Splitter vor die bestehende Telefoninstallation zu schalten.

Merke

Sie können die verschiedenen Verbindungen wahlweise auch klemmen, indem Sie den Frontdeckel abschrauben und sich an den eindeutigen Beschriftungen orientieren. Falls Sie beabsichtigen, den Splitter ohne Umweg über die primäre TAE-Dose direkt an den APL anzuschließen, müssen Sie darauf achten, dass Sie den PPA-Stecker (vgl. den Abschnitt „Passiver Prüfabschluss (PPA)“ auf Seite 25) des Splitters entsprechend umsetzen, um der Telekom weiterhin das Messen der Leitung zu ermöglichen.

Der Weg ins Internet ist etwas steiniger, sofern man ihn – was ja wohl „das Ziel der ganzen Übung“ ist – über den anderen Ausgang des Splitters nimmt. (Die Möglichkeit, eine ISDN-Karte oder ein analoges Modem über das Telefonsystem zu betreiben, geht selbstverständlich nicht verloren.) Obwohl das Signal an diesem Ausgang nach wie vor über zwei Adern geführt wird, findet sich hier – welch Luxus – eine 8-polige RJ-45-Buchse (vgl. Abbildung 4.3), über die eine Verbindung zum ADSL-Modem geschaffen wird. (Falls das mitgelieferte Kabel zu kurz ist, können Sie auch anstelle teuerer RJ-45-Verlängerungskabel das standardmäßige Installationskabel per Klemmverbindung verlegen.

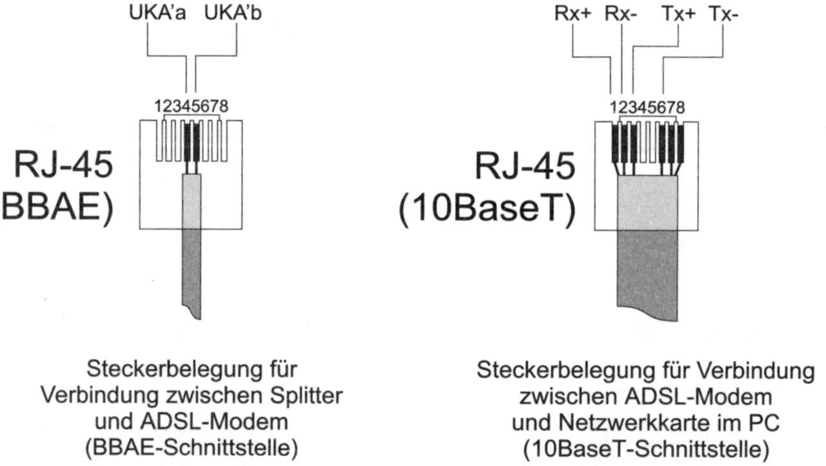

Abb. 4.3: Die Steckerbelegungen für die BBAE- und 10BaseT-Schnittstelle sind so gewählt, dass auch bei falschem Zusammenstecken nichts passieren kann.

4.3 ADSL-Modem (NTBBA)

Aufgabe des ADSL-Modems ist es, das ADSL-Signal in Datenpakete für die Übertragung zum PC sowie umgekehrt aufzubereiten. Hinter dem Akronym NTBBA steckt der wunderschöne Name „Netzwerkterminationspunkt Breitband Anschlusseinheit“. Das Modem ist – wie Splitter und NTBA – eine echte Blackbox (wiewohl in der Ausführung „weiß“ erhältlich), in die ein Kabel hinein und eines wieder heraus führt (vgl. Abbildung 4.3). Im Gegensatz zu den anderen beiden Kästchen verrät das Gerät über seine drei LEDs aber etwas mehr über seinen Zustand. Die Bedeutung der LEDs ist in Tabelle 4.1 aufgeführt.

Tab. 4.1: Bedeutung der LEDs am ADSL-Modem

LED	Bedeutung
Ein/Power	grün – Gerät eingeschaltet und bereit blickt – Selbsttest des Geräts hat Hard- oder Softwarefehler entdeckt aus – Gerät hat keine Betriebsspannung, nicht eingeschaltet
Sync	grün – Träger erkannt, Rahmensynchronisation vorhanden rot – Träger (LOS) oder Rahmensync (LOF) verloren, ADSL-Fehler blinkt –Träger wird gesucht (Trainingsprodezur)
10BaseT	grün – Schnittstelle bereit aus – Verlust von Signal (LOS) oder Synchronisation

4.4 Ethernet-Karte

Die letzten Meter vom ADSL-Modem zum PC werden per Ethernet-Verbindung mit der (wohl nur noch für ADSL-Produkte) zukunftsweisenden Geschwindigkeit von 10 MBit/s zurückgelegt. Das hat den Vorteil, dass man für diese Verbindung aufseiten des PCs handelsübliche (Uralt-)Netzwerkkarten mit 10BaseT-Anschluss (RJ45-Stecker) verwenden kann. Für Ethernet-Karten mit anderen Anschlüssen gibt es zwar Adapter, doch angesichts der spottenden Preise für diese bereits überholte Technologie lohnt der Aufwand kaum.

Als Übertragungsprotokoll zwischen dem Nutzer und dem Backbone der Telekom wird PPPoE (PPP-over-Ethernet, RFC 2516) genutzt. Wie der Name schon sagt, ist PPPoE eine Technik, PPP auf dem Medium Ethernet statt auf einer analogen Modemverbindung oder einer ISDN-Datenverbindung zu nutzen. Dummerweise gehört PPPoE nicht zur Standardausstattung üblicher Betriebssysteme, sodass man hier zunächst einmal auf Software des Anbieters angewiesen ist. Mit der Telekom als Netzbetreiber fängt man sich nicht nur T-Online als Internet-Provider ein, sondern auch die traditionell „schräge“ und nicht sonderlich robuste Zugangssoftware dieses Vereins. Es bleibt zu hoffen, dass sich hier früher oder später schönere Lösungen auftun.

Wer nun darauf spekuliert, das ADSL-Modem ohne weiteren Aufwand in ein bestehendes 10-BaseT-Netzwerk via Hub („Zentrum“ eines in Sterntopolgie geschalteten Netzwerks) integrieren zu können, hat leider Pech gehabt. Hierfür ist in jedem Fall ein so genannter *Router* erforderlich, der entweder als weiteres Hardware-Kästchen (mit der Funktionalität eines Hub) für gutes Geld hinzu gekauft oder in einem mit noch einer zweiten Netzwerkkarte für die eigentliche Netzwerkanbindung bestückten PC per Software emuliert wird.

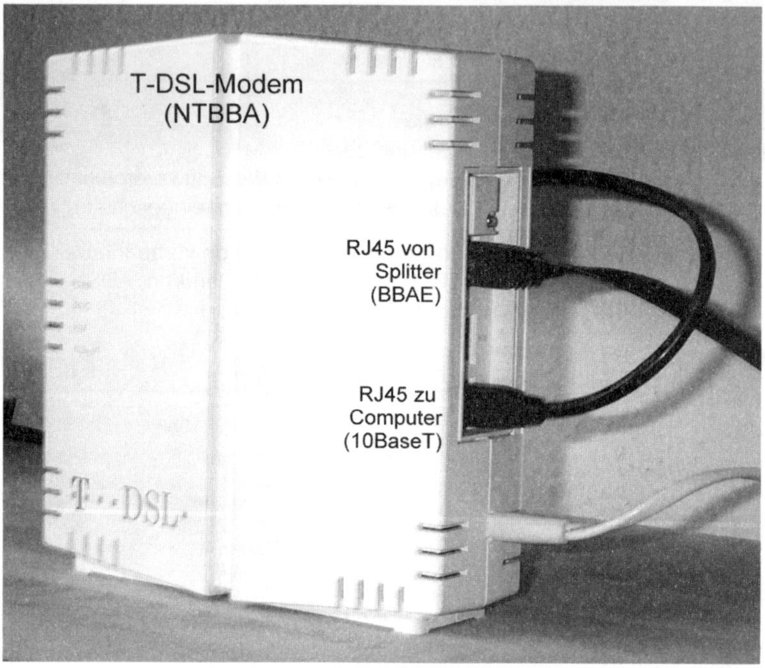

Abb. 4.4: Vom ADSL-Modem aus geht es per Ethernet (10BaseT) weiter zum PC

4.5 Sicherheit

In puncto Sicherheit macht es kaum einen Unterschied, ob man T-Online nun über T-DSL, ein analoges Modem oder über normales ISDN nutzt. Allerdings macht es einen gewaltigen Unterschied, ob man nun T-Online oder einen anderen Provider nutzt. Die Ursache dieses Problems liegt nicht bei T-Online oder der Deutschen Telekom selbst, sondern beim Prinzip des lohnenden Ziels: T-Online hat laut eigener Aussage rund vier Millionen Kunden (Stand 2001), die zum größten Teil normale Windows-PCs nutzen und von denen viele im Bereich Sicherheit völlig unbedarft sind. Einer solchen Versuchung können natürlich nur wenige Script-Kiddies widerstehen. Da man bei der Nutzung von T-

DSL an T-Online gebunden ist, gehört man automatisch mit zu den „lohnenden Zielen“. Es sollte einen nicht überraschen, wenn man innerhalb weniger Minuten nach dem Login schon Besuch erhält. Aus dem Grunde ist eine entsprechende Absicherung der eigenen Maschine per Firewall effektiv unumgänglich. Das gilt speziell dann, wenn man sein eigenes LAN über einen Router und T-DSL ins Internet bringt.

4.6 Montage und Inbetriebnahme

Die Inbetriebnahme eines neuen T-DSL-Anschlusses ist aus Sicht der Hardware nicht weiter schwer. Alle Kabel und Stecker sind eindeutig, und das ganze Arrangement ist im Nu montiert.

1. Den Splitter setzt man besten unmittelbar neben den NTBA bzw. die primäre TAE-Dose. Da er keinen 230 V-Anschluss hat, ist er absolut pflegeleicht.
2. Nach Montage des Splitters und Umstellung auf T-DSL sollte als erstes die Telefonverbindung wieder in Betrieb genommen werden. Hier sind keine Probleme zu erwarten, wenn die Verbindungskabel korrekt installiert sind. Bei gesichertem La und Lb am Splitter bleibt als Lösungsweg bei Schwierigkeiten nur die Störungsstelle.
3. Es empfiehlt sich, das ADSL-Modem in der Nähe des PCs unterzubringen, da ein Blick auf dessen LEDs im Verlauf des Einrichtens und auch später während des regulären Betriebs aufschlussreich sein kann.
4. Nach Anschluss des ADSL-Modems an den Splitter und die Stromversorgung sollte die Power-LED grün leuchten. Falls sie dauerhaft blinkt, ist das ADSL-Modem defekt und muss reklamiert werden. Nachdem die LED Sync kurzzeitig rot geblinkt hat, sollte sie ihren Zustand in dauerhaftes Grün wechseln. Falls das nicht passiert, ist die Verbindung zum Splitter nicht korrekt, oder es liegt eine Störung auf seiten der Vermittlungsstelle vor. (Womöglich ist die Umstellung noch nicht passiert.) Auch in diesem Fall sollten Sie nach Überprüfung der Verbindung nicht zögern, die Hotline 0800 3304433 der Deutschen Telekom in Anspruch zu nehmen – falls Sie nicht bei einem anderen Netzbetreiber sind.
5. Einbau der Ethernet-Karte in den PC und Verbinden der Karte mit dem ADSL-Modem.
6. Installation der Software. Dieser Schritt ist im Allgemeinen nicht nur der schwierigste, er erfordert neben Geduld auch eine gewisse Sattelfestigkeit bei der Konfiguration von Netzwerken. Folgen Sie hier in jedem Fall den Ihrer Software beiliegenden Anweisungen und lassen Sie sich gegebenenfalls von einem erfahrenen Computerbenutzer helfen. Das Problemfeld ist riesig, und Lösungsvorschläge finden sich – beispielsweise unter Verwendung der Suchmaschine http://groups.google.com – zuhauf im Internet.

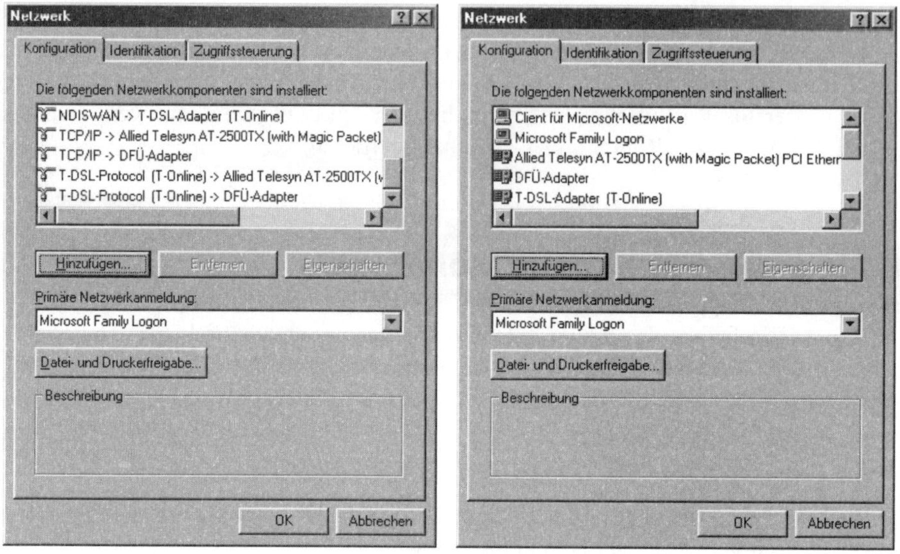

Abb. 4.5: Konfiguration des Netzwerks und der Protokolle unter Windows

Ein oft unterschätzter Punkt ist die Verbindung zwischen dem NTBBA und der Netzwerkkarte im Rechner. Es gibt definitiv NTBBA-Bauserien, die nur mit dem Original-Kabel korrekt funktionieren. Im Unterschied zu Standardkabeln sind dort nur die zur Datenübertragung notwendigen Anschlüsse verbunden. Über die anderen Leitungen wäre es möglich, das Modem umzukonfigurieren, ein Vorgang der tunlichst unterbleiben sollte. Wenn Sie sich keinen unnötigen Ärger einhandeln wollen, sollten Sie für den ersten Aufbau immer das Original-Kabel verwenden. Erst wenn wirklich alles funktioniert, können Sie es auch mit einem anderen Kabel versuchen. Dieser Versuch sollte aber auch einen Reset des NTBBA bei eingestecktem Kabel beinhalten. Das ist zum Beispiel ein Punkt, an dem einige NTBBAs Ärger machen. Die allermeisten Netzwerkkarten haben eine Link-LED, die aufleuchtet, wenn die physikalische Verbindung in Ordnung ist und die Hardware der Karte korrekt initialisiert wurde. Hier ist auf jeden Fall ein Blick in die Dokumentation der Karte notwendig, um die LED und ihre Bedeutung zu erkennen.

Eine Netzwerkkarte ohne funktionierendes Netzwerk im Rechner zu testen, ist nicht ganz trivial, zumal sich der NTBBA nicht per IP ansprechen lässt. Falls der Verdacht auf einen Defekt besteht, sollten Sie versuchen, die Netzwerkkarte an einen gewöhnlichen HUB anzuschließen oder per überkreuztem Kabel (PC zu PC) mit der Netzwerkkarte eines anderen Computers zu koppeln und ein einfaches Peer-Netzwerk aufzubauen.

5 Telefone reparieren

Zugegeben, an modernen Telefonen wird man mehr nicht viel reparieren können. Da diese Geräte aber ausgesprochen robust gebaut sind, werden die meisten Ausfallserscheinungen auf mechanische Einwirkungen zurückzuführen sein. Die meisten Reparaturen dürften sich daher auf einen Austausch der Anschlusskabel beschränken. Anfällig ist auch die Wahleinrichtung, sei es der mechanische Impulsgeber oder die Tastatur. Seltener ist auch einmal ein Platinenbruch zu reparieren, und Schnurlostelefone haben noch das Problem mit dem alternden Akku und dem „losen" Display. (Vgl. auch [3] im Literaturverzeichnis.)

5.1 Wählscheibentelefone in Stand setzen

Die Umstellung auf ISDN ist passiert, in der Spezifikation des Analogwandlers bzw. der TK-Anlage steht, dass auch Impulswahl (IWV) unterstützt wird. Da liegt es doch nahe, auch das gute alte Stück weiterzubetreiben. Doch es will nicht so richtig ...

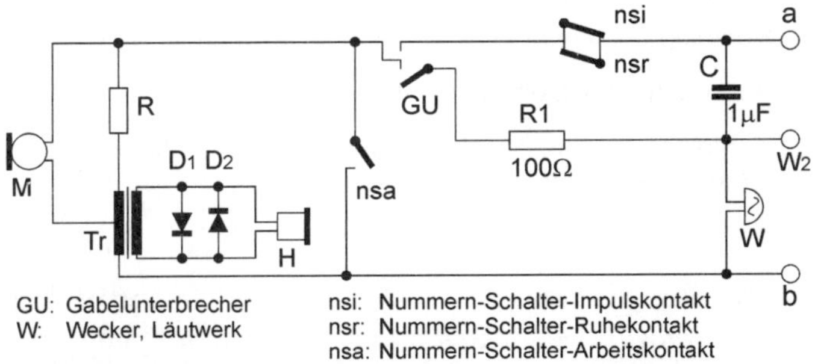

Abb. 5.1: Schaltbild des Siemens-Telefons W48; der aus drei Schließkontakten bestehende Nummernschalter generiert die Impulsfolge

Nachdem die Technik in einem solchen Telefon wirklich überschaubar ist, sollte die Instandsetzung in nahezu jedem Fall möglich sein. Ersatzteile gibt es auf jedem Flohmarkt. Meist liegt das Problem am Anschluss- oder Hörerkabel. Obwohl diese Telefone seinerzeit alle für den Festanschluss vorgesehen waren, sollte man an das Anschlusskabel auf jeden Fall einen TAE-Stecker montieren oder das Anschlusskabel durch ein ausgedientes in passender Länge abgeschnittenes TAE-Kabel ersetzen (vgl. Abbildung 2.17).

Der nächste Schritt ist die Kontaktreinigung am Gabelunterbrecher (GU, Nummernwahlschalter und an der Hörer- sowie der Mikrofonkapsel. Hier leistet ein Kontaktspray in Verbindung mit einem Stück feinen Stoff oder Schmirgelpapier (Körnung größer als 400) beste Dienste. Je nach Alter der Kapseln empfiehlt sich, diese durch modernere Ausführungen vom Flohmarkt zu ersetzen. Ihre Ohren werden es Ihnen danken.

Fehlerbild	Telefon wählt nicht oder nicht richtig.
mögliche Ursachen	Der Fehler liegt in den meisten Fällen daran, dass das Zeitfenster der Impulsfolge nicht mehr stimmt, weil die Rückholfeder des mechanischen Impulsgebers an Spannung verloren hat oder die Mechanik schwergängig geworden ist.
Abhilfe	Helfen Sie der Wählscheibe beim Wählen mit dem Finger ein wenig nach. Wenn die Wahl so klappt, können Sie im ersten Schritt versuchen, die Mechanik mit einem Tropfen Nähmaschinenöl oder einem Schuss Caramba wieder flott zu machen. Meist wird das aber nicht genügen. Im zweiten Schritt spannen Sie die Feder nach Ausbau der Wählscheibe am besten mit einer Telefonzange nach (Abbildung 5.2). Ein bis eineinhalb Umdrehungen sollten ausreichen. Sind die Kontakte am Nummernwahlschalter verbrannt? Ist der Nummernwahlschalter mit der Platine verbunden (vgl. Abbildung 5.1)?
Fehlerbild	Telefon knirscht.
mögliche Ursachen	Kontaktprobleme am Hörer, Gabelunterbrecher (GU), Anschlusskabel. Apparat hat noch ein Kohlemikrofon.
Abhilfe	Kontakte säubern, Anschlusskabel gegebenenfalls erneuern. Kohlemikrofon gegen dynamisches Mikrofon ersetzen.

Tipp

Um auch bei Verwendung eines Wählscheibentelefons nicht auf den „Luxus" der Tonwahl verzichten zu müssen, können Sie zum Wählen einen MFV-Signalgeber, wie man ihn zur Fernabfrage von Anrufbeantwortern verwendet, einsetzen.

Abb. 5.2: Nachspannen der Rückstellfeder für den Nummernwahlschalter

5.2 Tastentelefone

Tastentelefone haben einen Schwachpunkt: die Tasten. Sie werden üblicherweise ausrangiert, weil sie nicht mehr richtig wählen. Die Ursache muss nicht immer die gleich die volle Kaffeetasse sein, die über das Gerät gekippt wurde, meist ist das Problem aber hausgemacht: Beim Wählen mit schmutzigen, nassen, seifigen oder öligen Fingern dringt Feuchtigkeit, Schmutz oder Öl über die Schlitze zwischen Tasten und Gehäuse ein, und das führt früher oder später zu Kontaktproblemen. Es beginnt damit, dass einzelne Tasten fester gedrückt werden müssen, mehrfach anschlagen oder das Telefon häufig die falsche Nummer wählt.

Abhilfe schafft eine Grundreinigung des Tastenmechanismus mit Spiritus oder Waschbenzin sowie einem Stofflappen. Dazu ist das Gerät natürlich zu öffnen und der Tastenmechanismus zu demontieren. Beachten Sie, dass die Gehäuse neuerer Geräte oder von Handteilen meist ohne Schrauben montiert sind – oder die Schrauben finden sich hinter Aufklebern oder unter Gummibeinchen. Falls effektiv keine Schrauben da sind, müssen Sie die Stellen finden, an denen die Gehäusehälften aneinandergeklickt sind, um sie dann mit einem kleinen Schraubenzieher und viel Gefühl aufzuhebeln. Hierbei ist wirklich Vorsicht angesagt, da die Arretierungen gerne abbrechen.

Tipp

Ältere Tastentelefone sind meist noch auf Impulswahl eingestellt, lassen sich aber in der Regel umprogrammieren. Die entsprechende Tastenfolge können Sie beim Hersteller, im nächsten T-Punkt oder im Internet in Erfahrung bringen.

Tipp

5.3 Schnurlostelefone

Das häufigste Problem von Schnurlostelefonen sind gealterte Akkus. Je älter ein Akku ist, desto kleiner wird seine Kapazität und desto kürzer werden die Zyklen bis zum nächsten Aufladen. Das dankt einem zwar die Telefonrechnung, das Gepiepse, mit dem das Telefon zunehmend auf seine Not aufmerksam macht, geht einem aber schnell auf die Nerven.

Dass ein Akku altert, ist völlig normal. Wie schnell er altert, liegt jedoch an der Handhabung. Zur Vermeidung des bekannten Memory-Effekts bei NiCd-Akkus empfiehlt es sich nämlich, die Akkus in regelmäßigen Abständen „leer zu telefonieren" bzw. das Gerät zwischendurch mal über längere Zeit nicht in die Ladestation zu stecken und dann wieder vollständig am besten über Nacht aufzuladen. Wenn Sie Geduld und ein wenig Disziplin haben, können Sie schlapp gewordene Akkus nach diesem Verfahren auch wieder etwas aufpäppeln:

Merke

NiCd-Akkus lassen sich durch „Training" bis zu einem gewissen Grad regenerieren, indem man sie wiederholt ganz entleert und dann wieder ganz auflädt.

Merke

Neuere Mobiltelefone sind mit standardmäßigen 1,2 V-Akkus (NiCd oder NiMh) ausgerüstet, sodass der Austausch kein Problem sein sollte. Sofern das Telefon nicht zu alt oder ein Markengerät ist, werden Sie aber auch keine Schwierigkeiten haben, neue Akkupacks aufzutreiben. Vorsicht jedoch, hier lohnt sich ein Preisvergleich in jedem Fall.

Achtung

Ersetzen Sie die Akkus Ihres Telefons auf keinen Fall durch Trockenbatterien, die nicht wiederaufladbar sind.

Führen Sie defekte Akkus einer Entsorgung zu. Händler, die Batterien und Akkus verkaufen, müssen Sammelbehälter dafür bereitstellen.

Achtung

Wenn Sie keinen originalen Akkupack für das Gerät auftreiben, besteht häufig die Möglichkeit, die Zellen aus dem alten Akkupack auszubauen und gegen andere auszutauschen, die von der Größe her passen. Dabei müssen Sie darauf achten, dass Sie dieselbe Spannung (Anzahl der Zellen) und ungefähr die gleiche Kapazität (mAh) erreichen. Falls Sie löten müssen, achten Sie darauf, die Zellen nicht zu stark zu erhitzen.

Hin und wieder kommt es vor, dass ein Handteil nach einem harten Aufprall vorübergehende Ausfallserscheinungen zeigt. Dieses Problem kann daher kommen, dass die schweren Batterien beim Aufprall die Federkontakte so verbogen haben, dass die Spannung für einen dauerhaften Kontakt nicht mehr reicht. Abhilfe schafft ein einfaches Nachbiegen der Kontakte.

Vielfach müssen programmierbare Telefone auch einfach deshalb ausrangiert werden, weil der Sicherheitscode verloren gegangen ist und gegebenenfalls eingerichtete Sperren unüberwindbar sind. Die meisten Hersteller bieten in diesem Zusammenhang den Service an, das Telefon über einen Mastercode wieder in den Lieferzustand zu versetzen, dieser Service ist aber nicht gerade billig. Auch hier ist das Internet eine gute Fundgrube – so erlaubt es beispielsweise die Suchmaschine *http://groups.google.com*, das gesamte Usenet nach Newsgroup-Beiträgen entsprechenden Inhalts zu durchsuchen.

Das Display setzt aus – in der Sonne gelegen?

Ein häufiger, besonders bei mobilen Telefonen – also auch bei Handys – auftretender Fehler sind Aussetzer oder Ausfälle des Displays. Ursache dieses im Allgemeinen sich zunehmend verschlechternden Fehlerbilds ist meist ein „Bedienungsfehler“: Bleibt das Mobiltelefon über längere Zeit in der Sonne liegen, erhitzt es sich sehr stark (bis über 100°C). Nicht nur der Elektronik schadet diese Hitze. Auch die meist nur geklebten Anschlussstellen des Flachbandkabels (Kunststofffilm mit aufgedruckten Leitschichten) für die Displayeinheit halten dieser Hitze nicht lange Stand – sie beginnen sich abzulösen. Hinzu kommt, dass die energiereichen Schwingungen des Piezo-Piepsers an dieser Schwachstelle auch noch mechanisch zerren. Die Kombination beider Stressfaktoren beschleunigt die Ablösung zunehmend. Als dritter Faktor wäre noch Schweiß, ja Schweiß, zu nennen. Die im Bereich der Tastatur nicht richtig dichtenden Gehäuse erlauben das

Eindringen von Flüssigkeiten aller Art – und damit insbesondere von Schweiß, der bei längeren „hitzigen“ Telefonaten unvermeidlich entsteht. Ausfälle, die mit den genannten Faktoren im Zusammenhang stehen, sind so häufig, dass man oft schon von Konstruktionsfehlern sprechen kann. Berüchtigt dafür sind beispielsweise die Mobilteile des Eurix 240/245 von DeTeWe, verschiedene Siemens-Geräte, aber auch eine bunte Mischung von Geräten anderer Hersteller. Obwohl das Flachbandkabel nur wieder mit einem (nicht zu) „heißen Eisen“ und einem Schuss Superkleber aufgeklebt werden muss, kostet die „Instandsetzung“ durch den Hersteller meist mehr als ein gebrauchtes Ersatzgerät (vgl. *www.Ebay.de*). Bei der Reparatur ist natürlich Fingerspitzengefühl angesagt.

Merke

Vermeiden Sie, Mobiltelefone aller Art, insbesondere solche mit dunkler Farbe, in der prallen Sonne liegen zu lassen.

Merke

Ist ein Elektroniklötkolben mit ultrafeiner Spitze vorhanden, können Sie versuchen, die Klebeverbindung mit ruhiger Hand wieder leitfähig zu machen. Achten Sie auf extrem kurze Berührzeiten. Ersatzweise können Sie auch die Klinge eines Schraubenziehers über einer Flamme (nicht zu heiß) erhitzen und die Klebung damit wieder auffrischen. Für beide Techniken sollten Sie das auf nicht mehr als 150°C erhitzte Werkzeug an einem Führungskörper (beispielsweise Holz) entlang führen, damit Sie die meist nur mikroskopisch kleine Klebefläche sicher und gut treffen. Zusätzlich wäre der Einsatz einer guten Lupe und Beleuchtung nicht verkehrt. Ein kurzer Druck, und die Klebung ist wieder leitfähig. Vorsicht jedoch: Das feine Kunststoffmaterial ist schnell zerstört. Eine Reparatur ist dann meist nicht mehr möglich. Die Reparatur kann lange halten – oder aber auch nur bis zum nächsten „Sonnenbad“.

Display des Mobilteils Eurix 240/245 in Stand setzen

Als erstes probieren Sie es mit Ausschalten (INT länger als 2 Sekunden) und wieder Einschalten (INT). Das könnte eine Zeit lang klappen, weil der Display-Controller dadurch neu initialisiert wird.

Um dem Fehler richtig zu Leibe zu rücken, folgen Sie dieser Anleitung:

1. **Mobilteil öffnen** – dazu entfernen Sie den Akku und schrauben die beiden Schrauben im Akkufach auf. Danach lassen sich die Gehäusehälften von unten nach oben vorsichtig auseinander klappen. Helfen Sie vorsichtig und ohne viel Kraft auf beiden Seiten gleichmäßig mit dem Schraubenzieher nach. Nachdem Sie das Rückenteil abgenommen haben, sehen Sie die Lötseite der Platine. Die Platine selbst ist in die vordere Gehäusehälfte eingeklickt.

2. **Platine ausbauen** – ziehen Sie als erstes das rote runde „Tönnchen“, den Piezopiepser. Nun können Sie die Platine herausnehmen. Dazu ist oben rechts die Verhakung

vorsichtig nach außen zu ziehen, bis die Platine herausklappt. Das Häkchen darf dabei nicht abbrechen! Wenn Sie ein Werkzeug verwenden, passen Sie auf, dass Sie die Platine (und die feinen Leiterbahnen darauf) nicht beschädigen.

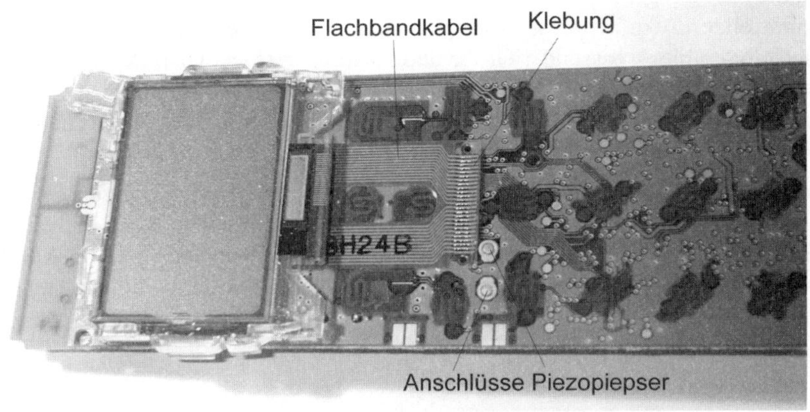

Abb. 5.3: Die Innenansicht des Mobilteils Eurix 240 zeigt die Schwachstelle

3. **Gerät in Augenschein nehmen** – nehmen Sie die Platine ganz heraus und untersuchen Sie den Bereich um das Flachbandkabel herum sowie die Tastenkontakte nach Feuchtigkeitsspuren. Meist findet sich ein Schmierfilm auf der Platine, den Sie mit Wattestäbchen und Spiritus sauber entfernen. Nehmen Sie die Gummitastatur aus der vorderen Gehäusehälfte heraus und säubern Sie sie auf die gleiche Weise. Ist der Schmierfilm so stark, dass sich das Flachbandkabel völlig gelöst hat (das heißt: nur noch auf der Platine schwimmt) und gar nicht mehr fest ist, werden Sie es schwer haben, das Gerät wieder in Stand zu setzen. Betreiben Sie das Gerät dann nur mit richtig sitzendem Flachbandkabel!
4. **Gerät im offenen Zustand betreiben** – passen Sie die Platine in die abgenommene hintere Halbschale ein und klemmen Sie sie darin mit einem (isolierenden) Distanzstück und einem Gummi oder einem Stück Tesaband fest. Nun können Sie den Akku einschieben und mit der Gummitastatur den Tastaturkontakt INT betätigen (rechts oben, zweite Reihe) – nehmen Sie kein Werkzeug dafür, das funktioniert nicht und verkratzt die Kontakte. Die Displaybeleuchtung müsste angehen, sobald das Gerät einschaltet.
5. **Fehler suchen** – indem Sie nun auf das Flachbandkabel vorsichtig drücken, können Sie die Kontaktschwäche diagnostizieren. Beachten Sie dabei, dass der Display-Controller des Geräts nach einer Zeit abschaltet, wenn er (aufgrund von Kontaktschwächen) fehlerhafte Informationen erhält. Schalten Sie das Gerät daher von Zeit zu Zeit aus und wieder ein (per INT).

6. **Abhilfe** – ist die abgelöste Stelle gefunden, können Sie die oben beschriebene Lötkolbenmethode versuchen. Wenn das Display wieder alles ohne fremde Hilfe anzeigt (mehrere Stunden testen!), fixieren Sie die Reparatur mit einer feinen Spur Superkleber, die Sie so legen, dass sie unter das Flachbandkabel einzieht. Eine andere Methode kommt ohne Lötkolben aus: Fixieren Sie das Flachbandkabel durch Klemmung über einen Gummiblock passender Größe und zwar so, dass das Display das tut, was es soll. Lassen Sie dann Superkleber unter das Flachbandkabel laufen und fest werden. Gegebenenfalls danach noch bestehenden Kontaktproblemen rücken Sie mit dem Lötkolben zu Leibe.
7. **Zusammenbau** – setzen Sie die Platine nach sorgfältigem Einsetzen der Gummitastatur wieder in die vordere Halbschale ein, indem Sie sie erst auf der rechten Seite einhaken, dann vorsichtig hinein klappen und schließlich links oben einklicken. Vergessen Sie nicht, den Piepser wieder einzustecken, bevor Sie die hintere Gehäusehälfte von oben her beginnend aufklipsen und dann die beiden Schrauben im Akkufach festziehen.

Anhang

Literaturverzeichnis

[1] Huttary, R.: *Haushaltselektrik und Elektronik*; 3., völlig überarb. u. stark erw. Aufl, Gesamtband, Franzis-Verlag, München, 2001.

[2] Huttary, R.: *230 V - Haushaltselektrik erfolgreich selbst installieren und reparieren*; 1. Teilband zu [1], Franzis-Verlag, München, 2001.

[3] Huttary, R.: *Haushaltselektronik erfolgreich selbst diagnostizieren und reparieren*; 4. Teilband zu [1], Franzis-Verlag, München, 2001.

[4] Zitt, H.: *Das kleine Telefon Werkbuch*; 2. Aufl. Franzis-Verlag, München, 2000.

[5] Frey, H.: *ISDN selbst anschließen und einrichten*; Franzis-Verlag, München, 2000.

[6] Kafka, G.: *Highspeed multimediale Kommunikation xDSL*; Franzis-Verlag, München, 2000.

Stichwortverzeichnis

TEIL 2

Horst Frey

ISDN

selbst anschließen und einrichten

FRANZIS

Vorwort

Mit diesem kleinem Buch wende ich mich besonders an solche Leser, die bisher nicht allzu viel Berührung mit der digitalen Telefon-Technik hatten, sich aber nunmehr für einen ISDN-Anschluss und dessen Technik interessieren. Immer mehr Fernsprechteilnehmer steigen bekanntlich vom analogen Anschluss auf ISDN um und viele möchten auch die notwendige Installationsarbeit am eigenen Anschluss durchführen. Es ist ja auch zwischenzeitlich Praxis, dass die Netzanbieter zur Selbstmontage der ISDN-Komponenten auffordern und hierfür das notwendige Installationsmaterial kostengünstig bereit stellen.

Dieses Buch soll für die Selbstmontage des ISDN-Anschlusses Hilfe, Anleitung und Unterstützung geben. In hoffentlich verständlicher Art und Weise werden die hierzu notwendigen Inhalte angesprochen und erläutert.

Was ist ISDN? Wie ist das mit den drei Rufnummern? Welche Leistungsmerkmale werden angeboten und was sind die Vorteile gegenüber dem analogen Anschluss? Welche neuen Anschlusskomponenten sind für ISDN erforderlich? Was ist ein NTBA? Solche und ähnliche Fragen werden immer wieder gestellt. Ich habe versucht, sie auf einfache Art zu beantworten.

Wer einen ISDN-Anschluss bestellt, der will alsbald auch ins Internet. Deshalb wird dem Einbau einer ISDN-Karte einschließlich der Installation der neuen T-Online-Software 4.0 gleichfalls ein Kapitel gewidmet.

Da von den Netzbetreibern für das Jahr 2002 neue Preisstrukturen angekündigt sind, bin ich nicht speziell auf Preise und Tarife für ISDN und Online-Dienste eingegangen. Aktuelle Preise sind ja jederzeit bei den Netzanbietern und Providern zu erfragen.

Natürlich wirbt dieses Buch letztlich auch für ISDN, denn ISDN für all diejenigen, die mehr als nur ein Telefon betreiben, eine sinnvolle Sache und bringt viele Vorteile im täglichen Kommunikationsleben mit sich. Schon allein die Tatsache, dass man beim Surfen im Internet auch gleichzeitig telefonieren kann, spricht für einen ISDN-Anschluss.

Erfurt, im Januar 2002
Horst Frey

Inhalt

Was man über den ISDN-Anschluss wissen sollte!

1

Wenn Sie diese erste Zeilen lesen, dann ist eines sicher: Sie interessieren sich für einen modernen ISDN-Anschluss! Das ist eine richtige Entscheidung, denn ISDN bringt für Sie spürbare Vorteile. Und zwar unabhängig davon, ob Sie den Anschluss so ganz privat für die gesamte Familie oder aber für Ihr Büro benötigen. Welche Vorteile es sind, welche neuen Merkmale ISDN besitzt und was für Unterschiede zum bisherigen analogen Anschluss bestehen, wird im Buch ausführlich dargelegt.

ISDN ist möglich geworden durch die in den letzten Jahren vorgenommene vollständige Digitalisierung des gesamten deutschen Fernmeldenetzes. Alle bestehenden Telefonanschlüsse, egal ob noch analog oder schon ISDN, und auch unabhängig von den einzelnen Netzanbietern, sind heutzutage grundsätzlich über die herkömmlichen Telefonanschlussleitungen mit digitalen Vermittlungsstellen verbunden. Diese modernen Vermittlungsstellen sind rechnergesteuerte Netzknoten, die die notwendigen Verbindungswege für die Kunden bereitstellen bzw. durchschalten. Der Teilnehmer mit dem analogen Telefonanschluss sollte aber beachten: auch wenn er nunmehr an einer digitalen Vermittlungsstelle angeschlossen ist, einen ISDN-Anschluss hat er trotzdem noch nicht! Von einem ISDN-Anschluss kann man erst sprechen, wenn beim Teilnehmer der Netzabschluss NTBA installiert ist, die ISDN-Endgeräte angeschaltet sind und wenn vom Netzanbieter die entsprechende Freischaltung vorgenommen wurde. Erst dann sind alle Leistungsmerkmale und Vorteile des ISDN durch den Teilnehmer nutzbar.

Info!

Die Deutsche Telekom kennzeichnet ihre Produkte mit einem „T“.
So steht der Vertriebsname T-Net für die Gesamtheit der analogen Telefonanschlüsse und das T-ISDN für das diensteintegrierende digitale Netz.

Um die Unterschiede zwischen dem analogen Netz und dem ISDN zu verdeutlichen, spricht man zum Beispiel bei der Deutschen Telekom vom **T-Net**, wenn man den ganzen Bereich der analogen Telefonanschlüsse meint und vom **T-ISDN**, wenn das neue ISDN-fähige Kommunikationsnetz gemeint ist.

Mit dem ISDN-Anschluss wird der bisherige Telefonanschluss mit der TAE-Dose als Abschlusspunkt von analog in digital umgewandelt. Die Freischaltung des ISDN-Anschlusses erfolgt entsprechend der vereinbarten zeitlichen Abstimmung mit dem Kunden durch den jeweiligen Netzanbieter. Er schaltet den ISDN-Anschluss bis zum Teilnehmer durch. Ab diesem Zeitpunkt ist der analoge Anschluss nicht mehr betriebsbereit und es dürfen in die TAE-Dose keine analogen Telefone oder andere Zusatzgeräte mehr eingesteckt werden. Nur noch das für ISDN unbedingt erforderliche Netzabschlussgerät mit der Abkürzung NT oder NTBA darf in die F-Buchse der TAE-Dose eingesteckt werden!

Aber nicht nur das Netzabschlussgerät NTBA ist neu am ISDN-Anschluss. Meist sind auch bei einer Veränderung des kleinen Hausnetzes neue ISDN-Anschlussdosen zum Einstecken der neuen digitalen Endgeräte erforderlich. Diese sind mit den so genannten Western-Steckern ausgestattet und natürlich nicht mehr für die bisherigen TAE-Dosen verwendbar. Die Bezeichnungen für diese ISDN-Dosen lauten auch IAE-Dosen, UAE-Dosen oder RJ45-Dosen. Die Bedeutung dieser Abkürzungen ist später erklärt. Aber auch für die analogen Endgeräte, die ja meist am ISDN-Anschluss über Adapter oder über TK-Anlagen weiter verwendet werden, sind oft neue TAE-Dosen an den betreffenden Standorten zu installieren.

Ist der NTBA in die vorhandene TAE-Dose eingesteckt, der Anschluss geprüft und alles ist ordnungsgemäß installiert, kann es schon, wenn man nicht versäumt hat, sich zumindest ein ISDN-Telefon zuzulegen, mit dem ersten ISDN-Telefongespräch losgehen. Denn weitere Investition, insbesondere im Kabelkanalbau, sind seitens der Netzanbieter nicht erforderlich, da neue Anschluss leitungen von der Vermittlungsstelle zum Teilnehmer auch bei einem ISDN-Anschluss nicht notwendig sind. Es wird also auch beim ISDN-Telefonanschluss weiterhin die bisherige Anschlussleitung zwischen Vermittlungsstelle und Teilnehmer genutzt.

Und was wichtig ist: bei einem Umstieg vom analogen Anschluss auf ISDN kann die bisherige Rufnummer in der Regel auch weiterhin verwendet werden.

1.1 Wie komme ich zum ISDN-Anschluss?

Selbstverständlich muss dem Netzanbieter ein entsprechender Auftrag erteilt werden. Sie können unter einer Vielzahl von Netzbetreibern oder Serviceprovidern wählen. Die bekanntesten sind:

- Deutsche Telekom AG (www.dtag.de),
- Arcor Telecommunications (www.arcor.de),
- Mobilcom AG (www.mobilcom.de) und
- 1&1 (www.einsundeins.de),

um nur einige zu nennen.

Sie müssen nicht persönlich in einem Telekomladen o.ä. vorstellig werden. Rufen Sie an oder erteilen Sie Ihren ISDN-Auftrag bei einem Bekannten über das Internet an die oben angegebenen Adressen.

Möchten Sie zum Beispiel Ihren ISDN-Anschluss bei der Deutschen Telekom bestellen, dann können Sie gleich die Internetadresse www.t-versand.de eingeben. Hier können Sie direkt online Ihre Daten in das Bestellformular (*Abb. 1.1*) eingeben.

Ähnlich ist es, wenn Sie Ihren Anschluss unter www.arcor.de (*Abb. 1.2*) bestellen wollen. Hier ist zu beachten, das sie bitte vor der Bestellung prüfen, ob der Arcor-Anschluss in Ihrem Wohngebiet bereitgestellt werden kann (*Abb. 1.3*).

1

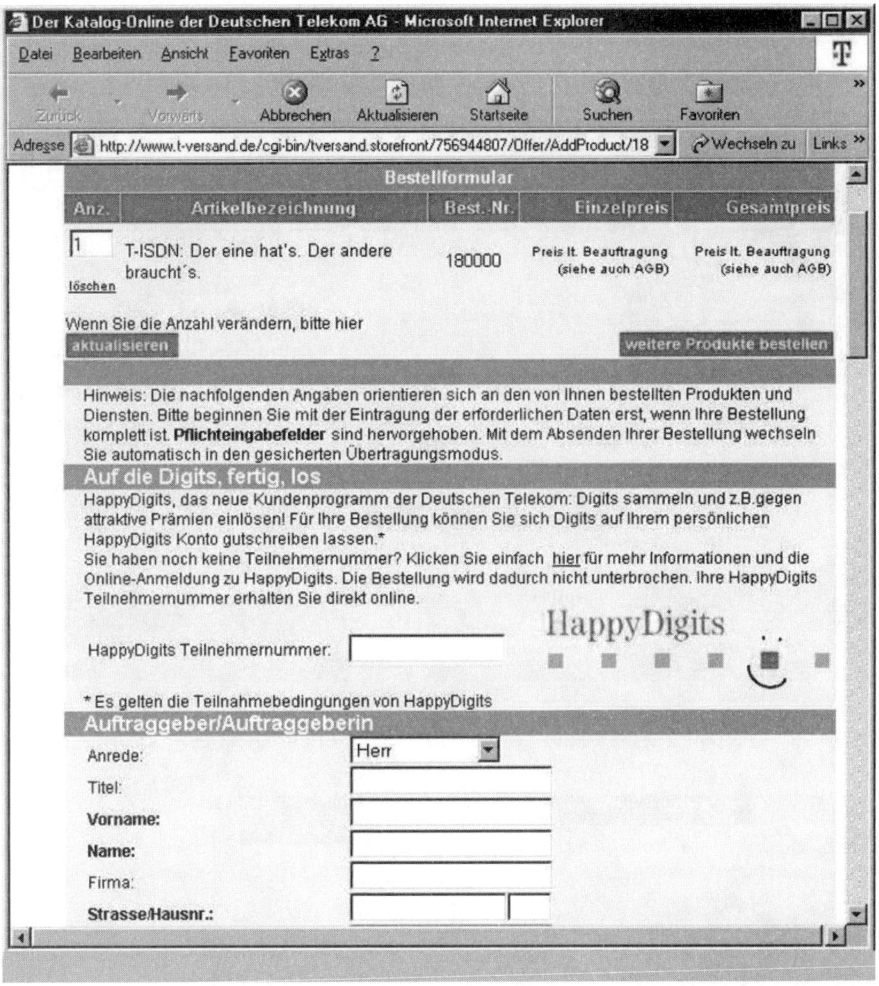

Abb. 1.1 Teil des neuen Bestellformulars für einen ISDN-Anschluss bei der Deutschen Telekom

Im allgemeinen kann man sich schon bei der Bestellung des ISDN-Anschlusses entscheiden, ob man das Netzabschlussgerät NTBA selbst installieren möchte, oder ob es durch den Service der Netzanbieter angeschlossen werden soll. Wer den NTBA selbst anschließt, kann ca. 50 Euro sparen.

Wichtig!

Wer seinen analogen Telefonanschluss in einen ISDN-Anschluss umwandelt, erhält als neue Komponente das Netzabschlussgerät NTBA.
Es ist direkt neben die vorhandene TAE-Dose anzubringen und in die F-Buchse der TAE-Dose einzustecken.

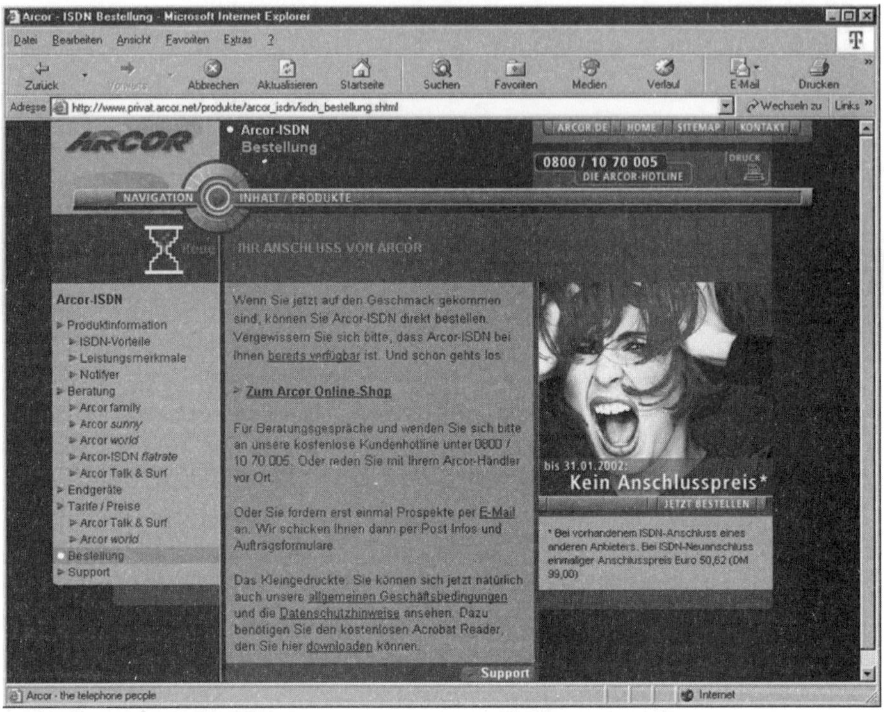

Abb. 1.2 Hier bestellen Sie einen ISDN-Anschluss bei Arcor

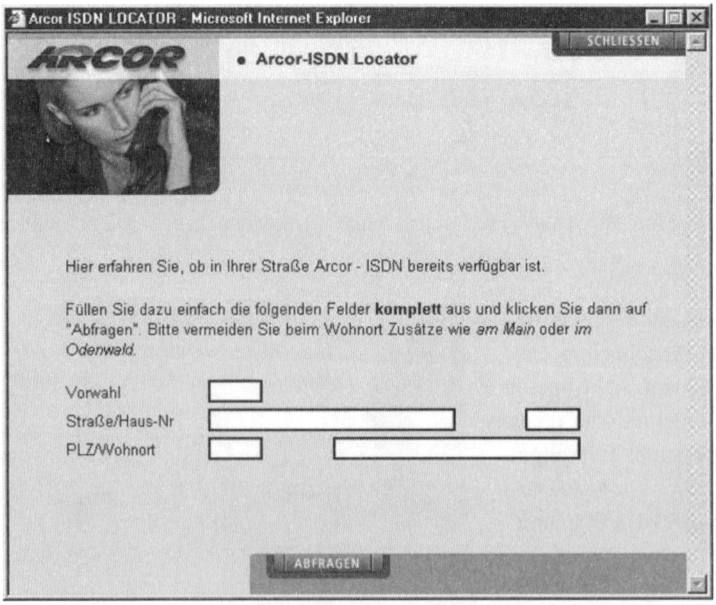

Abb. 1.3 Bei Arcor sollten Sie abfragen, ob ISDN geschaltet werden kann

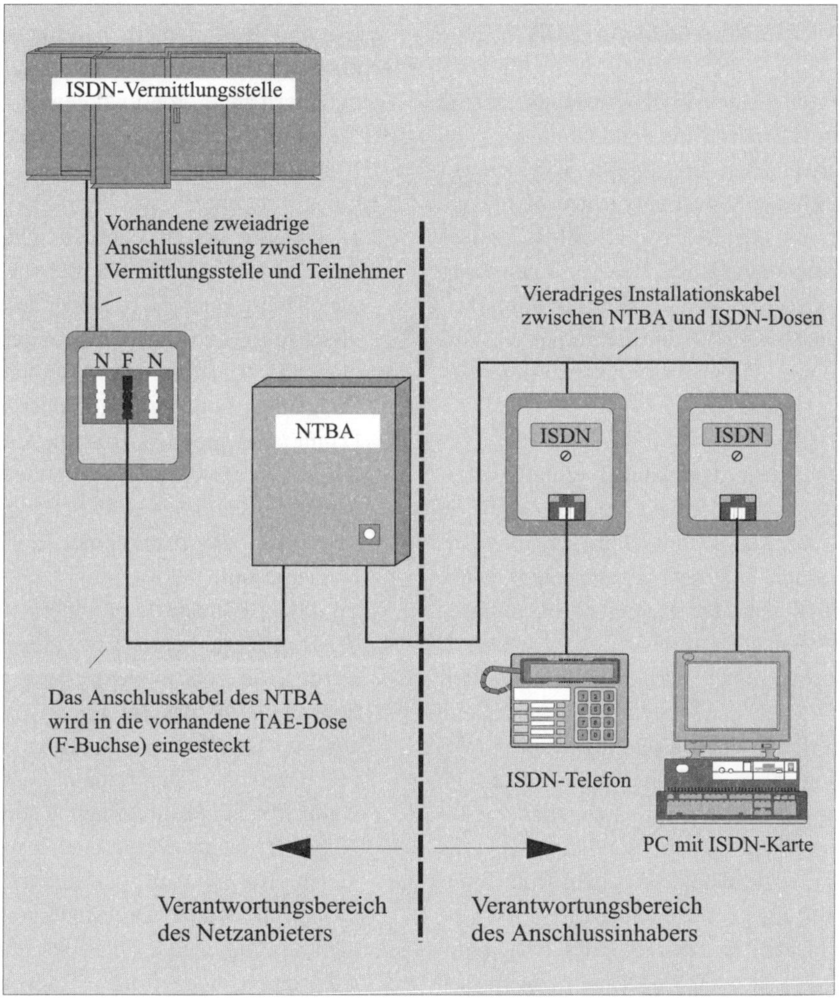

Abb. 1.4 Prinzipdarstellung des ISDN-Anschlusses und die beiden Verantwortungsbereiche

Zu beachten sind auch beim ISDN-Anschluss die genau festgelegten Zuständigkeitsbereiche zwischen Netzbetreiber und Kunde. Während beim analogen Telefonanschluss die erste TAE-Dose als technische und juristische Schnittstelle zwischen Netzbetreiber und Endkunde definiert ist, übernimmt nunmehr beim ISDN-Anschluss der NTBA diese Funktion (*Abb. 1.4*). Der NTBA ist also Trennstelle zwischen Netzbetreiber und Kunde!

1.1.1 Welche Vorteile bietet ISDN?

Die Vorteile eines ISDN-Anschlusses sind sehr umfangreich. Sie sind abhängig von den verwendeten Endgeräten, von den gewählten Anschlussvarianten, wie Mehrgeräteanschluss oder Anlagenanschluss und es spielt schon eine Rolle, ob man einen Standard- oder Komfortanschluss gewählt hat. Aber unabhängig davon kann man die Vorteile eines ISDN-Anschlusses allgemein wie folgt beschreiben:

- ISDN bietet dem Nutzer eine Übertragungsgeschwindigkeit von 64 kbit/s je Nutzkanal an. Damit ist ein schneller Zugang ins Internet gegeben und diese Schnelligkeit ist gegenüber einem Modem eindeutig spürbar.
- Während einer aktiven Internetverbindung über den ersten Nutzkanal kann über den zweiten Kanal gleichzeitig telefoniert werden. Dabei sollte man den Vorteil nicht nur für den abgehenden Telefonverkehr sehen, sondern auch die Tatsache beachten, dass man trotz Internetsitzung stets erreichbar ist.
- Wer Daten übertragen muss bzw. empfangen will, wird ISDN nie mehr missen wollen. Die hohe Geschwindigkeit beim Datenaustausch über Filetransferprogramme ist schon beeindruckend.
- Das Faxgerät hat mit ISDN eine eigene Rufnummer. Diesen Vorteil muss man nicht extra beschreiben, er spricht für sich.
- Wer mehrere Endgeräte am ISDN-Anschluss betreibt, kann letztlich jedem Endgerät eine eigene Rufnummer zuordnen. Von der Deutschen Telekom werden für den Mehrgeräteanschluss im Normalfall drei Rufnummern bereitgestellt. Es können aber bei Bedarf bis zu zehn Rufnummern angefordert werden.
- Da im ISDN stets zwei Nutzkanäle für die Kommunikation zur Verfügung stehen, können nunmehr zwei Telefongespräche gleichzeitig geführt werden. Oder man kann mit dem PC im Internet surfen und gleichzeitig telefonieren oder man kann gleichzeitig faxen und telefonieren usw.
- Die ISDN-Rufnummern können den Endgeräten beliebig zugeordnet werden. Damit ist es möglich, dass die Endgeräte direkt von extern, also von außen, angewählt werden können. Das Endgerät erkennt also die Rufnummer, auf die es reagieren soll.
- Im ISDN können die Endgeräte dienstbezogen gerufen werden. Als Dienste werden die verschiedenen Kommunikationsarten, wie das Telefonieren, das Faxen oder die Datenübertragung mit dem PC, bezeichnet. Damit kann ein externer Anruf für eine Faxübertragung sofort zum Faxgerät geleitet werden, auch wenn die gleiche Rufnummer auch einem Telefon zugeordnet wurde. Die Steuerung dieses dienstebezogenen Rufens der Endgeräte wird durch einen dritten Übertragungsweg, dem sogenannten D-Kanal, ermöglicht. Er ist für die Steuerung des gesamten Verbindungsaufbaues bei beiden Teilnehmern verantwortlich.
- Am ISDN-Anschluss können neben modernen ISDN-Endgeräten auch weiterhin die bereits vorhandenen analogen Telefone oder Faxgeräte betrieben werden. Sie werden meist als Nebenstellen an kleine ISDN-TK-Anlagen, seltener über a/b-Wandler, an ISDN angeschaltet.

1.1.2 Was heißt überhaupt ISDN?

Wenn man sich einen ISDN-Anschluss zulegt, sollte man auch wissen, was eigentlich die vier Buchstaben ISDN bedeuten. Hier die Erklärung: Im ISDN sind verschiedene und unterschiedliche Telekommunikationsdienste, wie Sprache, Daten, Text oder Bildtelefon über einen einzigen Anschluss verfügbar. Es sind also verschiedene **Dienste** in einem digitalen Kommunikationsnetz zusammengefasst bzw. integriert. Das führte zur englischen Bezeichnung **I**ntegrated **S**ervices **D**igital **N**etwork. Und die deutsche Bezeichnung für das ISDN lautet: **Diensteintegrierendes digitales Fernmeldenetz**. Die Komponenten eines ISDN-Anschlusses sind in der Abb. 1.4 dargestellt. Über den ISDN-Anschluss ist es möglich, alle modernen Telekommunikationsdienste in hoher Qualität in Anspruch zu nehmen. Wie schon erwähnt, sind heute auch die analogen Teilnehmeranschlüsse mit den digitalen Vermittlungsstellen verbunden. Deshalb können analoge Teilnehmer auch einige Leistungsmerkmale des ISDN, wie zum Beispiel die Rufnummerübermittlung, ebenfalls mit nutzen. Die entscheidenden Leistungsmerkmale des ISDN stehen jedoch am analogen Telefon nicht zur Verfügung.

1.2 Welche ISDN-Anschlussarten gibt es denn?

Folgende Anschlussarten werden von den Netzbetreibern im ISDN angeboten (*Abb. 1.5*):

- der Basisanschluss als Mehrgeräteanschluss,
- der Basisanschluss als Anlagenanschluss und
- der Primärmultiplexanschluss als Anlagenanschluss

In *Abb. 1.6* sind die möglichen ISDN-Anschlussarten an einer digitalen Vermittlungsstelle einschließlich des analogen Anschlusses dargestellt. Man erkennt hier

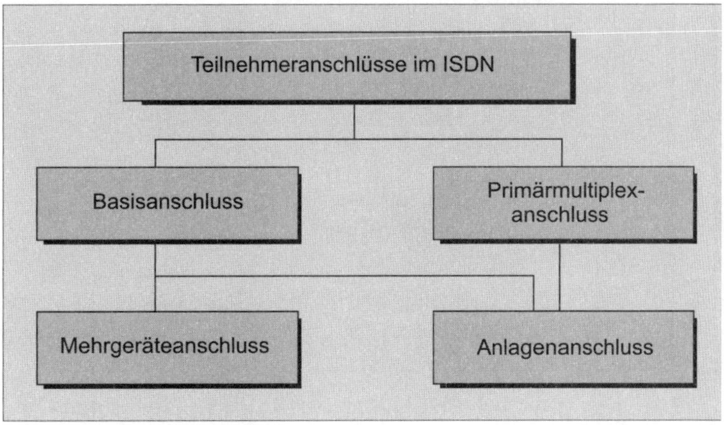

Abb. 1.5 Die ISDN-Anschlussarten

deutlich die Besonderheiten zwischen den einzelnen Anschlussarten schon anhand der verwendeten Endeinrichtungen. Danach ergeben sich drei grundsätzliche Zugangsarten zur ISDN-Vermittlungsstelle:

- die Anschaltung wie bisher über einen analogen Anschluss
- das Anschalten über einen ISDN-Basisanschluss und
- das Anschalten über einen Primärmultiplexanschluss.

1.2.1 Der ISDN-Basisanschluss

Der Basisanschluss (BaAs) stellt die kleinste ISDN-Anschlussart dar. Es ist die Anschlussart für den privaten Bereich, also bestens geeignet für Heim oder Haus und für das mittelständische Unternehmen. Über diesen Anschluss werden einzelne ISDN-Endgeräte oder kleine ISDN-Telefonanlagen in Kombination mit ISDN-Endgeräten und PCs an das ISDN angeschlossen (*Abb. 1.7*).

So wie beim analogen Anschluss die TAE-Dose der Übergabepunkt zwischen Netzbetreiber und Teilnehmer ist, ist es im ISDN der NT (NT = Network Termination). Den NT beim Basisanschluss bezeichnet man auch als NTBA. Es ist zu beachten, dass der NTBA Eigentum des Netzbetreibers, also im Regelfall Eigentum der Deutschen Telekom AG ist. Nach dem NTBA beginnt das Teilnehmernetz und hier ergeben sich vielfältige Möglichkeiten der Selbstmontage.

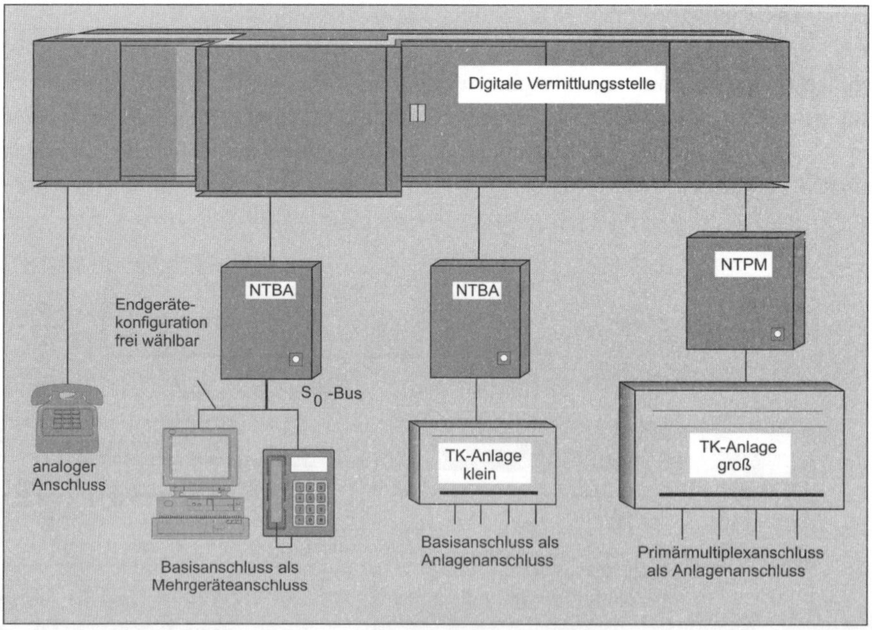

Abb. 1.6 Die möglichen Anschlussarten an der digitalen Vermittlungsstelle

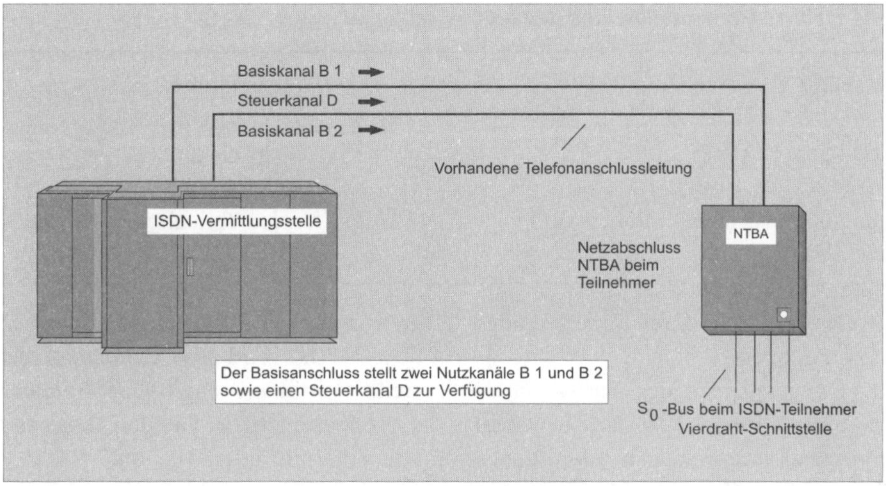

Abb. 1.7 Der ISDN-Basisanschluss

Solides Wissen sollte man sich jedoch unbedingt vorher aneignen. Schon mancher hat beim Hausbau und der damit verbundenen Unterputzverlegung übersehen, dass letztlich an jede ISDN-Dose vier Adern führen müssen! Auf das ordnungsgemäße Beschalten der ISDN-Dosen wird später noch eingegangen.

Beim Basisanschluss werden insgesamt drei Kanäle angeboten:

- Nutzkanal oder Basiskanal B1
- Nutzkanal oder Basiskanal B2 und der
- D-Kanal

Die Nutzkanäle dienen der digitalen Datenübertragung zwischen den beiden Endteilnehmern. Die Übertragungsrate beträgt jeweils 64 kbit/s.
Die für den Verbindungsauf- und -abbau der zwei voneinander unabhängigen Nutzkanäle notwendigen Steuerinformationen werden auf dem D-Kanal übertragen. Die Übertragungsrate auf diesem Kanal beträgt 16 kbit/s. Doch nicht nur die beiden Kanäle B 1 und B 2 sind für den ISDN-Nutzer von Interesse. Auch der D-Kanal kann gleichfalls schon als eine Art Nutzkanal angesehen werden. Unter bestimmten Vorrausetzungen kann der Netzbetreiber diesen Kanal für langsame Datenübertragungen zur Verfügung stellen.

> *Info!*
> Der ISDN-Basisanschluss stellt zwei Nutzkanäle B 1 und B 2 für den Informationsaustausch zur Verfügung. Weiterhin den für beide Nutzkanäle zuständigen D-Kanal als Steuerkanal.

1.2.2 Die Struktur des Basisanschlusses

Für die technisch interessierten Leser sind die Strukturen und Übertragungsgeschwindigkeiten der einzelnen ISDN-Anschluss-

Tabelle 1.1 Die Übertragungsrate des Basisanschlusses

Nutzkanal B 1	64 kbit/s
Nutzkanal B 2	64 kbit/s
D-Kanal	16 kbit/s
Nettobitrate	144 kbit/s
Wartung und Synchronisation	48 kbit/s (für den Teilnehmer nicht nutzbar)
Bruttobitrate	**192 kbit/s**

arten einschließlich ihrer Übertragungskanäle von Interesse.

Die Übertragungsraten des Basisanschlusses sind in Tabelle 1.1 zusammengefasst. Die Informationen zwischen Vermittlungsstelle und dem ISDN-Anschluss werden über die Teilnehmeranschlussleitung mit einer Bruttoübertragungsrate von 192 kbit/s bzw. mit einer Nettoübertragungsrate von 144 kbit/s in beide Richtungen gleichzeitig übertragen.

Von den Netzbetreibern wird auch das Zusammenschalten der beiden Kanäle für eine noch schnellere Datenübertragung angeboten. Damit steht die ganze Bandbreite von 2 x 64 kbit/s = 128 kbit/s für eine konkrete Datenverbindung zur Verfügung. Es sollte aber beachtet werden, dass bei einer solchen Zusammenschaltung der beiden Kanäle keine weitere Kommunikation zum Beispiel über das Telefon möglich ist. Weiterhin wird oft nicht beachtet, das sich natürlich der Verbindungspreis gleichfalls verdoppelt.

Zwischen dem NTBA und den ISDN-Endgeräten beim Teilnehmer erfolgt die Übertragung über zwei Doppeladern, also vieradrig. Dabei definiert man beim ISDN-Anschluss Schnittstellen, die eine eindeutige Zuordnung und Standardisierung der jeweiligen Anschlussart ermöglichen. Der Übergang zwischen Teilnehmereinrichtung und dem NTBA wird als **Teilnehmerschnittstelle S_0** mit der englischen Bezeichnung subscriber interface, und der Abschnitt zwischen Vermittlungsstelle und NTBA, also die Teilnehmeranschlussleitung, wird als **Leitungsschnittstelle U_{K0}** bezeichnet. Der Index K steht hierbei für Kupfer.

Wichtig!

Drei Begriffe sollte man sich merken:

1. Die a/b-Schnittstelle ist zweiadrig und dient zum Anschalten der analogen Endgeräte.
2. Die S_0-Schnittstelle ist vieradrig. Hier werden ISDN-Geräte angeschlossen.
3. Die U_{K0}-Schnittstelle ist zweiadrig. Es ist die Schnittstelle zur Vermittlungsstelle

Obwohl der Basisanschluss zwei getrennte Basiskanäle beinhaltet, ist er grundsätzlich durch eine Rufnummer für alle in Frage kommenden ISDN-Dienste gekennzeichnet. Sollen am BaAs nur Endgeräte betrieben werden, können bis zu acht verschiedene Geräte angeschaltet werden; davon vier Telefone ohne Fremdspeisung. Da aber nur zwei getrennte Basiskanäle zur Verfügung stehen, können natürlich auch nur zwei Endgeräte gleichzeitig eine Verbindung aufbauen. ISDN-TK-Anlagen werden über einen oder mehrere BaAs an das ISDN angeschlossen.

1.2.3 Ohne Netzabschlussgerät geht nichts im ISDN!

Diese Überschrift ist nicht ohne Grund gewählt. Es stimmt schon: ohne Netzabschlussgerät NTBA ist kein ISDN möglich (*Abb. 1.8*). Und warum nicht? Weil erst der NTBA die **zweiadrige** Anschlussleitung in die teilnehmerseitige aber nun **vieradrige** Endgeräteleitung (Busbetrieb) technisch umsetzt.

Der NTBA ist die wichtigste Trennstelle zwischen dem Netz des Netzbetreibers und dem eigenen Hausnetz. Und so ist die Wirkungsweise:

Info!

Der NTBA kann im Normalbetrieb vier ISDN-Telefone mit einer Speisespannung versorgen.
Bei Netzausfall wird der NTBA stromlos und es wird automatisch nur noch ein Telefon versorgt.
In diesem Fall spricht man vom Notbetrieb.

Der NTBA beinhaltet die Schnittstellenschaltungen für die U_{K0}- und S_0-Schnittstellen, ein 230V-Netzteil und eine Notbetriebumschaltung (*Abb. 1.9*).

Der NTBA wird von der Vermittlungsstelle über die zweiadrige Schnittstelle U_{K0} gespeist und die angeschalteten Endgeräte

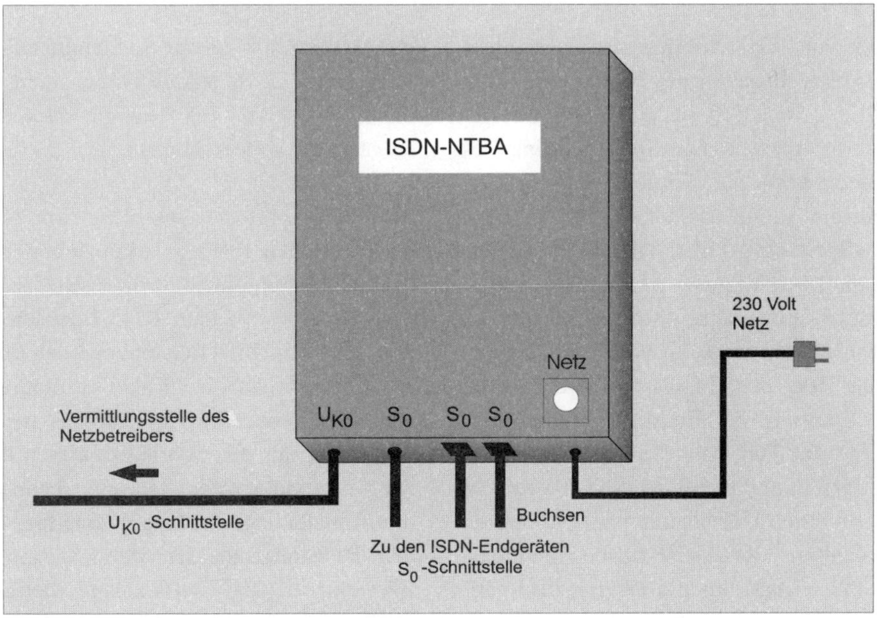

Abb. 1.8 Der NTBA mit seinen Anschlüssen

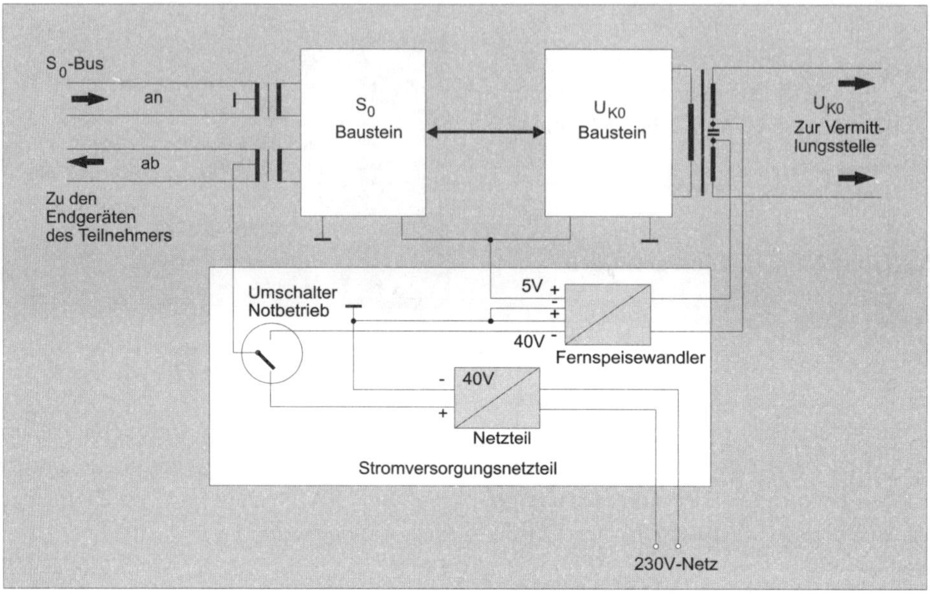

Abb. 1.9 Blockschaltbild des NTBA

werden aus der Stromversorgungseinheit des NTBA durch eine Phantomspeisung über die 4adrige Schnittstelle S_0 mit Speisespannung versorgt. Die Speiseleistung des NTBA reicht für vier Telefone aus.

Jeweils ein Aderpaar dient als Hin- (+) bzw. als Rückleitung (–). Zur galvanischen Trennung der Stromkreise werden Übertrager eingesetzt. Eine separate Speiseleitung zu den Endgeräten ist somit nicht erforderlich. Ist eine Ader des Busses unterbrochen, ist keine Speisung der Endgeräte mehr möglich. Für den Fall, dass die 230V-Netzspannung ausfällt und damit der NTBA stromlos ist, kann durch Umschaltung auf Notbetrieb (Umschaltung der Speisespannung) zumindest ein Endgerät durch die Fernspeisespannung der Vermittlungsstelle gespeist werden. In diesem Zustand steht eine Leistung von ca. 410 mW an der S_0-Schnittstelle zur Verfügung. Es ist jedoch zu beachten, dass nicht alle ISDN-Telefone für Notbetrieb eingerichtet werden können.

Abb. 1.10 zeigt die Anschlüsse am NTBA der Deutschen Telekom. Man sieht deutlich das Verbindungskabel zur F-Buchse der TAE-Dose, die beiden RJ45-Buchsen zum Anstecken der ISDN-Geräte und den Stromanschluss. Wenn eine Kabelinstallation im Hausnetz notwendig ist, wird das Installationskabel mit den Schraubklemmen hinter der Abdeckung verbunden. Hier kann auch die Amtsleitung direkt aufgeklemmt werden. Bitte beachten Sie: wenn Sie am NTBA eine ISDN-Telefonanlage betreiben, muss der NTBA nicht an das Stromnetz angeschaltet werden!

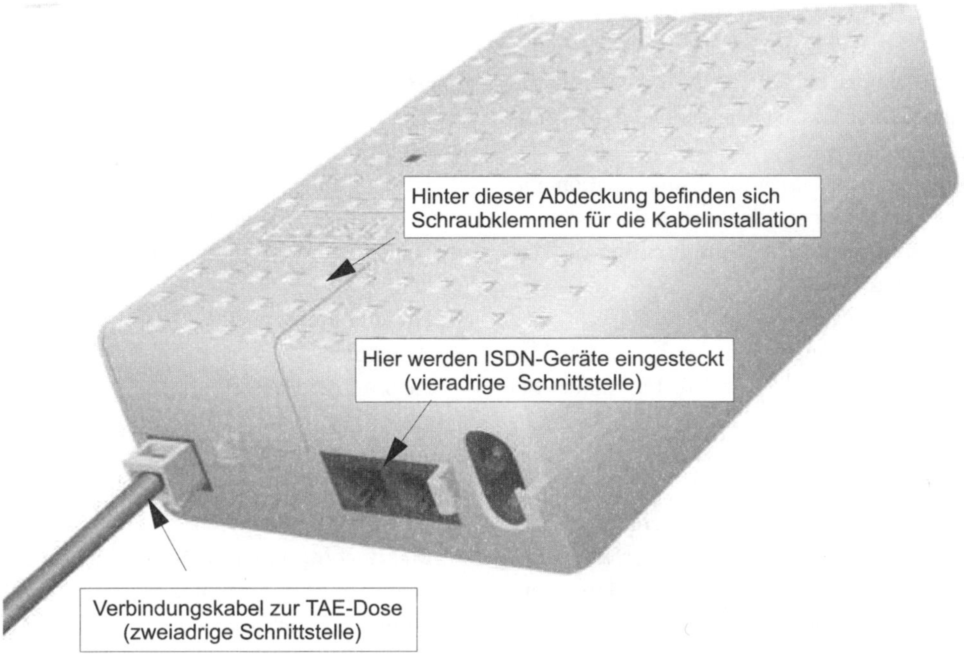

Abb. 1.10 Der NTBA der Deutschen Telekom

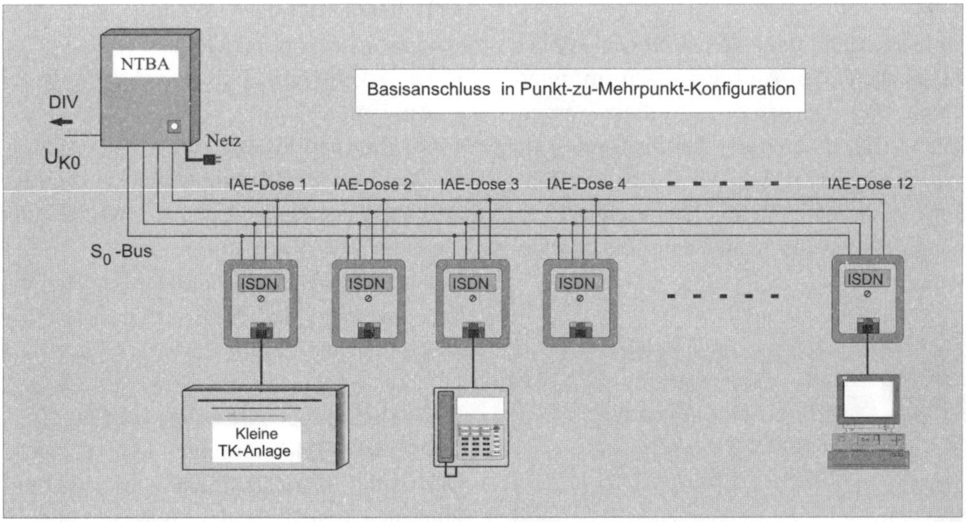

Abb. 1.11 Der Basisanschluss als Mehrgeräteanschluss

1.2.4 Den ISDN-Basisanschluss gibt es in zwei Varianten

Man unterscheidet beim Basisanschluss grundsätzlich zwischen den beiden Konfigurationsarten:

- **Punkt-zu-Mehrpunkt-Konfiguration**, das ist der **Mehrgeräteanschluss** und die
- **Punkt-zu-Punkt-Konfiguration** als **Anlagenanschluss**.

Der Mehrgeräteanschluss wird am häufigsten eingerichtet (*Abb. 1.11*). Es können bei dieser Anschlussvariante an der S_0-Schnittstelle bis zu 12 ISDN-Dosen installiert werden, an denen aber nur bis zu acht ISDN-Endgeräte angeschlossen werden dürfen. Von diesen acht Endgeräten dürfen wegen der Belastbarkeit des NTBA wiederum nur vier als Telefone installiert werden. Die anderen Endgeräte, also Faxgeräte, Anrufbeantworter, PCs usw. benötigen ja bekanntlich keine Speisespannung vom NTBA, da sie über eine eigene Stromversorgung verfügen.

Punkt-zu-Mehrpunkt-Verbindungen können entsprechend den Anforderungen im unterschiedlichen Busbetrieb installiert werden. Nähere Einzelheiten werden im Kapitel Installation erläutert. Von der Deutschen Telekom wird der Mehrgeräteanschluss als Standard- und als Komfortanschluss angeboten.

Info!

Der ISDN-Basisanschluss wird als Mehrgeräteanschluss und als Anlagenanschluss angeboten.
Weiterhin kann man sich zwischen der Standard- und Komfortvariante entscheiden.

Standardanschluss

Bei diesem Anschluss sind folgende Leistungsmerkmale im monatlichen Grundpreis von 22,95 Euro enthalten:

- Mehrfachrufnummern (3 Stück)
- Übermittlung der eigenen Rufnummer
- Anzeige der Rufnummer eines Anrufers
- Halten einer Verbindung (Rückfrage/Makeln)
- Dreierkonferenz
- Anklopfen
- Rückruf bei Besetzt

Komfortanschluss

Hier sind im monatlichen Grundpreis von 25,51 Euro enthalten:

- Mehrfachrufnummern 3 Stück; es können aber auch kostenlos bis zu 10 Rufnummern beantragt werden
- Übermittlung der eigenen Rufnummer
- Anrufweiterschaltung
- Anrufbeantworter in Form der T-NetBox für eine Rufnummer
- Halten/ Rückfrage/ Makeln
- Umstecken am Bus/Gerätewechsel
- Dreierkonferenz
- Anklopfen
- Rückruf bei Besetzt
- Übermitteln der angefallenen Verbindungsentgelte am Ende der Verbindung

Bei beiden Anschlussvarianten beträgt bei Selbstmontage des NTBA der Bereitstellungspreis 51,57 Euro.

1.2.5 Der Anlagenanschluss und die ISDN-Telefonanlage

Der Anlagenanschluss ist die Punkt-zu-Punkt-Konfiguration des Basisanschlusses (Abb. 1.12).

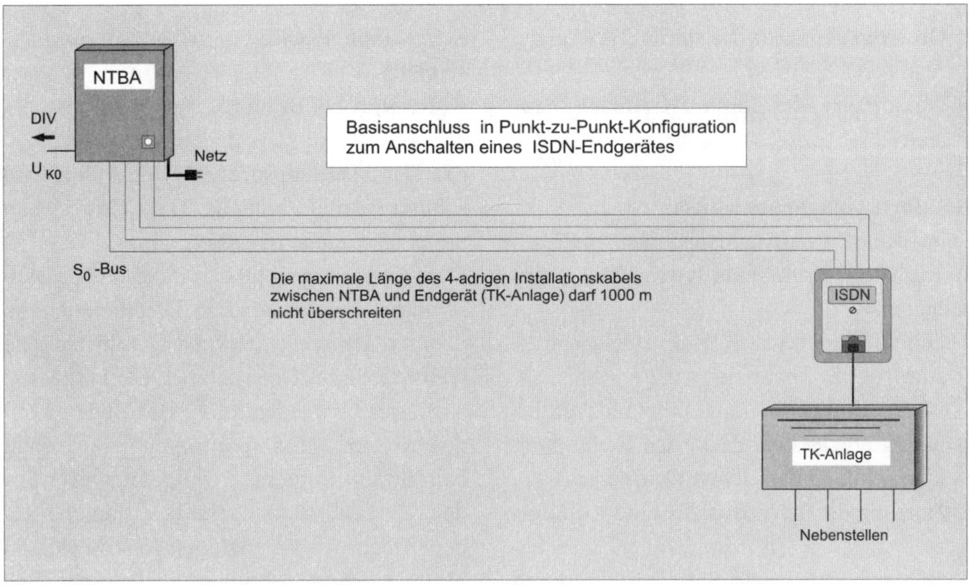
NTBA
DIV
U_{K0}
Netz
Basisanschluss in Punkt-zu-Punkt-Konfiguration zum Anschalten eines ISDN-Endgerätes
S_0 -Bus
Die maximale Länge des 4-adrigen Installationskabels zwischen NTBA und Endgerät (TK-Anlage) darf 1000 m nicht überschreiten
ISDN
TK-Anlage
Nebenstellen

Abb. 1.12 Der Basisanschluss als Anlagenanschluss

Unter diesem Begriff versteht man eine Anschlussart zur Anschaltung von nur einem Endgerät, im praktischen Fall also eine TK-Anlage. Deshalb spricht man auch vom Anlagen-Anschluss. Die am BaAs angeschlossenen TK-Anlagen können in der Betriebsart „Durchwahl" an das ISDN angeschaltet werden. Neben der Durchwahlfähigkeit dieses Anschlusses ist beim Anschalten einer TK-Anlage das kostenlose interne Telefonieren von großem Vorteil. Bei der Installation ist zu beachten, dass die maximale Länge des 4-adrigen Installationskabels zwischen NTBA und der ISDN-Anschlussdose je nach Kabeltyp maximal 1000 m nicht übersteigen darf. Auch beim Anlagenanschluss bietet die Deutsche Telekom den Standard- und den Komfortanschluss mit unterschiedlichen Leistungsmerkmalen an.

Zur Beachtung!

Wer zum ISDN-Anlagenanschluss wechselt, erhält wegen der Durchwahlfunktion stets eine neue Anschlussrufnummer!

Standard-Anlagenanschluss

Im monatlichen Grundpreis von 29,65 Euro für den Standard-Anlagenanschluss sind folgende Leistungsmerkmale enthalten:

- Durchwahl inkl. Rufnummernblock
- Übermittlung der eigenen Rufnummer
- Anzeige der Rufnummer eines Anrufers
- Halten/Rückfrage/Makeln (wird durch TK-Anlage realisiert)
- Umstecken am Bus/Gerätewechsel (wird durch TK-Anlage realisiert)

- Dreierkonferenz (wird durch TK-Anlage realisiert)
- Anklopfen (wird durch TK-Anlage realisiert).

Komfort-Anlagenanschluss

Beim Komfort-Anlagenanschluss sind im monatlichen Grundpreis von 32,62 Euro enthalten:

- Durchwahl inklusive Rufnummernblock
- Anrufweiterschaltung
- Übermittlung der angefallenen Verbindungsentgelte am Ende der Verbindung
- Übermittlung der eigenen Rufnummer
- Nutzung der T-NetBox für eine Rufnummer
- Halten/Rückfrage/Makeln (wird durch TK-Anlage realisiert)
- Dreierkonferenz (wird durch TK-Anlage realisiert)
- Anklopfen (wird durch TK-Anlage realisiert)
- Rückruf bei Besetzt

Der Bereitstellungspreis für den Anlagenanschluss beträgt ebenfalls 51,57 Euro, wenn der NTBA selbst installiert wird.

Der Anlagenanschluss ist der ideale Anschluss für mittelständige Unternehmen, da über das Leistungsmerkmal Durchwahl jede Nebenstelle im Unternehmen direkt von extern erreicht werden kann. Bei Bedarf können weitere Anschlüsse unter der gleichen Durchwahlrufnummer freigeschaltet werden. Zu beachten ist allerdings, das bei einem Wechsel vom analogen Anschluss zum ISDN-Anschluss grundsätzlich eine Rufnummernänderung notwendig ist. Das gilt auch beim Wechsel vom ISDN-Mehrgeräteanschluss zum ISDN-Anlagenanschluss.

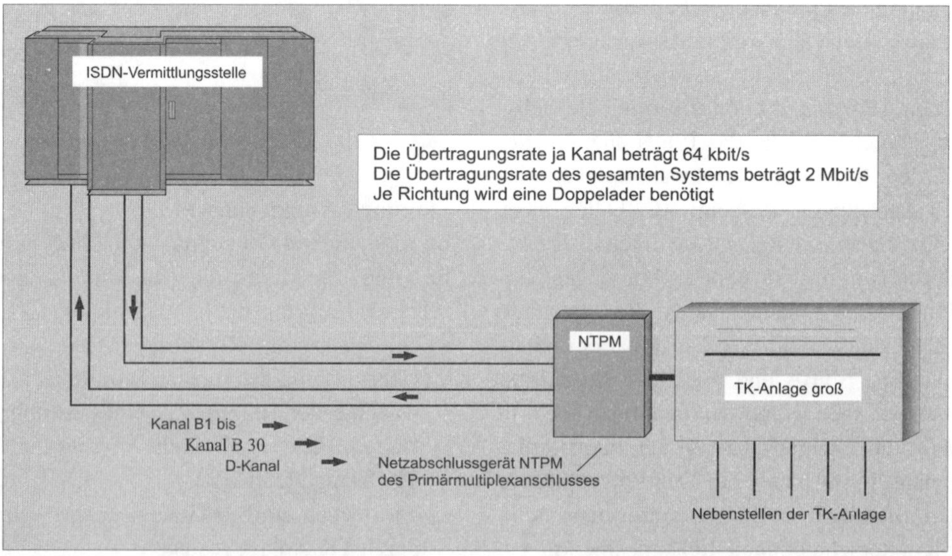

Abb. 1.13 Der ISDN-Primärmultiplexanschluss

Über einen virtuellen Anschluss vor Ort wird jedoch durch den Netzbetreiber gesichert, dass alle auf der alten Rufnummer ankommenden Rufe automatisch zur neuen Durchwahlrufnummer weitergeleitet werden.

1.3 Der Primärmultiplexanschluss für große Datenmengen

Diese Anschlussart ist die größte ISDN-Anschlussart. Sie ist vorgesehen für Unternehmen mit großem Verkehrsaufkommen. Der Primärmultiplexanschluss mit der Abkürzung PMxAs wird vorzugsweise für die Anschaltung von größeren TK-Anlagen oder Datenverarbeitungsanlagen an Stelle mehrerer Basisanschlüsse verwendet (*Abb. 1.13*).

Seine Übertragungskapazität von 30 Nutzkanälen (B-Kanäle) zu je 64 kbit/s entspricht der Nutzkapazität von 15 Basisanschlüssen. Auf der Teilnehmeranschlussleitung, die entweder aus einem 4adrigen Kupferkabel oder aus einer zweifaserigen Glasfaserleitung besteht, wird somit ein Digitalsignal von 2048 kbit/s übertragen. Der Primärmultiplexanschluss stellt ein sogenanntes PCM-30-System dar. Es werden 30 wechselseitig betriebene Kanäle für die Übertragung der Nutzinformation verwendet. Die Übertragung der Steuerinformationen erfolgt über den D-Kanal mit ebenfalls 64 kbit/s.

Info!

Der Primärmultiplexanschluss wird dort eingesetzt, wo umfangreiche Datenmengen übertragen werden müssen.

1.3.1 Die Struktur des Primärmultiplexanschlusses

Zwischen ISDN-Vermittlungsstelle und dem Netzabschluss erfolgt die Datenübertragung auf der vieradrigen Anschlussleitung in getrennten Richtungen. Die Schnittstellen des Primärmultiplexanschlusses unterscheiden sich deshalb deutlich von denen des ISDN-Basisanschlusses. Die wichtigsten sind die **teilnehmerseitigen Schnittstellen S_{2M}** und die **leitungsseitigen Schnittstellen U_{K2}**.

Auf der Teilnehmerseite wird der Bus der S_{2M}-Schnittstelle ebenso wie der Bus der S_0-Schnittstelle des Basisanschlusses vieradrig geschaltet und die angeschlossene TK-Anlage wird in Punkt-zu-Punkt-Konfiguration betrieben. Die Übertragungsraten des Primärmultiplexanschlusses sind zum Vergleich mit den Daten des Basisanschlusses in Tabelle 1.2 aufgeführt:

Tabelle 1.2 Die Übertragungsrate des Primärmultiplexanschlusses

B-Kanal 1	64 kbit/s
B-Kanal 2...29 mit je	64 kbit/s
B-Kanal 30	64 kbit/s
Steuerkanal (D-Kanal)	64 kbit/s
Synchronkanal	64 kbit/s
Übertragungsrate (Summe)	**2.048 kbit/s**

1.4 Was sind ISDN-Schnittstellen?

Muss man den Begriff Schnittstellen kennen? Ja, man sollte es! Der Begriff Schnittstelle wird in der Telekommunikationstechnik und nicht nur dort immer häufiger verwendet. Die Produkte der Kommunikationsbranche sind heutzutage stets mit **Schnittstellenangaben** ausgezeichnet. Schon beim Kauf einer ISDN-Telefonanlage wird man durch die Schnittstellenangaben sofort über die Anschaltemöglichkeiten für analoge oder ISDN-Endgeräte informiert. Man kann sofort erkennen, mit wie viel S_0-Schnittstellen oder mit wie viel analogen Schnittstellen die Anlage ausgestattet ist.

Tip!

Beim Kauf einer ISDN-Telefonanlage unbedingt darauf achten, mit welchen Schnittstellen die Anlage ausgestattet ist. Danach richtet sich die Zahl der anzuschließenden analogen oder ISDN-Endgeräte.

Zu beachten ist auch, dass häufig die Schnittstelle nicht nur eine technische Normung darstellt, sondern oft auch eine juristische Bedeutung hat. So ist zum Beispiel die bekannte TAE-Dose des analogen Telefonanschlusses sowohl technische analoge a/b-Schnittstelle, aber auch zugleich die rechtliche Schnittstelle zwischen Netzbetreiber und Teilnehmer. Und so ist es auch beim ISDN. Hier übt der NTBA mit der digitalen S_0-Schnittstelle im ISDN die gleichen Funktionen aus wie die TAE-Dose im analogen Netz. Die wichtigsten ISDN-Schnittstellen sind die

- S_0-Schnittstellen
- S_{2M}-Schnittstellen
- U_{K0}-Schnittstellen
- U_{K2}-Schnittstellen und die
- $U_{Hersteller}$-Schnittstellen (siehe auch *Abb. 1.14*).

1.4.1 Die S_0-Schnittstelle ist besonders wichtig

Die S_0-Schnittstelle ist die allgemeine Teilnehmerschnittstelle für den ISDN-Basisanschluss und sie interessiert uns als ISDN-Teilnehmer besonders. Sie besitzt eine Doppelader zum Senden und eine Doppelader zum Empfangen und ist somit vieradrig. Die Schnittstelle wird dem ISDN-Teilnehmer entweder als passiver Bus oder als Punkt-zu-Punkt-Konfiguration angeboten.

Der passive Bus

Die Leitungslänge des Busses zwischen NTBA und den Endgeräten beträgt ca. 150 Meter. Eine Erweiterung der Buslänge ist wegen der Synchronisation auf dem Bus zur Verhinderung von Kollisionen zwischen den angeschlossenen Endgeräten nicht möglich. Da am Bus mehrere Endgeräte betrieben werden, sichert der D-Kanal durch Synchronisation, dass sich die Endgeräte nicht gegenseitig durch gleichzeitiges Senden behindern. Damit keine Kollision auftritt, stellt das sendende Endgerät durch *Mithören* fest, ob der Kanal frei ist. Ein freier Kanal wird durch eine Folge von mindestens 8 aufeinander folgenden binären Einsen dem Endgerät angezeigt. Am Bus können maximal 8 Endgeräte angeschlossen werden.

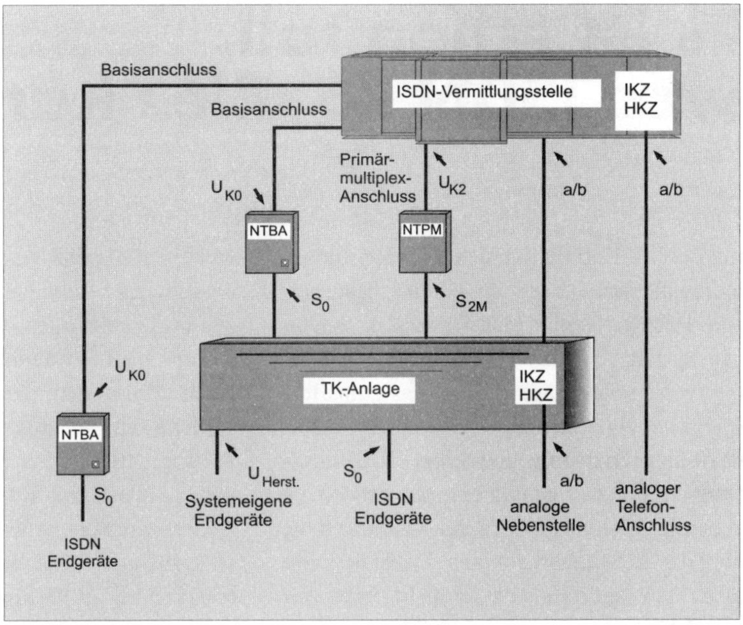

Abb. 1.14
Die wichtigsten Schnittstellen im ISDN

Die Punkt-zu-Punkt-Konfiguration

Die Punkt-zu-Punkt-Konfiguration dagegen hat eine Reichweite bis zu 1000 Meter. Eine Synchronisation findet hier nicht statt; es kann aber auch nur ein Endgerät, meist eine TK-Anlage, angeschaltet werden. Die Merkmale der S_0-Schnittstelle sind:

- Die Übertragung erfordert zwei Doppeladern
- Die Reichweite beträgt max. 1000 Meter
- Das Übertragungsverfahren ist digital (AMI-Code)

1.4.2 Die U_{K0}-Schnittstelle ist zweiadrig

Die U_{K0}-Schnittstelle ist die Basisanschluss-Schnittstelle zwischen Netzbetreiber und ISDN-Kunde; also letztlich die zweiadrige Teilnehmeranschlussleitung. Dabei steht K für Kupfer und die 0 für Basisanschluss. Mit dieser Schnittstelle wird sichergestellt, dass der ISDN-Anschluss auch weiterhin auf der meist vorhandenen Kupferdoppelader des analogen Anschlusses betrieben werden kann. Die Länge der Anschlussleitung soll 8 km nicht übersteigen. Die Merkmale der U_{K0}-Schnittstelle sind:

- Die Übertragung erfordert nur eine Doppelader
- Die Reichweite beträgt etwa 8 Kilometer
- Das digitale Übertragungsverfahren erfolgt mit dem 4B/3T-Code.

Info!

Die U_{K0}-Schnittstelle ist die zweiadrige Schnittstelle zur Vermittlungsstelle.
Am NTBA stellt praktisch die Buchse, in die das Verbindungskabel zur TAE-Dose eingesteckt wird, die U_{K0}-Schnittstelle dar.

2 Es ist schon toll, was ISDN so alles kann!

In diesem Kapitel werden die Leistungsmerkmale des ISDN eingehend beschrieben. Letztlich sollte man ja wissen, wovon man spricht! Und nicht jeder ISDN-Teilnehmer weiß schon ganz genau, was zum Beispiel der Unterschied zwischen einer **Anrufweiterschaltung** und einer **Rufumleitung** ist. Leistungsmerkmale von Produkten geben ja Auskunft über deren Qualität bzw. über das Leistungsvermögen. Deshalb sollte man sich speziell vor dem Erwerb von ISDN-Endgeräten unbedingt über deren Leistungsmerkmale informieren. Denn: nicht alle ISDN-Geräte unterstützen auch die Leistungsmerkmale des ISDN-Netzes! Wer zum Beispiel erst nach dem Kauf einer ISDN-TK-Anlage feststellt, dass von ihr das Leistungsmerkmal *Übermittlung der Rufnummer an analoge Endgeräte* nicht unterstützt wird, kann dem Verkäufer keine Schuld geben.

Von allen Leistungsmerkmalen interessiert immer wieder die Frage nach den drei Rufnummern, die vom Netzanbieter mit dem ISDN-Anschluss zur Verfügung gestellt werden. Offenbar besteht für viele ein Widerspruch zwischen **einer** Anschlussleitung, **zwei** gleichzeitigen Gesprächsmöglichkeiten und **drei** Rufnummern. Das vorliegende Buch wird helfen, diese scheinbaren Widersprüche aufzuklären. Aber schon einmal vorweg: Beim ISDN-Mehrgeräteanschluss können trotz drei Rufnummern immer nur zwei Gespräche geführt werden. Das ergibt sich aus der Tatsache, daß eben nur zwei Nutzkanäle zur Verfügung stehen.

> **Tipp!**
> Damit Sie immer mitreden können...
> Sehen Sie sich die Leistungsmerkmale genau an!
> Nur wenn Sie die Funktionen kennen, können Sie die Vorteile des ISDN für sich auch voll nutzen.

2.1 Ein Anschluss mit 3 Mehrfachrufnummern, was will ich mehr?

Beim ISDN-Mehrgeräteanschluss werden zur Endgeräteauswahl bis zu 10 beliebige Rufnummern aus dem Rufnummernvolumen des Anschlussbereiches bereitgestellt (*Abb. 2.1*). Man bezeichnet diese Rufnummern mit der Abkürzung MSN nach der englischen Fachbezeichnung **Multiple Subscriber Number**. Das Leistungsmerkmal MSN nennt man auch *Endgeräteauswahl am passiven Bus mit Mehrfachrufnummern.* Es ist damit möglich, am Mehrgeräteanschluss den einzelnen Endgeräten auch mehrere Mehrfachrufnummern zuzuordnen. Und es ist weiterhin möglich, Dienste und

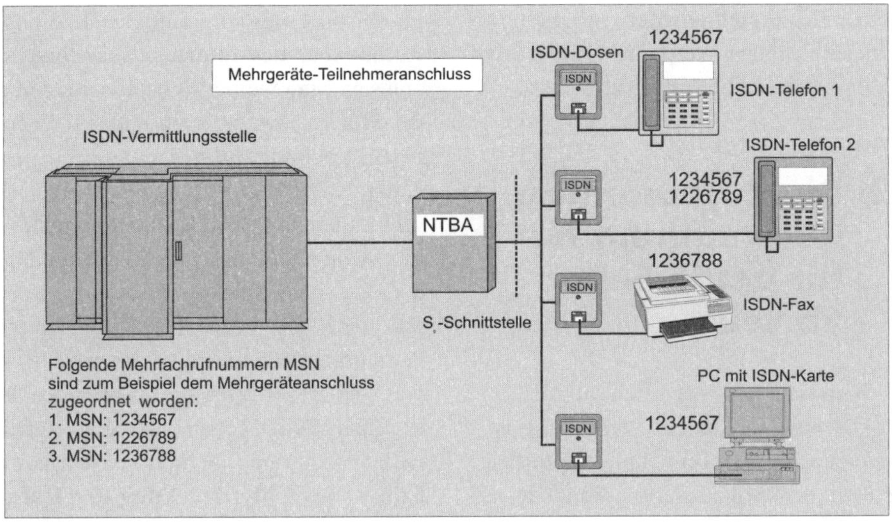

Abb. 2.1 Die Zuordnung der Mehrfachrufnummern MSN

Leistungsmerkmale sowohl je Anschluss als auch je MSN-Rufnummer einzurichten.

In Abb. 2.1 ist eine mögliche Rufnummernzuordnung auf die vorhandenen Endgeräte dargestellt. So erreicht man mit der 1. MSN die ISDN-Telefone 1 und 2. Dem PC ist auch die 1. MSN zugeordnet. Dem Telefon 2 ist sowohl die 1. MSN als auch die 2. MSN zugeordnet und die 3. MSN erhält das ISDN-Faxgerät. Mit den Mehrfachrufnummern ist es somit möglich, die meisten Leistungsmerkmale nicht nur dienstespezifisch, sondern auch innerhalb eines Dienstes endgerätespezifisch zu variieren.

Info!

Die Mehrfachrufnummern MSN dienen der Endgeräteauswahl beim Teilnehmer. Der Anrufer kann somit direkt das der MSN zugeordnete Endgerät anwählen.
Bitte nicht verwechseln mit der Durchwahl beim Anlagenanschluss!

Der Vorteil der Mehrfachrufnummern besteht zum Beispiel auch darin, dass die Anrufweiterschaltung für eine ganz konkrete MSN und damit für ein ganz bestimmtes Telefon am Mehrgeräteanschluss festgelegt werden kann. Trotzdem ist aber weiterhin ein vorhandenes Faxgerät mit der gleichen MSN auch bei Abwesenheit und trotz Anrufweiterschaltung für das Telefon erreichbar. Durch die Deutsche Telekom werden beim Komfortanschluss insgesamt drei Mehrfachrufnummern, auf Wunsch auch kostenlos bis zu zehn Rufnummern, bereitgestellt. Auch der Vorteil der getrennten **Gebührenabrechnung für jede einzelne Rufnummer** ist nicht zu unterschätzen. So ist auf einfache Weise eine Verbindungskostentrennung nach Privat und Büro oder nach einzelnen Familienmitgliedern möglich. Die Fernmelderechnung weist die Kosten nach den Rufnummern getrennt aus.

2.2 Die Rufnummernübermittlung hat für beide Seiten Vorteile

2.2.1 Nun sehe ich, wer mich anruft!

Im ISDN wird mit jedem Verbindungsaufbau gleichzeitig die Teilnehmer-Identifizierung über den Signalisierungskanal D gesendet. Falsche Rufnummern können im ISDN somit nicht übermittelt werden. Es gibt allerdings eine kleine Einschränkung: die Ziffern der Nebenstellen von TK-Anlagen können nicht geprüft werden. Mit der Rufnummernübermittlung ist es möglich, im Display des angerufenen Telefons die Rufnummer des rufenden Teilnehmers abzulesen. Man weiß also bereits vor Abheben des Hörers, wer sich am anderen Ende der Leitung befindet (*Abb. 2.2*).

Auch Teilnehmer mit einem analogen Anschluss können diese Rufnummernübermittlung heutzutage nach Auftragserteilung bei der Deutschen Telekom nutzen. Im Normalfall wird bei jedem ISDN-Anschluss die Rufnummer übermittelt. Das wird ja auch von vielen Teilnehmern so erwartet. Doch es kann Fälle geben, wo eine Rufnummernübermittlung nicht erwünscht ist. Deshalb ist die **Unterdrückung der Rufnummernübermittlung** jederzeit möglich. Man kann mit einem Auftrag an die Netzbetreiber die Rufnummernübermittlung im Netz abschalten lassen. Entweder ständig, also für immer, oder zeitweise; also je nach Bedarf vor einem Gespräch. Zu beachten ist,

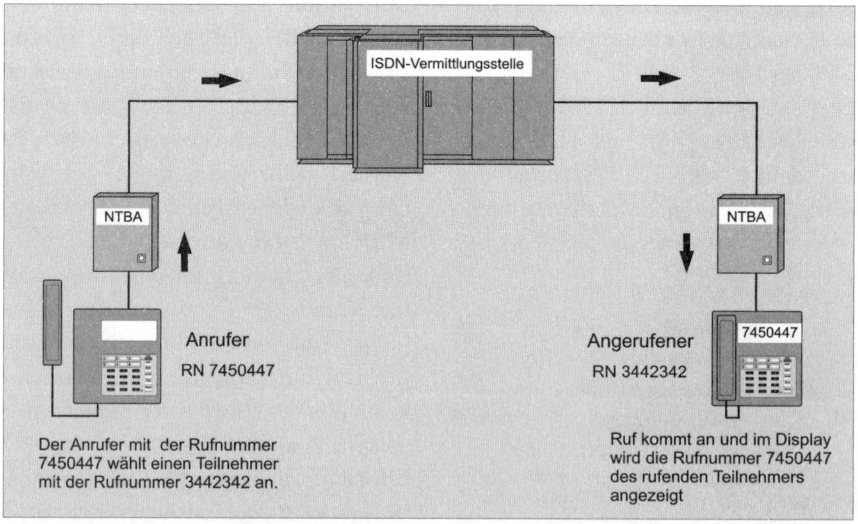
ISDN-Vermittlungsstelle
NTBA
NTBA
Anrufer
RN 7450447
7450447
Angerufener
RN 3442342
Der Anrufer mit der Rufnummer 7450447 wählt einen Teilnehmer mit der Rufnummer 3442342 an.
Ruf kommt an und im Display wird die Rufnummer 7450447 des rufenden Teilnehmers angezeigt

Abb. 2.2 Die Rufnummernübermittlung macht es möglich: auf dem Display sehe ich, wer mich sprechen will!

dass die fallweise Unterdrückung nur mit einem geeigneten Endgerät möglich ist.

2.2.2 Jetzt kann ich sehen, ob ich den richtigen Teilnehmer gewählt habe!

Auch die Übermittlung der Rufnummer des Angerufenen zum Anrufer ist im ISDN möglich. Damit hat der Anrufer die Gewissheit, dass er den gewünschten Teilnehmer auch tatsächlich erreicht bzw. gewählt hat (*Abb. 2.3*).

Die Rufnummernübermittlung sowohl zum Anrufer als auch zum Angerufenen findet technisch ja immer statt. Bedingt durch die rechnergesteuerte Vermittlung werden immer und stets die rufenden und gerufenen Teilnehmerrufnummern registriert und auf Dienstekennung geprüft. Das ist primäre Voraussetzung für das Funktionieren der heutigen digitalen Vermittlungstechnik.

Die **Rufnummerübertragung** wird in sensiblen Bereichen der Datenübertragung, also dort, wo man 100%ig sicher sein muß, dass es sich auch tatsächlich um den angewählten Partner handelt, als Zugriffssicherung verwendet. Ein Datenaustausch bzw. der Start einer computergestützten Anwendung zwischen den beiden Partnern findet zum Beispiel erst dann statt, wenn eindeutig die abgespeicherten Rufnummern mit den übertragenen Rufnummern übereinstimmen, das heißt, wenn beide Teilnehmer identifiziert sind.

Praktisch!

Die Anruferliste im ISDN-Telefon zeigt die eingegangenen aber nicht abgefragten Anrufe mit Rufnummer, Datum und Uhrzeit an.
Die Anruferliste ersetzt somit in gewisser Hinsicht einen Anrufbeantworter.

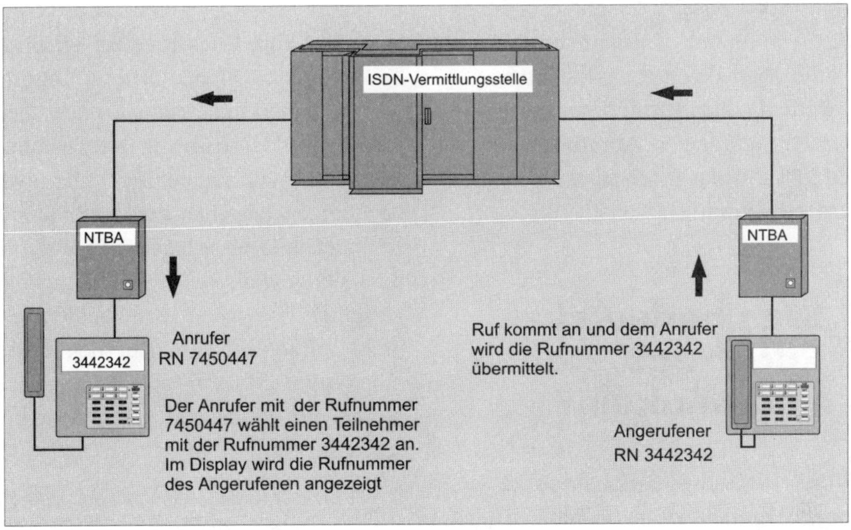
ISDN-Vermittlungsstelle
NTBA
NTBA
3442342
Anrufer
RN 7450447
Der Anrufer mit der Rufnummer 7450447 wählt einen Teilnehmer mit der Rufnummer 3442342 an. Im Display wird die Rufnummer des Angerufenen angezeigt
Ruf kommt an und dem Anrufer wird die Rufnummer 3442342 übermittelt.
Angerufener
RN 3442342

Abb. 2.3 Es geht auch rückwärts! Die Rufnummernübermittlung vom Angerufenen zum Anrufer ist bei wichtigen Datenübertragungen von großem Vorteil

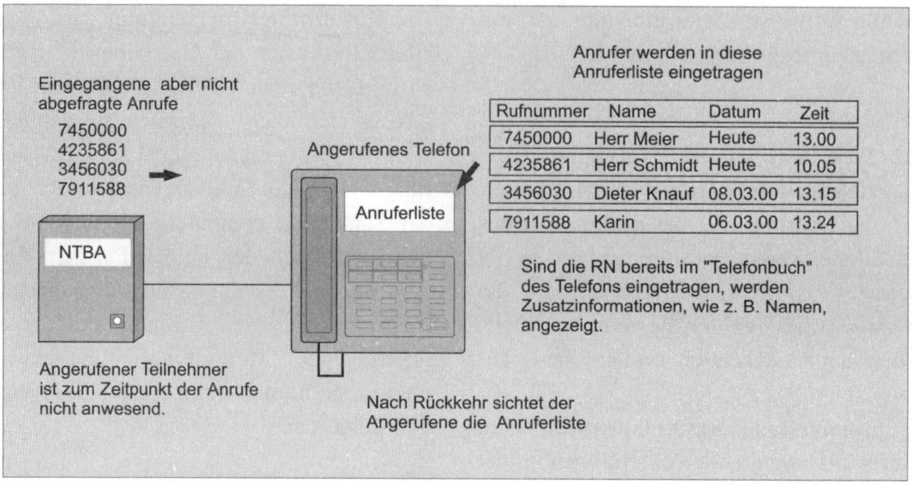

Abb. 2.4 Die Anruferliste im ISDN-Telefon ist sehr vorteilhaft

Ein großer praktischer Vorteil bei der Übermittlung der Rufnummer ist das Anlegen einer **Anruferliste** für nicht beantwortete bzw. nicht angenommene Anrufe (*Abb. 2.4*). Mit entsprechenden Display-Telefonen kann der Anrufer mit Rufnummer, Uhrzeit und Datum abgespeichert und sichtbar gemacht werden. Die Anruferliste ersetzt in gewisser Hinsicht einen Anrufbeantworter. Bei Bedarf kann dann der Rückruf zu den Anrufern vorgenommen werden.

2.3 Was bedeutet Rückfrage, Halten und Makeln?

Diese drei Leistungsmerkmale sind als funktionelle Einheit zu betrachten. So ist zum Beispiel das Leistungsmerkmal Rückfrage die Voraussetzung sowohl für das Makeln als auch für den Aufbau einer Dreierkonferenz (*Abb. 2.5*).

Der Begriff Rückfrage bedeutet, dass eine bestehende Verbindung mit dem Leistungsmerkmal Halten letztlich aufrecht erhalten wird, um eine Rückfrage bei einem dritten Teilnehmer zu halten. Diese Begriffe und Leistungsmerkmale entsprechen bekanntlich denen der früheren Nebenstellentechnik. Das mehrmalige Wechseln zwischen den beiden bestehenden Verbindungen bezeichnet man als Makeln. Zu beachten ist, dass der jeweils wartende Teilnehmer das Gespräch zwischen den beiden anderen nicht mithören kann. Bei den Leistungsmerkmalen Makeln oder Dreierkonferenz bleibt ein Nutzkanal des Mehrgerateanschlusses frei.

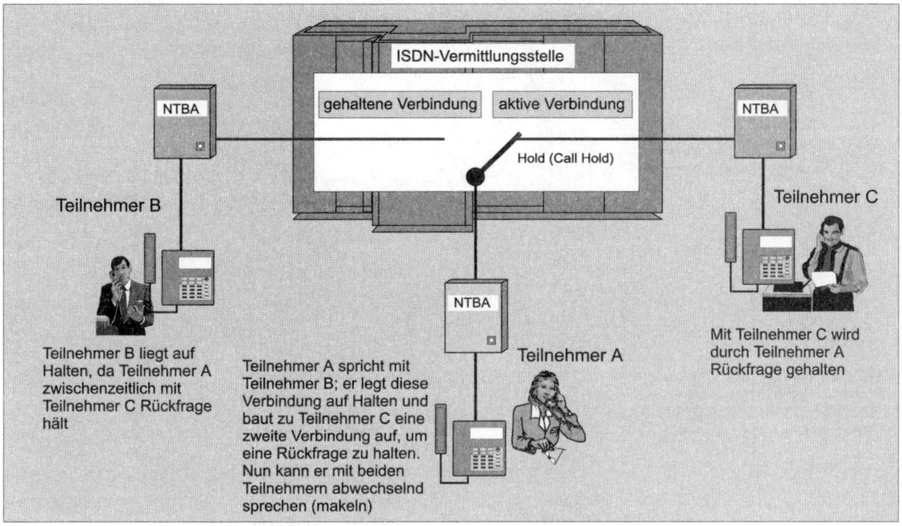

Abb. 2.5 Zum Leistungsmerkmal Halten/Rückfrage/Makeln

2.4 Die Dreierkonferenz. Wer bezahlt denn das?

Mit dem Leistungsmerkmal Dreierkonferenz ist es möglich, dass drei externe Teilnehmer gleichzeitig miteinander sprechen können. Das heißt konkret, es kann jeder mit jedem sprechen. Der Unterschied zwischen Makeln und der Dreierkonferenz besteht ja darin, dass beim Makeln immer nur zwei Teilnehmer, bei der Dreierkonferenz aber alle drei Teilnehmer gleichzeitig miteinander sprechen können (*Abb. 2.6*). Geregelt ist exakt, wer die Kosten der Dreierkonferenz trägt.

So werden dem Teilnehmer, der die Dreierkonferenz aktiviert, für beide bestehende Verbindungen die normalen Telefon-Verbindungskosten berechnet. Die Dreierkonferenz braucht nur von der Endeinrichtung (Telefon oder TK-Anlage) des Konferenzleiters unterstützt werden. Die Anschlussarten bzw. Endgeräte der anderen beiden Teilnehmer sind dabei unwichtig. Bei der Dreierkonferenz wird ebenfalls nur ein Kanal benutzt. Der zweite Kanal ist frei.

Bitte beachten!

Bei der externen Dreierkonferenz werden Entgelte von beiden bestehenden Telefonverbindungen erhoben. Diese werden dem Teilnehmer in Rechnung gestellt, der die Dreierkonferenz aktiviert hat!

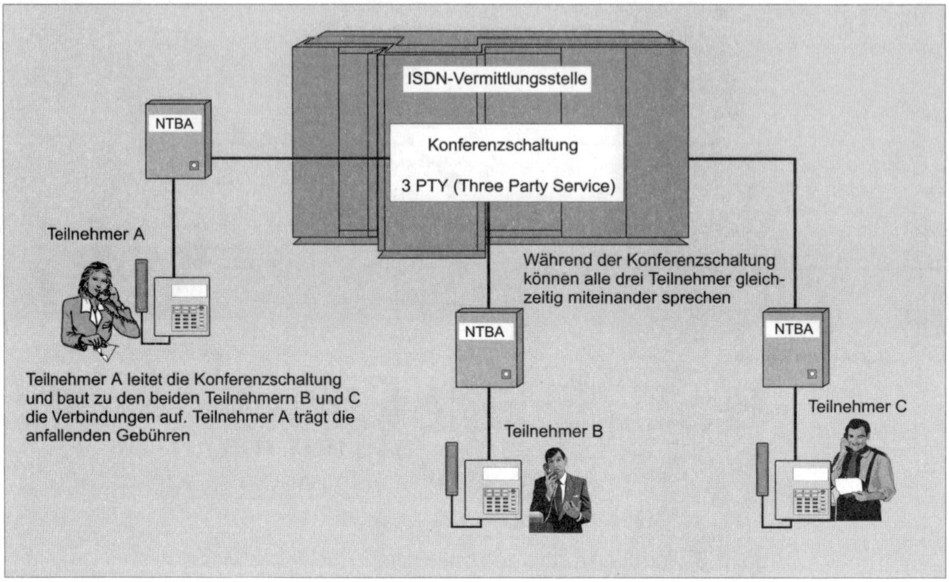
ISDN-Vermittlungsstelle
NTBA
Konferenzschaltung
3 PTY (Three Party Service)
Teilnehmer A
Während der Konferenzschaltung können alle drei Teilnehmer gleichzeitig miteinander sprechen
NTBA
NTBA
Teilnehmer A leitet die Konferenzschaltung und baut zu den beiden Teilnehmern B und C die Verbindungen auf. Teilnehmer A trägt die anfallenden Gebühren
Teilnehmer C
Teilnehmer B

Abb. 2.6 Die externe Dreierkonferenz

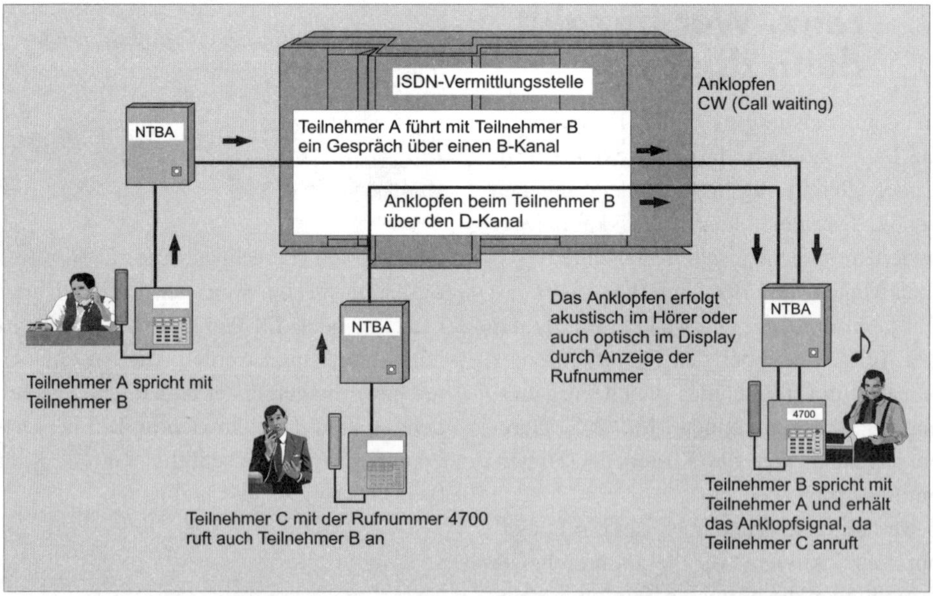
ISDN-Vermittlungsstelle
Anklopfen
CW (Call waiting)
NTBA
Teilnehmer A führt mit Teilnehmer B ein Gespräch über einen B-Kanal
Anklopfen beim Teilnehmer B über den D-Kanal
Das Anklopfen erfolgt akustisch im Hörer oder auch optisch im Display durch Anzeige der Rufnummer
NTBA
NTBA
Teilnehmer A spricht mit Teilnehmer B
4700
Teilnehmer C mit der Rufnummer 4700 ruft auch Teilnehmer B an
Teilnehmer B spricht mit Teilnehmer A und erhält das Anklopfsignal, da Teilnehmer C anruft

Abb. 2.7 So funktioniert das Leistungsmerkmal Anklopfen

2.5 Anklopfen heißt, es will mich noch jemand sprechen

Erfolgt während eines Gespräches von einem dritten Teilnehmer ein Anruf, wird das durch einen **Anklopfton** im Hörer beim angerufenen Teilnehmer angezeigt (*Abb. 2.7*). Die Anklopfinformation erfolgt über den D-Kanal. Der Anrufer erhält während der Rufphase das Freizeichen. Dem Teilnehmer, bei dem angeklopft wird, obliegt es, den anklopfenden Ruf anzunehmen, zu ignorieren oder abzuweisen. Die Funktion Anklopfen muss durch das Endgerät bzw. durch die TK-Anlage unterstützt werden. Bei modernen Endgeräten kann das Anklopfen fallweise aus- oder eingeschaltet werden. Damit wird sicher gestellt, dass dringend erwartete Anrufe nicht verloren gehen. Grundsätzlich ist das Anklopfen für Vielsprecher ein bedeutendes Leistungsmerkmal, denn nunmehr können andere Telefonate geführt werden, obwohl man auf einen wichtigen Anruf wartet. Das Anklopfen wird auch bei Anrufen von analogen Telefonen aus signalisiert.

2.6 Entgeltinformationen helfen, Geld zu sparen!

Entgeltinformationen können **am Schluss** einer Verbindung erfolgen oder **während und am Ende** der Verbindung. Beim Kom-

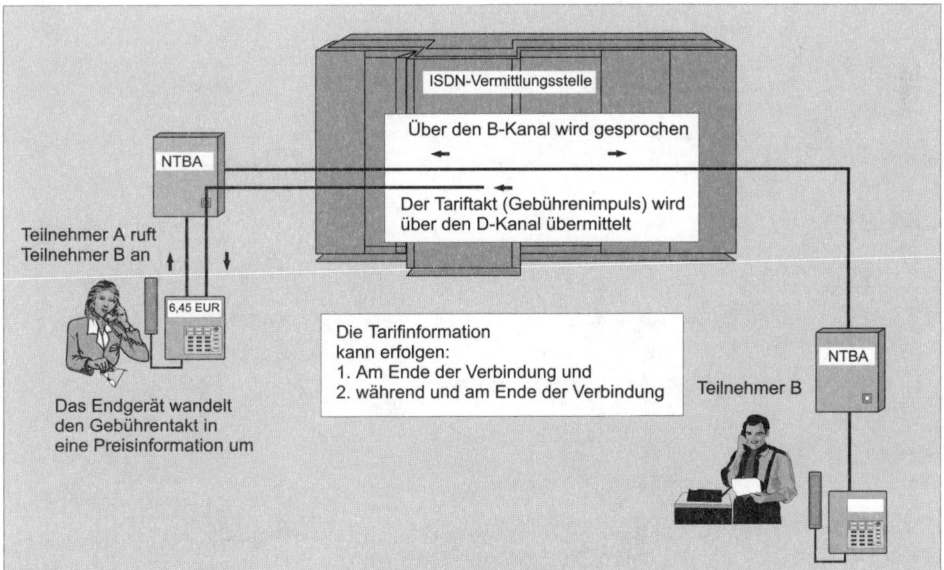

Abb. 2.8 So funktioniert die Entgeltinformation

fortanschluss der Deutschen Telekom ist diese Information am Ende der Verbindung bereits im Grundpreis enthalten. Werden weitere Preisinformationen gewünscht, sind sie kostenpflichtig zu beauftragen. Der Gebührentakt wird über den D-Kanal zum Anrufer übermittelt. Im Endgerät erfolgt die Umwandlung der Gebührentakte in die Preisinformation (*Abb. 2.8*).

Zu beachten ist, dass die Zahl der angefallenen Tarifeinheiten am Ende der Verbindung konkret zu dem Endgerät übertragen wird, von dem aus die Verbindung aufgebaut wurde. Damit ist jederzeit eine Tarifauswertung je Endgerät möglich.

Die Deutsche Telekom kann diese Tarif-Leistungsmerkmale jedoch nur bei Verbindungen im eigenen Kommunikationsnetz, also im T-Net und T-ISDN, bereitstellen.

2.7 Durch eine Anrufweiterschaltung bin ich immer erreichbar

Mit der Anrufweiterschaltung kann man Anrufe weltweit zu jedem beliebigen Anschluss weiterleiten. Dabei ist es uninteressant, ob diese Zielanschlüsse analog oder digital sind oder ob es sich um Anschlüsse im Mobilfunknetz handelt. Die Anrufweiterschaltung in der Vermittlungsstelle selbst wird durch die Tastatur des eigenen ISDN-Endgerätes aktiviert. Es ist also zu beachten: Die Rufweiterleitung wird schon in der Vermittlungstelle vorgenommen und nicht erst in einem Endgerät beim Teilnehmer (*Abb. 2.9*).

Damit bleiben beide Nutzkanäle des Mehrgeräteanschlusses auch während der einge-

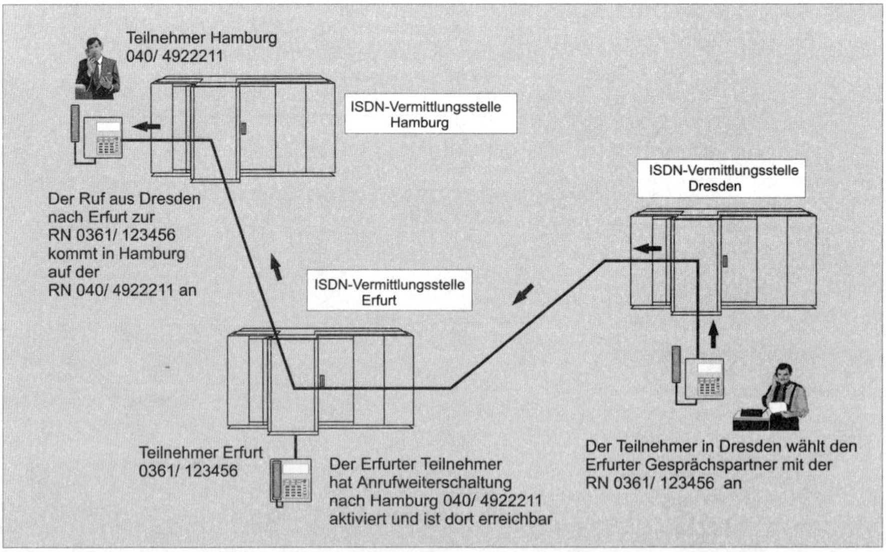

Abb. 2.9 So funktioniert die Anrufweiterschaltung im ISDN

richteten Anrufweiterschaltung frei. Die Anrufweiterschaltung kann für jede Rufnummer des Mehrgeräteanschlusses eingerichtet werden. Man spricht deshalb auch von der rufnummernbezogenen Anrufweiterschaltung. Bei Anlagenanschlüssen ist die Anrufweiterschaltung nur für den gesamten Anschluss aktivierbar.

Es gibt verschiedene Varianten der Rufweiterschaltung:

- die sofortige oder ständige Anrufweiterschaltung
- die Weiterschaltung im Besetztfall
- die Anrufweiterschaltung bei Nichtmelden (nach 20 Sekunden) und
- die Anrufweiterschaltung in der Rufphase.

2.7.1 Die ständige Anrufweiterschaltung leitet den Ruf sofort weiter

Die ständige oder sofortige Anrufweiterschaltung ist eine der im ISDN möglichen Anrufweiterschaltungen (*Abb. 2.10*). Sie wird nach Aktivierung durch den Teilnehmer automatisch in der Teilnehmervermittlungsstelle realisiert.

Dieses Leistungsmerkmal kann bei Mehrgeräteanschlüssen für jede Mehrfachrufnummer getrennt eingerichtet werden. Je Mehrfachrufnummer und Dienst kann aber nur eine Zielrufnummer angegeben werden, und es ist nur eine Weiterleitung je Verbindung möglich. Vom Netzknoten wird die als Ziel eingegebene Rufnummer geprüft. Da-

Bitte beachten!

Beim Aktivieren der Anrufweiterschaltung ist zu beachten, dass die Verbindungsentgelte zum Zieltelefon stets der Verursacher zu tragen hat!
Weiterschaltungen ins Mobilfunknetz und insbesondere ins Ausland können teuer werden!

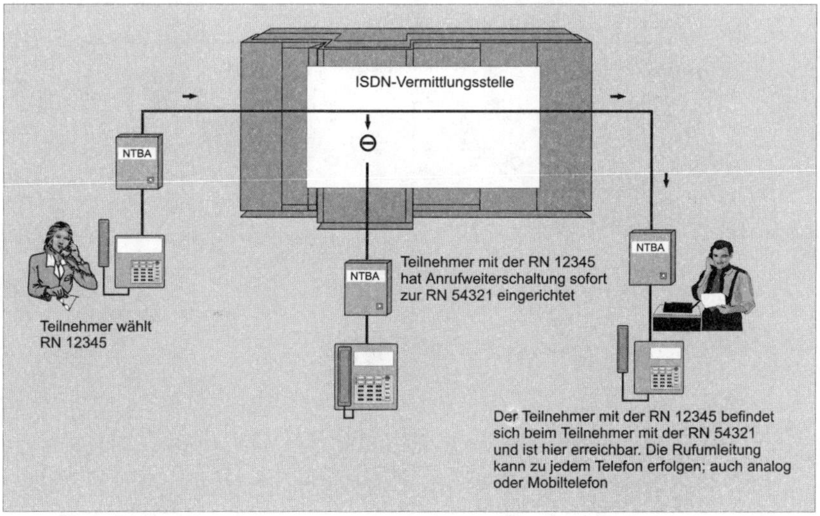

Abb. 2.10 Mit der ständigen Anrufweiterschaltung werden alle Anrufe sofort weitergeschaltet

bei werden unzulässige Rufnummern nicht akzeptiert. Der anrufende Teilnehmer erhält bei aktivierter Anrufweiterschaltung eine Information, dass der Anruf weitergeleitet wurde. Aber er erfährt nicht, zu welchem Anschluss.

2.7.2 Anrufweiterschaltung im Besetztfall, macht das Sinn?

Bei dieser Variante der Anrufweiterleitung wird der Ruf zur vorher eingegebenen Rufnummer nur dann weitergeschaltet, wenn der eigene Anschluss besetzt ist (*Abb. 2.11*). Das Aktivieren dieser Variante kann immer dann von Nutzen sein, wenn in einem Büro wichtige Anrufe erwartet werden, die unbedingt abgefragt werden müssen. Obwohl der eigene Anschluss besetzt ist, können somit eingehende Anrufe durch die Weiterschaltung auf gezielte Endgeräte durch andere Personen abgefragt werden. Anrufe gehen nicht verloren.

2.7.3 Die Anrufweiterschaltung bei Nichtmeldung

Bei der Anrufweiterschaltung bei Nichtmeldung erfolgt die Weiterschaltung erst nach 20 Sekunden; das heißt, der Anruf kann eventuell noch am eigenen Anschluss entgegengenommen werden (*Abb. 2.12*).
Zu beachten ist, dass auch beim Anlagenanschluss alle Varianten der Anrufweiterschaltung aktivierbar sind, doch stets nur für den gesamten Anschluss. Und je Dienst kann nur jeweils eine Zielrufnummer programmiert werden. Dagegen können beim Mehr-

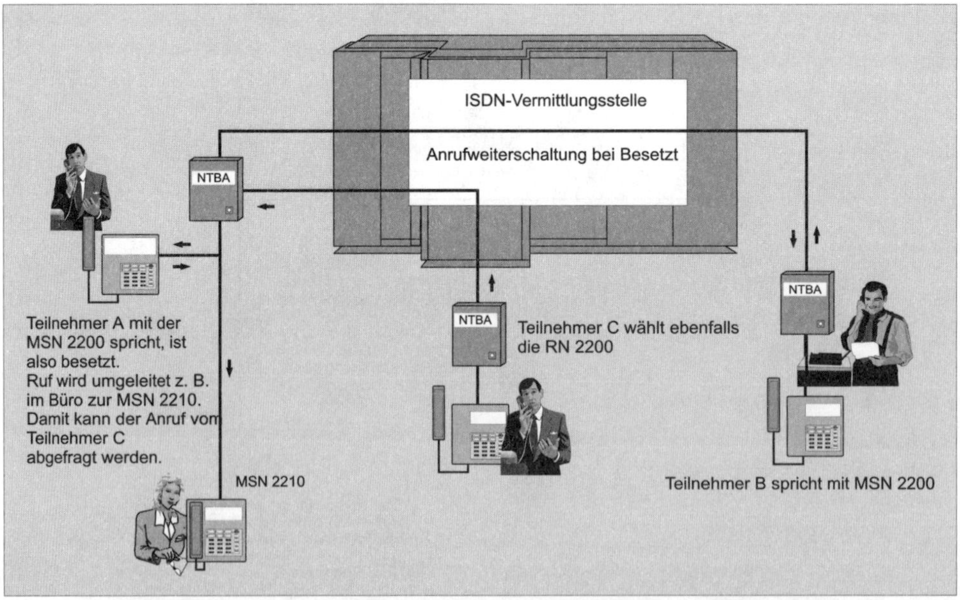

Abb. 2.11 So wird bei Besetzt der ankommende Ruf weitergeschaltet

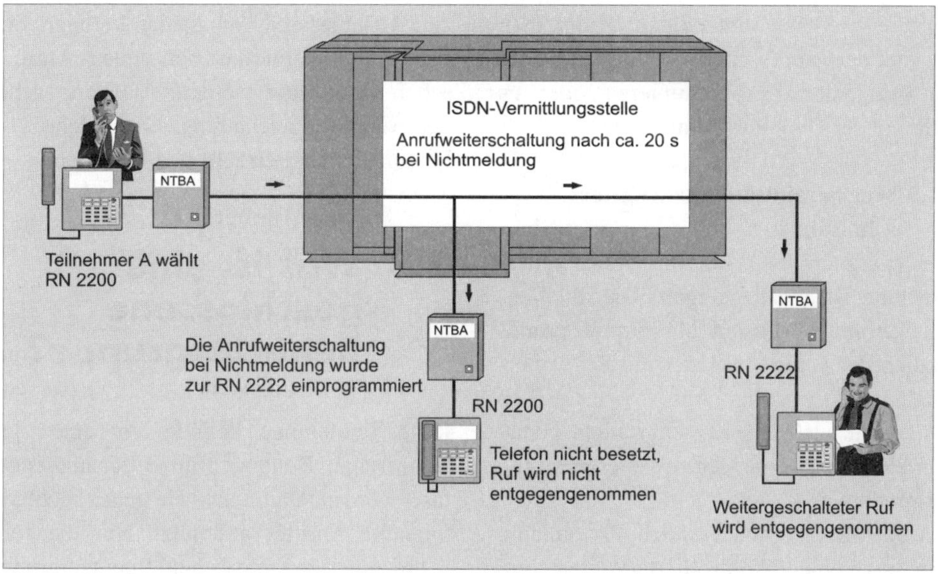
ISDN-Vermittlungsstelle
Anrufweiterschaltung nach ca. 20 s bei Nichtmeldung
NTBA
Teilnehmer A wählt RN 2200
NTBA
Die Anrufweiterschaltung bei Nichtmeldung wurde zur RN 2222 einprogrammiert
RN 2200
Telefon nicht besetzt, Ruf wird nicht entgegengenommen
NTBA
RN 2222
Weitergeschalteter Ruf wird entgegengenommen

Abb. 2.12 Die Anrufweiterschaltung bei Nichtmeldung heißt: ich bin nicht anwesend

geräteanschluss die einzelnen Mehrfachrufnummern zu getrennten Zielrufnummern programmiert werden. So kann zum Beispiel die 1. Mehrfachrufnummer MSN zum Telefon in die Wohnung, die 2. MSN zum Funktelefon und die 3. MSN des Faxgerätes zum Hauptsitz des Unternehmens umgeleitet werden.

2.7.4 Die Anrufweiterschaltung während der Rufphase

Durch diese neue Art der Anrufweiterschaltung kann man ankommende Gespräche weiterleiten, ohne den Ruf anzunehmen. In der Praxis kommt es häufig vor, dass wichtige Anrufe unbedingt auf ein Handy (des Chefs) umgeleitet werden sollen. Diese Aufgabe kann von einem Mitarbeiter vorgenommen werden, der auf dem Telefondisplay die ankommenden Rufe identifiziert und die Anrufweiterschaltung (zum Chef) aktiviert. Die nicht weiterzuleitenden Anrufe nimmt er selbst entgegen. Damit geht kein Anruf verloren und die Person am Handy (der Chef) erhält die vorher abgestimmten Anrufe.

Tipp!

Die Anrufweiterschaltung kann mit Hilfe der Geheimzahl von jedem beliebigen Anschluss aus mit einem Codesender oder vom MFV-Telefon verändert oder aktiviert werden.

Die neuen Komfortanschlüsse werden grundsätzlich mit diesem neuen Leistungsmerkmal ausgerüstet; bei den bereits bestehenden Anschlüssen wird es auf Wunsch eingerichtet. Wenn das ISDN-Telefon das

Leistungsmerkmal unterstützt, kann man das Ziel der Anrufweiterschaltung entweder am Endgerät vorprogrammieren oder es während der Umleitung eingeben.

2.7.5 Wer bezahlt die Anrufweiterschaltung?

Die Tarifzuordnung bei der Anrufweiterschaltung ist genau geregelt. Die anfallenden Verbindungskosten übernimmt grundsätzlich der Teilnehmer, der die Rufweiterschaltung aktiviert hat (Abb. *2.13*). Deshalb sollte man auch aus Kostengründen genau überlegen, ob eine Anrufweiterschaltung notwendig ist.

Das betrifft insbesondere den Privatmann, dem durch eine unkontrollierte Weiterschaltung hohe Verbindungskosten entstehen können. Wenn zum Beispiel vor der Urlaubsreise eine ständige Anrufweiterschaltung am ISDN-Anschluss des Wohnortes zum Urlaubshandy im Ausland eingerichtet wird, dann kann das bei vielen Anrufen schon recht teuer werden. Als Verursacher der Anrufweiterschaltung sind solche Verbindungen letztlich selbst zu bezahlen.

2.8 Was ist eine geschlossene Benutzergruppe?

ISDN-Teilnehmer können zu einer geschlossenen Benutzergruppe zusammengefasst werden. Damit sind sie gegen nicht autorisierte Anrufer geschützt. Nur die Teilnehmer der geschlossenen Benutzergruppe haben Zugang zu den Rufnummern und können untereinander kommunizieren. Anderen ist der Zugang zum Anschluss verwehrt (Abb. *2.14*).

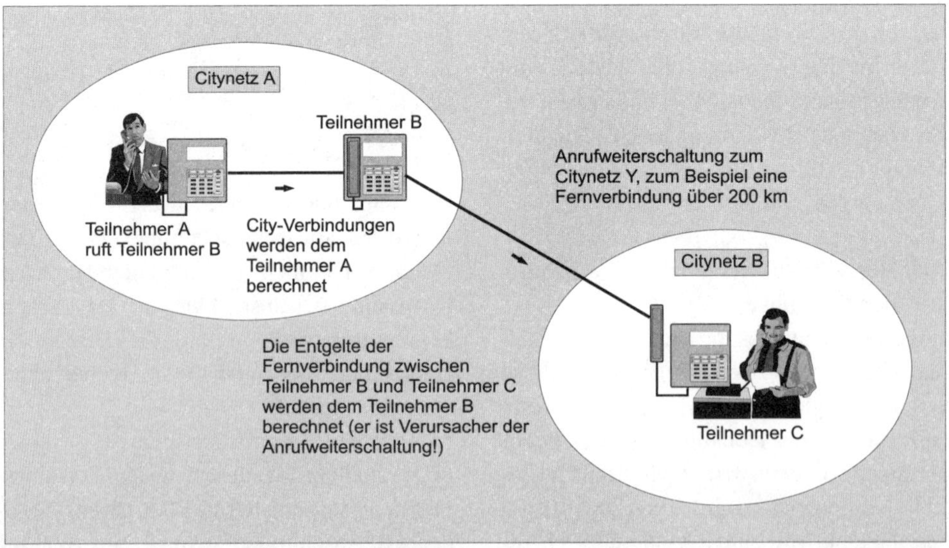

Abb. 2.13 So wird das Verbindungsentgelt bei der Anrufweiterschaltung zugeordnet

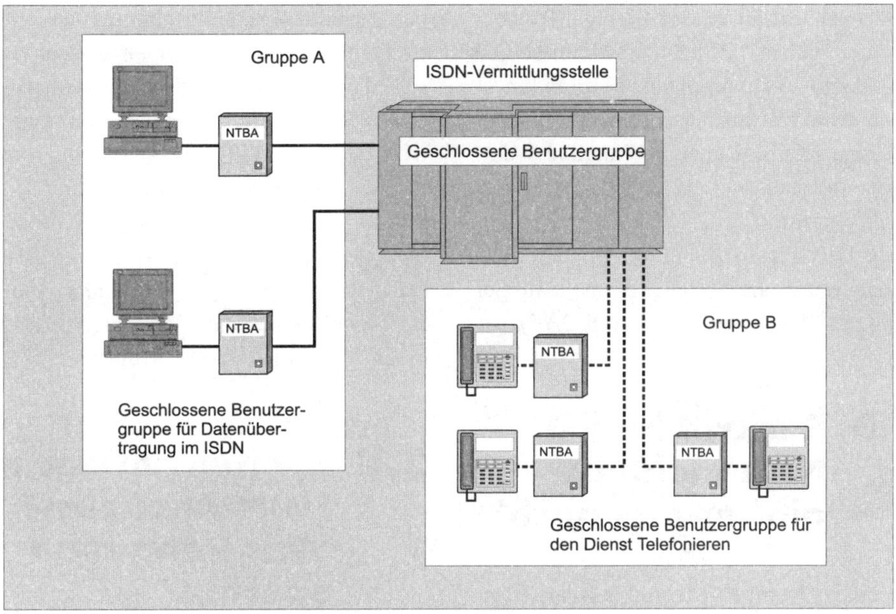

Abb. 2.14 Geschlossene Benutzergruppen wollen unter sich bleiben!

Das Leistungsmerkmal geschlossener Benutzergruppen schließt das gesamte ISDN-Dienste-Spektrum ein, also nicht nur das Telefonieren. Geschlossene Benutzergruppen können sowohl Personen, als auch Rechner eines Netzwerkes sein, die sich durch dieses Leistungsmerkmal vor dem Zugriff Unbefugter schützen wollen. Je Anschluss können bis zu 100 verschiedene geschlossene Benutzergruppen eingerichtet werden /2/.

Innerhalb der Gruppe kann die Berechtigung dienstebezogen festgelegt werden. So ist es möglich, Außenstehende nur vom Dienst Datenübertragung auszuschließen, das Telefonieren jedoch für alle uneingeschränkt zu ermöglichen. Das Leistungsmerkmal wird vorwiegend von großen Unternehmen mit mehreren Zweigstellen genutzt. Damit ist indirekt eine Art eigenes Netz geschaffen, zu denen Außenstehende keinen Zugang haben.

2.9 Was ist Rückruf bei Besetzt?

Die Funktion des automatischen Rückrufes im Besetztfall besteht darin, dass der rufende Teilnehmer nach Erhalt des Besetzttones das Leistungsmerkmal Rückruf bei Besetzt an seinem ISDN-Endgerät aktiviert. Sobald nun der besetzte Teilnehmer sein Gespräch

Info!

Im ISDN stehen zwei Varianten des automatischen Rückrufes zur Verfügung:
1. Rückruf bei Besetzt und
2. Rückruf bei Nichtmelden.

beendet hat, erhält er das Signal „Teilnehmer hat aufgelegt“. Er hebt den Hörer ab und startet damit automatisch einen Verbindungsaufbau zum gewünschten Teilnehmer. Dieser Vorgang erfolgt ohne nochmalige Wahl! Gleichzeitig sind die Leistungsmerkmale Anklopfen und Anrufweiterschaltung deaktiviert. Dieses Leistungsmerkmal bringt den Vieltelefonierern große Vorteile, da nicht immer neu angewählt werden muss (*Abb. 2.15*).

2.10 Rückruf bei Nichtmelden; gibt es das auch?

Wer einen Komfort-Mehrgeräte-Anschlusses bestellt, dem steht auch das Leistungsmerkmal Rückruf bei Nichtmelden zur Verfügung. Wie der Name schon sagt, wird hier der Verbindungsaufbau ständig und automatisch immer dann wieder eingeleitet, wenn sich der gewünschte Gesprächspartner beim ersten Versuch nicht gemeldet hat. Das Aktivieren dieses Leistungsmerkmales erfolgt mit einer Prozedur am eigenen Telefon. Das Telefon muss aber keypadfähig und mit dem entsprechendem Display ausgerüstet sein. Der automatische Verbindungsaufbau zum nicht gemeldeten Teilnehmer erfolgt in einem Zeitraum von 180 Minuten.

2.11 Sperren am eigenen ISDN-Anschluss? Was kann man sperren?

Die Möglichkeit des individuellen Sperrens von Rufnummern oder bestimmter Konti-

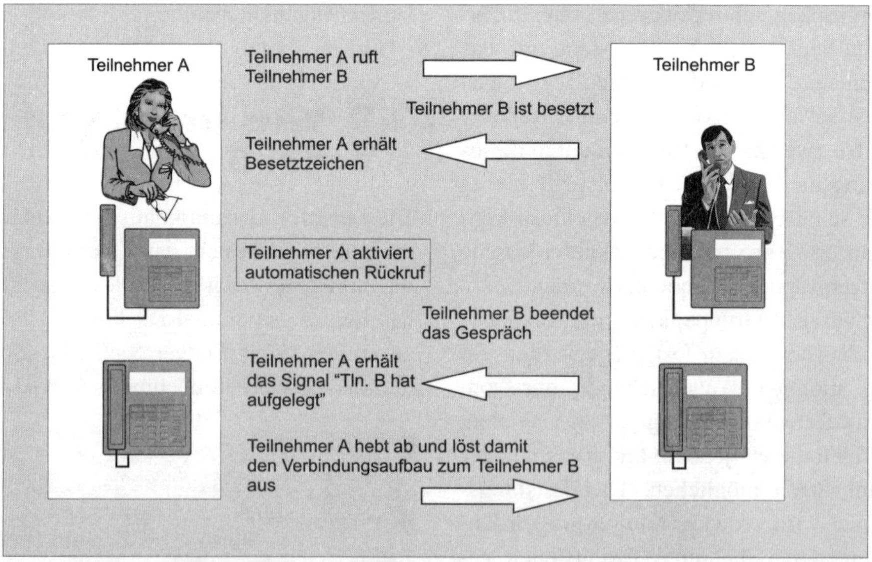

Abb. 2.15 So funktioniert der Rückruf im Besetztfall

Tipp! Nutzen Sie zur Kostensenkung die Sperrmöglichkeiten von Rufnummern am eigenen ISDN-Anschluss. Man kann zwischen der Anschlusssperre und der Rufnummernsperre wählen.

nentalverbindungen am eigenen ISDN-Anschluss gewinnt wegen der steigenden Zahl nicht jugendfreier Angebote im Telefonnetz auch im privaten Bereich immer mehr an Bedeutung. In Unternehmen ist ja das Sperren von bestimmten Verbindungswegen aus Kostengründen schon lange Praxis. Mit dem Sperren wird erreicht, dass vom eigenen Anschluss aus ohne Einverständnis des Anschlussinhabers nicht telefoniert werden kann. Die Gründe des Sperrens sind vielfältig, in der Regel geht es aber um das Senken der Entgelte für nicht erforderliche Telefonverbindungen. Die Deutsche Telekom bietet zum Beispiel eine ganze Palette von Sperrmöglichkeiten an, die in die sogenannte feste und veränderbare **Anschlusssperre** und in die veränderbare **Rufnummernsperre** unterteilt werden. Beim Leistungsmerkmal Sperren ist jedoch zu beachten, dass aus Sicherheitsgründen die Notrufe zu Polizei und Feuerwehr nicht gesperrt werden können. Auch ankommende Gespräche können trotz aktivierter Sperre jederzeit abgefragt werden.

2.11.1 Die feste oder veränderbare Anschlusssperre?

Der Unterschied zwischen diesen beiden Begriffen besteht darin, dass die feste Anschlusssperre durch den Netzbetreiber nach Beauftragung vorgenommen wird. Hier ist keine Möglichkeit der spontanen individuellen Veränderung gegeben. Die veränderbare Anschlusssperre dagegen wird vom Teilnehmer selbst eingerichtet. Man kann selbst und individuell den Anschluss oder abgehende Verbindungen je nach Bedarf sperren und jederzeit wieder entsperren. Das geschieht mit einer selbst definierten Codezahl (PIN) am eigenen ISDN-Anschluss. Allerdings muss das Endgerät dafür geeignet sein (keypadfähig). Nicht jedes ISDN-Telefon erfüllt diese Bedingung. Von der Deutschen Telekom werden 8 Möglichkeiten der veränderbaren Anschlusssperre angeboten. Man spricht hier von Verkehrseinschränkungsklassen VKl.

Folgende veränderbaren Anschlusssperren sind individuell am eigenen ISDN-Anschluss möglich:

- Sperren aller abgehenden Verbindungen außer Notrufe (VKl 1)
- Sperren aller abgehenden Verbindungen mit Ausnahme des CityCall und des Privaten Informationsdienstes (PID) mit „0190“- oder „0900“- Nummern (VKl 2)
- Sperren der Auslandsverbindungen, die mit „00“ beginnen (VKl3)
- Sperren von Interkontinentalverbindungen, beginnend mit „0012-0019, 002, 005-009“ (VKl 4)
- Sperren des privaten Informationsdienstes PID (VKl 5)
- Sperren aller abgehenden Verbindungen und PID mit Ausnahme des CityCall (VKl 6)
- Sperren aller Auslandsverbindungen und PID (VKl 7)
- Sperren aller Interkontinentalverbindungen und PID (VKl 8)

2.11.2 Die veränderbare Rufnummernsperre

Mit diesem Leistungsmerkmal ist es möglich, ausgewählte Rufnummern individuell am eigenen ISDN-Anschluss zu sperren, wenn das Endgerät dafür geeignet ist. So kann man bis zu 5 Rufnummern oder Rufnummerngruppen in eine Liste eintragen und diese Liste dann nach Wunsch über eine Geheimzahl (PIN) gleichzeitig sperren. Diese fünf gesperrten Rufnummern können jederzeit über die PIN geändert oder gelöscht werden.

Info!

Mit der veränderbaren Rufnummernsperre können bis zu fünf Rufnummern oder Rufnummernblöcke gesperrt werden.
Eine individuelle Änderung ist jederzeit möglich.

2.12 Umstecken am Bus, wird das genutzt?

Bei diesem Leistungsmerkmal hat der Teilnehmer die Möglichkeit, während einer bestehenden Verbindung sein ISDN-Endgerät unter Beibehaltung desselben Dienstes von einer IAE-Dose auf eine andere umzustecken (*Abb. 2.16*). Er kann also zum Beispiel sein Gespräch in einem anderen Raum fortsetzen. Dazu ist vor dem Abziehen des Endgerätes aus der IAE-Dose das Drücken der Taste „Parken“ erforderlich. Damit wird der Vermittlungsstelle die beabsichtigte Trennung vom Netz angezeigt und das Halten der Verbindung wird durch die Vermittlungsstelle gewährleistet. Nach dem Einstecken des Gerätes in die andere IAE-Dose und Drücken der Taste „Übernahme“ kann das Gespräch weitergeführt werden. Das Umstecken eines Endgerätes muss in etwa 2 min erfolgen. Ansonsten wird durch die Vermittlungsstelle die Verbindung ausgelöst.

2.13 Die T-NetBox sollte man mehr nutzen!

Die T-NetBox als Leistungsmerkmal im digitalisierten Netz der Deutschen Telekom kann von Jedermann genutzt werden. Hinter dem Begriff T-NetBox verbirgt sich nicht nur ein leistungsfähiger Anrufbeantworter, sondern es ist ein elektronisches Empfangs- und Weiterleitungssystem für den Telefon– und Faxdienst. Die Box kann bis zu 30 Telefonnachrichten von jeweils maximal zwei Minuten Dauer speichern aber auch zusätzlich noch 30 Faxnachrichten mit jeweils maximal zehn DINA4-Seiten. Damit steht eine Speicherkapazität von insgesamt 60 Minuten Sprach- und 300 Seiten Faxaufzeichnung zur Verfügung. Der große Vorteil dieser Speicherbox besteht darin, dass die

Praktisch!

Die T-NetBox ist mehr als ein leistungsfähiger Anrufbeantworter! Er empfängt Telefonate und Faxe und informiert über den Eingang von Nachrichten. Egal, wo man sich befindet, die T-NetBox kann man immer abhören.

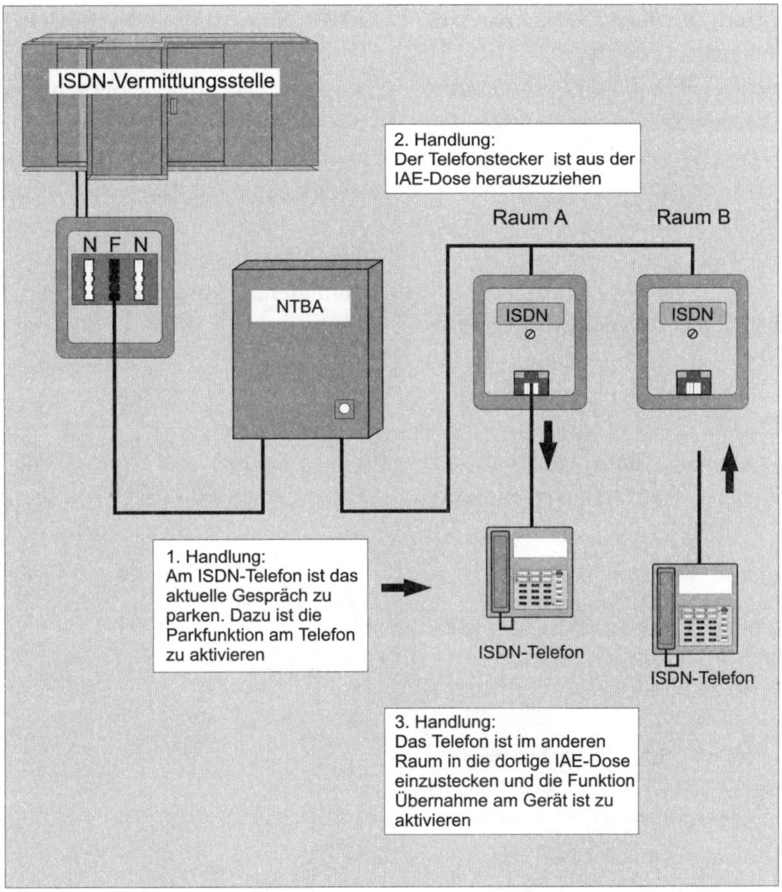

Abb. 2.16 Beim Umstecken eines Endgerätes am Bus sind drei Handlungen notwendig

Anrufe oder Faxe auch dann aufgenommen werden, wenn gerade auf dem Anschluss gesprochen wird. Im Besetztfall gehen also keine Anrufe verloren!

Individuell kann festgelegt werden, welcher Telefonanschluss über eingegangene Anrufe oder Faxe informiert werden soll. Unabhängig vom Aufenthaltsort kann man mit Hilfe einer PIN seine Box abhören oder eingegangene Faxe abrufen. Es ist möglich, bis zu neun private, aber jeweils nur über gesonderte PIN zugängliche separate Teilbereiche (Family-Boxen) einzurichten. Damit kann jedes Familienmitglied über seine eigene Box verfügen. Der Zugriff anderer auf diese Teilboxen ist nicht möglich. Beim Komfortanschluss ist das Einrichten der ersten Familybox und das Empfangen und Weiterleiten von Telefonaten im Grundpreis enthalten. Die Faxfunktion und das Einrichten weiterer Familyboxen ist dagegen kostenpflichtig.

Um die T-NetBox ständig zu nutzen, sind drei Handlungen notwendig:

1. Einrichten der Box mit einer vorgeschriebenen Prozedur am eigenen Telefon
2. Erstmaliges Einschalten der Box zum ständigen Gebrauch und
3. Abhören der Nachrichten.

2.13.1 So wird die T-NetBox eingerichtet:
Voraussetzung für das Einrichten bzw. Anmelden der T-NetBox ist ein tonwahlfähiges Telefon. In *Abb. 2.17* ist gezeigt, wie die T-NetBox zum ersten Mal eingerichtet wird. Folgen Sie genau den angegebenen Schritten.

2.13.2 So wird die T-NetBox eingeschaltet
Nachdem die T-NetBox **eingerichtet** ist, muss sie nun noch **eingeschaltet** werden. Erst dann ist sie voll nutzbar. Wichtig ist dabei, dass die Box nur von dem Telefon aus eingeschaltet werden kann, für das sie eingerichtet wurde. Wer einen ISDN-Komfortanschluss besitzt, kann die Box für eine Rufnummer kostenlos nutzen. Die Box wird, so wie in *Abb. 2.18* gezeigt, mit der Anrufweiterschaltung eingeschaltet.
Wie die Anrufweiterschaltung ganz konkret am Telefon eingerichtet wird, ist der Bedienungsanleitung des Telefons oder der TK-Anlage zu entnehmen. Wenn die Anrufweiterschaltung für diejenige Rufnummer ein-

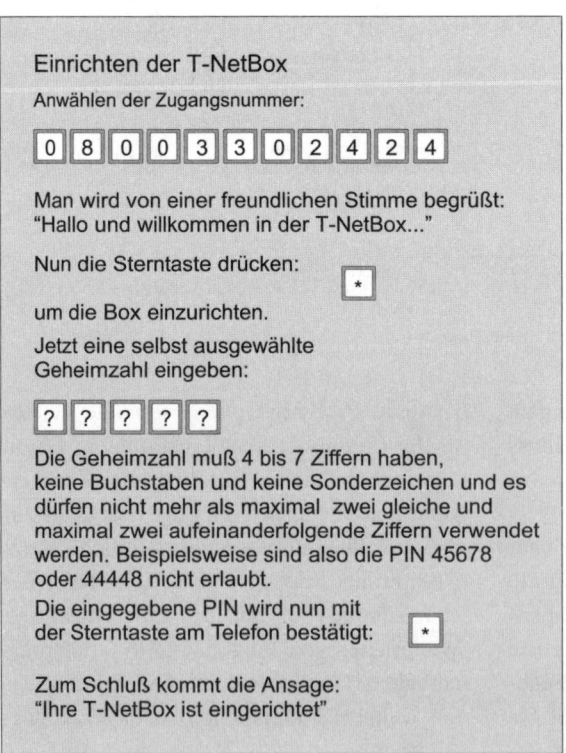

Einrichten der T-NetBox

Anwählen der Zugangsnummer:

0 8 0 0 3 3 0 2 4 2 4

Man wird von einer freundlichen Stimme begrüßt:
"Hallo und willkommen in der T-NetBox..."

Nun die Sterntaste drücken: *

um die Box einzurichten.

Jetzt eine selbst ausgewählte Geheimzahl eingeben:

? ? ? ? ?

Die Geheimzahl muß 4 bis 7 Ziffern haben, keine Buchstaben und keine Sonderzeichen und es dürfen nicht mehr als maximal zwei gleiche und maximal zwei aufeinanderfolgende Ziffern verwendet werden. Beispielsweise sind also die PIN 45678 oder 44448 nicht erlaubt.

Die eingegebene PIN wird nun mit der Sterntaste am Telefon bestätigt: *

Zum Schluß kommt die Ansage:
"Ihre T-NetBox ist eingerichtet"

Abb. 2.17 Einrichten der T-NetBox

Eingetroffene Nachrichten abhören

Zugangsnummer der Box anwählen:

[0] [8] [0] [0] [3] [3] [0] [2] [4] [2] [4]

Nun werden Sie aufgefordert, Ihre PIN einzugeben:

[?] [?] [?] [?] [?]

Die eingegebene PIN wird nun mit der Sterntaste am Telefon bestätigt: [*]

Nach der PIN-Eingabe hört man den Ansagetext: "Sie haben xxx neue Nachrichten. Hier Ihre neuen Nachrichten:"

Beim Anhören der Nachrichten können folgende Funktionen genutzt werden:

[1]	Nachricht wiederholen
[2]	Pause ein/aus
[3]	Zur nächsten Nachricht
[9] [*]	Nachricht löschen
[9] [9] [*]	Alle Nachrichten löschen

Abb. 2.18 Einschalten der T-Net-Box

gerichtet ist, für die auch die T-NetBox eingerichtet wurde, ist die T-NetBox eingeschaltet.

2.13.3 So wird die T-Netbox abgehört

Die T-NetBox kann man fast als dritte Leitung des ISDN-Anschlusses ansehen. Denn wer seine Box eingerichtet hat und die richtige Anrufweiterschaltung aktiviert hat, bei dem können die Anrufer immer ihre Nachrichten hinterlassen. Informationen gehen also durch diesen „dritten Weg“ nicht verloren.
Die Box teilt auch mit, ob neue Anrufe eingegangen sind. Man kann individuell festlegen, wohin diese Eingangsinformationen gehen soll. Ob zum eigenen Telefon oder zum Handy oder zu einer anderen Festnetznummer. Die eingegangenen Anrufe oder Faxe können letztlich von jedem Telefon aus abgefragt werden. Auch die eingegangenen Faxe können von jedem beliebigen Faxgerät weltweit abgerufen und ausgedruckt werden.

2.13.4 Weitere Funktionen der T-NetBox

Die T-NetBox bietet zwischenzeitlich weitere Funktionen an:

- **Die Rufnummernansage.** Mit diesem Leistungsmerkmal werden auch die Ruf-

Eingetroffene Nachrichten abhören

Zugangsnummer der Box anwählen:

[0] [8] [0] [0] [3] [3] [0] [2] [4] [2] [4]

Nun werden Sie aufgefordert, Ihre PIN einzugeben:

[?] [?] [?] [?] [?]

Die eingegebene PIN wird nun mit der Sterntaste am Telefon bestätigt: [*]

Nach der PIN-Eingabe hört man den Ansagetext: "Sie haben xxx neue Nachrichten. Hier Ihre neuen Nachrichten:"

Beim Anhören der Nachrichten können folgende Funktionen genutzt werden:

[1]	Nachricht wiederholen
[2]	Pause ein/aus
[3]	Zur nächsten Nachricht
[9] [*]	Nachricht löschen
[9] [9] [*]	Alle Nachrichten löschen

Abb. 2.19 Abhören der T-NetBox

nummern der Anrufer angesagt, die die T-NetBox erreicht haben, ohne eine Nachricht zu hinterlassen. Voraussetzung dafür ist allerdings, dass die Anrufer Ihre Rufnummerübermittlung freigegeben haben.

- **Die Handy-Kurzmitteilung.** Man kann sich jetzt den Eingang neuer Anrufe über eine SMS-Kurzmitteilung auf sein TD 1-Handy übermitteln lassen.
- **Die Rückruffunktion.** Es ist jetzt auf Wunsch möglich, die gespeicherten Rufnummern sogleich zurückzurufen.

2.14 Durchwahl zu Nebenstellen beim Anlagenanschluss

Das Durchwählen zu den Nebenstellen bei Telefonanlagen ist mit dem Anlagenanschluss möglich. Anrufer werden damit nicht mehr durch Vermittlungskräfte weitervermittelt, sondern sie erreichen den gewünschten Gesprächspartner direkt. Für die TK-Anlage erhält man im ISDN eine einheitliche Rufnummernbasis mit einem angefügten Rufnummernblock. Die Endgeräte der TK-Anlage sind über die angehängte Nebenstellenrufnummer aus dem Rufnummernblock direkt erreichbar.

2.15 Subadressierung, ein großer Name für eine kleine Information

Mit der Subadressierung wird zusätzlich zur Rufnummer eine weitere Information (Subadresse) an das angewählte Endgerät übermittelt. Das geschieht gleichzeitig mit dem Verbindungsaufbau. Damit können verschiedene Prozeduren, wie zum Beispiel

- Start eines bestimmten Anwendungsprogramms im angewählten PC,
- gezielte Anwahl von Endgeräten (Nebenstellen) bei Kleinst-TK-Anlagen am Mehrgeräteanschluss oder
- die Übertragung eines Verschlüsselungscodes für die Sprachverschlüsselung

ausgelöst werden.

Mit der Subadressierung erweitert der Anrufer praktisch die Adresse (*Abb. 2.20*) um eine geringe Zahl von Informationsbits. Bis zu max. 20 Oktetts (1 Oktett entspricht 8 Bit) oder 160 Bit können beim Verbindungsaufbau zum Angerufenen übertragen werden. Die Vermittlungsstellen reichen diese Subadressen transparent zum Angerufenen durch. Es wird nur die Länge der Subadresse geprüft, jedoch nicht deren Inhalt. Es ist zu beachten, dass der Informationsfluss beim Leistungsmerkmal Subadressierung nur in eine Richtung, also nur vom Anrufer zum Angerufenen, geht. Dagegen ist beim Leistungsmerkmal Teilnehmer-zu-Teilnehmer-Zeichengabe der Informationsaustausch wechselseitig möglich. Die Subadressierung ist sowohl am Mehrgeräteanschluss als auch am Anlagenanschluss nutzbar.

2.16 Die Teilnehmer-zu-Teilnehmer-Zeichengabe

Bei diesem Leistungsmerkmal können über den Steuerkanal kundenspezifische Infor-

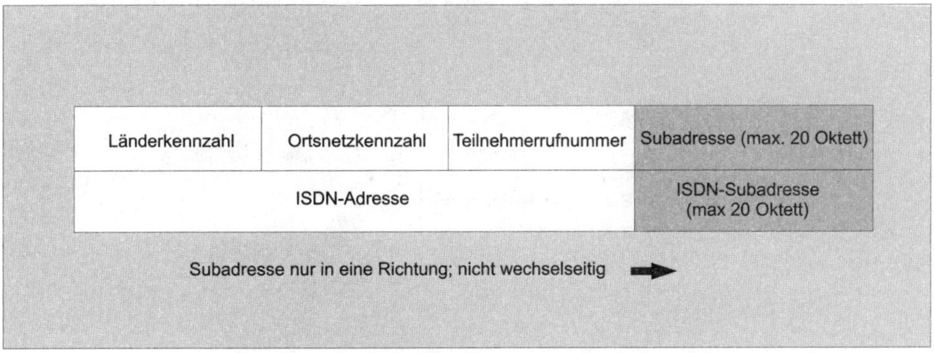

Abb. 2.20 Zum Leistungsmerkmal Subadressierung

mationen zwischen den beiden Endgeräten ausgetauscht werden. Im Gegensatz zum Leistungsmerkmal Subadressierung können hier sogar bis zu 32 Oktetts je Teilnehmer während der Verbindungsaufbauphase und Verbindungsabbauphase ausgetauscht werden (*Abb. 2.21*).

2.17 Identifizieren böswilliger Anrufe (Fangen)

Ein belästigter Teilnehmer kann mit seinem Telefon eine Identifizierungsprozedur ein-

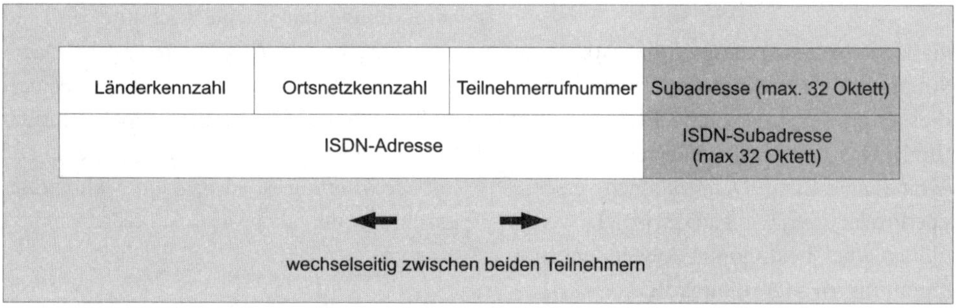

Abb. 2.21 Zum Leistungsmerkmal Teilnehmer-zu-Teilnehmer-Zeichengabe

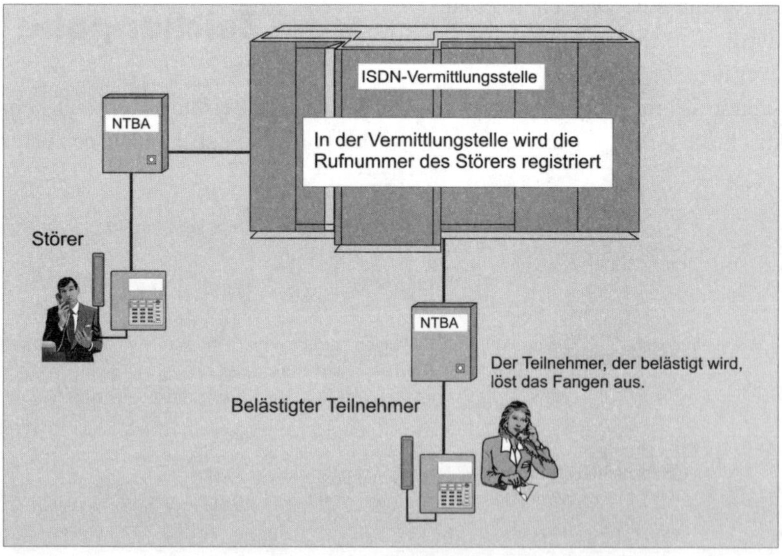

Abb. 2.22 Prinzip des Fangens böswilliger Anrufe

leiten. Auf einen begründeten schriftlichen Antrag hin und gegen ein gesondertes Entgelt kann er durch den Netzbetreiber Datum, Uhrzeit und Rufnummer ankommender Verbindungen registrieren lassen. Dabei können entweder alle ankommenden Verbindungen oder nur gewünschte registriert werden. Der Netzbetreiber richtet dieses Leistungsmerkmal aber nur dann ein, wenn störende oder bedrohende Anrufe glaubhaft gemacht werden können oder wenn ein entsprechender Gerichtsbeschluss vorliegt (*Abb. 2.22*).

3 Installationsarbeiten am ISDN-Anschluss sind erlaubt!

Wer Interesse an der Selbstmontage der ISDN-Anschlusskomponenten hat, sollte diese Arbeiten auch tatsächlich durchführen. Es macht Spaß und man lernt bekanntlich durch das praktische Tun am meisten. Das Montieren und Installieren kleiner Hausnetze sowie das Anschalten von Endgeräten, TK-Anlagen oder Zusatzgeräten am eigenen Telefonanschluss bis hin zur Inbetriebnahme dieser Geräte wird ja auch immer mehr Praxis. Seit der Einführung der modernen Telekommunikations-Anschluss-Einheit für den analogen Telefonanschluss sowie des ISDN-Netzabschlusses NTBA als konkrete Übergabepunkte zwischen dem Zuständigkeitsbereich des Netzbetreibers und dem Anwenderbereich, haben sich für den Telefonkunden hinsichtlich der Netzmontage vollkommen neue Möglichkeiten eröffnet. Es ist jetzt möglich, nach diesen Übergabepunkten unter Beachtung der technischen Vorschriften das eigene Hausnetz selbst zu installieren. Einige Grundkenntnisse darüber sollten jedoch vorhanden sein, damit zum Schluss auch alles reibungslos funktioniert. Dieses Kapitel hilft Ihnen dabei. Aber bitte beachten: trotz der neuen Netzanbieter ist das bestehende Fernmeldenetz, einschließlich der Anschlussleitungen zur Vermittlungsstelle, in der Regel auch weiterhin Eigentum der Deutschen Telekom. Das heißt, das Netz vor der TAE-Dose wird nicht angetastet. Mögliche Störungen, die durch unsachgemäße Montage an diesem Teil des Netzes entstehen und vom Service des Netzbetreibers beseitigt werden müssen, gehen zu Lasten des Verursachers! Und das kann teuer werden!

Übrigens: der frühere Begriff des öffentlichen Netzes ist wegen der Abschaffung des Netzmonopols ab dem 1.1.1998 nicht mehr zeitgemäß. Trotzdem wird es im Sprachgebrauch noch oft verwendet. Man meint damit ganz allgemein die Zugangsnetze der Deutschen Telekom und der anderen Netzbetreiber bis hin zum Teilnehmer. Ähnlich ist es ja mit dem Begriff der Amtsleitung. Auch diese Bezeichnung wird noch oft verwendet und man meint natürlich damit die zweiadrige Teilnehmeranschlussleitung zwischen dem digitalen Netzknoten und dem Endkunden.

Wer seinen bisherigen analogen Telefonanschluss auf ISDN umstellt und wer die

> *Bitte beachten!*
>
> Das Netz der Netzbetreiber endet am Netzabschlussgerät NTBA. Alle dahinter angeschalteten Netzkomponenten, wie Endgeräte, Dosen und Kabelstrecken gehören zur eigenen Hausinstallation. An die TAE-Dose des bisherigen analogen Telefonanschlusses darf nur noch der NTBA eingesteckt werden!

Installationsarbeiten selbst durchführen möchte, kann meist beim Netzbetreiber entsprechende Montagepakete für ein kleines Hausnetz mit allen notwendigen Materialien einschließlich der ISDN-Anschlussdosen IAE erwerben.

3.1 Trotz ISDN ist vieles noch analog

Beim Wechsel vom analogen Telefonanschluss zum ISDN-Anschluss gehen grundsätzliche technische Veränderungen mit einher. Das betrifft nicht nur die gesamte Übertragungstechnik, sondern eben auch die Installationstechnik einschließlich der Anschlusskomponenten mit der IAE-, UAE- oder RJ45-Technik. Der Wechsel zum ISDN bedeutet jedoch nicht, dass keine

Bitte beachten!

Trotz ISDN werden in Größenordnungen analoge Endgeräte verwendet! So zum Beispiel an ISDN-Telefonanlagen.
Das heißt: auch weiterhin sind analoge TAE-Anschlusskomponenten gefragt.

analogen Anschlusskomponenten oder analoge Endgeräte mehr verwendet werden. Im Gegenteil. So bleibt auf alle Fälle die 1. TAE-Dose, in die der NTBA eingesteckt wird, in Betrieb. Auch für die analogen Endgeräte, die zum Beispiel an einer TK-Anlage genutzt werden, sind analoge Anschlusskomponenten erforderlich. Kenntnisse über die TAE-Dose, deren Funktion und die technisch ordnungsgemäße Beschaltung schaltung sind deshalb trotz ISDN-Technik auch weiterhin notwendig.

Man kann davon ausgehen, dass heutzutage bei den meisten analogen Anschlüssen grundsätzlich nur noch das TAE-System als Schnittstellenverbinder für den Anschluss von Telefonen und anderen Zusatzgeräten vorhanden ist. Neben der TAE-Technik hat sich aber auch umfassend das Western-System, auch Modular-Steckverbindersystem oder US-Technik (RJ 11 und RJ 45) genannt, durchgesetzt. Dieses System gibt es in den Anschlussvarianten:

- Western-Anschluss 4polig 7,65 mm
- Western-Anschluss 4polig 9,65 mm
- Western-Anschluss 6polig 9,65 mm
- Western-Anschluss 8polig 11,68 mm.

Dieses Anschlusssystem wird sowohl in der analogen Technik als auch in der ISDN-Technik verwendet.

3.1.1 Interessantes über die TAE-Dose

Die heutigen Zugangsnetze sind strukturell in unterschiedliche Bereiche aufgeteilt, die durch definierte Abschlusspunkte markiert sind (*Abb. 3.1*).

Hervorzuheben ist der **Abschlusspunkt APL** des allgemeinen Liniennetzes und die **Telekommunikations - Anschalteeinrichtung TAE** als Übergabestelle zum Kunden. Der APL ist die Schnittstelle zwischen dem Zugangsnetz und der Endleitung zum Teilnehmer. Er befindet sich an oder in Gebäuden. Heutzutage wird stets eine Montage innerhalb der Gebäude angestrebt. Um zu verhindern, dass sich Unbefugte auf Telefonleitungen aufschalten und Gespräche mithören, sind moderne APLs mit besonderen Schließsystemen ausgestattet. Nur die zu-

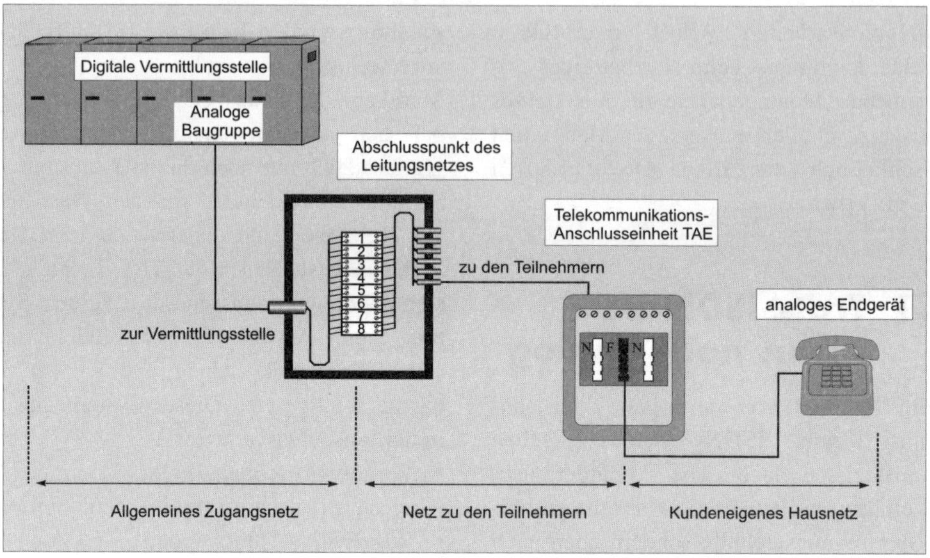

Abb. 3.1 Definierte Abschlusspunkte im Leitungsnetz

ständigen Servicetechniker haben Zugang zu diesen Verteileinrichtungen. Die 1. TAE-Dose ist die physikalische Trennstelle zwischen dem Zubringernetz und dem Hausnetz des Kunden einschließlich seiner gesamten Endgeräteeinrichtung. Sie ist mit einem passiven Prüfabschluss PPA ausgerüstet (*Abb. 3.2*). Er ersetzt die früher vorge-

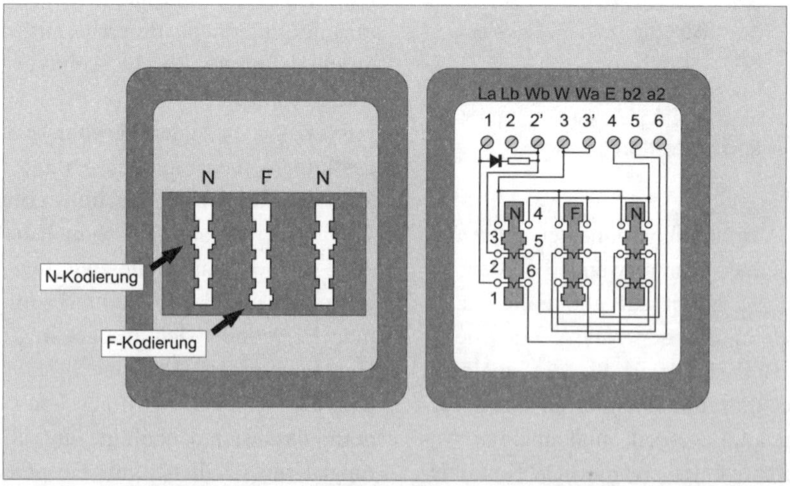

Abb. 3.2 Die 1. TAE-Dose NFN mit den inneren Verbindungswegen und Schaltkontakten. Die Buchsenöffnungen N und F sind mechanisch unterschiedlich kodiert

schriebene Anschaltung eines zusätzlichen Ruforgans (Wecker, Klingel) zur Sicherung des ankommenden Amtsrufes auch bei nicht angeschlossenem Telefonapparat.

Der PPA gibt dem Netzbetreiber die Möglichkeit, auch bei nicht eingestecktem Endgerät das gleichstrommäßige Ausprüfen der Anschlussleitung vorzunehmen und somit Störungen einzugrenzen. Insbesondere kann vom Servicemessplatz messtechnisch folgendes erkannt werden:

- Unterbrechungen der Anschlussleitung bzw. Unterbrechungen in den Verteileinrichtungen bis zur 1. TAE (wenn der PPA nicht messbar ist),
- Vertauschungen der a- und b-Adern (durch Umpolen des Messgerätes erkennbar),
- Anschlussleitung zum Teilnehmer in Ordnung (PPA ist messbar).

Die TAE-Dosen für analoge Endgeräte gibt es in verschiedenen Ausführungen. Neben der 1. TAE-Dose des Netzbetreibers, die immer in der NFN-Ausführung angetroffen wird, sind weitere Dosenarten für das Anstecken von Telefonen oder Zusatzgeräten im Angebot. Unterschieden werden die Buchsen in den TAE-Dosen entsprechend der mechanischen Kodierung nach F-Buchsen für Telefone und N-Buchsen für Zusatzgeräte:

- Kodierung F für Fernsprechen und
- Kodierung N für Nichtfernsprechen.

Die TAE-Dosen sind mit berührungssicheren 6-poligen Steckbuchsen ausgerüstet und besitzen Schaltkontakte zwischen ankommender Fernsprech-Anschlussleitung (a/b) und weiterführender Verbindungsmöglichkeit (a2/b2). Die Schaltkontakte werden

Info!

Die Kontakte in der TAE-Dose sind bei nicht eingesteckten Endgeräten stets geschlossen!
Bei der NFN-Dose liegt das Telefon schaltungstechnisch am Ende!

durch den gleichfalls kodierten TAE-Stecker des jeweiligen Endgerätes betätigt. Wenn an einer TAE-Dose keine Endgeräte eingesteckt sind, sind die Kontakte immer geschlossen.

Die Dreifach-TAE-Dose mit der Bezeichnung 3 x 6 NFN ist die am häufigsten eingesetzte TAE-Dose. Sie ist geeignet für den steckbaren Anschluss von einem Telefon und zwei Zusatzgeräten. Die oft gewählte Konfiguration an dieser TAE-Dose ist ja bekanntlich das Telefon, ein Faxgerät und ein Anrufbeantworter oder ein Modem. Als Schaltkontakte befinden sich in der Dose 3 x 2 Öffner. Die Dosenschaltung zeigt, dass auch hier die Steckbuchsen beider N-Kodierungen der F-Kodierung vorgeschaltet sind. **Das Telefon liegt also am Ende dieser Dosenschaltung!** Und was noch zu beachten ist: bei eingesteckten Zusatzgeräten erfolgt das Auftrennen der inneren Verbindungswege zum Telefon erst bei aktivem Zusatzgerät.

3.1.2 Der TAE-Stecker und seine Kontakte

Der TAE-Stecker in Verbindung mit der TAE-Dose gestattet das problemlose Anschalten des Endgerätes an das Kommunikationsnetz. Je nach Endgeräteart sind die Anschlussschnüre mit einem

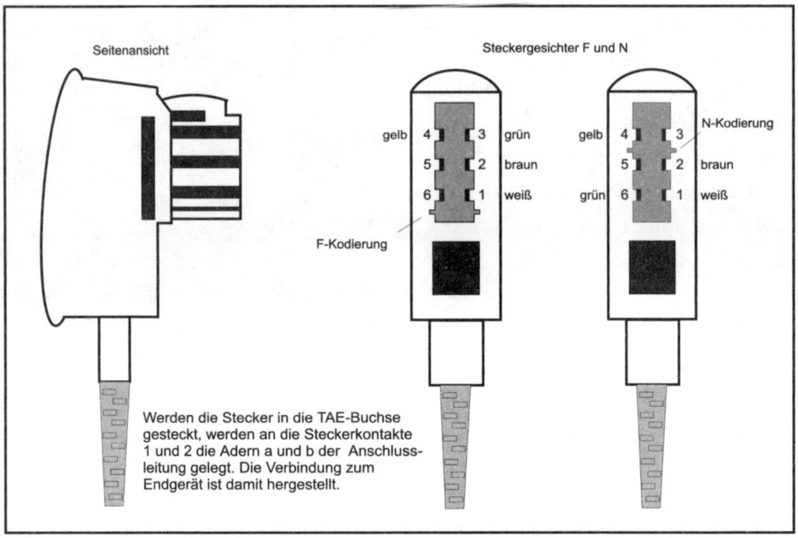

Abb. 3.3 Der TAE-Stecker und seine Beschaltung

- F-kodierten TAE-Stecker oder mit einem
- N-kodierten TAE-Stecker ausgestattet (*Abb. 3.3*).

Für die Telefonanschlussschnüre ist die F-Kodierung und für die Zusatzgeräte sind Anschlussschnüre mit der N-Kodierung vorgesehen. Die Kodierungsnasen an den Steckern ist ein charakteristisches Merkmal zur Unterscheidung der beiden Endgeräteschnüre. Ein weiteres Unterscheidungsmerkmal, zumindest bei den Telekomprodukten, ist die Steckerfarbe. So ist die Farbe der F-kodierten Stecker schwarz, die der N-kodierten Stecker dagegen grau.
TAE-Stecker werden in ihrer Bauform auch nach der Möglichkeit der Verriegelung und der Verrastung unterschieden. Die verriegelnden TAE-Stecker besitzen einen weißen Steckereinsatz. Der Unterschied zwischen den beiden Bauformen besteht darin, dass der verriegelnde Stecker nur mit Hilfe eines Werkzeuges (Schraubenzieher) wieder aus der TAE-Buchse gelöst werden kann. Anschlussschnüre mit TAE-Stecker werden im allgemeinen nur für analoge Endgeräte verwendet.

3.2 Welches Installationskabel ist das richtige?

Für das Beschalten von Anschlussdosen sind entsprechend VDE 0815 die dafür vorgesehenen **Installationskabel- und Leitungen für Fernmelde- und Informationsanlagen** einzusetzen. Der Aufbau dieser speziellen Installationskabel für die Fernmeldetechnik erfolgt nach einem bestimmten Verseilungsprinzip. Je 4 Adern sind zu einem Sternvierer, und je 5 Sternvierer werden zu einem Bündel verseilt (*Abb. 3.4*).
Die Verseilung der Adern im Kabel ist not-

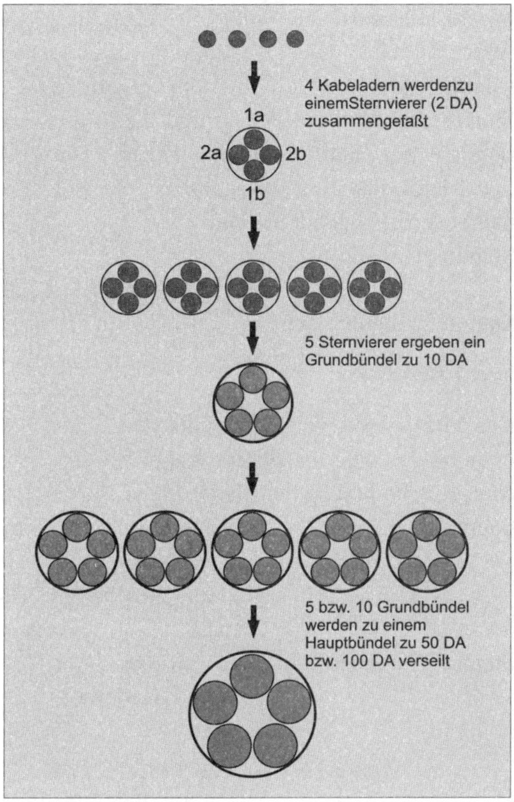
4 Kabeladern werdenzu
einemSternvierer (2 DA)
zusammengefaßt
1a
2a
2b
1b
5 Sternvierer ergeben ein
Grundbündel zu 10 DA
5 bzw. 10 Grundbündel
werden zu einem
Hauptbündel zu 50 DA
bzw. 100 DA verseilt

Abb. 3.4 Struktur des Installationskabels von der Doppelader zum Hauptbündel

wendig, um das gegenseitige kapazitive Einkoppeln (Nebensprechen) zwischen den Adernpaaren zu verhindern. Durch das Verseilen heben sich die Störspannungen im Kabel wieder auf.

Das am häufigsten verwendete Installationskabel für analoge und ISDN-Komponenten ist das bündelverseilte Kabel mit der Bezeichnung

J-2Y(St)Y 2x2x0,6 St III Bd

Die einzelnen Zahlen und Buchstaben haben folgende Bedeutung:

- J: Installationskabel
- 2Y: Polyäthylenmantel
- (St): Statischer Schirm aus Metallfolie oder kunststoffkaschierter Metallfolie
- Y: Isolierung der Adern mit Polyvinylchlorid
- 2x2x0,6: Das Kabel ist ausgestattet mit zweimal zwei Doppeladern bei einem Aderndurchmesser von 0,6 mm
- St III Bd: Sternvierer ohne Phantomausnutzung bündelverseilt

Im Installationskabel sind die einzelnen Adern markiert. Diese Markierung ist notwendig, um die Adern dem richtigen Stamm zuordnen zu können und damit die richtige Beschaltung zu realisieren. Die Sternvierer sind in zwei Stämme unterteilt und besitzen folgende Farben:

Stamm 1: a-Ader ist gelb
b-Ader ist rot
Stamm 2: a-Ader ist grün
b-Ader ist blau

Das vorwiegend von der Deutschen Telekom eingesetzte Installationskabel ist mit einer Ringcodierung versehen (*Abb. 3.5*):

Stamm 1: a-Ader (1a): kein Ring
b-Ader (1b): ein Ring mit großem Wiederholabstand
Stamm 2 a-Ader (2a): zwei Ringe mit großem Wiederholabstand
b-Ader (2b): zwei Ringe mit kleinem Wiederholabstand.

Die Kennzeichnungen der einzelnen Adern bzw. Stämme sollte man sich unbedingt merken. Sie sind Vorraussetzungen für eine ordnungsgemäße Installation im gesamten Inhouse-Bereich. Das betrifft insbesondere die technisch einwandfreie Beschaltung der IAE-Dosen im ISDN und natürlich die ganze Palette der RJ45-Anschlusstechnik bei kleinen lokalen Netzwerken. Das Installationskabel 2x2x0,6 ist für die Arbeiten am Hausnetz bestens geeignet. Bitte beim Beschalten von IAE-Dosen aber auf keinem Fall die Adern vertauschen. Es ist stets darauf zu achten, dass die in Abb. 3.5 dargestellten Adern immer dem gleichen Stamm zugeordnet werden.

Auch im Grundbündel, bestehend aus 5 Sternvierern, sind die einzelnen Sternvierer durch unterschiedliche Farben gekennzeichnet:

- der 1. Sternvierer mit rot,
- der 2. Sternvierer mit grün,
- der 3. Sternvierer mit grau,
- der 4. Sternvierer mit gelb
- der 5. Sternvierer mit weiß.

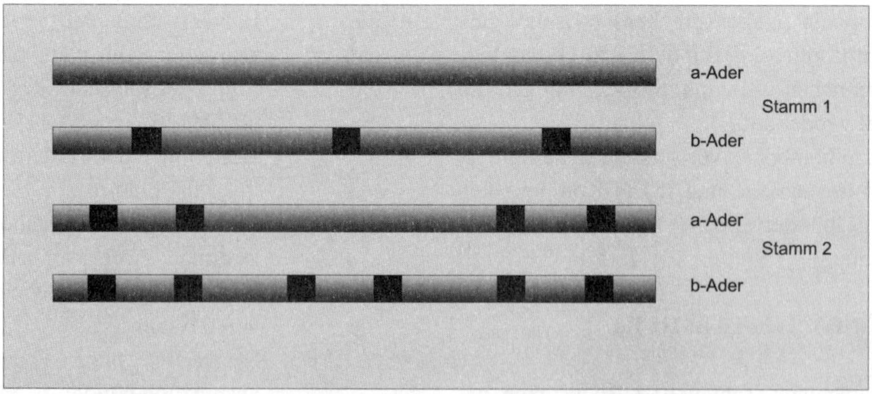

Abb. 3.5 Ringcodierung der Adern im Installationskabel

Sind Installationen mit solchen höherpaarigen Kabel notwendig, ist das Auszählen der einzelnen Doppeladern erforderlich. Dazu werden die einzelnen Doppeladern miteinander verdrillt und je 5 Stück zu einem Bündel zusammengefasst. Das Kabel wird von außen nach innen im Uhrzeigersinn, beginnend mit dem Adernpaar, das die rote a-Ader und die blaue b-Ader innehat, abgezählt. Die anderen a-Adern sind dann alle weiß und die dazugehörigen b-Adern sind gelb, grün, grau und schwarz. Am Ende der ersten Lage wird wieder mit der roten a-Ader der zweiten Lage begonnen. Diese Zählweise setzt sich bei jeder weiteren Lage so fort.

3.3 Die IAE-Dose und deren richtige Beschaltung

So wie sich in der analogen Anschlusstechnik der Begriff TAE-Dose aus dem Wort **T**elekommunikations - **A**nschluss - **E**inheit abgeleitet hat, wurde in der ISDN-Technik aus dem Wort **I**SDN-**A**nschluss-**E**inheit die Abkürzung IAE-Dose festgeschrieben. Es ist jedoch zu beachten, dass außer der IAE-Dose gleichberechtigt die RJ-45 Dose oder die UAE-Dose im Handel angeboten wird. Beide Produkte sind fast gleich. Die Abkürzung UAE ergibt sich aus der Bezeichnung **U**niverselle-**A**nschluss-**E**inheit. Auch diese Anschlussdose ist natürlich für die ISDN-Installation geeignet. Wie der Name schon sagt, ist diese Dose universell einsetzbar, insbesondere auch in Netzwerken. Der Unterschied zur IAE-Dose besteht darin, dass bei der RJ-45-Dose und UAE-Dose alle 8 Kontakte zwischen Klemmleiste und Buchsenkontakte direkt durchgeschaltet sind und außerdem wegen des Einsatzes in Datennetzen mit einer Schirmung versehen sein können. Bei Verwendung von Anpassungselementen, die in die UAE-Westernbuchse eingesetzt werden, können auch analoge Geräte mit dem kleinen 6-poligen Westernstecker eingesteckt werden.

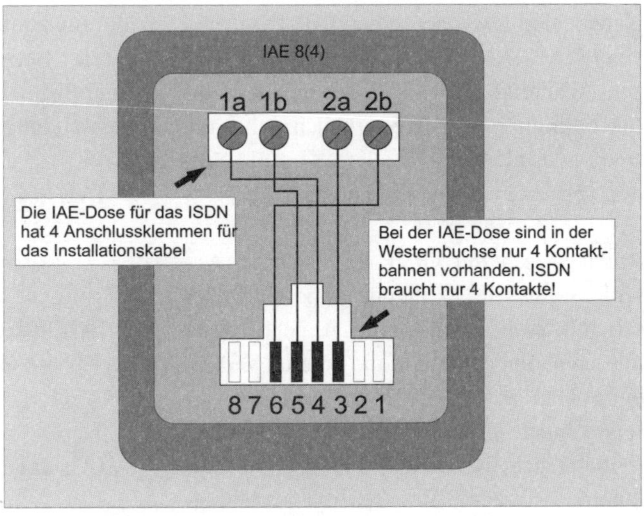

Abb. 3.6 Die IAE-Dose mit der inneren Schaltung

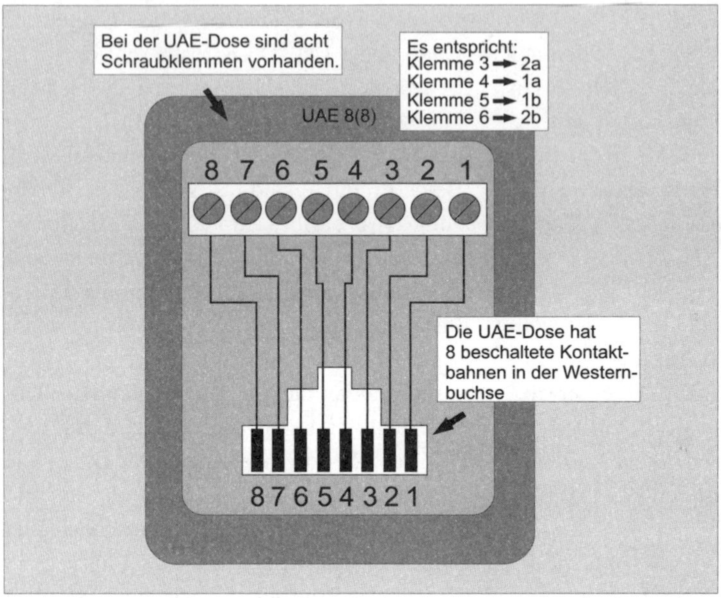

Abb. 3.7 Bei der RJ45-bzw. UAE-Dose können alle acht Kontaktbahnen genutzt werden

Für die Selbstinstallation der Anschlusskomponenten am eigenen Hausnetz sollte man also die unterschiedlichen Dosen kennen und deren Beschaltung unbedingt beachten (*Abb. 3.6 und 3.7*). Der wichtigste Unterschied zwischen einer IAE-Dose und einer UAE-Dose ist hier deutlich zu erkennen. Während die IAE-Dosen nur **4 Kontaktbahnen** in der Westernbuchse besitzt, sind bei der UAE-Dose alle **8 Kontaktbahnen** vorhanden und somit nutzbar.

Außer Dosen mit **einer Buchse** zum Anschluss eines ISDN-Gerätes sind auch Dosen mit **zwei Buchsen** im Angebot. Hier muss man unbedingt auf die inneren Verbindungswege achten. Denn die beiden Buchsen können entweder parallel geschaltet sein (für den Busbetrieb) oder es sind vollkommen getrennte Buchsen mit jeweils eigenen Anschlussklemmen. *Abb. 3.8* zeigt die IAE 2x8(4) mit zwei Buchsen für den Busbetrieb.

Zur besseren Übersicht sind nachfolgend die am häufigsten eingesetzten Dosen und deren Bezeichnungen zusammengestellt. Die Bezeichnungen drücken bereits den Verwendungszweck aus:

- **IAE 8(4)** ISDN-Dose mit einer Buchse und 4-poliger Klemmleiste zum Anstecken eines Endgerätes
- **IAE 8(8)** ISDN-Dose mit einer Buchse und 8-poliger Klemmleiste zum Anstecken eines Endgerätes
- **IAE 2x8(4)** ISDN-Dose mit zwei parallelen Buchsen und 4-poliger

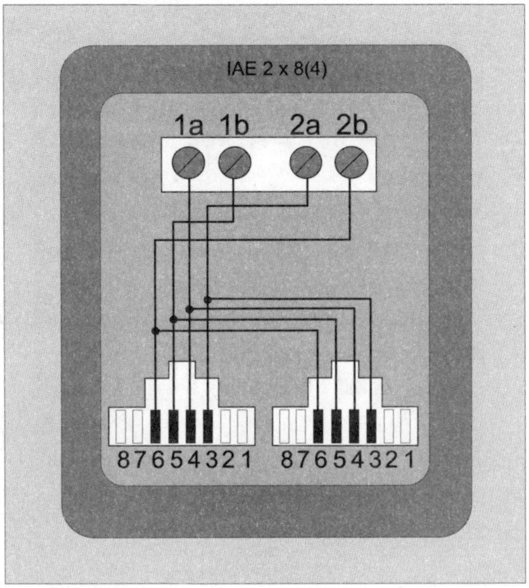

Abb. 3.8 Die doppelte IAE-Dose 2x8(4) für den Busbetrieb zum Anstecken von zwei ISDN-Geräten

Klemmleiste zum Anstecken von zwei Endgeräten im Busbetrieb

- **IAE 2 8(8)** ISDN-Dose mit zwei Buchsen und 8-poliger Klemmleiste zum Anstecken von zwei Endgeräten im Busbetrieb
- **IAE 8/8(4)** ISDN-Dose mit zwei voneinander unabhängigen Buchsen und je 4-poliger Klemmleiste zum getrennten Anstecken von zwei Endgeräten
- **IAE 8/8(8)** ISDN-Dose mit zwei voneinander unabhängigen Buchsen und je 8-poliger Klemmleiste zum getrennten Anstecken von zwei Endgeräten.

Hierzu zum besseren Verständnis die genaue Erklärung der einzelnen Bezeichnungen:

Die IAE 8(4) und IAE 8(8) sind also ISDN-Dosen für das Anschalten nur eines Endgerätes. Dabei besitzt die IAE 8(4) nur 4 Schraubklemmen und die IAE 8(8) 8 Schraubklemmen. In die beiden Buchsen der IAE-Dosen 2x8(4) und 2x8(8) können zwei ISDN-Geräte angesteckt werden. Diese sind parallel geschaltet. Dagegen haben die beiden letztgenannten IAE-Dosen 8/8(4) und 8/8(8) vollkommen getrennte Buchsen und getrennte Schraubklemmen (*Abb. 3.9*).

Die ISDN-Endgeräte werden über die Kontaktbahnen bzw. Pins 3, 4, 5 und 6 an das ISDN-Netz angeschaltet. Die beiden Paare 3/6 und 4/5 als Sende- bzw. Empfangsrichtung sind von besonderer Bedeutung. Tab. 3.1 zeigt den Zusammenhang zwischen den Schraubklemmen und Kontaktbahnen der IAE-Dosen einerseits mit den Kontaktfunktionen des NTBA und des ISDN-Endgerätes andererseits.

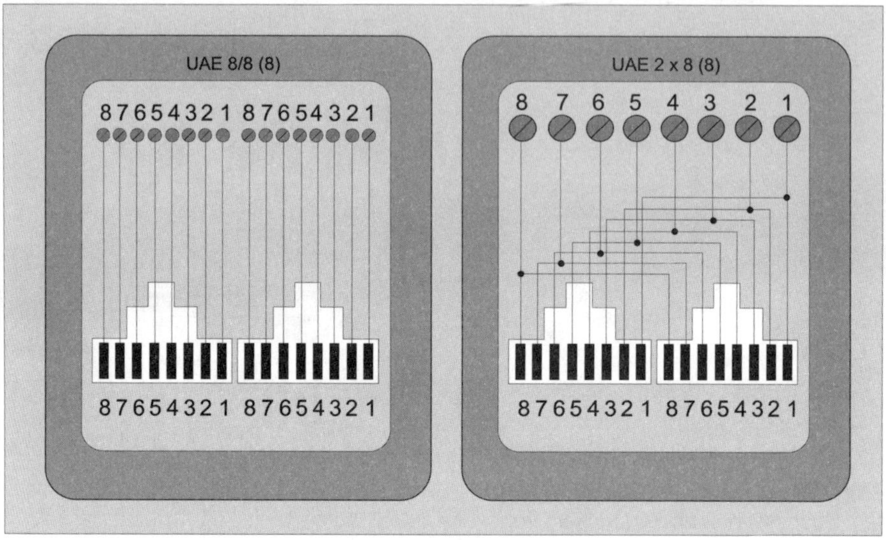

Abb. 3.9 Die UAE 8/8(8) besitzt getrennte, die UAE 2x8(8) parallel geschaltete Buchsen

Tabelle 3.1

Klemmenbezeichnung der IAE-Anschlussleiste	Stiftbezeichnung (Lamellen oder Pins) der IAE-Buchse	Kontaktfunktion aus der Sicht des NTBA	Kontaktfunktion aus der Sicht des Endgerätes
1	1		
2	2		
3 oder 2a	3	Empfangen	Senden
4 oder 1a	4	Senden	Empfangen
5 oder 1b	5	Senden	Empfangen
6 oder 2b	6	Empfangen	Senden
7	7		
8	8		

Die IAE-Dosen haben die Anschlussklemmen 1a, 1b, 2a und 2b. Das entspricht den Pinbelegungen 4, 5, 3 und 6. Diese werden aus Sicht des NTBA wie folgt belegt:

- 1a = Sendeader (Klemme am NT: a1)
- 1b = Sendeader (Klemme am NT: b1)
- 2a = Empfangsader (Klemme am NT: a2)
- 2b = Empfangsader (Klemme am NT: b2).

Bei Verwendung des bereits beschriebenen ringcodiertem Installationskabels ist des-

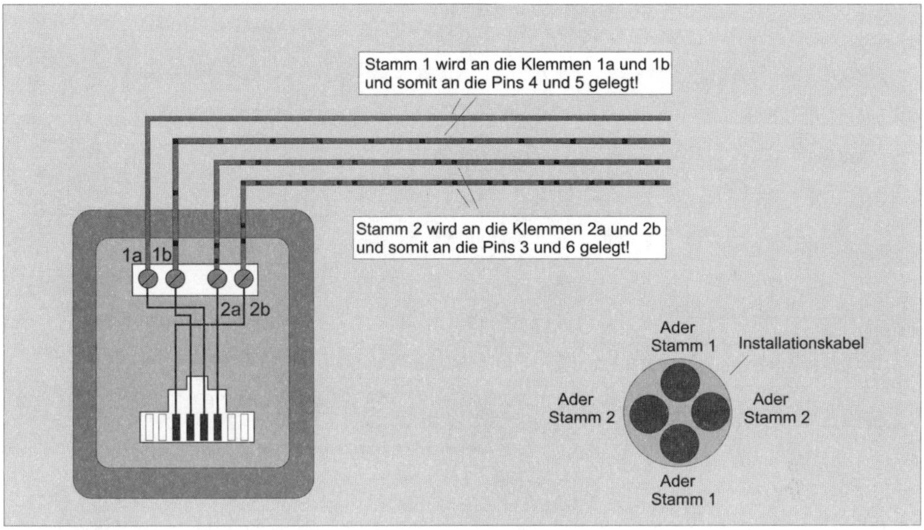

Stamm 1 wird an die Klemmen 1a und 1b und somit an die Pins 4 und 5 gelegt!
Stamm 2 wird an die Klemmen 2a und 2b und somit an die Pins 3 und 6 gelegt!
1a
1b
2a
2b
Ader Stamm 1
Installationskabel
Ader Stamm 2
Ader Stamm 2
Ader Stamm 1

Abb. 3.10 So wird eine IAE-Dose mit dem ringcodierten Kabel beschaltet

halb unbedingt auf das richtige Aufschalten der Adern nach Stamm 1 und Stamm 2 zu achten (*Abb. 3.10*). Die IAE-Dose ist dann richtig beschaltet, wenn der Stamm 1 auf die Klemmen 1a (4) und 1b (5), und der Stamm 2 auf die Klemmen 2a (3) und 2b (6) aufgelegt wird. Steht das ringcodierte Installationskabel nicht zur Verfügung und es soll eine andere Kabeltype verwendet werden, dann sind die in *Abb. 3.11* gegebenen Anschalthinweise an der IAE-Dose und am NT für die verschiedensten Kabeltypen sehr wertvoll.

3.4 Der Westernstecker

Der in der ISDN-Installationstechnik verwendete Westernstecker zum Anstecken der ISDN-Endgeräte an die IAE-Dosen besitzt vier Pole oder Kontaktbahnen (*Abb. 3.12*). Nur sie sind für die Funktion des ISDN-Gerätes ausschlaggebend. Werden andere Stecker, also solche mit acht Kontaktbahnen verwendet, dann sind für ISDN nur die vier mittleren Pins zu beschalten.

3.5 Das Netzabschlussgerätes NTBA wird zuerst installiert

Wenn der Netzanbieter den ISDN-Anschluss durchgeschaltet hat, kann die Inbetriebnahme des NTBA vorgenommen werden.

Der Montageort des NTBA sollte unmittelbar neben der vorhandenen TAE-Dose des

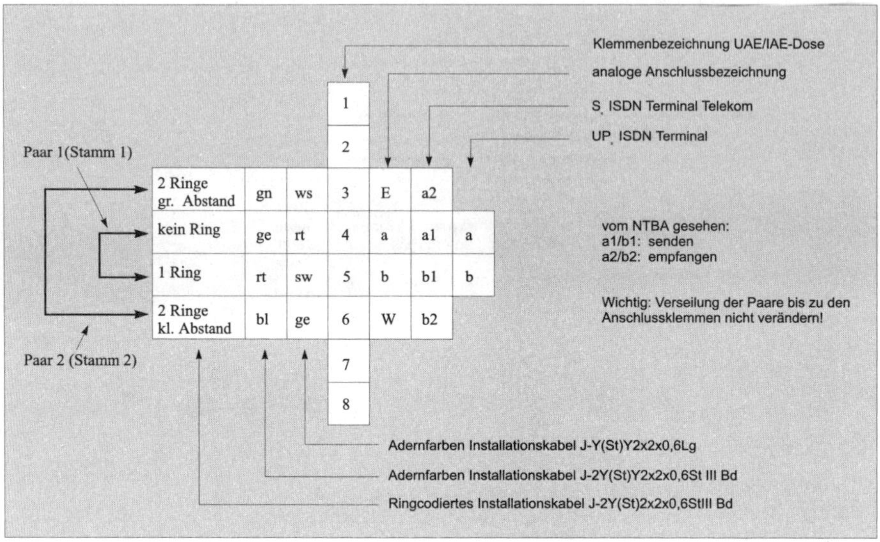

Abb. 3.11 Aufschalten unterschiedlicher Kabeltypen auf verschiedene Anschlussdosen

bisherigen analogen Telefonanschlusses sein. In diese TAE-Dose wird nur noch der NTBA eingesteckt (*Abb. 3.13*).

Andere analoge Telefone oder Zusatzgeräte dürfen nicht mehr eingesteckt werden. Wenn dies geschieht, ist der ISDN-Anschluss nicht betriebsbereit. Das Einstecken des NTBA erfolgt also nur in die F-Buchse der Dreifach-TAE-Dose. Bitte kontrollieren Sie auch, ob noch andere TAE-Dosen, eventuell in anderen Räumen, mit dem Telefonanschluss verbunden sind. Aus Gründen der Betriebssicherheit des ISDN-Anschlusses sollten alle alten Anschlusskomponenten, auch Klingeleinrichtungen oder Faxweichen, von der 1. TAE abgetrennt werden. **Die 1. TAE steht nur dem NTBA zur Verfügung!**

Nachdem der Netzstecker des NTBA in die Steckdose eingesteckt wurde, ist der NTBA und damit der ISDN-Anschluss betriebsbereit. Die Betriebsbereitschaft wird durch eine grüne Leuchtdiode LED am NTBA angezeigt. Nun beginnt die Prüfung des Anschlusses. Das geschieht auf einfache Weise mit einem ISDN-Telefon, das in eine der beiden IAE-Buchsen am NTBA eingesteckt wird (*Abb. 3.14*).

Mit Hilfe der Gebrauchsanleitung des ISDN-Telefons wird dem Gerät diejenige Mehrfachnummer zugeordnet, die in der Auftragsbestätigung angegeben ist. Wenn alles ordnungsgemäß installiert und programmiert wurde, kann vom neuen Anschluss aus telefoniert werden. Zur Kontrolle sollte man sich zurückrufen lassen um sicherzustellen, dass das ISDN-Telefon auch auf die zugewiesene Anschlussnummer reagiert.

Wer eine Dosenanlage installieren möchte,

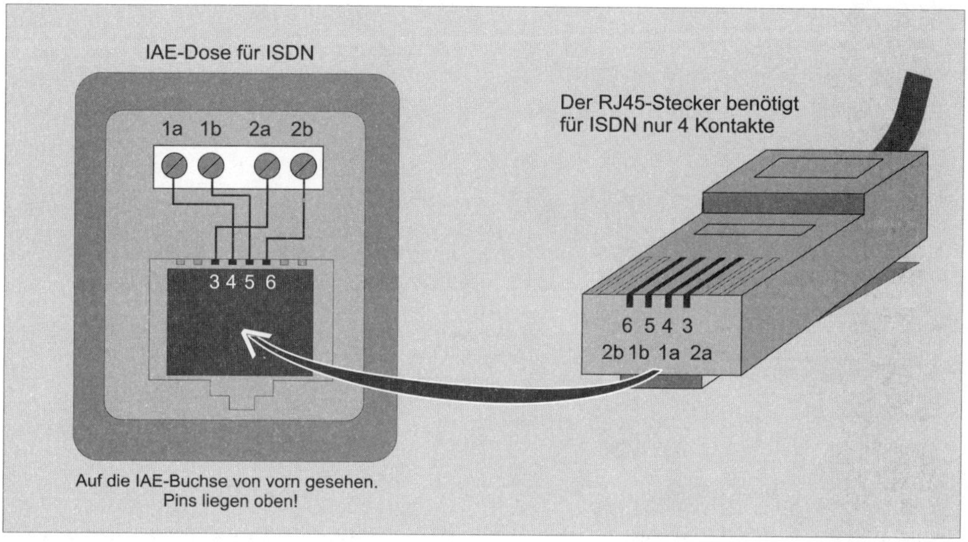

Abb. 3.12 Der RJ45-Stecker und seine Kontaktbelegung bei ISDN. ISDN benötigt nur 4 Pins!

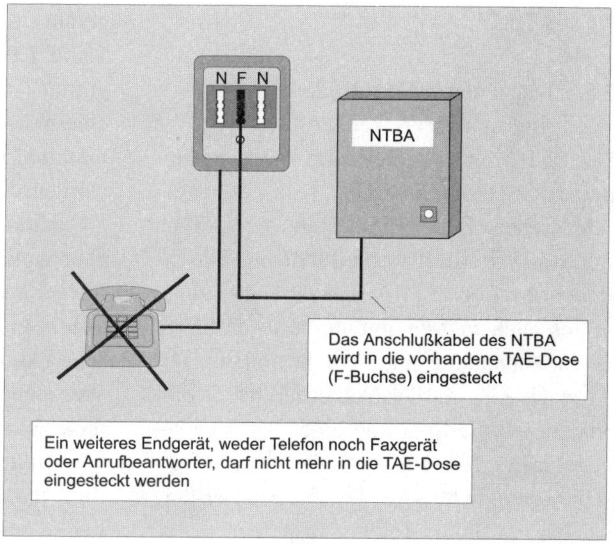

N F N
NTBA
Das Anschlußkabel des NTBA
wird in die vorhandene TAE-Dose
(F-Buchse) eingesteckt
Ein weiteres Endgerät, weder Telefon noch Faxgerät
oder Anrufbeantworter, darf nicht mehr in die TAE-Dose
eingesteckt werden

Abb. 3.13 Der NTBA wird mit der F-Buchse der TAE-Dose verbunden

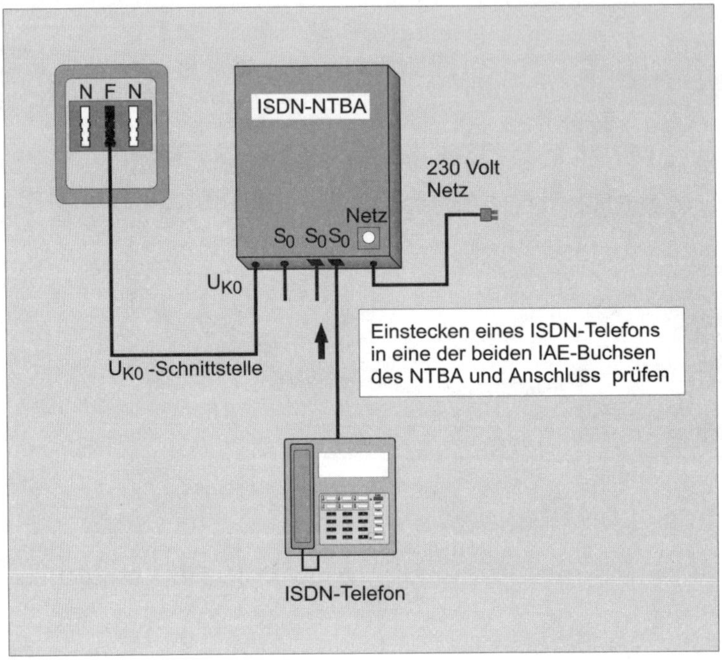

Abb. 3.14 Erstes Prüfen des neuen ISDN-Anschlusses

klemmt das Installationskabel an die Klemmen im NTBA an (*Abb. 3.15*).

3.5.1 Muss der NTBA an das Stromnetz angeschlossen werden?

Der NTBA muss immer dann an das Stromnetz angeschlossen werden, wenn die angeschlossenen Endgeräte durch den NTBA mit Strom versorgt werden müssen. Zur Erinnerung: Der NTBA versorgt die angeschlossenen Geräte mit der erforderlichen Betriebsspannung aus dem Stromnetz. Die Ausnahme ist nur der Notbetrieb bei Stromausfall, wo die Speisung eines dafür geeigneten ISDN-Telefons durch die Vermittlungsstelle ermöglicht wird. Diese Speiseleistung ist aber nur für ein Telefon ausgelegt!

Der NTBA kann aber trotz des Anschlusses an das 230 V-Netz nicht unbegrenzt Endgeräte mit Betriebsspannungen versorgen. Seine Leistungskapazität ist natürlich begrenzt. Deshalb ist vorgeschrieben, das an einem Mehrgeräteanschluss im Busbetrieb maximal nur 4 ISDN-Telefone angeschaltet werden dürfen. Für weitere Telefone ist die Kapazität des NTBA nicht ausgelegt. Da aber viele Endgeräte, wie TK-Anlagen oder Faxgeräte eine eigene Stromversorgung besitzen, gibt es in der Praxis wegen der Einschränkung auf 4 Telefone keine Probleme. Wer mehr Telefone betreiben muss, schließt diese sinnvoller weise sowieso über eine TK-Anlage an.

Sind jedoch am ISDN-Anschluss alle Endgeräte selbst mit dem 230 V-Netz verbun-

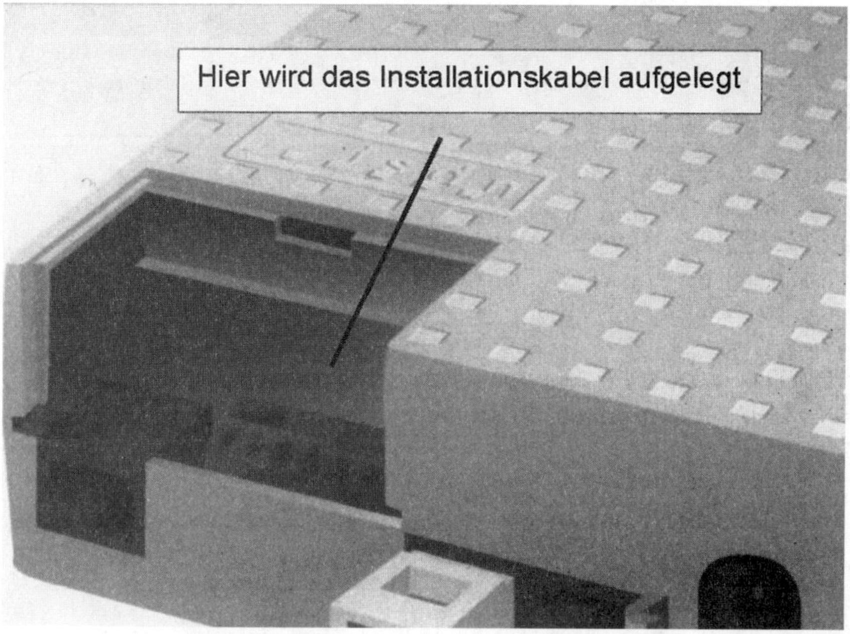
Hier wird das Installationskabel aufgelegt

Abb. 3.15 Die Klemmen im NTBA zur Aufnahme des Installationskabels (Quelle: Telekom)

den, dann braucht der NTBA nicht an 230 V angeschlossen zu werden. Als Beispiel hierfür kann folgende Gerätekonfiguration gelten: PC mit ISDN-Karte und kleine TK-Anlage mit Nebenstellen (*Abb. 3.16*).

3.6 Kann ich auch ISDN-Geräte direkt am NTBA betreiben?

Da der NTBA bereits zwei IAE-Buchsen besitzt, können ISDN-Endgeräte direkt am NTBA betrieben werden (*Abb. 3.17*). Die Installation eines Hausnetzes entfällt bzw. ist nicht erforderlich. Die Westernstecker der ISDN-Geräte werden direkt in die beiden Buchsen des NTBA eingesteckt. Und wer mehr als zwei Endgeräte direkt am NTBA betreiben will, kann die ISDN-Steckdosenleiste plus der Deutschen Telekom erwerben und an den NTBA anstecken. An diese ISDN-Leiste, die als S_0-Bus aufgebaut ist und die 6 IAE-Buchsen besitzt, können insgesamt 6 ISDN-Endgeräte betrieben werden. Das Anstecken von ISDN-Endgeräten direkt an den NTBA kann immer dort erfolgen, wo sich sämtliche Geräte in einem Raum befinden und wo eben keine weiteren IAE-Dosen installiert werden müssen. Dieser einfache Fall tritt in der Praxis jedoch eher selten auf.

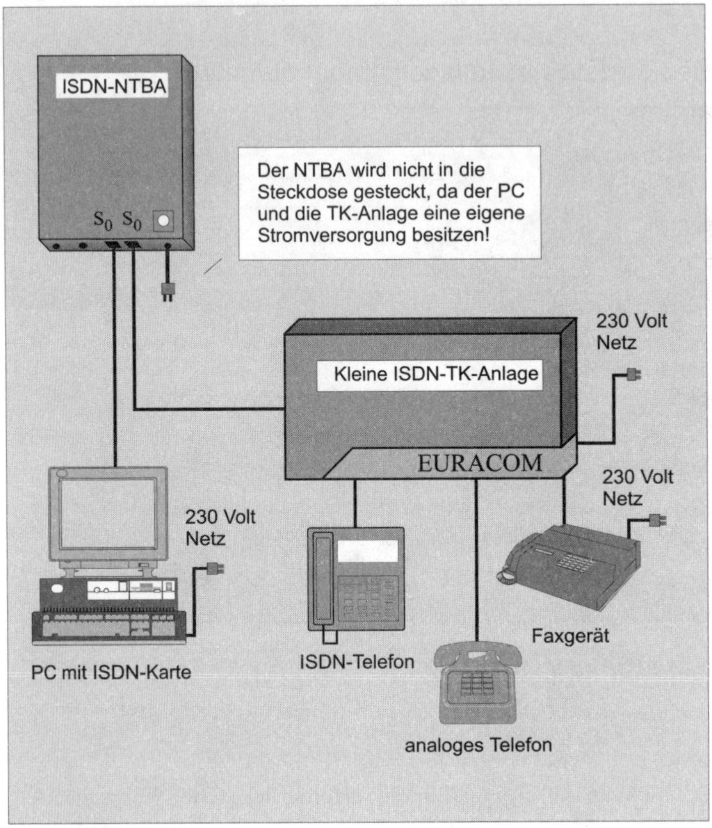

Abb. 3.16 Bei dieser Gerätekonfiguration muss der NTBA nicht an das 230 V-Netz angeschlossen werden

3.7 Wie installiere ich weitere IAE-Dosen am ISDN-Anschluss?

Im Regelfall ist das Betreiben der ISDN-Endgeräte direkt und ausschließlich am NTBA, so wie eben beschrieben, wegen der räumlichen Bedingungen in Haus und Büro selten möglich. Im allgemeinen befinden sich die einzelnen Endgeräte ja in verschiedenen Räumen. Zum Anschließen dieser räumlich getrennten Geräte an den NTBA ist deshalb stets ein kleines Hausnetz notwendig. Die Installation eines solchen Netzes ist je nach Anschlussart des ISDN-Anschlusses unterschiedlich. So ist für den Mehrgeräteanschluss die bekannte Punkt-zu-Mehrpunkt-Verbindung, und für den Anlagenanschluss die Punkt-zu-Punkt-Verbindung zu installieren. Die Punkt-zu-Mehrpunkt-Verbindung bezeichnet man als Businstallation bzw. als S_0-Bus.

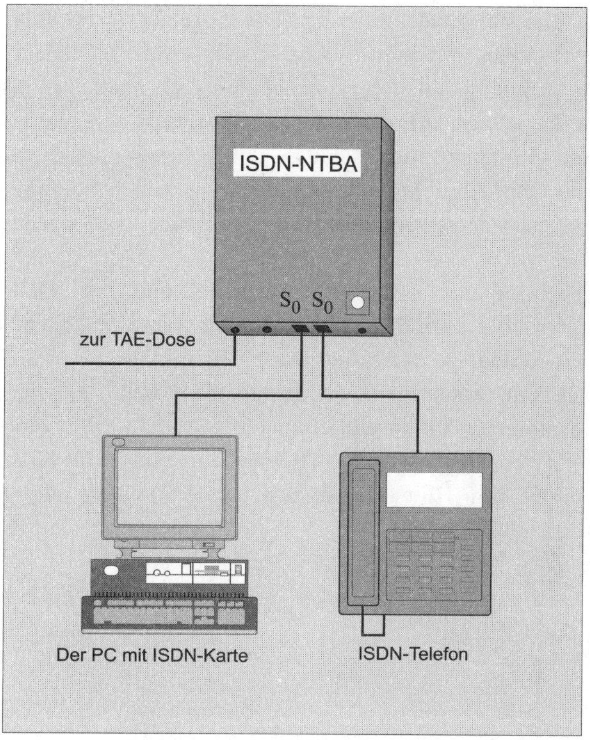

Abb. 3.17 ISDN-Geräte kann man direkt am NTBA betreiben

3.7.1 Der erste Bus am Mehrgeräteanschluss wird installiert!

Beim Mehrgeräteanschluss sind drei verschiedene Installationsformen möglich:

- der passive Bus mit dem NTBA am Leitungsende
- der passive Bus mit dem NTBA in der Leitungsmitte und
- der verlängerte oder erweiterte passive Bus.

Jede Variante hat ihre Daseinsberechtigung und ist abhängig von den örtlichen Gegebenheiten. Am häufigsten wird der Bus installiert, wo der NTBA am Leitungsende sitzt.

Bitte beachten!

Am S_0-Bus dürfen nur 12 Anschlussdosen installiert werden.
Der Bus ist in der letzten Dose mit zwei Abschlusswiderständen von je 100 Ohm abzuschließen!

Der passive Bus mit dem NTBA am Leitungsende

Bei der Installation eines Bus-Systems am ISDN-Anschluss ist zu beachten, dass maximal nur 12 IAE-Dosen installiert werden dürfen. Diese 12 Dosen dürfen wiederum nur mit 8 Endgeräten, und davon maximal

4 Telefone, bestückt werden. Die einzelnen IAE-Dosen sind beim Bus praktisch vieradrig parallel geschaltet. Zu beachten ist, dass in der letzten IAE-Dose der für die Funktion wichtige Busabschluss durch zwei 100 Ohm Abschlusswiderstände, so wie in *Abb. 3.18* dargestellt, vorgenommen wird.

Die Installation sollte ordnungsgemäß und technisch einwandfrei vorgenommen werden. Grundlage dafür sind Vorschriften, die sich ganz konkret mit der Installation von Telekommunikationseinrichtungen befassen. Wer wissen will, wo alles genau steht, hier ein paar Hinweise auf bestehende Vorschriften:

- DIN VDE 0815: Installationskabel und -leitungen für Fernmelde- und Informationsanlagen
- DIN VDE 0891: Verwendung von Kabeln und isolierten Leitungen für Fernmeldeanlagen und Informationsverarbeitungsanlagen
- Forum 10: Installation von Endeinrichtungen der Telekommunikation. Hinweise, Beispiele, Material, Stand der Technik (ZVEI-Dokumentation 1996)
- DIN EN 50098-1: Informationstechnische Verkabelung von Gebäudekomplexen; ISDN-Basisanschluss (1994)
- DIN EN 50173: Anwendungsneutrale Verkabelungssysteme (1995)
- FTZ 1 TR 5: Technische Forderungen an die Installation von Endstellenleitungen für Endstellen mit S_0-Schnittstelle.

Die Länge des Bus-Systems, also die **verlegte Länge des notwendigen Installa-**

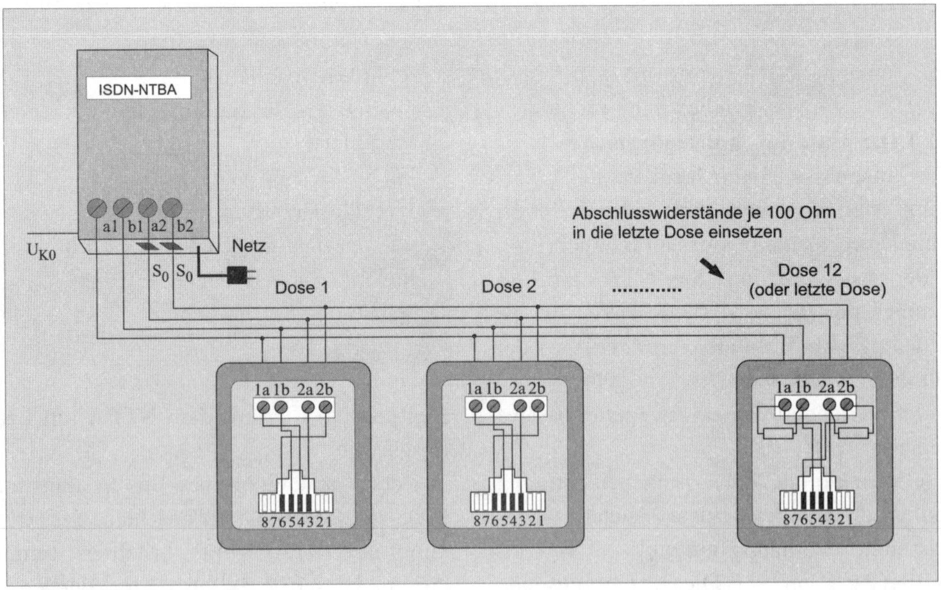

Abb. 3.18 So wird der Bus am ISDN-Anschluss installiert

Tabelle 3.2 Abhängigkeit der Buslänge vom eingesetzten Installationskabel

Typ des Installationskabels	Buslänge (Installationslänge
Installationskabel, Isolierung aus Polyethylen (PE), statischer Schirm I-2Y2Y(St) 2x2x0,6 St III Bd	180 Meter
Installationskabel, Isolierung aus PVC, statischer Schirm I-Y(St)Y...LG oder I-y(St)Y...Bd	130 Meter
Installationskabel für die Industrieelektronik, Isolierung mit verbessertem Brandverhalten I-H(St)H...Bd	120 Meter
S_0-Bus-Installationskabel ohne Schirm I-Y(St)...Bd	120 Meter
S_0-Bus-Installationskabel mit statischem Schirm I-Y(St)...Bd	120 Meter

tionskabels darf ca. 180 m nicht überschreiten. Darauf ist unbedingt zu achten. Je nach verwendetem Kabeltyp schwankt die erlaubte Buslänge jedoch erheblich. *Tabelle 3.2* zeigt diese Abhängigkeit der Buslänge vom Typ des Installationskabels.

Der passive Bus mit dem NTBA in der Leitungsmitte

Eine zweite Konfigurationsmöglichkeit bei der Punkt-zu-Mehrpunkt-Verbindung besteht darin, den NTBA in die Busmitte einzuschleifen (*Abb. 3.19*). Auch hier dürfen in beiden Zweigen des Busses insgesamt nur 12 IAE-Dosen installiert und 8 Endgeräte angeschaltet werden. Die Abschlusswiderstände sind jetzt beidseitig in die jeweils letzte IAE-Dose anzuklemmen. Die Gesamtlänge des Bussystems beträgt auch hier ca. 150 Meter.

Der verlängerte Bus

Beim verlängerten Bus werden die Endgeräte am Schluss der Installationsleitung innerhalb einer restlichen Leitungslänge von etwa 25 bis 50 m als gemeinsames Bündel (Cluster) angeschaltet (*Abb. 3.20*).

Tipp!

Im Fachhandel kann man fertig konfektionierte Abschlusswiderstände erhalten. Diese passen exakt in die IAE-Dosen und man spart Montagezeit.

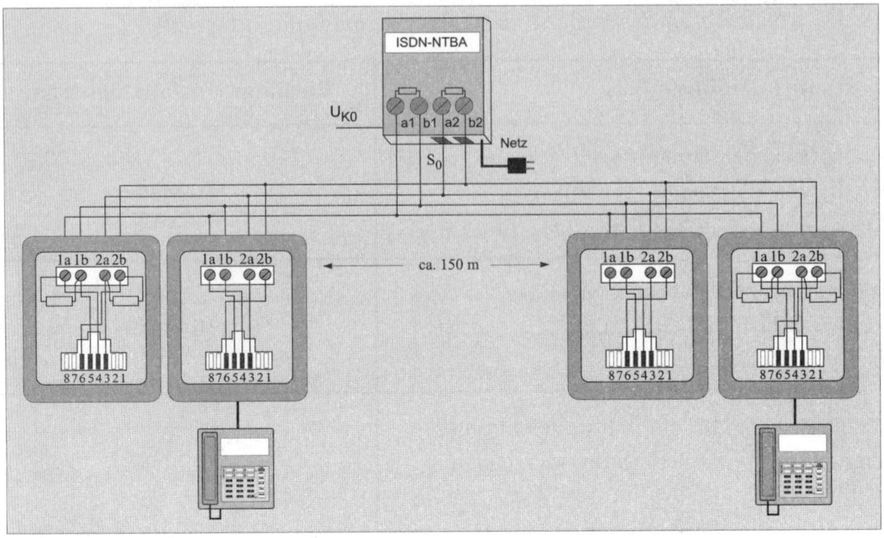

Abb. 3.19 Das Anschalten des NTBA in der Busmitte

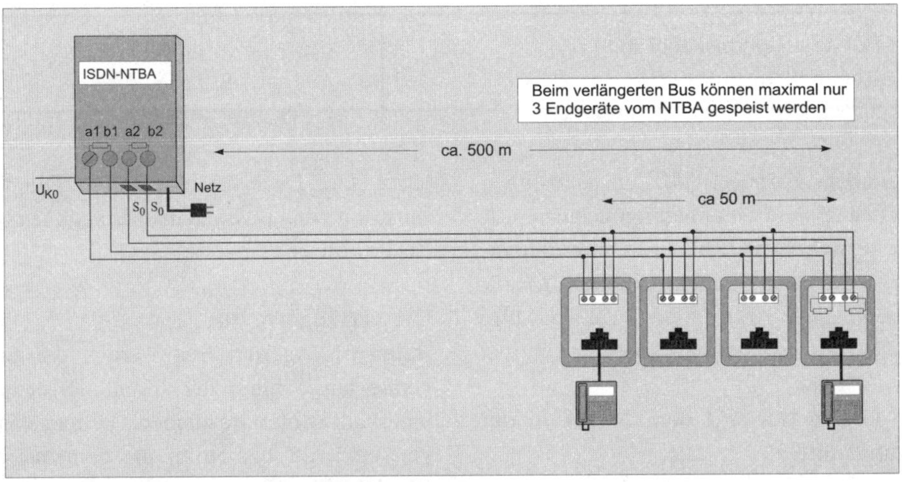

Abb. 3.20 Der verlängerte oder erweiterte Bus

Mit dieser Variante der Businstallation erreicht man eine spürbare Verlängerung der Leitungslänge auf etwa 500 Meter. Allerdings sind damit alle Endgeräte auf einen relativ kleinen Raum konzentriert. Die Zahl der anzuschließenden Endgeräte ist bei dieser Variante auf vier Stück begrenzt. In der Praxis wird der erweiterte Bus kaum angewandt.

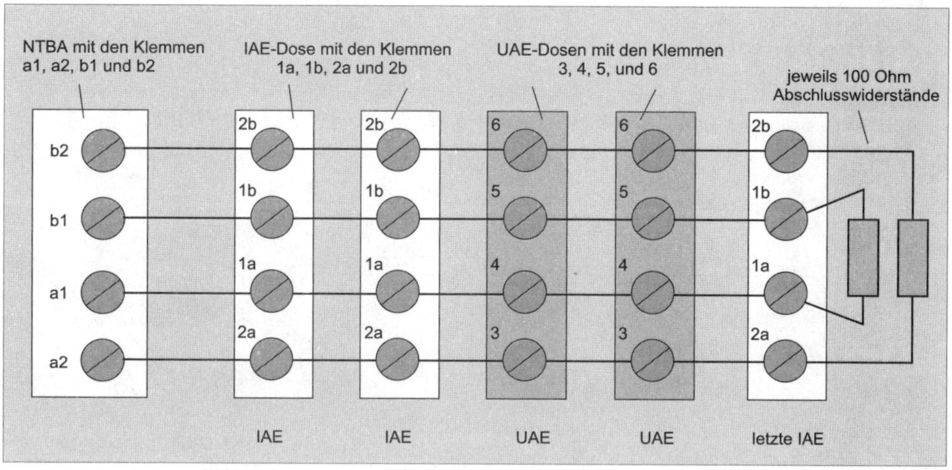

Abb. 3.21 Montageschema eines Busses mit unterschiedlichen Anschlussdosen

Wie eine konkrete Businstallation mit zum Beispiel 3 IAE- und 2 UAE-Dosen zu erfolgen hat, zeigt nachfolgendes Montageschema in *Abb. 3.21*. Je nachdem, welche ISDN-Dosen zur Verfügung stehen, sind die Klemmenbezeichnungen entweder 1a, 1b, 2a und 2b bei der IAE-Dose und 3, 4, 5, und 6 bei der UAE-Dose. Die Abschlusswiderstände sind in der letzten Anschlussdose an die beiden Klemmen 1a und 1b bzw. 2a und 2b anzuschalten. Im NTBA sind die Widerstände schon vorhanden. Bitte beachten, dass die Klemmenbezeichnung im NTBA eine andere ist als bei den IAE-Dosen. Hier haben die Ziffern und die Buchstaben eine andere Reihenfolge: a1, a2, b1 und b2!

3.7.2 Die Installation des Anlagenanschlusses ist auch kein Problem!

Der ISDN-Anlagenanschluss wird durch eine Punkt-zu-Punkt-Verbindung realisiert. Bei dieser Konfiguration wird an das Netzabschlussgerät NTBA nur ein einziges Endgerät, sinnvoller weise in den meisten Fällen eine TK-Anlage angeschaltet (*Abb. 3.22*).

Wird eine TK-Anlage angeschlossen, ist der NTBA vom Netz zu trennen und am NTBA ist die Standardeinstellung Mehrgeräteanschluss zu ändern auf Anlagenanschluss. Mit dem Anlagenanschluss kann man relativ große Entfernungen zwischen NTBA und TK-Anlage überbrücken (Beispiel: Bürogebäude mit NTBA im Kellergeschoss). Im übrigen lässt sich auch am internen Bus der TK-Anlage eine solche Konfiguration einrichten, wenn eine ISDN-Nebenstelle in größerer Entfernung betrieben werden muss.

Die Gesamtlänge des 4adrigen Installationskabels zwischen NTBA und der IAE-Dose liegt je nach Kabeltyp zwischen 600 und 1000 Meter (*Tabelle 3.3*). Eine Überschreitung der maximalen Länge von 1000 Meter ist nicht zulässig.

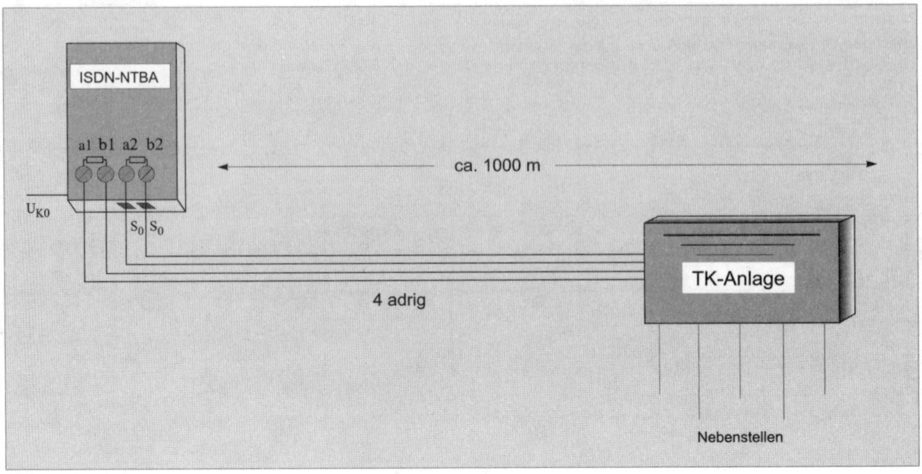

Abb. 3.22 Installation des Anlagenanschlusses

Tabelle 3.3 Installationslänge beim ISDN-Anlagenanschluss

Typ des Installationskabels	Installationslänge bei der Punkt-zu-Punkt-Verkabelung
J-2Y(St)Y 2x2x0,6 St III Bd	900 Meter
J-2Y(St)Y >10x2x0,6 St III Bd	1000 Meter
J-02YSH2...10x2x0,6 St III Bd	1000 Meter
J-Y(St)Y 2x2x0,6	600 Meter
J-Y(St)Y >10x2x0,6	700 Meter

Das Anschließen der Endgeräte ist kein Problem

4

Schon einmal vorweg: am ISDN-Anschluss können grundsätzlich alle vorhandenen Endgeräte angeschaltet werden. Wie aber am Buchanfang zum Thema Schnittstellen erklärt, sind natürlich die technischen Besonderheiten des ISDN zu beachten. Das heißt, die Endgeräte sind dort anzuschließen, wo es die Schnittstelle auch erlaubt bzw. verlangt. Man kann also zum Beispiel nicht, um hier ein Extremfall zu beschreiben, ein analoges Telefon an die S_0-Schnittstelle des NTBA anschalten. Das ist technisch nicht möglich! Aber man kann jederzeit das analoge Telefon über einen Adapter oder über eine ISDN-TK-Anlage an den S_0-Bus anschließen. Und so wird es in der Praxis ja auch gemacht. Wer mehrere analoge Endgeräte am ISDN-Anschluss weiter betreiben möchte, schaltet diese als Nebenstellen an eine ISDN-Telefonanlage an. Die Telefonanlage besitzt entsprechende Ports sowohl für analoge Endgeräte als auch für ISDN-Geräte.

Damit alles übersichtlich wird, sind nachfolgend die verschiedenen Endgeräte und deren Anschlussmöglichkeiten dargestellt.

Tipp!

Keine analogen Telefone entsorgen!
Sie werden am ISDN-Anschluss als Nebenstellen von kleinen ISDN-TK-Anlagen weiter verwendet.

4.1 Können analoge Telefone weiter verwendet werden?

Der große Vorteil von ISDN besteht ja auch darin, dass analoge Endgeräte über Adapter weiterhin verwendet werden können. Trotz ISDN muss ja nicht jedes Telefon unbedingt ein ISDN-Telefon sein. Man sollte sich aber bei der Verwendung der analogen Endgeräte bewusst sein, dass die Leistungsmerkmale des ISDN nur eingeschränkt nutzbar sind!

Um analoge Endgeräte am ISDN-Anschluss weiter verwenden zu können, sind grundsätzlich a/b-Wandler notwendig. Das können separate Terminaladapter oder TK-Anlagen sein. Der a/b-Wandler, auch a/b-Adapter genannt, besitzt für ein oder zwei analoge Endgeräte entsprechende TAE-Buchsen. Die Anschlussschnur des Wandlers selbst ist mit einem Westernstecker ausgestattet, der in die entsprechende IAE-Buchse des NTBA oder in eine IAE-Dose des S_0-Busses eingesteckt wird. An die a/b-Wandler können im Prinzip alle analogen Endgeräte, wie Telefone, Faxgeräte, Anrufbeantworter oder Modems angeschlossen werden. Bedingung dabei ist aber immer: die analogen Geräte müssen tonwahlfähig sein, da die Programmierung hinsichtlich der Rufnummernzuordnung über die MFV-Signale der analogen Endgeräte erfolgt.

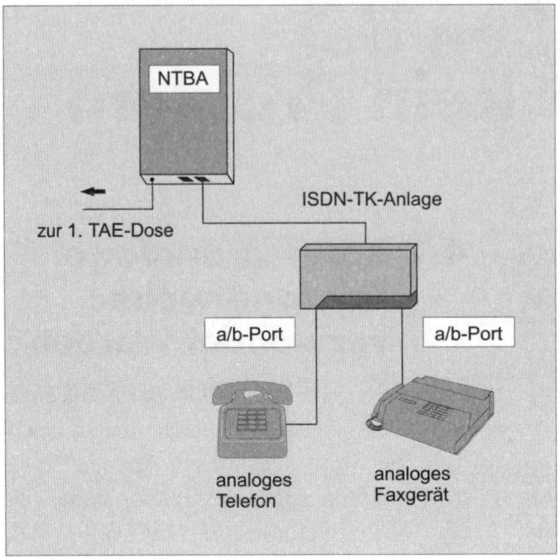

Abb. 4.1 An eine ISDN-TK-Anlage werden die analogen Endgeräte ohne a/b-Wandler angeschlossen

Separate a/b-Adapter werden aber immer mehr durch kleine ISDN -Telefonanlagen ersetzt. Wer also heute einen ISDN-Neuanschluss plant, der ist mit dem Erwerb einer ISDN-Telefonanlage immer gut beraten. Hier können die analogen Endgeräte problemlos angeschlossen werden (*Abb. 4.1*).

Grundsätzlich können analoge Endgeräte am ISDN-Anschluss wie folgt angeschlossen werden:

- direkt am NTBA über einen a/b-Wandler
- am installierten S_0-Bus des ISDN-Anschlusses oder am installierten S_0-Bus einer ISDN-TK-Anlage und zwar ebenfalls über einen a/b-Wandler
- an einer TK-Anlage, die analoge Anschlussstellen (Ports) besitzt. Hier wird kein a/b-Wandler benötigt, und
- an einem PC mit ISDN-Karte, die eine a/b-Schnittstelle bereitstellt.

4.2 ISDN-Endgeräte direkt am NTBA

Am NTBA sind zwei IAE-Buchsen vorhanden, an die direkt, also ohne eine Installation vornehmen zu müssen, folgende ISDN-Endgeräte angesteckt und betrieben werden können:

- ISDN-Telefone
- ISDN-Faxgeräte
- PCs mit ISDN-Karte
- ISDN-TK-Anlagen und
- ISDN-Adapter.

Da ja nur diese zwei Buchsen am NTBA zur Verfügung stehen, können die aufgezählten Geräte natürlich nicht alle komplett und auf einmal in den NTBA eingesteckt werden. Abhilfe schafft hier eine ISDN-Steckdosenleiste, die als Zubehör von der Deutschen Telekom angeboten wird. Mit

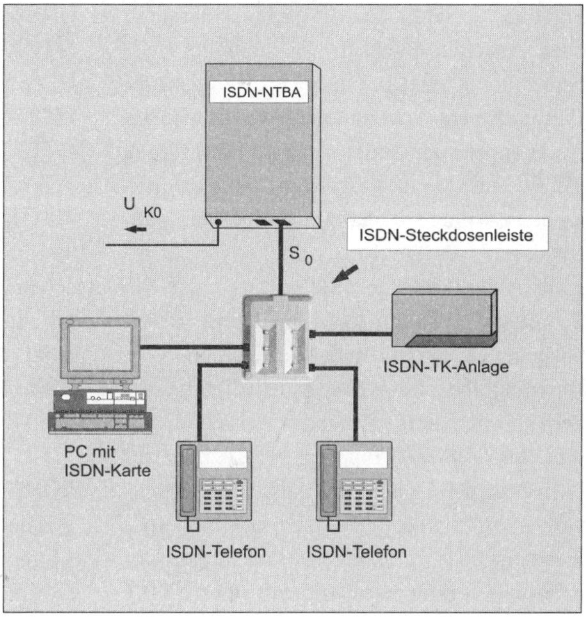

Abb. 4.2 ISDN-Endgeräte können über eine ISDN-Verteilerleiste direkt an den NTBA angeschlossen werden

ihrer Hilfe können am NTBA bis zu sechs ISDN-Geräte angeschlossen werden. Besteht also die Notwendigkeit, mehrere Geräte in einem Raum betreiben zu müssen, ist das mit dieser Anschlussleiste möglich. Sie besitzt einen Westernstecker und wird direkt in die IAE-Buchse des NTBA eingesteckt (*Abb. 4.2*).

4.3 ISDN-Endgeräte am Bus und an der TK-Anlage

Im Fachhandel wird eine umfangreiche Palette moderner und leistungsfähiger ISDN-TK-Anlagen angeboten:

- ISDN-TK-Anlagen mit internen Schnittstellen für ISDN-Geräte (S_0-Schnittstellen) und mit analogen Ports für analoge Endgeräte (*Abb. 4.3*), sowie
- ISDN-Anlagen mit nur analogen Ports.

Im letzteren Fall können, wie der Name schon sagt, nur analoge Geräte angeschlossen werden. Damit man eine einheitliche

Abb. 4.3 Beispiel einer modernen ISDN-TK-Anlage: die Eumex 704PC DSL der Deutschen Telekom

Sprache spricht: Die Anschlussklemmen oder Anschlussbuchsen für analoge Endgeräte nennt man bei den TK-Anlagen a/b-Ports oder a/b-Schnittstellen. Wenn also im Anlagenprospekt unter analoge Anschlüsse die Aussage steht: 4 a/b-Ports, dann können an diese Anlage 4 analoge Endgeräte angeschlossen werden. Und wenn weiter angegeben ist: 2 interne ISDN-Ports oder S_0-Schnittstellen, dann kann an jedem ISDN-Ausgang ein S_0-Bus installiert werden.
Bitte auch beachten, dass es im allgemeinen keine sogenannte Eingangsbezeichnungen gibt. Auch der Zugang zum NTBA oder zur IAE-Dose wird meist mit Ausgang bezeichnet; allerdings mit dem Zusatz: externer Ausgang oder externer Basisanschluss. Der externe Ausgang wird also mit dem NTBA verbunden und am internen Ausgang schließt man seine ISDN-Geräte an.

ISDN-Telefone am installierten NTBA-Bus

Hat man einen Bus mit den entsprechenden ISDN-Anschlussdosen installiert und am NTBA angeschlossen, können die ISDN-Telefone direkt eingesteckt werden (*Abb. 4.4*). In diesem Fall ist allerdings zu beachten, dass bei einem Verbindungsaufbau zwischen den beiden Telefonen eine kostenpflichtige Verbindung hergestellt wird. Das heißt, diese Variante gestattet keine internen kostenfreien Gespräche. Das ist nur mit einer TK-Anlage möglich.

ISDN-Telefone am Bus der TK-Anlage

Werden dagegen die Endgeräte am Bus der TK-Anlage angeschlossen, sind bekanntlich interne Verbindungen möglich. In diesem Fall entstehen keine Verbindungskosten (*Abb. 4.5*).

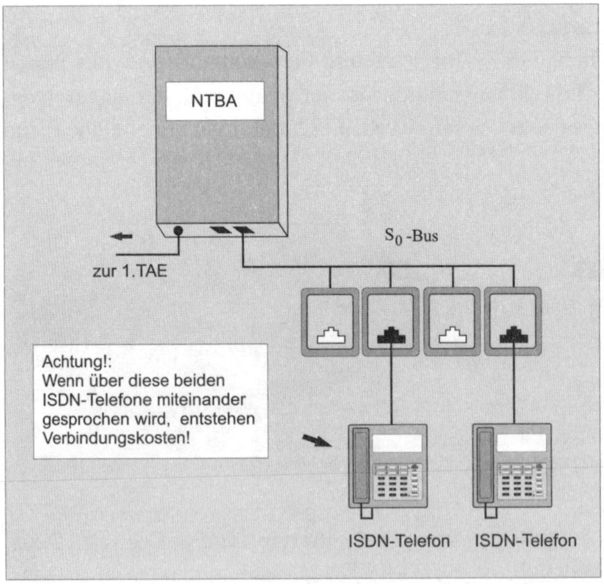
NTBA
S_0 -Bus
zur 1.TAE
Achtung!:
Wenn über diese beiden
ISDN-Telefone miteinander
gesprochen wird, entstehen
Verbindungskosten!
ISDN-Telefon
ISDN-Telefon

Abb. 4.4 Das Anschließen von ISDN-Telefonen direkt am NTBA-Bus

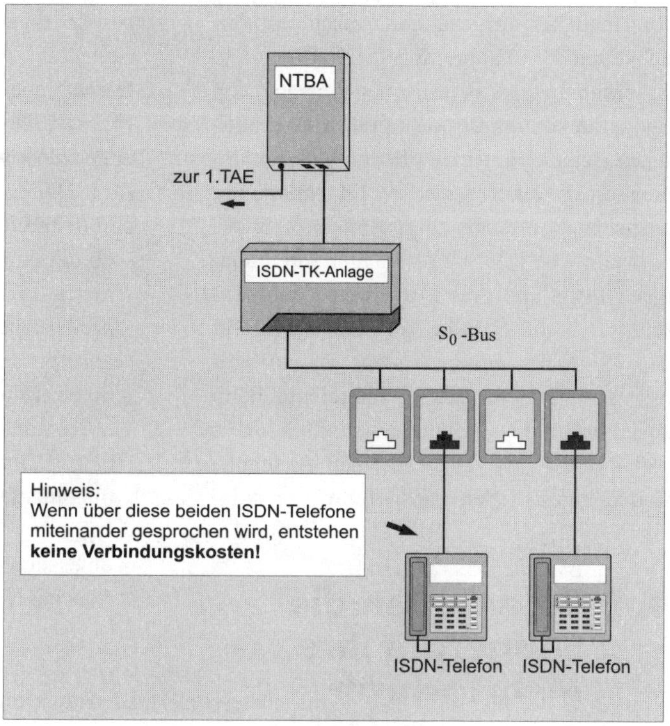

Abb. 4.5 So schließt man ISDN-Geräte am Bus der TK-Anlage an

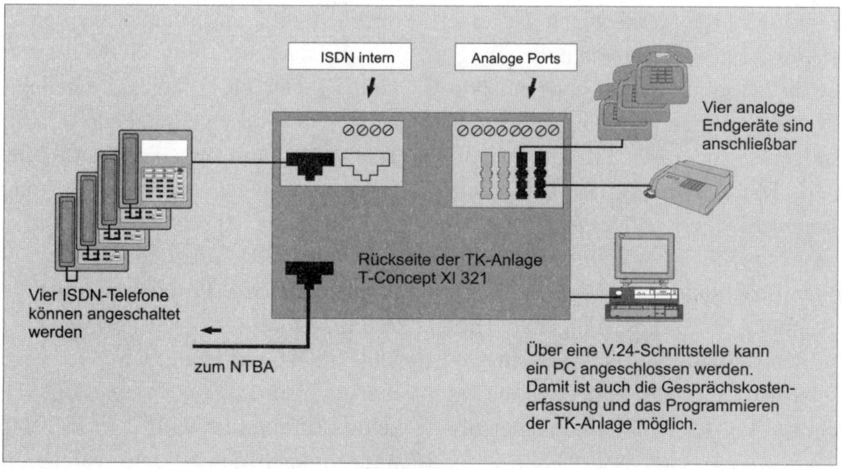

Abb. 4.6 Beispiel einer Endgerätekombination an der TK-Anlage T-Concept XI 321 der Deutschen Telekom

An Hand der aufgezählten Anschlussmöglichkeiten für analoge und ISDN-Endgeräte ist erkennbar, dass es eine Vielzahl von Endgerätekonfigurationen gibt. Ein praktisches Beispiel einer möglichen Gerätekombination mit einer modernen TK-Anlage der Deutschen Telekom zeigt *Abb. 4.6.* Diese oder ähnliche ISDN-TK-Anlagen mit 4 analogen Ports und einem internen ISDN-Anschluss ist die richtige Größenordnung für den ISDN-Einsteiger. Erstens ist sie sehr preiswert und vor allem, man kann beim Anschließen der Endgeräte eigentlich nichts verkehrt machen. Die einzelnen Ausgänge sind auch als Buchsen ausgeführt.

4.4 So erhalten die Endgeräte ihre Mehrfachrufnummern MSN

Durch die Zuordnung der MSN zu den Endgeräten am Mehrgeräteanschluss ist eine gezielte Anwahl der Geräte von außen möglich. Wie die Zuordnung erfolgt, ist entsprechend der Programmieranleitung des jeweiligen Endgerätes oder der TK-Anlage vorzunehmen. Diese Prozedur ist bei jedem Gerät unterschiedlich. Allgemeingültig ist aber die sinnvolle Zuordnung der MSN auch unter Beachtung der Möglichkeit der Dienstekennung im ISDN. Folgende Hinweise sollten deshalb beachtet werden (vorausgesetzt wird, dass die Endgeräte die angesprochenen Leistungsmerkmale unterstützen):

- Einem Endgerät kann eine oder auch mehrere MSN zugeordnet werden
- Außer einer Rufnummer kann einem Endgerät auch ein ganz bestimmter Dienst zugeordnet werden!
- Eine MSN kann mehreren Endgeräten zugeordnet werden!
- Im ISDN erkennen die angewählten Endgeräte bereits vor Verbindungsaufnahme,
  - ob der Anrufer auch ein ISDN-Teilnehmer ist,
  - ob der Anrufer aus dem analogen TNet anruft
  - ob ein ISDN-Faxgerät (G4) anwählt,
  - ob ein analoges Faxgerät (G3) von einem ISDN-Anschluss aus anwählt,
  - ob eine Datenübermittlung stattfinden soll oder
  - ob es sich um den Anruf eines Bildtelefons handelt.

4.4.1 Zuordnungsbeispiele

1. Beispiel

Am Mehrgeräteanschluss sollen Endgeräte nach *Abb. 4.7* angeschaltet werden: Ein PC mit ISDN-Karte, ein ISDN-Telefon, eine kleine ISDN-TK-Anlage, ein analoges Faxgerät (G3) und zwei analoge Telefone. Die Telefone sind in verschiedenen Räumen untergebracht. Festlegung: Der ankommende Ruf auf der Anschlussrufnummer 20000 soll durch alle Telefone abgefragt werden können und die Programmierung der TK-Anlage soll durch den PC erfolgen.

Die MSN-Zuordnung wird so vorgenommen, wie in Abb. 4.7 dargestellt. Die Anschlussrufnummer wird dem ISDN-Telefon und zugleich den beiden analogen Telefonen zugeordnet. Der ankommende Ruf wird somit gleichzeitig bei allen Telefonen und

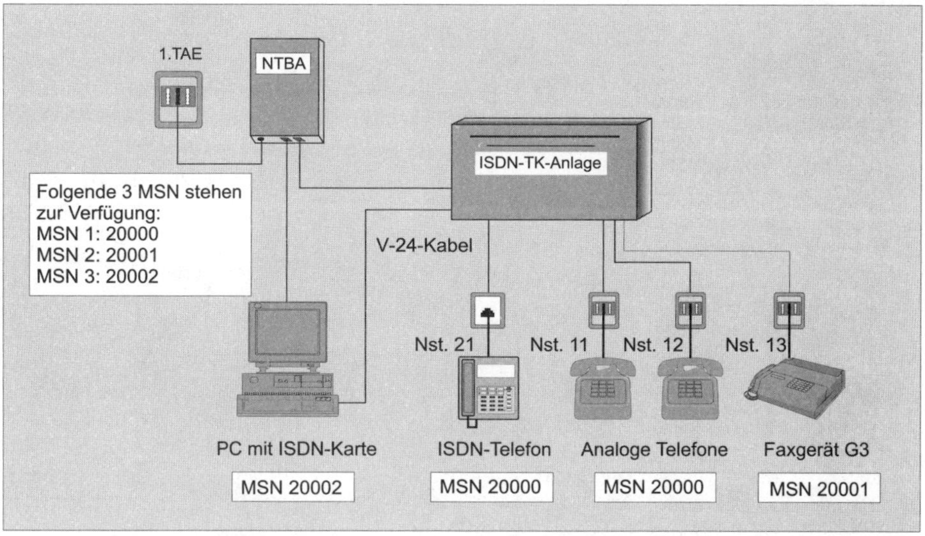

Abb. 4.7 Beispiel einer einfachen MSN-Zuordnung in einem Wohnbereich mit örtlich getrennten Endgeräten

in allen Räumen signalisiert. Bei Abwesenheit aller Familienmitglieder werden entgangene Anrufe in der Anruferliste des ISDN-Telefons aufgelistet. Das Faxgerät und auch der PC mit ISDN-Karte erhalten die beiden anderen Rufnummern. Mit beiden Geräten können Verbindungen aufgebaut werden ohne den Telefonverkehr zu beeinflussen. Sind diese beiden Endgeräte nicht aktiv, können zwei Familienmitglieder gleichzeitig telefonieren. Über ein V-24-Kabel ist der PC ständig mit der TK-Anlage in Verbindung. Damit ist die gewünschte Programmierung der TK-Anlage sichergestellt und außerdem kann eine Gebühren- und Anrufverwaltung vorgenommen werden. Allen Ports der TK-Anlage wurden Nebenstellen zugeordnet. Die Interngespräche sind gebührenfrei.

2. Beispiel

Drei ISDN-Telefone sollen an einen Mehrgeräteanschluss ohne TK-Anlage angeschaltet werden. Es stehen wieder die 3 MSN 20000, 20001 und 20002 zur Verfügung. Jedes Telefon soll seine eigene Rufnummer erhalten. Die Realisierung ist sehr einfach. Alle drei Telefone werden über einen S_0-Bus am NTBA angeschlossen. Da drei MSN zur Verfügung stehen, erhält jedes Telefon eine eigene MSN (*Abb. 4.8*). Aber bitte beachten: die internen Gespräche zwischen den Telefonen kosten Verbindungsentgelte!

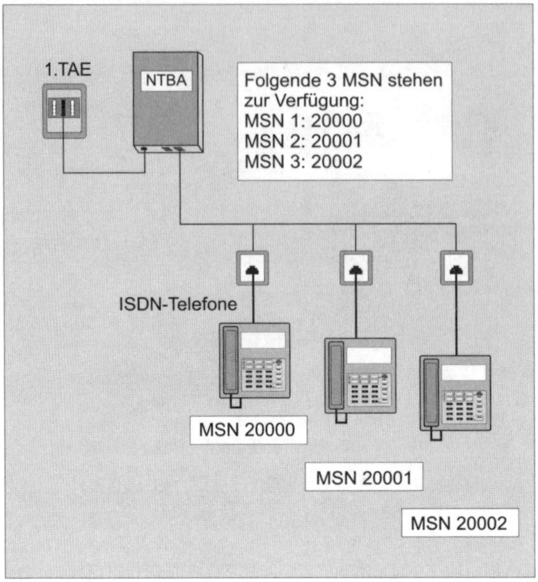

Abb. 4.8 Die 3 MSN werden den ISDN-Telefonen zugeordnet

4.5 Mit Bluetooth drahtlos ins ISDN!

Die neuesten ISDN-Entwicklungen legen den Schwerpunkt auf die drahtlose Verbindung zwischen ISDN-Anschluss und den Endgeräten. Konkret kann mit dieser neuen Technik die Strecke zwischen dem NTBA und beispielsweise dem eigenen PC kabellos gestaltet werden. Schon jetzt ist es möglich, mit der Bluetooth-Übertragung solche schnurlosen Verbindungen zwischen einzelnen Geräten herzustellen.

Bluetooth ist ein internationaler und offener Kommunikationsstandard mit dem auf der Frequenz von 2,4 GHz zur Zeit Datenübertragungen bis zu 723 kbit/s möglich sind. Neu in den Funkbereich eingebrachte Geräte werden automatisch erkannt. Das Prinzip der kabellosen Verbindung zwischen PC und ISDN-Anschluss wird nachfolgend am Produkt BlueFRITZ! von AVM Berlin erläutert. Am Standort des ISDN-NTBA wird ein sogenannter **ISDN-Access-Point** (BlueFRITZ! AP-X) angebracht und direkt mit dem NTBA verbunden (*Abb. 4.9*). Er dient als Sende- und Empfangsgerät für mehrere PCs und als Übergangspunkt zum ISDN-Anschluss. Außerdem können an den ISDN-Access-Point zwei analoge Endgeräte angeschlossen werden.

Am PC wird das kleine Sende/Empfangsgerät (BlueFRITZ! USB) direkt an die USB-Buchse am PC eingesteckt. Damit ist bereits die Installation beendet und zwischen PC und dem ISDN-Access-Point besteht eine stabile und abhörsichere drahtlose Datenverbindung. Die Daten werden im Umkreis bis zu 100 Meter übertragen. Alle Anwendungen, wie zum Beispiel Internet-

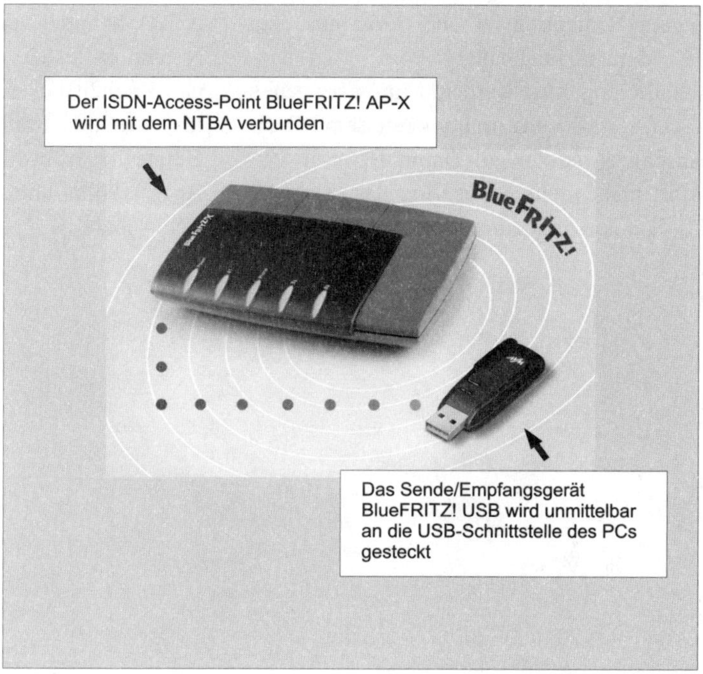
Der ISDN-Access-Point BlueFRITZ! AP-X
wird mit dem NTBA verbunden
BlueFRITZ!
Das Sende/Empfangsgerät
BlueFRITZ! USB wird unmittelbar
an die USB-Schnittstelle des PCs
gesteckt

Abb. 4.9 Die Bluetooth-Technik von AVM zur drahtlosen Verbindung zwischen ISDN und PC

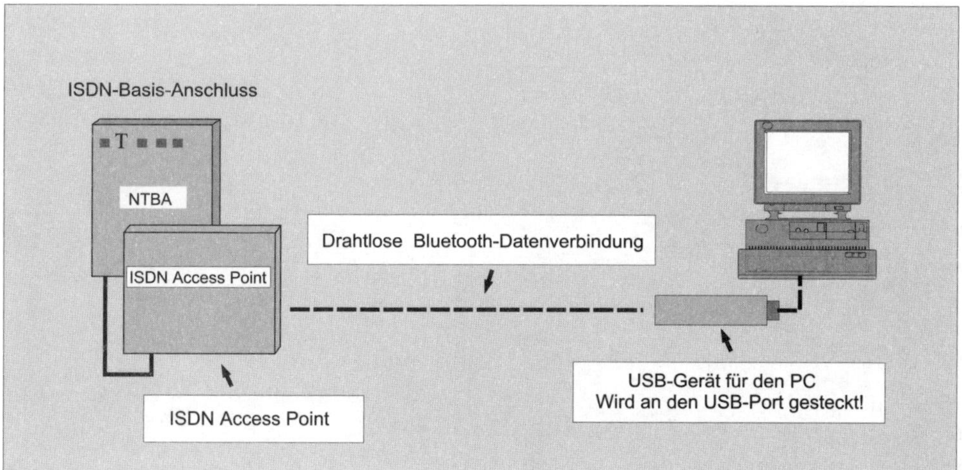
ISDN-Basis-Anschluss
T
NTBA
ISDN Access Point
Drahtlose Bluetooth-Datenverbindung
ISDN Access Point
USB-Gerät für den PC
Wird an den USB-Port gesteckt!

Abb. 4.10 Prinzip der drahtlosen Verbindung zwischen ISDN und PC

zugang, Datentransfer oder Faxe aus dem PC können unabhängig vom Telefonanschluss eingesetzt werden. Mit dieser neuen Technik ist der PC drahtlos mit dem ISDN-Anschluss verbunden! Damit ist es in Zukunft nicht mehr notwendig, dass sich der PC-Standort unbedingt in der Nähe des NTBA befinden muss (*Abb. 4.10*). Für den Notebook-Besitzer heißt das gleichfalls totale Freiheit bei der mobilen Standortwahl im eigenen Heim. Die Preise für die beiden Geräte liegen etwa bei 174,– Euro für den Access-Point und ca. 124,– Euro für das USB-Gerät.

Mit ISDN ins Internet

5

Wenn der ISDN-Anschluss eingerichtet ist, möchte man natürlich auch alsbald den Zugang ins Internet herstellen. Hierzu sind im wesentlichen drei Schritte notwendig:

- Einbau einer ISDN-Karte in den PC,
- Installieren der Software für die ISDN-Karte
- Einrichten eines Internetzuganges und
- Installieren eines Internetbrowser auf den eigenen PC.

Als ISDN-PC-Karte hat sich schon über Jahre hinweg die AVM-Fritz!Card bestens bewährt und kann nur empfohlen werden. Sie bietet mit ihrer Software alle für den Einstieg notwendigen Funktionen, wie Faxübertragungen aus dem PC, Mailbox-Terminal-Programm, Anrufbeantworterfunktion, Datenübertragungsprogramme usw. an. Als neueste Entwicklung von AVM wird eine kombinierte PC-Karte angeboten, die sowohl den ISDN-Zugang als auch den T-DSL-Zugang anbietet. Das heißt, diese Karte ersetzt gleichzeitig das externe T-DSL-Modem für den T-DSL-Anschluss. Wer also einen ISDN-Anschluss in Auftrag gibt und noch

Abb. 5.1 Die kombinierte ISDN/DSL-PC-Einsteckkarte von AVM

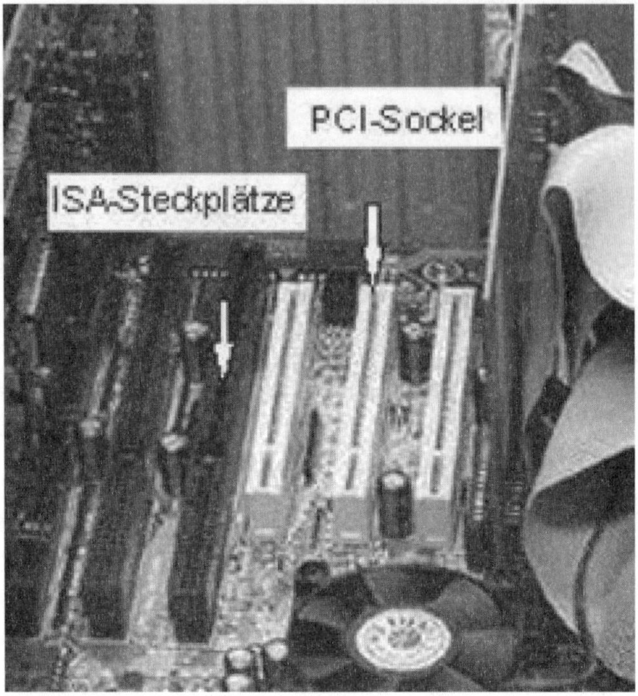

Abb. 5.2 Die PCI-Steckplätze für die ISDN-Karte

keine ISDN-Karte besitzt, sollte wegen T-DSL zukunftsorientiert gleich diese kombinierte Karte erwerben (*Abb. 5.1*).

Zum Einbau der ISDN-Karte wird der PC ausgeschaltet und vom Stromnetz getrennt. Anschließend kann der PC aufgeschraubt werden. Die Karte ist nun in einen freien PCI-Steckplatz einzusetzen (*Abb. 5.2*).

Sicherheitshalber sollte man eine eventuell vorhandene eigene statische Aufladung (Körper und Werkzeuge) durch eine Berührung mit dem metallischen Gehäuse abbauen. Beim Karteneinbau ist zu beachten, dass die weißen PCI-Sockel kürzer sind als die schwarzen ISA-Steckplätze. Wenn man den Steckplatz ausgewählt hat, ist an der PC-Rückseite das Abdeckblech zu entfernen. Damit ist nach dem Karteneinbau der RJ45-Anschluss von der PC-Rückseite aus zugänglich. Die Karte ist vorsichtig aber kräftig in den PCI-Sockel einzustecken und anschließend festzuschrauben.

Der PC ist nach dem Einsetzen der Karte wieder zu schließen und einzuschalten. Da sich die ISDN-Karte für verschiedene Betriebssysteme eignet, ist nun die entsprechende Treibersoftware von der mitgelieferten Treiber-CD auf die PC-Festplatte zu installieren. Die erfolgreiche Installation und Konfiguration der ISDN-Karte kann man am PC wie folgt kontrollieren: anklicken von Systemsteuerung, System und Gerätemanager, es erscheint *Abb. 5.3* mit der Anzeige der installierten ISDN-Karte AVM ISDN Controller.

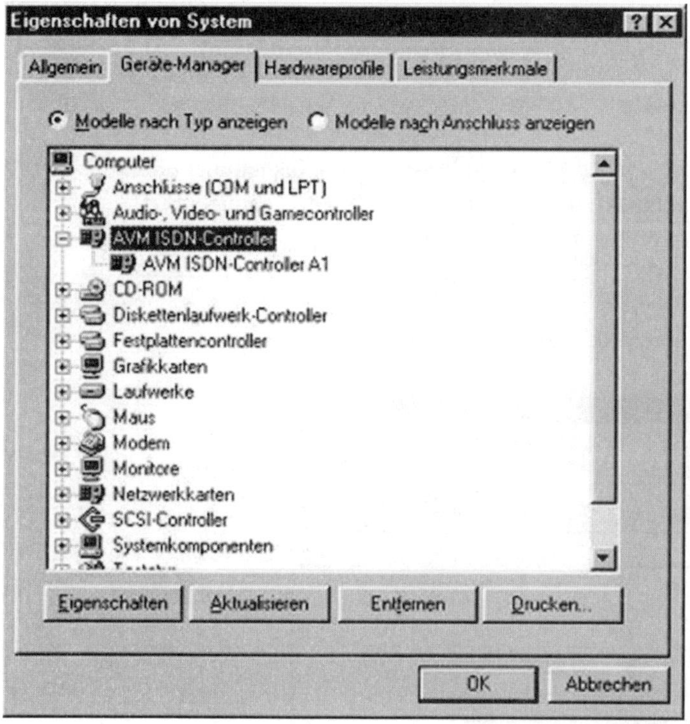

Abb. 5.3 Die installierte ISDN-Karte wird im Gerätemanager angezeigt

5.1 Die DFÜ-Internet-Einwahl einrichten

Für die Einwahl ins Internet muss man nicht unbedingt die Software eines Internet-Providers starten. Man kann auch auf direktem Weg über das im Betriebssystem enthaltene DFÜ-Netzwerk (hier am Beispiel Windows 98) sofort eine Internetverbindung aufbauen. Für diejenigen, die noch keine große Berührung mit der DFÜ-Einwahl hatten, wird diese Einwahl ausführlich an Hand der Monitorbilder Schritt für Schritt erklärt.

1. Schritt: Klicken Sie auf *Arbeitsplatz* und es erscheint *Abb. 5.4*.

2. Schritt: Klicken Sie nun auf *DFÜ-Netzwerk* und das Fenster entsprechend *Abb. 5.5* öffnet sich:

3. Schritt: Wenn Sie die benutzerdefinierte Verbindung eingetragen und Ihr Gerät ausgewählt haben, klicken Sie auf *Weiter. Abb. 5.6* erscheint.

4. Schritt: Klicken Sie jetzt auf *Weiter* zu *Abb. 5.7*.

5. Schritt: In *Abb. 5.7* geben Sie nur die Rufnummer Ihres Providers ein. Hier ist es die T-Online-Einwahl 0191011. Weiter zu *Abb. 5.8*.

6. Schritt: Klicken Sie auf *Fertigstellen.* Damit wird die neue Internet-Verbindung auch im DFÜ-Netzwerk gespeichert. Weiter zu *Abb. 5.9*.

7. Schritt: Mit einem Doppelklick auf die erstellte Internet-T-Online-Verbindung geht es weiter zu *Abb. 5.10*.

8. Schritt: Man wird nun aufgefordert, seinen Benutzername und sein Kennwort einzugeben. Als Benutzername ist einzutragen:

- die vom Provider mitgeteilte Anschlusskennung plus die
- eigene T-Onlinenummer plus
- die Mitbenutzernummer 001.

Wenn die T-Online-Nummer weniger als 12 Ziffern besitzt, ist das Trennungszeichen # anzuhängen.

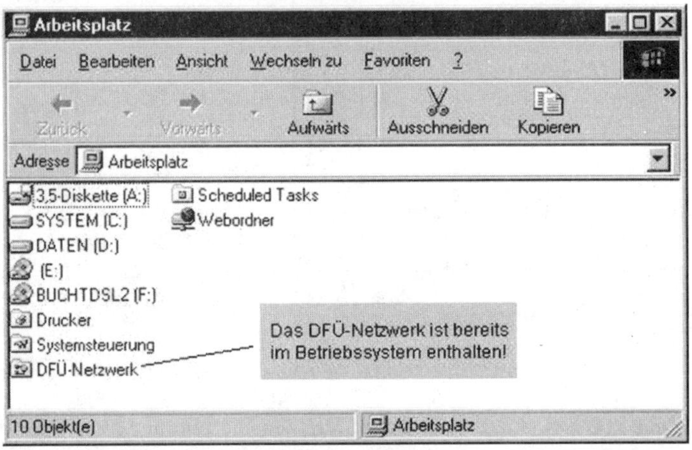

Abb. 5.4

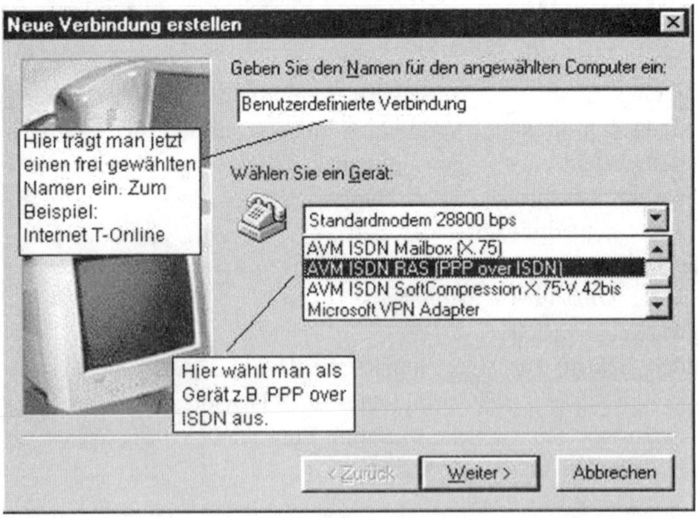

Abb. 5.5

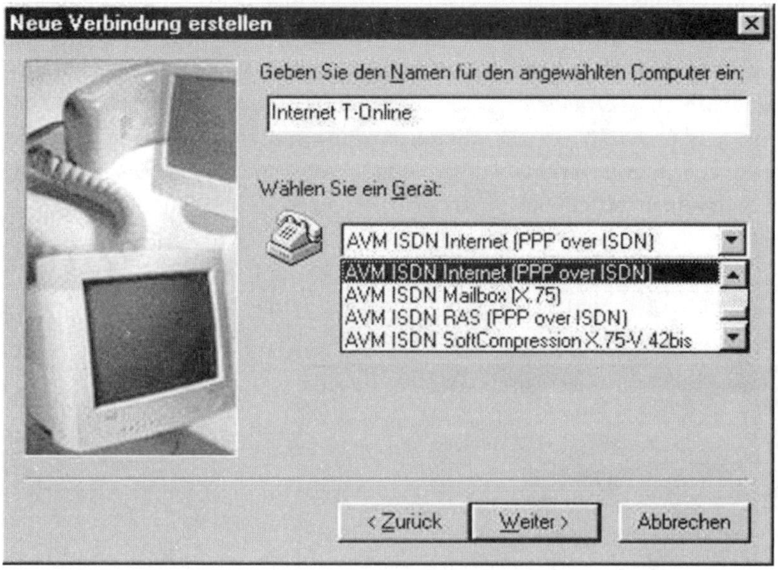
Neue Verbindung erstellen
Geben Sie den Namen für den angewählten Computer ein:
Internet T-Online
Wählen Sie ein Gerät:
AVM ISDN Internet (PPP over ISDN)
AVM ISDN Internet (PPP over ISDN)
AVM ISDN Mailbox (X.75)
AVM ISDN RAS (PPP over ISDN)
AVM ISDN SoftCompression X.75-V.42bis
< Zurück
Weiter >
Abbrechen

Abb. 5.6

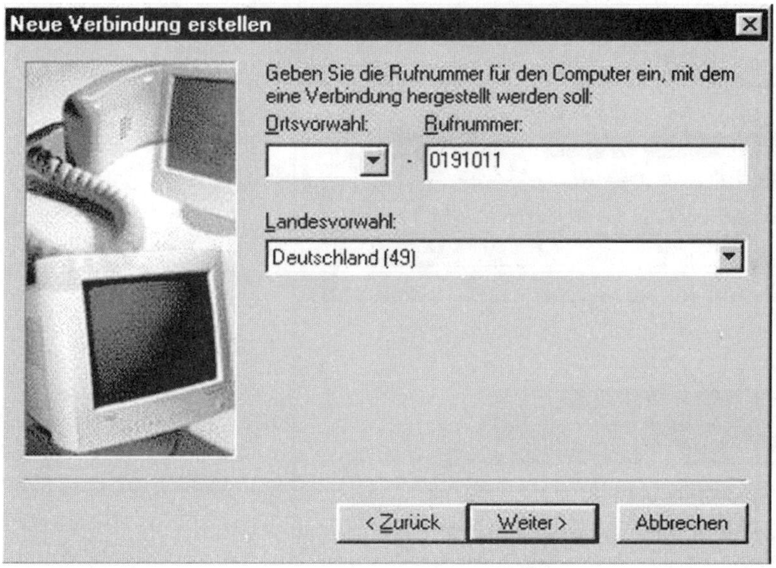
Neue Verbindung erstellen
Geben Sie die Rufnummer für den Computer ein, mit dem eine Verbindung hergestellt werden soll:
Ortsvorwahl:
Rufnummer:
0191011
Landesvorwahl:
Deutschland (49)
< Zurück
Weiter >
Abbrechen

Abb. 5.7

Wenn Sie Ihr Kennwort nicht auf der Festplatte speichern möchten, dann lassen Sie bitte das kleine Kästchen bei Kennwort speichern leer. Klicken Sie auf *Verbinden.* Weiter geht es mit *Abb. 5.11* und *5.12*.
Die Abb. 5.12 bestätigt die Internetverbindung mit T-Online. Mit einen Klick auf *Schließen* verschwindet diese Meldung und das Verbindungssymbol ist in der Startleiste auf dem Monitor zu sehen. Klickt man dieses Verbindungssymbol an, erscheint eine Statusmeldung mit Informationen über die Verbindungszeit und über ausgetauschte Bytes (*Abb. 5.13*).

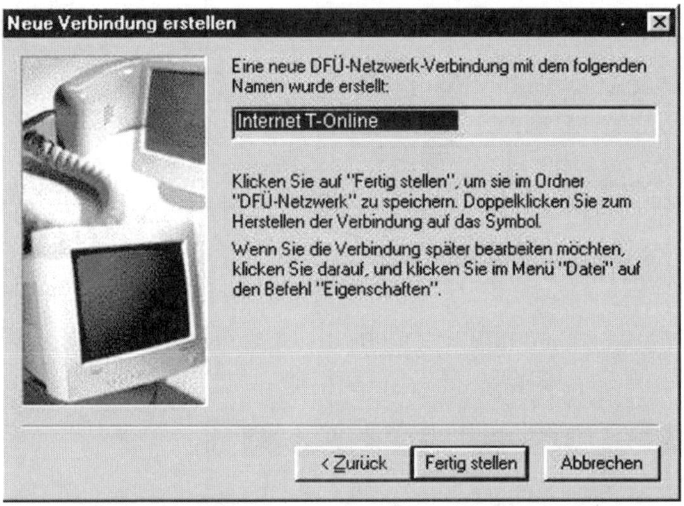

Abb. 5.8

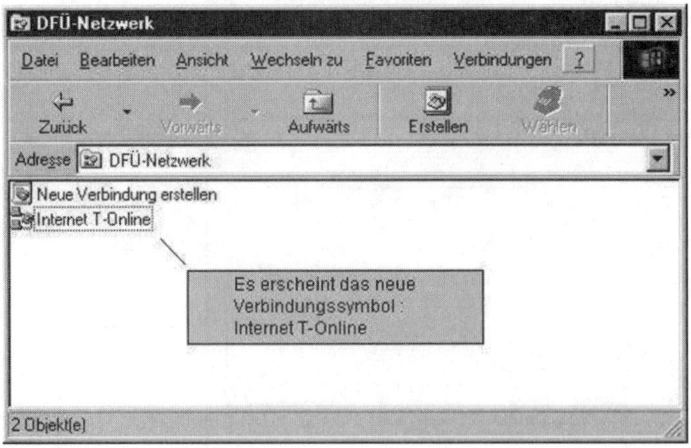

Abb. 5.9

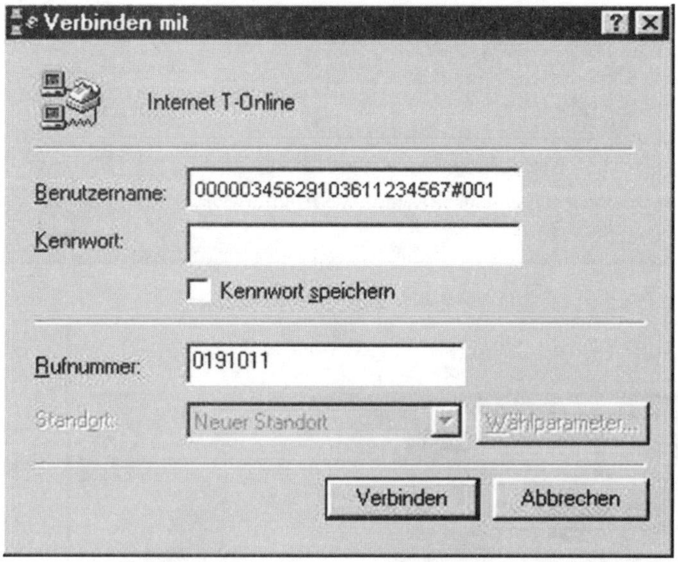
Verbinden mit
Internet T-Online
Benutzername:
000003456291036112345 67#001
Kennwort:
Kennwort speichern
Rufnummer:
0191011
Standort:
Neuer Standort
Wählparameter...
Verbinden
Abbrechen

Abb. 5.10

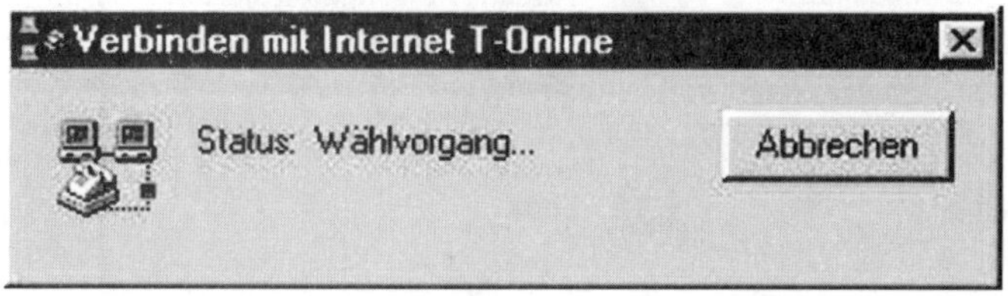
Verbinden mit Internet T-Online
Status: Wählvorgang...
Abbrechen

Abb. 5.11

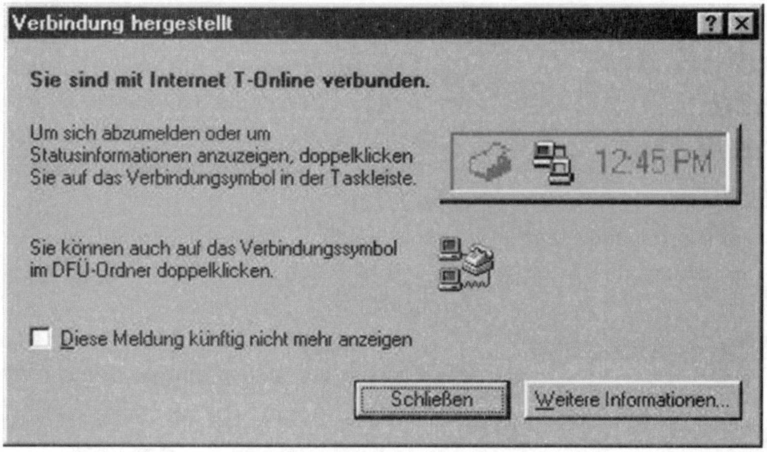
Verbindung hergestellt
Sie sind mit Internet T-Online verbunden.
Um sich abzumelden oder um Statusinformationen anzuzeigen, doppelklicken Sie auf das Verbindungsymbol in der Taskleiste.
12:45 PM
Sie können auch auf das Verbindungssymbol im DFÜ-Ordner doppelklicken.
Diese Meldung künftig nicht mehr anzeigen
Schließen
Weitere Informationen...

Abb. 5.12

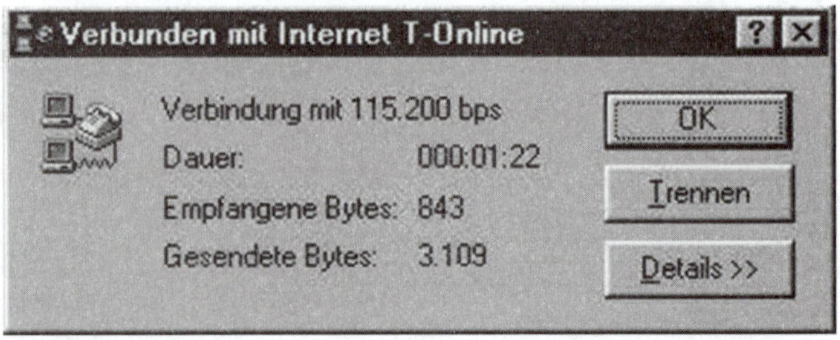

Abb. 5.13

Abb. 5.14 Der Begrüßungsbildschirm der T-Online-Version 4.0

5.2 Installation der Software T-Online 4.0

Wer die T-Online-Software auf seinen Rechner installiert, kann u.a. folgende Softwarekomponenten über seinen ISDN-Zugang nutzen:

- Zugang ins Internet über einen Browser eigener Wahl
- Nutzung des e-Mail-Programms und
- Bankgeschäfte online abwickeln.

Die Installation beginnt mit dem Einlegen der T-Online-CD in das CD-Laufwerk. Im Normalfall startet die CD automatisch und es erscheint der Begrüßungsbildschirm (*Abb. 5.14*).

Mit einem Klick auf *Software installieren* erscheint *Abb. 5.15*.

Klicken Sie auf *Weiter* und es öffnet sich *Abb. 5.16*.

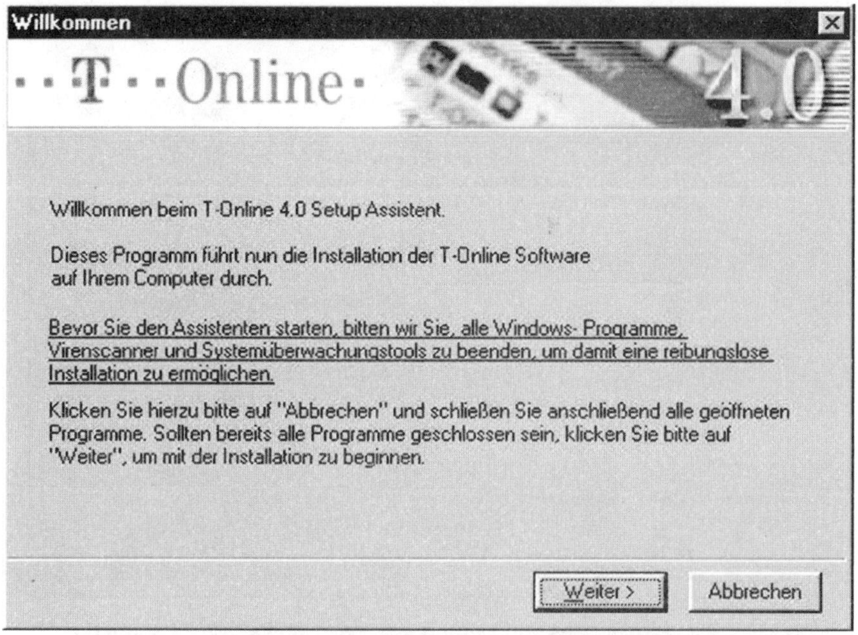

Abb. 5.15 Alle Anwendungen sind vor der Installation zu schließen

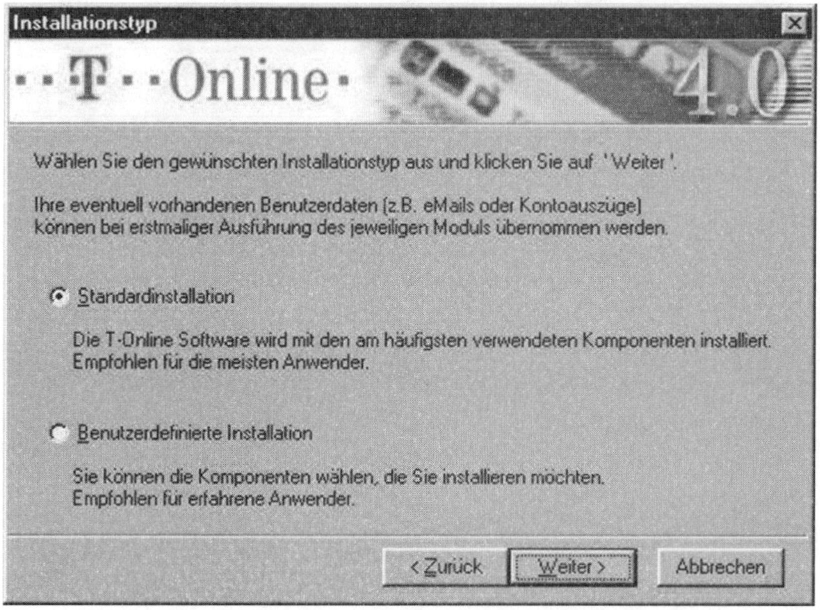

Abb. 5.16 Der Erstanwender sollte sich für die Standardinstallation entscheiden

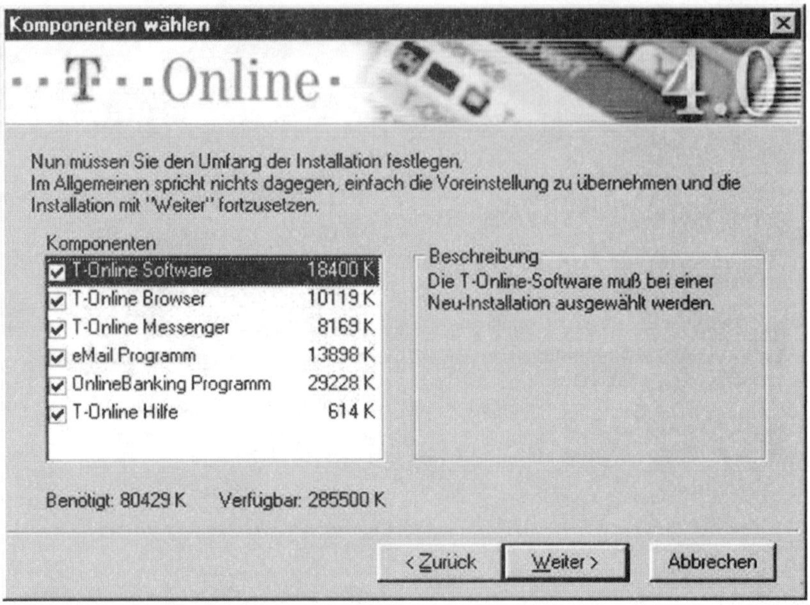

Abb. 5.17 Mit der Häkchen-Markierung legt man den Installationsumfang fest

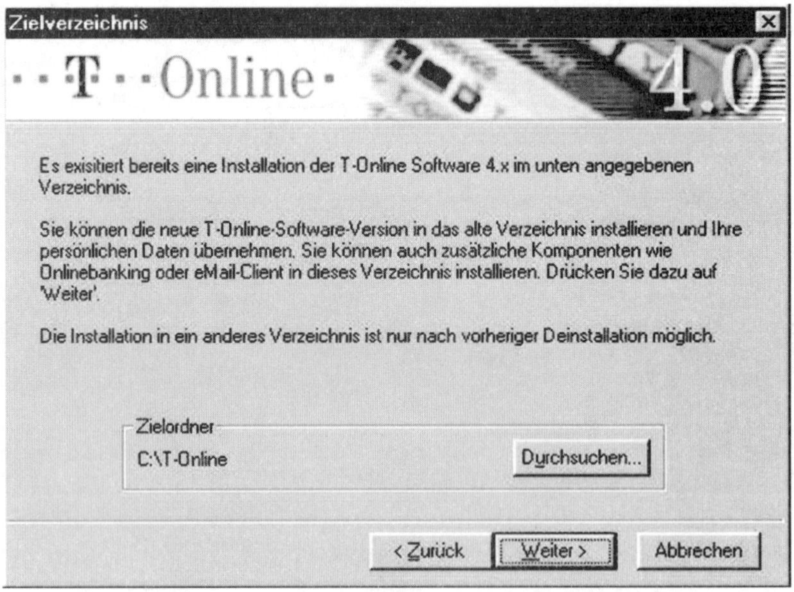

Abb. 5.18 Als Zielordner wird T-Online auf dem Laufwerk C angeboten

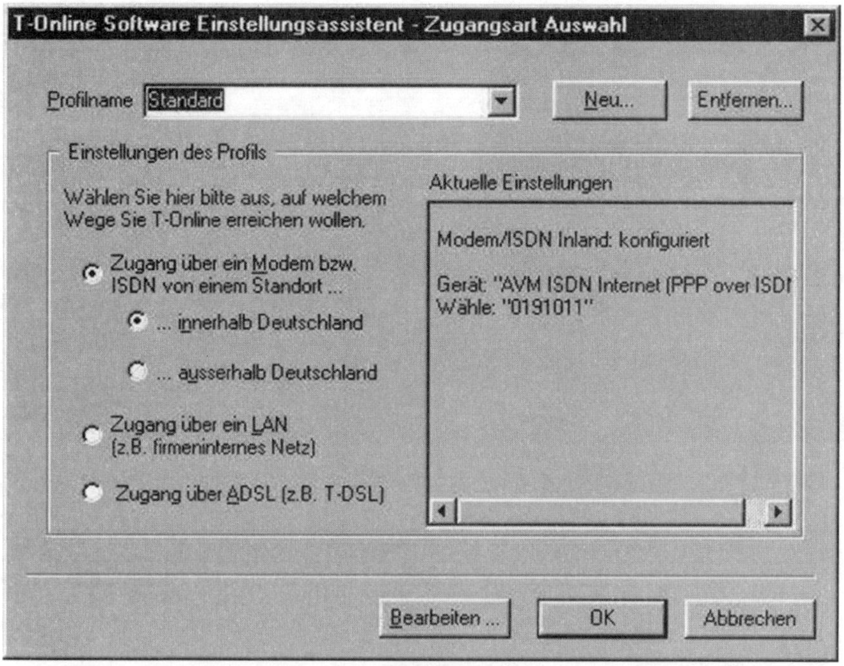

Abb. 5.19 Hier wird die Zugangsart eingestellt

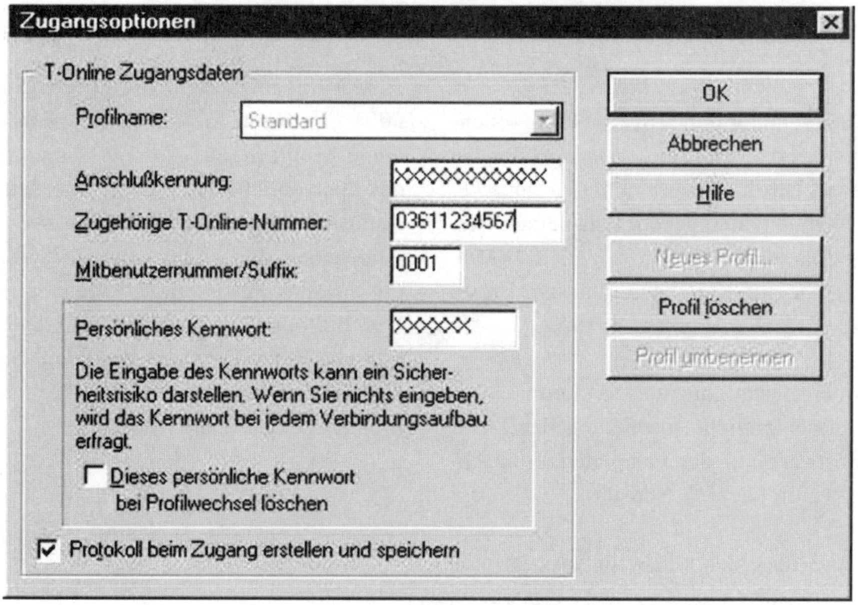

Abb. 5.20 Die persönlichen Zugangsdaten sind einzutragen

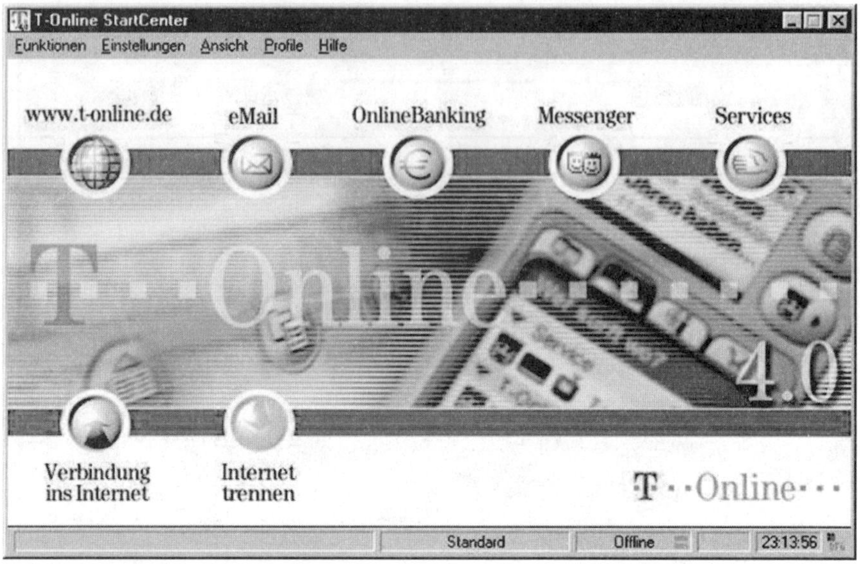

Abb. 5.21 Nach dem PC-Neustart erscheint der T-Online-Startcenter

Nach dem Klick auf *Weiter* sind die zu installierenden Komponenten auszuwählen (*Abb. 5.17*).

Die Zahlen hinter den Software-Komponenten geben die einzelnen Dateigrößen in kByte an. Das hier angezeigte Gesamtpaket der 6 Komponenten benötigt also einen freien Festplattenspeicher von ca. 80 MB. Klicken Sie auf *Weiter* und man wird nach dem Zielordner gefragt (*Abb. 5.18*).

Nach der Bestätigung des Zielordners beginnt die eigentliche Installation der T-Online Software auf der Festplatte. Zum Abschluss erfolgt der PC-Neustart.

Nun sind über den Einstellungsassistenten die Zugangsdaten einzugeben (*Abb. 5.19*).

Mit dem Klick auf *OK* geht es weiter zu *Abb. 5.20*.

Als Mitbenutzernummer geben Sie die 0001 ein, wenn Sie den T-Onlineanschluss allein benutzen. Die Anschlusskennung und das persönliche Kennwort werden verschlüsselt angezeigt. Nachdem alle Daten eingegeben sind klicken Sie auf „OK“ und die Installation ist komplett beendet.
Durch Doppelklick auf das T-Online-Symbol (auf dem Desktop) erscheint nun der T-Online Startcenter (*Abb. 5.21*) und ermöglicht den Zugang ins Internet.

Die TK-Anlage am Mehrgeräteanschluss

6

Kleine ISDN-TK-Anlagen erhalten einen immer höheren Stellenwert am ISDN-Anschluss. Das Angebot ist vielseitig und die Leistungsmerkmale sind beachtlich. Nicht nur im Unternehmen, sondern auch im privaten Bereich werden ISDN-Telefonanlagen immer häufiger eingesetzt. Die Ausbaustufen sind sehr unterschiedlich. Einige sind nur für das Anschalten analoger Endgeräte konzipiert, die meisten bieten jedoch interne S_0-Schnittstellen zum Anschalten von ISDN-Endgeräten an. Die Ausbaugrenzen liegen im allgemeinen bei zwei bis drei externen und internen S_0-Ports und bis zu 12 analogen Teilnehmerports. Aus Sicht der TK-Anlage wird immer **zwischen externen und internen Schnittstellen** unterschieden. Für den Betrieb einer TK-Anlage werden durch die Netzbetreiber die beiden Anschlussarten

- Anlagenanschluss und
- Mehrgeräteanschluss

bereitgestellt. Entscheidend für die jeweilige Anschlussart ist einerseits die verwendete TK-Anlage und andererseits der Verwendungszweck bzw. die individuellen Belange des Nutzers.

Tipp!

Beim Erwerb einer ISDN-Telefonanlage unbedingt darauf achten, dass die Entgeltinformationen auch an die analogen Nebenstellen übertragen werden!

Info!

Beim Anlagenanschluss ist die Telefonanlage das einzige Endgerät am S_0-Bus, was von der Vermittlungsstelle „angesprochen" werden kann. Mehrfachrufnummern wie beim Mehrgeräteanschluss können hier nicht vergeben werden!

Kleine TK-Anlagen werden im Regelfall am Mehrgeräteanschluss betrieben. In größeren Unternehmen mit einer Vielzahl von Nebenstellen ist der Anlagenanschluss notwendig.

Am Mehrgeräteanschluss können an maximal 12 installierten Anschlussdosen bis zu acht Endgeräte angeschlossen werden. Von den acht angeschlossenen Endgeräten können nur vier durch den S_0-Bus gespeist werden. Weitere Endgeräte müssen mit einem eigenen Stromversorgungsteil ausgerüstet sein. Es besteht also die Möglichkeit, am Mehrgeräteanschluss neben sieben Endgeräten eine TK-Anlage als achtes Endgerät zu installieren (*Abb. 6.1*). Solche Konfigurationen machen am Mehrgeräteanschluss mit nur zwei Nutzkanälen allerdings keinen Sinn. Hier soll nur gezeigt werden, welche Varianten der Endgeräteanschaltung möglich sind. Die TK-Anlage ist im gezeigten Beispiel ein Endgerät von maximal acht möglichen Endgeräten am ISDN-Bus. Endgeräte, die am Mehrgeräte-Bus angeschlos-

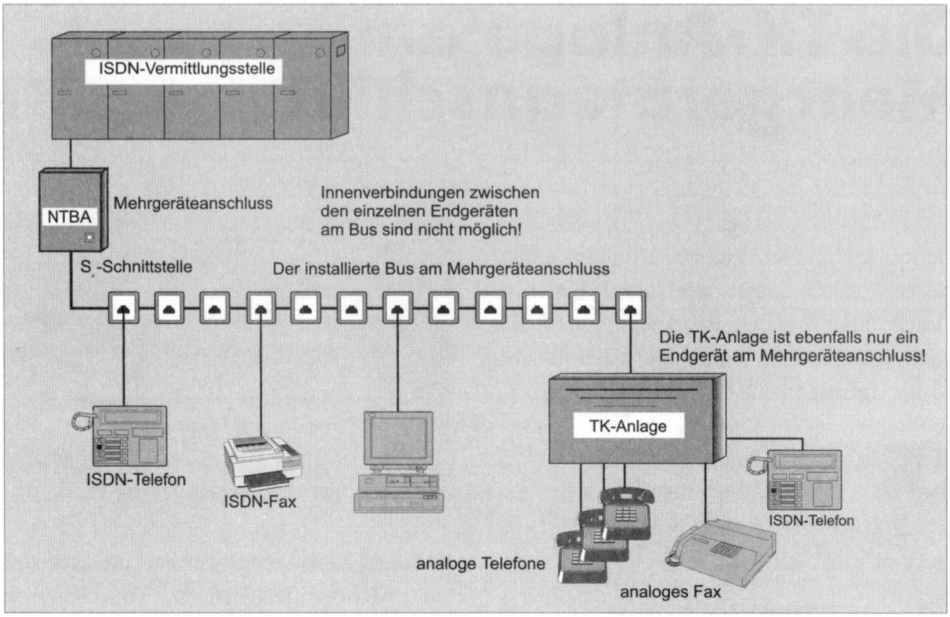

Abb. 6.1 Die TK-Anlage am Mehrgeräteanschluss

sen sind, können nicht intern (über den gemeinsamen Bus) miteinander kommunizieren. Verbindungen zwischen diesen Endgeräten sind somit nur als kostenpflichtige Verbindungen über die ISDN-Teilnehmervermittlungsstelle möglich.

Kostenfreie Internverbindungen sind nur zwischen den Nebenstellen der TK-Anlage möglich!

6.1 Wie man den Nebenstellen die Rufnummern zuordnet

Die an der TK-Anlage angeschlossenen Nebenstellen werden durch Nebenstellenrufnummern eindeutig definiert. Die meisten TK-Anlagen verwenden für die Endgeräte zweistellige Rufnummern. Diese Nebenstellenrufnummern sind entweder bereits fest konfiguriert (zum Beispiel 11 bis 18) oder können nach Wunsch zweistellig (11 bis 99) frei konfiguriert bzw. eingestellt werden.

Neben der beliebigen Zuordnung der Mehrfachrufnummern auf die Nebenstellen der TK-Anlage, es können ja jeder Mehrfachrufnummer bis zu acht Nebenstellen zugewiesen werden, müssen auch die jeweiligen ISDN-Dienste, wie zum Beispiel Telefon und Fax, für jede Nebenstelle festgelegt werden. Das heißt, **es muss dem Anschlussport, an dem das jeweilige Endgerät angeschlossen wird, mitgeteilt werden, um was für ein Endgerät es sich handelt.**

Unter Beachtung der Regelung, dass der Inhaber des Mehrgeräteanschlusses nur mit einer von maximal 10 Rufnummern bei der Auskunft bzw. im Telefonbuch erfasst wird und somit bei Auskunftsersuchen nur eine Rufnummer bekannt gegeben wird, sollte diese MSN unbedingt auch einem an der TK-Anlage angeschlossenem Telefon zugeordnet werden. Keinesfalls darf diese MSN ausschließlich nur einem Nicht-Sprach-Gerät (z.B. PC oder Faxgerät) zugeordnet werden, da ansonsten eingehende Telefongespräche nicht als solche erkannt werden können.

Da im ISDN mit einer Dienste(er)kennung gearbeitet wird, können die jeweiligen Endgeräte wie zum Beispiel Telefone, Faxgeräte oder Endgeräte für die Datenübertragung separat angesprochen werden; auch dann, wenn mehreren Endgeräten die gleiche MSN zugeteilt wurde.

Bei der Dienstekennung wird im D-Kanal für jeden ISDN-Dienst eine spezielle Bitkombination übertragen, um eine eindeutige Erkennung zu ermöglichen. Bei einer reinen ISDN-Verbindung können nur die Endgeräte miteinander verbunden werden, die den gleichen ISDN-Dienst bzw. Fernmeldedienst unterstützen. Durch eine Ende-zu-Ende-Kompatibilitätsprüfung wird das Zusammenspiel nur von den Endeinrichtungen sichergestellt, die einen gemeinsamen Teledienst unterstützen. Wird zum Beispiel ein Faxgerät der Gruppe 3 (analoges Fax) als

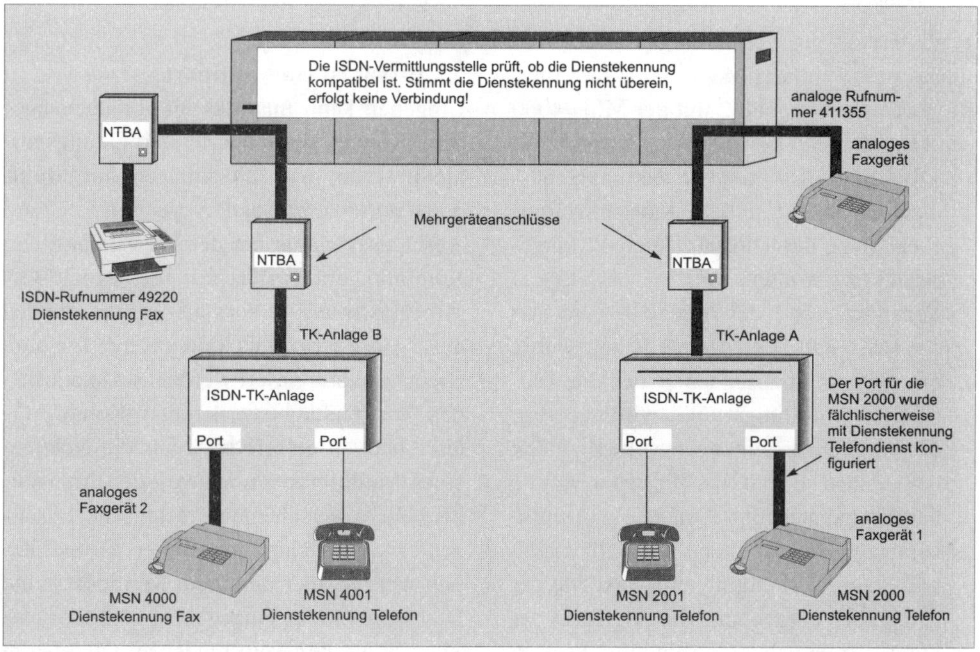

Abb. 6.2 Die Notwendigkeit der richtigen Dienstekonfiguration für analoge Faxgeräte an einer ISDN-TK-Anlage

Nebenstelle an einer ISDN-TK-Anlage angeschlossen und der entsprechende Anschlussport der TK-Anlage nicht als „Faxdienst“ konfiguriert, kann von diesem Faxgerät keine Verbindung zu einem korrekt konfigurierten Faxanschluss einer anderen ISDN-TK-Anlage hergestellt werden. Mit diesem falsch konfigurierten Faxgerät (es ist auf den Dienst „Telefon“ eingestellt, können nur Verbindungen zu analogen Faxgeräten (Gruppe 3) aufgebaut werden *Abb. 6.2*).

6.2 Beschreibung eines Verbindungsversuches

1. Es besteht ein Verbindungswunsch vom Faxgerät 1 mit der MSN 2000 (TK-Anlage A) zum Faxgerät 2 mit der MSN 4000 (TK-Anlage B). Am Anschlussport der TK-Anlage A wurde für das Faxgerät 1 nicht der Dienst „Fax“, sondern irrtümlicher weise der Dienst „Telefon“ eingerichtet bzw. konfiguriert.
   Vom Faxgerät 1 der Anlage A wird nun die MSN 4000 der Anlage B angewählt, um ein Fax abzusenden. Über die Teilnehmervermittlungsstelle wird geprüft, ob die Dienstekennungen vom Endgerät der Anlage B mit der Dienstekennung des Endgerätes der Anlage A übereinstimmen. Das ist nicht der Fall. Somit wird keine Verbindung zum Faxgerät der Anlage B aufgebaut. Die Ursache der nicht erfolgreichen Verbindung liegt in der falschen Dienstekonfiguration in der TK-Anlage A.
2. Verbindungswunsch von MSN 2000 nach ISDN-Faxanschluss 49220. Auch hier kommt ebenfalls keine Faxverbindung zustande, da die unterschiedlichen Dienste (Telefondienst von Anlage A und Faxdienst am ISDN-Anschluss) nicht kompatibel sind.
3. Verbindungswunsch von MSN 2000 nach analogen Faxanschluss 411355. Der Verbindungsaufbau zum analogen Faxanschluss 411355 ist problemlos möglich.
4. Verbindungswunsch von MSN 4000 (TK-Anlage B) nach MSN 2000 (TK-Anlage A). Obwohl das Faxgerät 2 bzw. der Port in der Anlage B korrekt konfiguriert wurde, kommt es durch die falsche Einstellung des Faxgerätes 1 in der Anlage A nicht zum Verbindungsaufbau.

6.2.1 Was ist ein Multiport?

Umgehen kann man das im vorangegangenem Kapitel geschilderte Verbindungsproblem, wenn man TK-Anlagen mit Multiports einsetzt. Besonders wichtig ist diese Anschlussvariante bei der Verwendung von Kombifaxgeräten (Fax mit Telefon und Anrufbeantworter). Normalerweise können diese Geräte an TK-Anlagen nur für eine Dienstart konfiguriert werden, was natürlich den Verwendungszweck eines Kombigerätes erheblich einschränkt. Für die Nutzung eines Multiports werden von den Anlagenherstellern verschiedene technische Lösungen bzw. Prozeduren angeboten. Grundsätzlich werden aber an einem Multiport keine Dienstekennung eingegeben, sondern die Zuordnung der verschiedenen Dienste zu den entsprechenden Nebenstellen erfolgt durch die TK-Anlage.

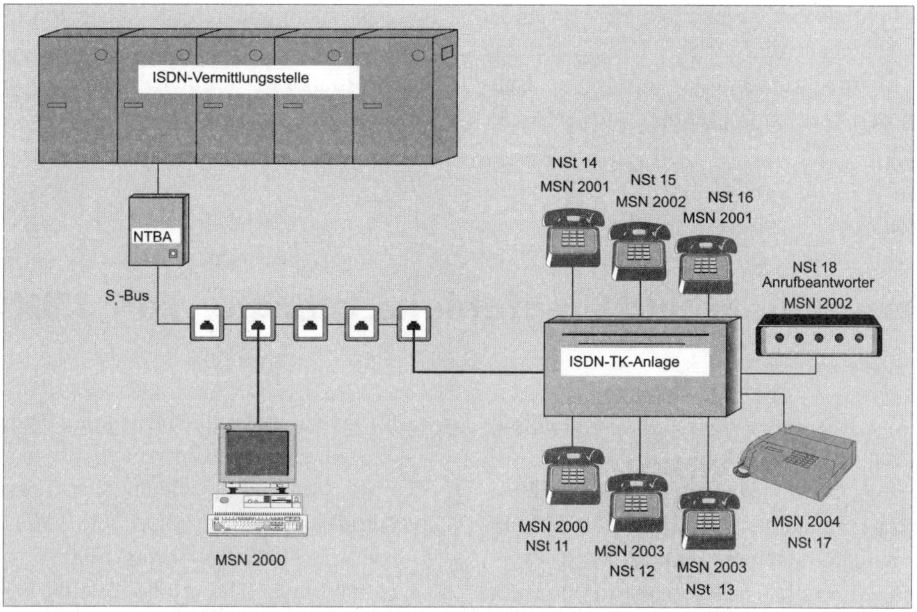

Abb. 6.3 Beispiel einer Mehrfachzuordnung von 5 MSN am Mehrgeräteanschluss

Ein wichtiges Kriterium beim Erwerb einer TK-Anlage ist deshalb die Anschlussmöglichkeit für Kombi-Faxgeräte. Bietet die TK-Anlage das Leistungsmerkmal Multiport nicht, sind Kombi-Faxgeräte entweder nur als Faxgerät oder nur als Telefon bzw. Anrufbeantworter einsetzbar; sie sind also nur eingeschränkt nutzbar.

6.2.2 Die Mehrfachzuordnung von Rufnummern. Wie geht das?

Die in *Abb. 6.3* dargestellte Mehrfachzuordnung von Rufnummern auf verschiedene Endgeräte ist nur durch das Erkennen und Auswerten des jeweiligen ISDN-Ienstemerkmals (Telefon, Datenübertragung oder Fax) möglich und führt bei richtiger Konfiguration der TK-Anlage sowie des einzelnen Endgerätes am S_0-Bus zu keinerlei Problemen.

Beschreibung der Rufzuordnung: Bei einem eingehenden **Telefonanruf** für die MSN 2000 wird der Ruf als **Telefondienst** erkannt und dem Telefon 11 zugeordnet. Der PC, dem ebenfalls die MSN 2000 zugeordnet wurde, reagiert auf den ankommenden Ruf nicht. Wird von einem anderen **PC** eine Datenübertragung zu dem PC mit der MSN 2000 gestartet, wird der ISDN-Dienst **Datenübertragung** erkannt und nur der PC aktiviert. Die Telefone reagieren nicht auf diesen ankommenden Datendienstruf.

Eine sinnvolle Zuordnung der zur Verfügung stehenden Mehrfachrufnummern und die entsprechende Dienstekonfiguration ermöglicht also eine zielgerichtete Anwahl zu den einzelnen Endgeräten. Die Zuordnung der Mehrfachrufnummern erfolgt im Rahmen der Anlagenprogrammierung entweder mit der Konfigurationssoftware, die ein bequemes Programmieren der Anlage mit Hilfe eines vorhandenen PC ermöglicht, oder durch das Ausführen bestimmter Programmierprozeduren an einem bestimmten Telefon.

Verwendete und empfohlene Literatur zum ISDN

1. Das Telekom-Buch 1994. Generaldirektion Telekom, Bonn
2. Broschüre „ISDN leichtgemacht"; Deutsche Telekom AG; Unternehmenskommunikation, Bonn; Stand April 1999
3. A. M. Gulich: „Das große ISDN-Werkbuch" Franzis-Verlag 1997
4. Robert Schoblick „Handbuch der Telefoninstallation" Franzis-Verlag 1994
5. Oliver Wagner: „Der ISDN-Einstieg", X.Media Verlag München 1998
6. Simone Viethen: „ISDN in der Praxis", X.Media Verlag München 1998
7. Fritz Jörn: „Wie schließe ich Telefon, Anrufbeantworter, Fax und Modem selbst an?" Franzis-Verlag 1999
8. Horst Frey: „Das große Telefon-Werkbuch" Franzis-Verlag 1998
9. Prospekte und Kataloge der Pressestelle der Deutschen Telekom AG
10. Informationsmaterial der Firma AVM

Sachverzeichnis

Teil 3

Horst Frey

T-DSL

selbst anschließen und einrichten

FRANZIS

Vorwort

Wie schnell sich doch alles ändert! Vor ein paar Jahren waren wir noch stolz auf das neue 28,8er-Modem, später begeisterte uns ISDN mit einer Datenrate von 64 kbit/s, und nun wird uns T-DSL mit Übertragungsgeschwindigkeiten aus dem Internet von 768 kBit/s angeboten. Das ist 12-mal schneller als ISDN!

Wer oft im Internet surft, weiß diese hohen Datenraten zu schätzen. Wird doch mit T-DSL ganz konkret Zeit und Geld gespart. So dauert zum Beispiel die Übertragungszeit einer Datei mit einem Datenvolumen von 2 MByte unter Verwendung eines 56,6 kBit/s-Modems ca. fünf Minuten, bei ISDN noch ca. vier Minuten, doch T-DSL schafft es in ca. 24 Sekunden.

Diese beachtliche Schnelligkeit ist auch der Grund dafür, dass T-DSL so begeistert angenommen wird. Schon gibt es in Deutschland ca. 1 Million T-DSL-Nutzer und die Warteschlange auf solch einen Anschluss reißt nicht ab. Leider können nicht alle versorgt werden. T-DSL funktioniert zur Zeit nur über Kupfer! Wer über Glasfaser versorgt wird, muss sich nach Alternativen umsehen. Das wird in erster Linie T-DSL über Satellit sein. Im Jahr 2002 wird dieser Dienst von der Deutsche Telekom angeboten.

Was ist T-DSL? Ist es ein neuer Telefonanschluss? Macht T-DSL den ISDN-Anschluss überflüssig? Nichts von alledem. T-DSL ersetzt keinen Telefonanschluss, sondern es ist ein zusätzlicher schneller Zugang ins Internet und wird von der Deutschen Telekom und anderen Netzanbietern als eine der vielen ADSL-Varianten angeboten. T-DSL kann sowohl für den herkömmlichen analogen als auch für den ISDN-Telefonanschluss bereitgestellt werden.

Das vorliegende Buch ist für all diejenigen gedacht, die noch nicht allzu viel Berührung mit dieser neuen Technik hatten, die aber gern selbst am eigenen Anschluss die Installationsarbeiten vornehmen wollen. Der Schwerpunkt liegt deshalb auf dem möglichst selbständigen Einrichten, Montieren und Installieren der neuen T-DSL-Komponenten und der notwendigen Software. Schritt für Schritt und nachvollziehbar sind viele Installationsvarianten, so wie sie im privaten Bereich auftreten können, beschrieben.

Das Buch vermittelt erste und hoffentlich auch verständliche Informationen über alles, was der Einsteiger über T-DSL wissen sollte. Wer mehr wissen will, kann unter anderem die Internetseiten www.telekom.de, www.t-online.de, oder www.tdsl-support.de aufsuchen. Hier wird das gesammelte T-DSL-Wissen allen Interessenten angeboten und kostenlos zur Verfügung gestellt. Hier können Sie an die Experten Fragen stellen oder Ihre Probleme vortragen; alles wird zu Ihrer Zufriedenheit beantwortet werden.

Dank sagen möchte ich Herrn Genz und Frau Ebert vom Presse- und Informationscenter der Deutschen Telekom in Bonn, die mir für das Erstellen dieses Büchleins entsprechendes Informationsmaterial und Fotos zur Verfügung gestellt haben.

Erfurt, im Februar 2002
Horst Frey

Inhalt

Was heißt T-DSL?

Der Begriff DSL steht für digitale Teilnehmer-Anschlussleitung und ist die Abkürzung für die englische Bezeichnung Digital Subscriber Line. Der Zusatz T drückt aus, dass es sich um ein Produkt bzw. Vertriebsnamen der Deutschen Telekom handelt. Alle Begriffe oder Abkürzungen, die im Zusammenhang mit DSL genannt werden, so zum Beispiel ADSL, HDSL, SDSL oder VDSL, betreffen grundsätzlich und stets das gleiche Thema: Die Signalübertragung auf der herkömmlichen Telefonleitung in digitaler Form! Für die Gesamtheit der zahlreichen DSL-Verfahren verwendet man den Begriff xDSL, wobei das x der Platzhalter für ein spezielles Verfahren darstellt. Die digitalen Übertragungsverfahren werden außerdem grob unterschieden in symmetrische und asymmetrische Verfahren. Daraus resultiert der im Zusammenhang mit T-DSL oft gleichzeitig genannte Begriff ADSL, denn T-DSL ist nichts weiter als eine von der Deutschen Telekom angebotene ADSL-Technologie.

Wenn man also die Abkürzung T-DSL verwendet, muss man immer vor Augen haben, dass es sich um ein ADSL-Verfahren, also um ein asymmetrisches Breitbandverfahren zur Übertragung digitaler Signalströme zwischen einer Vermittlungsstelle und dem Endkunden handelt.

1.1 ADSL ist ein asymmetrisches Verfahren

ADSL bezeichnet man deshalb als asymmetrisches Verfahren, weil die beiden Übertragungsgeschwindigkeiten Downstream, (aus dem Internet) und Upstream (ins Internet) unterschiedlich sind. So beträgt bei T-DSL der Datenstrom aus dem Internet 768 kbit/s und der Datenstrom ins Internet 128 kbit/s.

In *Abb. 1.1* sind die unterschiedlichen Geschwindigkeiten, auch gegenüber der ISDN-Geschwindigkeit von 64 kbit/s und einer Modemübertragung von 56 kbit/s, optisch dargestellt. Gegenüber dem ISDN ist die Datenübertragung mit T-DSL somit zwölfmal schneller:

12 x 64 kbit/s = 768 kbit/s

Besser verständlich wird der Vorteil einer DSL-Übertragung, wenn man die jeweiligen Übertragungszeiten einer Datei gleicher Größe zwischen Modem, ISDN und T-DSL miteinander vergleicht. So werden für das Herunterladen einer 2 MByte großen Datei aus dem Internet etwa folgende Zeiten benötigt:

- Fünf Minuten bei einem 56,6 kbit/s-Modem.
- Vier Minuten bei ISDN (ein Kanal mit 64 kbit/s).
- Etwa zwei Minuten bei ISDN mit Kanalbündelung (128 kbit/s) und
- 24 Sekunden mit T-DSL (768 kbit/s).

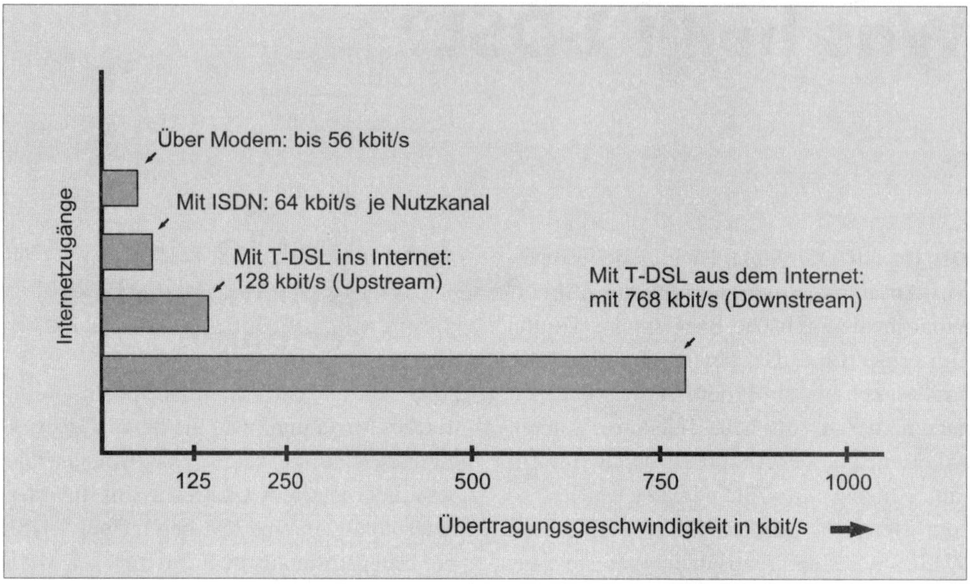

Abb. 1.1 T-DSL ist zwölfmal schneller als ISDN

Mit T-DSL wird ein zusätzlicher Datenübertragungsweg geschaffen, der unabhängig vom bisherigen Telefonverkehr für den Internetzugang nutzbar ist. So steht beim ISDN-Anschluss mit T-DSL neben den beiden bisherigen ISDN-Nutzkanälen nunmehr ein zusätzlicher Weg ins Internet zur Verfügung. Und genauso ist es beim analogen Telefonanschluss. Unabhängig vom normalen Telefonverkehr kann jetzt im Internet gesurft werden. Durch T-DSL wird also der bisherige Telefonverkehr in keiner Weise beeinflusst. Allerdings ist auch zu beachten, dass T-DSL einen Telefonanschluss nicht ersetzt. Er ist nach wie vor zum Telefonieren und Faxen notwendig, denn mit T-DSL kann man keinen Teilnehmer anwählen!

1.2 Wo kann man T-DSL bestellen und was kostet das?

T-DSL wird von der Deutschen Telekom angeboten. Bei einer Bestellung ist zu beachten, dass diese neue Technologie noch nicht flächendeckend angeboten werden kann. Obwohl schon über 5000 Anschlussbereiche entsprechend ausgerüstet sind und bereits über 1 Million Teilnehmer T-DSL nutzen, gibt es technische Gründe, wie zum Beispiel die Glasfaseranbindung oder zu lange Anschlussleitungen, die eine Einrichtung mit T-DSL zur Zeit noch nicht überall ermöglichen. Aber hier bietet die Deutsche Telekom mit dem Produkt T-DSL via Satellit bereits entsprechende Alternativen an. Der weitere T-DSL-Ausbau erfolgt durch die Deutsche Telekom kontinuierlich. Wer sich für T-DSL interessiert, kann unter der kostenlosen Rufnummer 0800/3309000 bei der Deutschen Telekom nachfragen, ob eine Einrichtung im Anschlussbereich der zuständigen Vermittlungsstelle bereits möglich ist. Diese Auskunft erhält man aber auch in jedem T-Punkt. Hier wird gleich online übers Internet geprüft, ob T-DSL am Wohnort möglich ist. Eine solche Verfügbarkeitsprüfung kann man aber auch selbst von jedem PC mit Internetzugang aus durchführen. Nach dieser Prüfung kann gleich die Bestellung ausgelöst werden.

1.2.1 T-DSL-Anschlussvarianten für den Privatkunden

Von der Deutschen Telekom werden folgende T-DSL-Varianten für den Privatmann angeboten:

- **T-DSL mit T-ISDN Standard** für einen monatlichen Grundpreis von 33,13 €,
- **T-DSL mit T-ISDN Komfort** für einen monatlichen Grundpreis von 35,69 €,
- **T-ISDN 300 mit T-DSL** (Anschlusspaket) für einen monatlichen Grundpreis von 35,67 €,
- **T-ISDN xxl mit T-DSL** (Anschlusspaket) für einen monatlichen Grundpreis von 38,25 € und
- **T-DSL mit T-Net 100** für einen monatlichen Grundpreis von 35,68 €.

Die Bereitstellungskosten betragen bei Selbstmontage einheitlich 51,57 €.

Für den T-DSL-Zugang benötigt man noch einen Internet-Provider. Wer T-Online als Provider wählt, kann sich für folgende Angebote bzw. Produkte entscheiden:

T-Online eco:
Der monatliche Grundpreis beträgt 4,09 € und das Nutzungsentgelt je Minute bei der Einwahl über die Rufnummer 0191011 beträgt 1,49 Cent. Es ist aber darauf hinzuweisen, dass der Preis für den Internetzugang unabhängig von T-DSL ist. Wer also zum Beispiel über ISDN, also nicht mit T-DSL, ins Internet geht, bezahlt bekanntlich die gleiche Grundgebühr und das gleiche Nutzungsentgelt.

T-Online by day:
Hier beträgt die monatliche Grundgebühr 7,50 € und die Nutzungsentgelte 0,8 Cent (Mo.–Fr. von 7–17 Uhr) und 1,49 Cent in der übrigen Zeit

T-Online by night:
Die monatliche Grundgebühr beträgt 5,00 € und das Nutzungsentgelt 0,8 Cent (täglich zwischen 23–9 Uhr) und 1,49 Cent in der übrigen Zeit

T-DSL flat:
Die monatliche Grundgebühr beträgt 25,00 € und der Internetzugang mit T-DSL (aber nur über T-DSL!) ist kostenfrei. Es wird also kein Nutzungsentgelt erhoben.

1.2.2 T-DSL hört bei 768 kbit/s noch nicht auf!

Für den Business-Bereich bietet die Deutsche Telekom unter dem Vertriebsnamen **T-InterConnect** wesentlich schnellere Internetzugänge an. Diese werden hier deshalb mit erwähnt, damit deutlich wird, dass die Übertragungsgeschwindigkeiten mit ADSL nicht bei der bisher genannten

Geschwindigkeit von 768 kbit/s aufhört. Nein, ADSL ermöglicht Datenraten bis 8 Mbit/s im Downstream und bis zu 768 kbit/s im Upstream. Für kleine bis mittlere Unternehmen bietet die Telekom das Produkt **Basic (Einsteiger/KMU)** mit Datenraten bis 1,5 Mbit/s und für größere Unternehmen das Produkt **Basic (High-Speed)** mit ADSL-Datenraten bis zu 6 Mbit/s an.

1.2.3 Weitere DSL-Anbieter

Neben der Deutschen Telekom bieten zwischenzeitlich eine Vielzahl weiterer Netzbetreiber und Internet-Provider ADSL-Anschlüsse an. Viele davon vorerst regional. Die bekanntesten Anbieter neben der Deutschen Telekom sind u. a.:

- **Arcor Online GmbH** als Netzbetreiber mit Sitz in Frankfurt/Main mit dem Produkt **Arcor DSL**
- **Mobilcom** in 24753 Rendsburg-Büdelsdorf mit den Produkten **Highspeed-DSL-Flatrate** und **Turbo-DSL-Flatrate**
- **1 & 1 Internet AG** in 56410 Montabaur mit dem Produkt **1&1 Internet.DSL**
- **Yahoo! Deutschland** GmbH in 80469 München mit dem Produkt **AOL HIGH SPEED DSL** und
- **BerliKomm** in Berlin mit den Produkten **BerliKomm DSLnet classic** und **BerliKomm DSLnet pro**.

1.3 Die Verfügbarkeitsprüfung

Wer wissen will, ob an seinem Telefonanschluss T-DSL eingerichtet werden kann, führt die sogenannte Verfügbarkeitsprüfung durch. Sie kann neben der bereits erwähnten telefonischen Anfrage beim Netzanbieter auch von jedem PC mit Internetzugang erfolgen. Die Deutsche Telekom und T-Online bieten unter **www.telekom.de** und **www.t-online.de** diese Prüfung an. Hier erfährt man ganz sicher, ob im Anschlussbereich der eigenen Vermittlungsstelle die Einrichtung eines T-DSL-Anschlusses möglich ist oder nicht. Folgende Schritte sind notwendig:

1. Schritt: Aufrufen des T-Online-Startcenters (*Abb. 1.2*)

Durch Anklicken des Button *Verbindung ins Internet* erscheint die Startseite des ausgewählten Internet-Browsers. In unserem Fall ist es der Microsoft Explorer. Mit T-Online 4.0 stellt übrigens die Deutsche Telekom einen eigenen T-Online-Browser zur Verfügung. In die Adressleiste der Startseite wird nun www.telekom.de eingeben.

2. Schritt: Internetadresse www.telekom.de eingeben

Wenn diese Adresse eingegeben ist und mit Enter bestätigt wird, öffnet sich die Homepage der Deutschen Telekom (*Abb. 1.3*).

Auf dieser Internetseite werden die Produkte und Dienstleistungen der Deutschen Telekom angeboten. Mit einem Klick können Sie jederzeit abgerufen werden. Nun *T-DSL* anklicken und es erscheint die neue Seite *Abb. 1.4*

3. Schritt: Prüfung der möglichen Bereitstellung

Nachdem man den Begriff Verfügbarkeitsprüfung angeklickt hat, erscheint das entsprechende Dialogfeld (Abb.1.5):

Abb. 1.2 Der Startcenter von T-Online 4.0

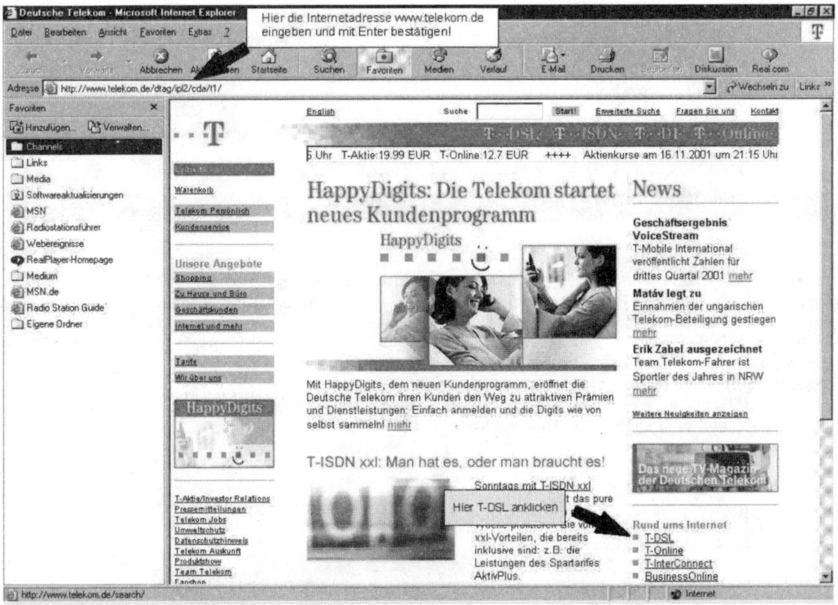

Abb. 1.3 Die Startseite der Deutschen Telekom

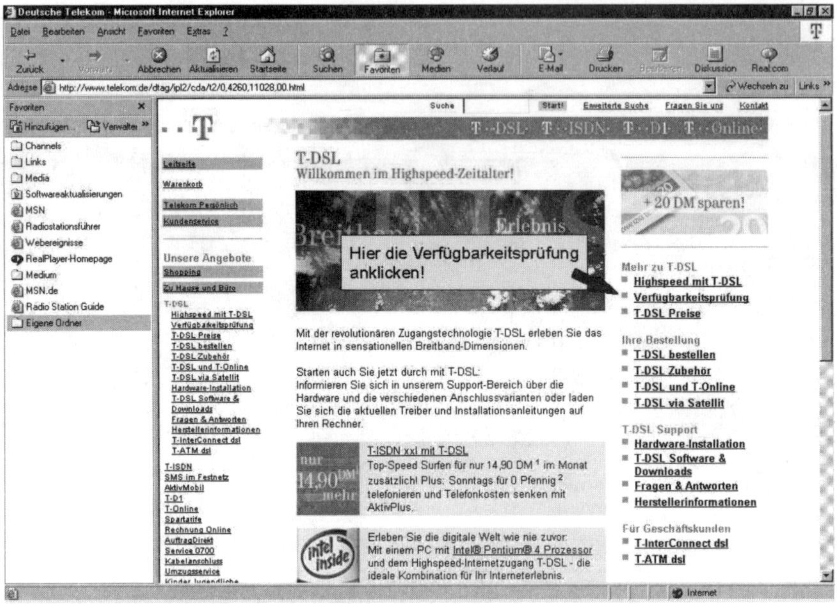

Abb. 1.4 Mit diesem Klick beginnt die Verfügbarkeitsprüfung

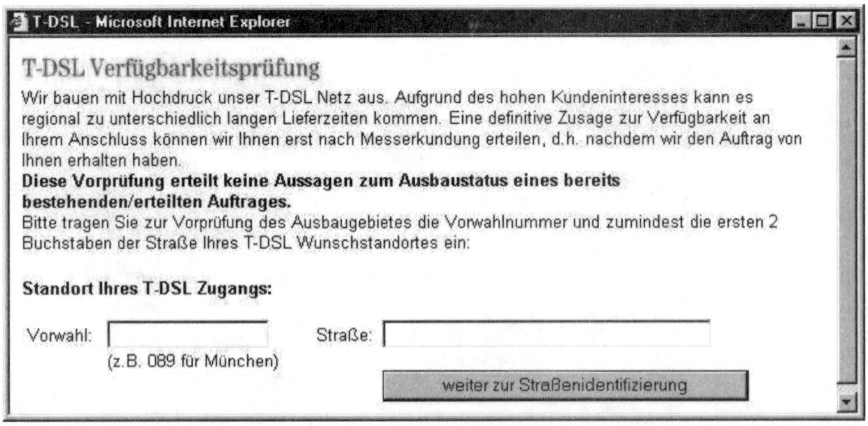

Abb. 1.5 Die Verfügbarkeitsprüfung wird gestartet

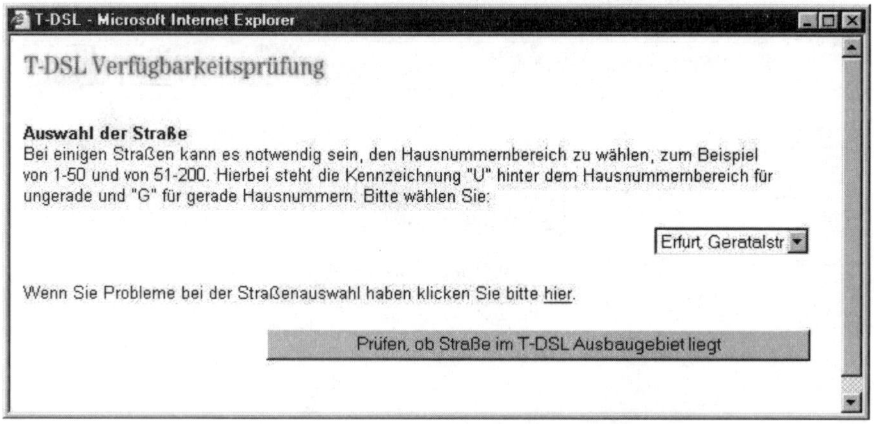

Abb. 1.6 Prüfung der angegebenen Straße

In die beiden Eingabefelder ist die eigene Vorwahl sowie die Straße, in der man wohnt, einzutragen. Nach einem Klick auf den Link *weiter zur Straßenidentifizierung* erscheint *Abb.1.6*:
Wenn T-DSL möglich ist, erscheint folgende Information (*Abb. 1.7*):

Damit teilt die Deutsche Telekom mit, dass die angegebene Straße für T-DSL-Anschlüsse ausgebaut ist oder wird. Über den Link *Zur T-DSL Bestellung* kann nunmehr T-DSL in Auftrag gegeben werden. Es erscheint *Abb. 1.8* mit den drei verschiedenen Bestellmöglichkeiten:

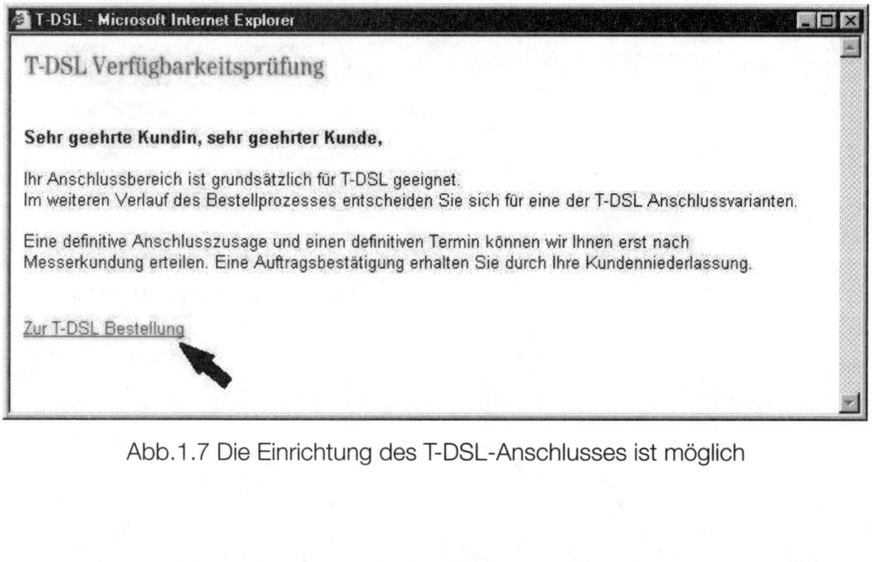

Abb.1.7 Die Einrichtung des T-DSL-Anschlusses ist möglich

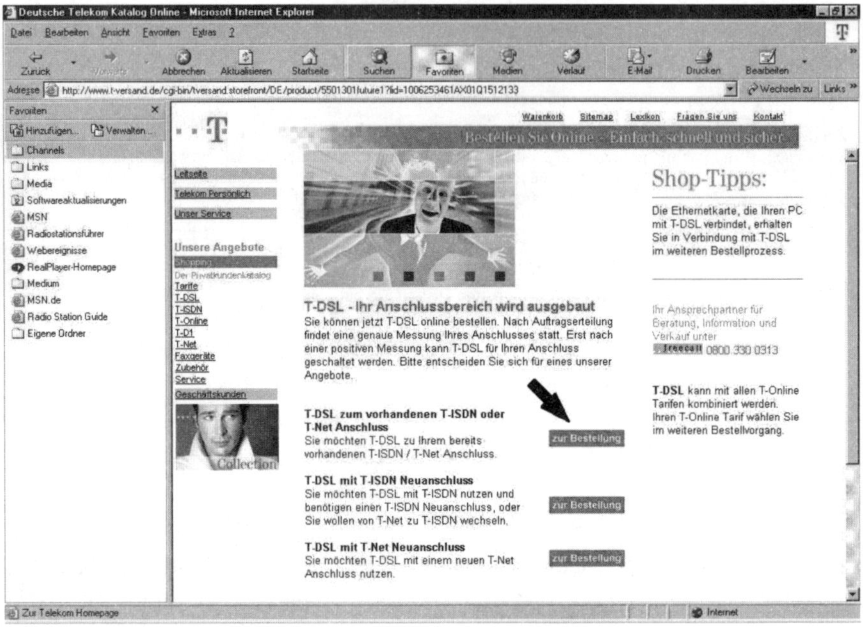

Abb. 1.8 Das T-DSL-Angebot der Deutschen Telekom im Internet

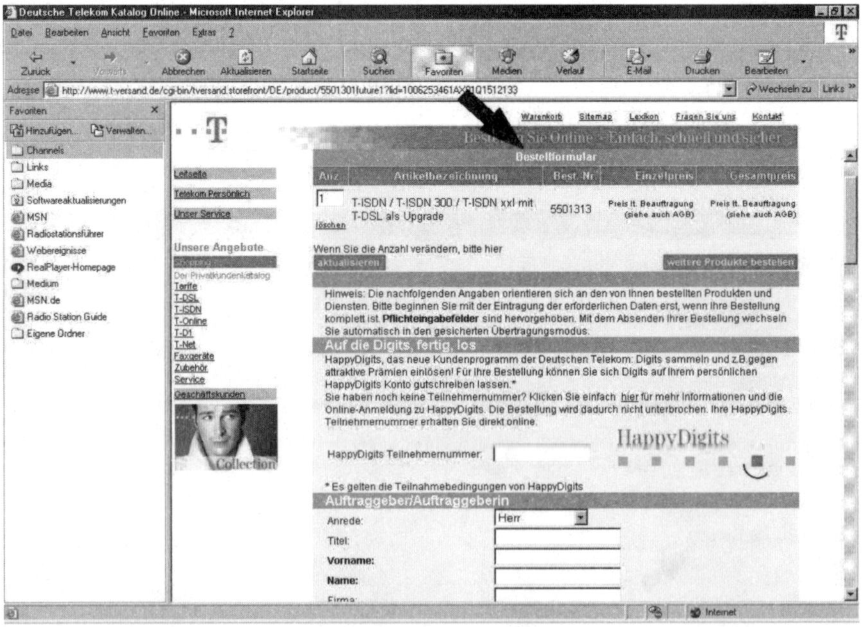

Abb. 1.9 Das Online-Bestellformular der Deutschen Telekom (teilweise)

- T-DSL zum vorhandenen analogen oder vorhandenen ISDN-Anschluss bestellen.
- T-DSL zusammen mit einem neuen ISDN-Anschlusses bestellen oder mit der T-DSL-Bestellung gleichzeitig vom analogen zum ISDN-Anschluss wechseln.
- T-DSL einschließlich eines neuen analogen Telefonanschlusses bestellen.

Mit dem Anklicken des Links *Zur Bestellung* wird das Bestellformular aufgeblättert (*Abb. 1.9*), in das nunmehr die abgeforderten Daten eingetragen werden müssen.

Ist eine Bereitstellung von T-DSL zur Zeit jedoch noch nicht möglich, wird dem Kunden Folgendes mitgeteilt (*Abb. 1.10*):

In diesem Fall ist zu empfehlen, die eigenen Daten für die von der Deutschen Telekom

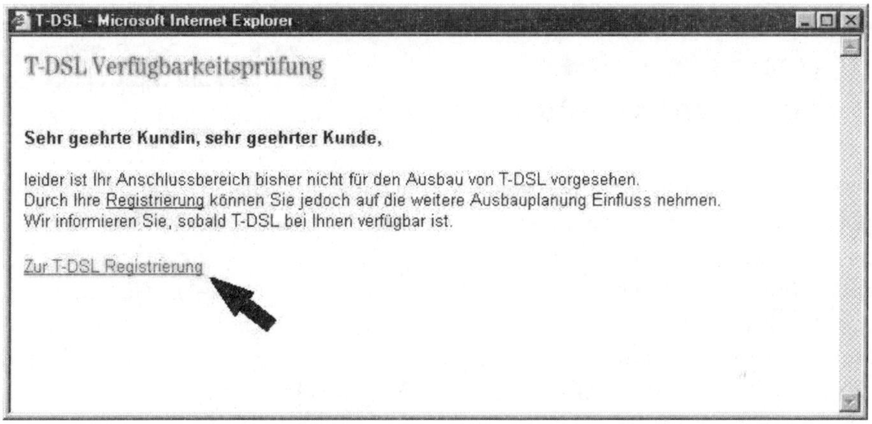

Abb. 1.10 Das Einrichten eines T-DSL-Anschlusses ist nicht möglich

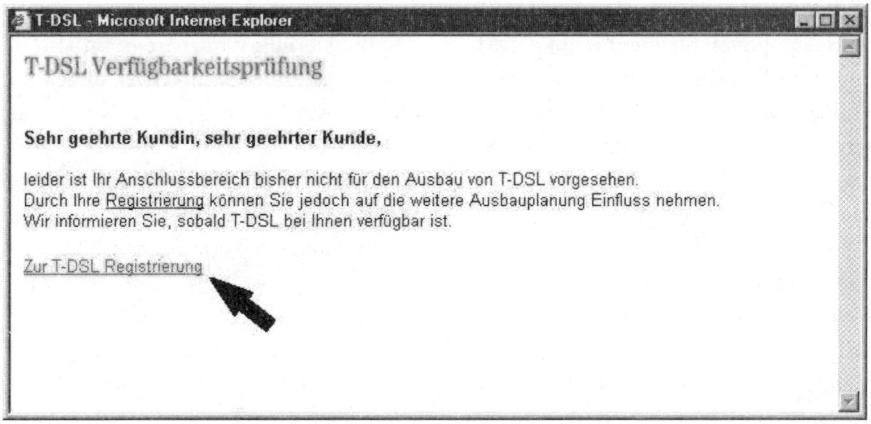

Abb. 1.11 Das Online-Registrierformular der Deutschen Telekom

angebotene Registrierung in nachfolgendes Formular einzutragen (*Abb. 1.11*):

Nur so wird sichergestellt, dass die Telekom den T-DSL-Ausbau in den Vermittlungsstellen entsprechend des Bedarfes planen und realisieren kann. Die Verfügbarkeitsprüfung bei T-Online unter www.t-online.de verläuft analog.

1.4 Anschlusskomponenten am Telefonanschluss

Jede Anschlussart hat ihre besonderen Komponenten. Das ist bei der Selbstmontage und Installation zu beachten, denn mit steigender Komplexität steigt auch die Zahl der notwendigen Komponenten am Telefonanschluss. Ist beim herkömmlichen analogen Anschluss nur eine TAE-Anschlussdose erforderlich, sind beim ISDN-Anschluss zusätzlich ein Netzabschlussgerät NTBA und meist auch weitere ISDN-Anschlussdosen notwendig. Die Zahl der Anschlusskomponenten steigt beim T-DSL-Anschluss noch weiter an. Hier sind neben den Endgeräten und den Komponenten der anderen Anschlussarten zusätzlich ein DSL-Splitter, ein DSL-Modem und der PC mit Ethernet-Netzwerkkarte erforderlich.

1.4.1 Der analoge Telefonanschluss

Mit T-Net bezeichnet die Deutsche Telekom ganz allgemein ihr digitalisiertes nationales Telefonnetz. Die Teilnehmeranschlüsse an diesem Netz sind entweder herkömmliche analoge Telefonanschlüsse oder digitale ISDN-Anschlüsse. Da dieses Netz bereits vollkommen digitalisiert ist, können schon jetzt bestimmte Leistungsmerkmale, wie zum Beispiel die Rufnummernübertragung, auch von den analogen Teilnehmern genutzt werden. Analoge Teilnehmer sind ebenso wie die ISDN-Teilnehmer mit digitalen Vermittlungsstellen bzw. Netzknoten verbunden, denn es gibt keine separaten analogen Wählvermittlungsstellen mehr.

Im Gegensatz zum ISDN-Teilnehmer sind analoge Anschlüsse jedoch nicht direkt, sondern über analoge Baugruppen mit der Vermittlungsstelle verbunden. Unabhängig von der digitalisierten Vermittlungstechnik und den bereits genutzten Leistungsmerkmalen versteht man im täglichen Sprachgebrauch unter einem Anschluss im T-Net immer den analogen Telefonanschluss. Das analoge Telefon ist direkt und zweiadrig mit der TAE-Anschlussdose verbunden (*Abb. 1.12*).

1.4.2 Der digitale ISDN-Telefonanschluss

Im T-ISDN wird die Sprache nicht mehr analog, sondern digital übertragen. Diese Digitalisierung wird bereits im ISDN-Telefon vorgenommen, und die Sprachinformationen werden über zwei Nutzkanäle zur Vermittlungsstelle übertragen. Dabei werden auch im ISDN die beiden vorhandenen Kupferdoppeladern zwischen dem Hausanschluss und der Vermittlungsstelle genutzt.

Da das T-ISDN die Möglichkeit bietet, von einem Anschluss aus zum Beispiel gleichzeitig zwei Telefongespräche zu führen oder gleichzeitig zu Telefonieren und zu Faxen, ist das Anschalten von mindestens zwei

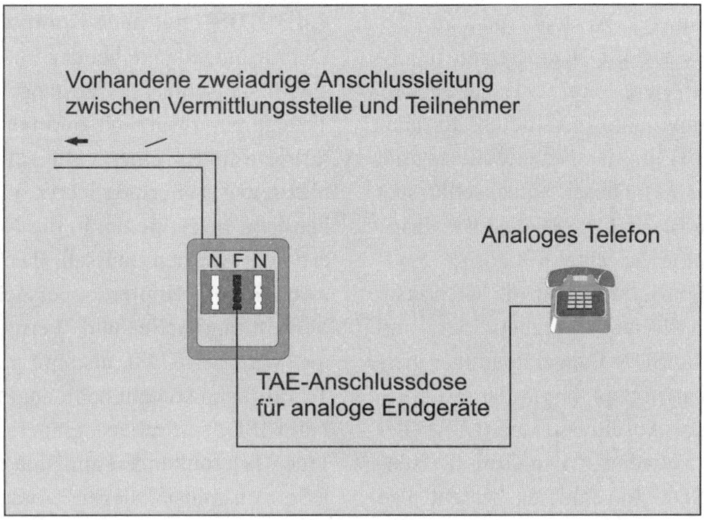

Abb. 1.12 Der analoge Telefonanschluss im T-Net benötigt als Anschlusskomponente nur die TAE-Dose

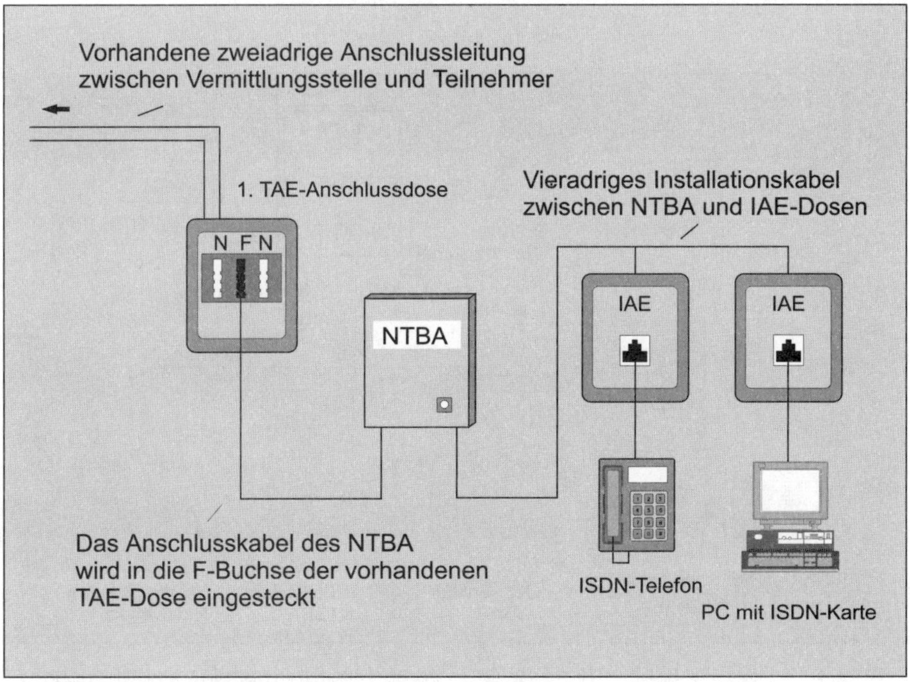

Abb. 1.13 Der ISDN-Anschluss mit den Komponenten NTBA und ISDN-Dosen

Endgeräten sinnvoll. Wer vom analogen Telefonanschluss auf ISDN umsteigen möchte, muss mindestens eine neue zusätzliche Anschlusskomponente installieren. Es handelt sich hierbei um das Netzabschlussgerät NTBA (*Abb. 1.13*). Dieser Netzabschluss ist unbedingt erforderlich, da er die zweiadrige Anschlussleitung in eine vieradrige Endgeräteleitung umsetzt. Es ist die wichtigste Trennstelle zwischen Netzbetreiber und Endkunden. Da ISDN-Endgeräte immer vieradrig anzuschalten sind, ist oft das Installieren neuer ISDN-Anschlussdosen (IAE- oder RJ45-Dosen) notwendig. Die Grundausstattung eines ISDN-Anschlusses besteht also aus den Komponenten TAE-Dose, Netzabschlussgerät NTBA, IAE-Dosen zum Anstecken der ISDN-Geräte und aus den verschiedenen ISDN-Endgeräten selbst.

1.4.3 T-DSL hat neue Komponenten!

Der Grundgedanke bei der Entwicklung des T-DSL-Anschlusses bestand darin, dem Teilnehmer zusätzlich zum bestehenden Telefonanschluss einen sehr schnellen Internetzugang zu ermöglichen, ohne dass erhebliche Investitionen in die Netzstrukturen erbracht werden müssen. Die vorhandene zweiadrige Kupferdoppelader zwischen Vermittlungsstelle und Fernsprechteilnehmer wird bei T-DSL also mit genutzt.

T-DSL kann sowohl beim analogen als auch beim ISDN-Anschluss eingerichtet werden. Jeder Telefonkunde kann sich also einen T-DSL-Anschluss zulegen. Vorausgesetzt, die technische Realisierbarkeit seitens der Deutschen Telekom ist gegeben. Beim T-DSL-Anschluss (*Abb. 1.14*) kommen somit gegenüber den bisherigen Anschlüssen im

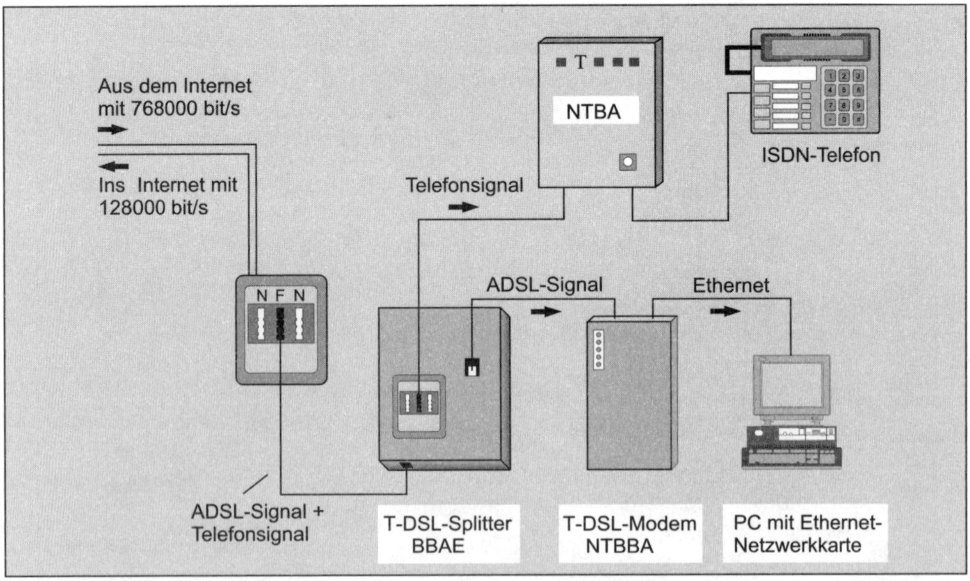

Abb. 1.14 Der DSL-Splitter, das DSL-Modem und die Ethernetkarte sind die neuen Komponenten beim privaten T-DSL-Anschluss

T-Net oder im T-ISDN drei vollkommen neue Komponenten hinzu: der **DSL-Splitter**, das **DSL-Modem** und die **Ethernet-Netzwerkkarte**. Anstelle des externen Modems und der Ethernetkarte werden auch sogenannte ADSL/ISDN-Controller als PC-Einsteckkarte angeboten, die die Funktionen des externen DSL-Modems und der Ethernetkarte in sich vereinigen. Bei Verwendung einer solchen PC-Karte erübrigt sich also der Einsatz des T-DSL-Modems, der Ethernet-Netzwerkkarte und auch der separaten ISDN-Karte. Für den T-DSL-Anschluss sind nur noch die beiden Hardwarekomponenten T-DSL-Splitter und der ADSL/ISDN-Controller erforderlich (*Abb. 1.15*).

Mit T-DSL wird ein vorhandener Telefonanschluss praktisch um einen schnellen Internetzugang erweitert. Diese Technik ermöglicht das gleichzeitige Mitbenutzen der Telefonanschlussleitung für sehr schnelle Internetanwendungen, ohne die anderen Telefondienste zu beeinträchtigen. T-DSL ist also kein Ersatz für den Telefonanschluss!

Die Breitbandsignale der ADSL-Systeme werden gemeinsam mit den Telefonsignalen über die Telefonanschlussleitung gesendet. Wie wird das trotz unterschiedlicher Frequenzverhältnisse realisiert? Zur Verdeutlichung sind in *Abb. 1.16* die auf einer Anschlussleitung zu übertragenen drei Frequenzbereiche des Telefonanschlusses (analoger Telefonanschluss oder ISDN-Anschluss) sowie der ADSL-Systeme (Datenstrom zum Netz und vom Netz) dargestellt.

Das ADSL-System in der Vermittlungsstelle (Netzknoten) besitzt digitale Schnittstellen

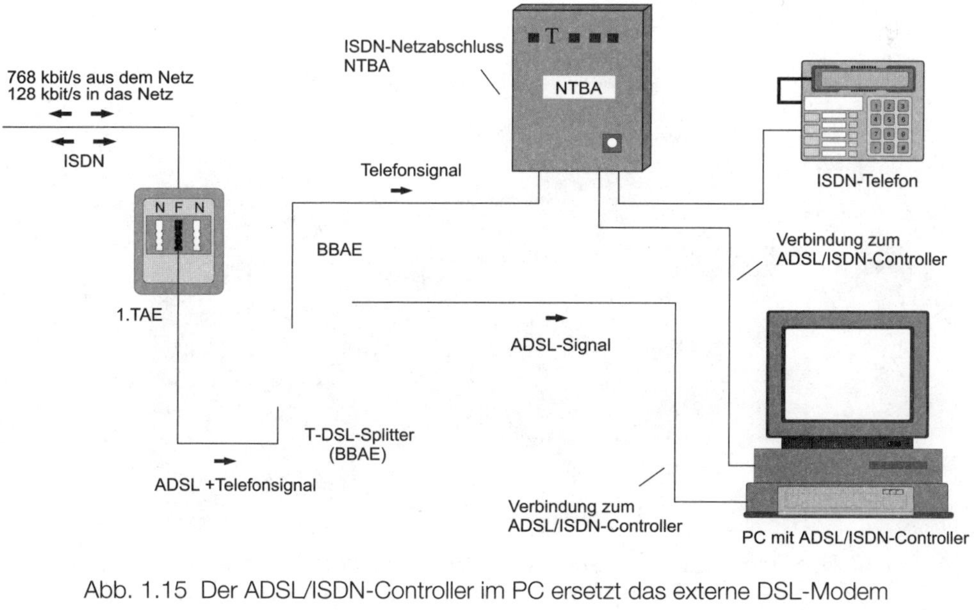

Abb. 1.15 Der ADSL/ISDN-Controller im PC ersetzt das externe DSL-Modem

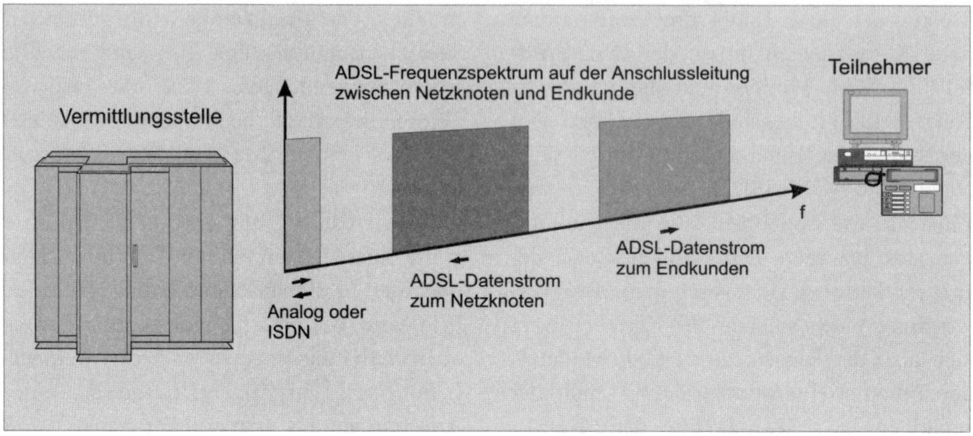

Abb. 1.16 Die Frequenzspektren auf der Anschlussleitung

für das Senden und Empfangen der Breitbanddaten sowie eine Schnittstelle für den analogen Telefonanschluss (POTS) oder für den ISDN-Basisanschluss (Schmalbandsignal). Der Begriff POTS (= Plaid Old Telephon System) wird in der Literatur sehr oft verwendet für den „alten analogen Telefonanschluss“. Den Begriff Schmalbandsignal verwendet man für die beiden Signale analog und ISDN. Die Kombination aus

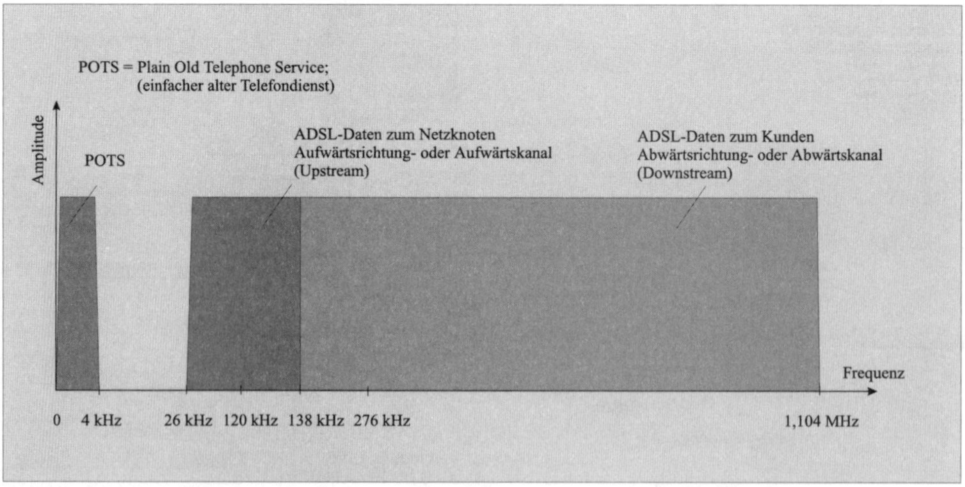

Abb. 1.17 Das Frequenzschema eines ADSL-Systems für den analogen Telefonanschluss mit Frequenzgetrenntlage (POTS-kompatibel)

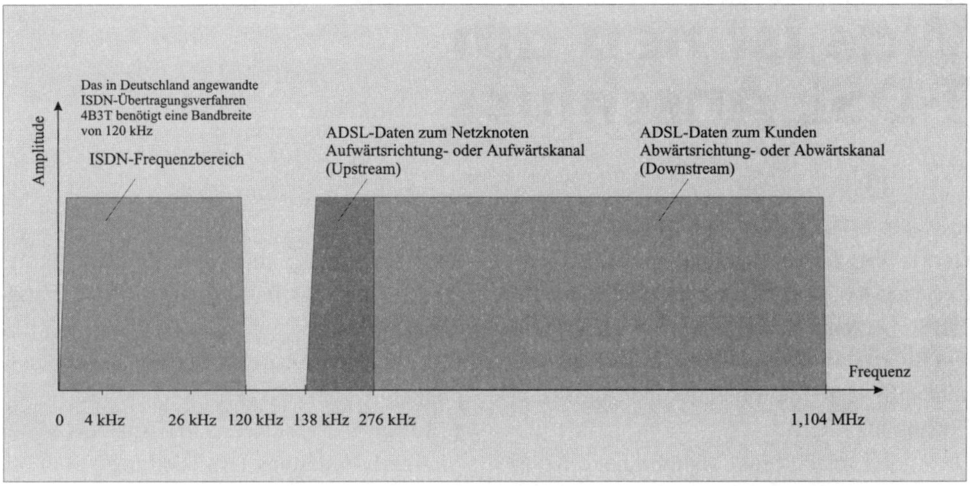

Abb. 1.18 Das Frequenzschema eines ISDN-kompatiblen ADSL-Systems

den Breitbandsignalen und dem Schmalbandsignalen wird nun gemeinsam über die Anschlussleitung übertragen. Dabei wird das sogenannte Frequenzgetrenntlageverfahren (Data over Voice = Daten über Sprache) angewendet und die Breitbanddaten werden im Frequenzbereich oberhalb des Telefonsignals übertragen.

Die beiden Signale, also das ADSL-Signal und das Schmalbandsignal (analog und ISDN), werden in Frequenzgetrenntlage übertragen. Das ADSL-System für den analogen Telefonanschluss nutzt den Frequenzbereich oberhalb von 20 kHz. Hier muss unter anderem der Gebührenimpuls von 16 kHz beachtet werden! Beim analogen Telefon werden die Hin- und Rückrichtungen im gleichen Frequenzbereich übertragen und die Trennung erfolgt in einer Gabelschaltung.

Abb. 1.17 zeigt das Frequenzschema eines ADSL-Systems für den analogen Telefonanschluss mit Frequenzgetrenntlage.

Beim ISDN-kompatiblen ADSL-System ist zu beachten, dass das ISDN-Signal einen Frequenzbereich bis zu 120 kHz beansprucht. Deshalb muss vom ADSL-System ein breiteres Frequenzband im unteren Frequenzbereich freigehalten werden. Standardisiert wurde ein ADSL-System, das den ADSL-Aufwärtskanal im Frequenzbereich 138-276 kHz vorsieht (*Abb. 1.18*).

2 Was ist neu am T-DSL Anschluss

Der T-DSL-Anschluss ist kein neuer Telefonanschluss und er ersetzt auch keinen! T-DSL ist eine Erweiterung des bestehenden Telefonanschlusses und ermöglicht unabhängig vom Telefonieren einen schnellen Zugang ins Internet.

Dazu sind mindestens folgende neue Komponenten am Telefonanschluss erforderlich:

- T-DSL-Splitter
- T-DSL-Modem
- Ethernetkarte für den PC oder ein USB-Adapter
- entsprechendes Verbindungskabel und Software.

Mit der Bereitstellung des T-DSL-Anschlusses wird von der Telekom der Splitter kostenlos bereitgestellt. Das Modem und die Ethernetkarte müssen kostenpflichtig erworben werden. Das Modem kostet bei der Deutschen Telekom 119,95 € (Stand Februar 2002).

2.1 Der T-DSL-Splitter

Der Splitter hat die Aufgabe, die auf der Anschlussleitung zwischen Vermittlungsstelle und Teilnehmer gemeinsam anliegenden schmalbandigen Sprachsignale (Telefon) und breitbandigen ADSL-Signale (Internet) voneinander zu trennen und den entsprechenden Anschlusskomponenten zur Verfügung zu stellen (*Abb. 2.1*).

Die Abkürzung für den Splitter lautet BBAE, und das heißt übersetzt Breitbandanschlusseinheit.

Der Splitter besitzt folgende Anschlusspunkte:

- Eine RJ11-Buchse zum Anstecken der Anschlussleitung (Amtsleitung)
- Eine Klemmleiste zum Anklemmen der Anschlussleitung als Alternative zur RJ11-Buchse
- Die RJ45-Buchse zum Anstecken des T-DSL-Modems und
- Die TAE-Buchse F zum Anstecken der analogen Telefone bzw. des NTBA bei einem ISDN-Anschluss.

Einen Stromanschluss besitzt der Splitter nicht, da es sich hier um eine passive Komponente handelt. Der Splitter ist Bestandteil des T-DSL-Systems beim Kunden und wird als erste Komponente mit der Anschlussleitung (1.TAE) verbunden. Am Splitter kann über eine TAE-Buchse das analoge Telefon mit TAE-Stecker, oder im Falle eines ISDN-Anschlusses der Netzabschluss NTBA angeschlossen werden.

Über diese Schnittstelle kann man dann wie gewohnt telefonieren oder faxen. An den RJ45-Ausgang des Splitters wird das T-DSL-Modem (NTBBA) angeschaltet. Über diese Schnittstelle laufen die T-DSL-Signale. Die eigentliche Aufgabe des Splitters ist also die Trennung (das „Splitten“) der beiden gemeinsam auf der Anschlusslei-

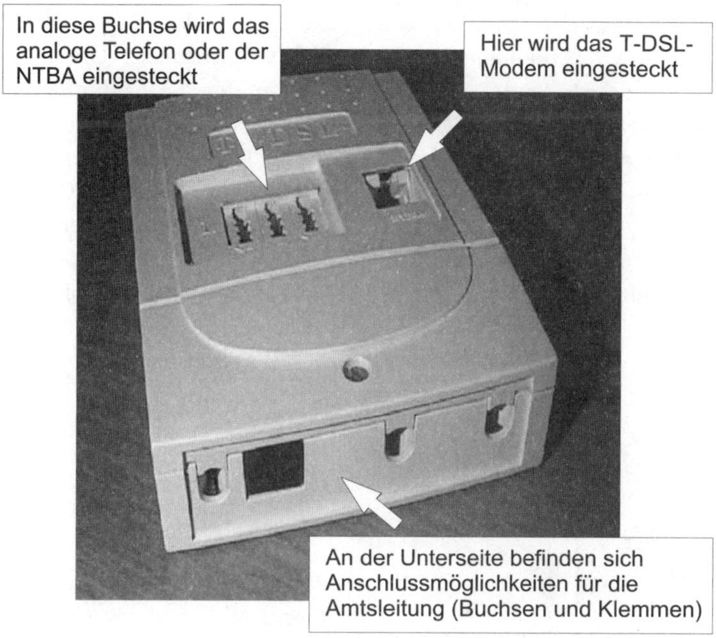

In diese Buchse wird das analoge Telefon oder der NTBA eingesteckt
Hier wird das T-DSL-Modem eingesteckt
An der Unterseite befinden sich Anschlussmöglichkeiten für die Amtsleitung (Buchsen und Klemmen)

Abb. 2.1 Der T-DSL-Splitter und seine Anschlüsse

Abb. 2.2 Dieses T-DSL-Modem kann von der Telekom erworben werben

tung übertragenen unterschiedlichen Frequenzbänder für Telefonie (bis 120 kHz bei ISDN) und für T-DSL (ab 138 kHz).

2.2 Das T-DSL-Modem

Das T-DSL-Modem stellt den T-DSL-Netzabschluss dar. So wie beim ISDN-Anschluss der Netzabschluss NTBA notwendig ist, ist es beim T-DSL-Anschluss das T-DSL-Modem. Es wird auch als Netzabschlussgerät NTBBA bezeichnet. Im Gegensatz zum Splitter wird der NTBBA an das Stromnetz angeschlossen.

Zur Zeit wird das in *Abb. 2.2* dargestellte Modem von der Telekom zum Preis von 119,95 € angeboten.

Weitere Modems (*Abb. 2.3 bis 2.5*) werden zwischenzeitlich in Größenordnungen genutzt:

Das ECI-Modem
Das Siemens-Modem
Das Orckit-Modem

Der jeweilige Einsatz der Modems ist von der Art der Vermittlungsstelle abhängig. Das Orckit-Modem des israelischen High-Tech-Unternehmens Orckit wurde besonders in der T-DSL-Einführungsphase genutzt. Heute sind vermehrt die Modems der ECI Telecom LTD (Deutsche Vertretung: ECI Telecom GmbH in Oberursel) im Einsatz. Im Gegensatz zu den Modems für den Telefonverkehr sind die ADSL-Systeme an den beiden Endstellen, also in der Vermitt-

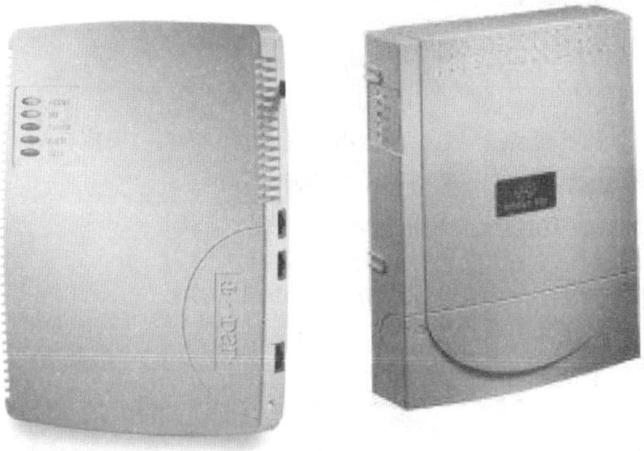

Abb. 2.3 T-DSL-Modems von ECI

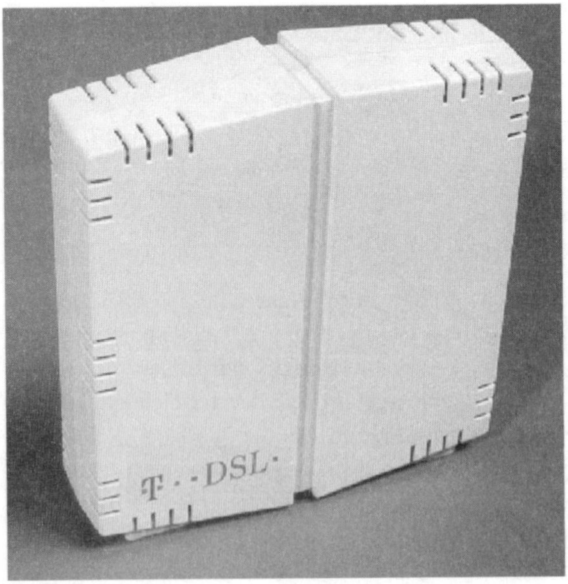

Abb. 2.4 Das Siemens-Modem

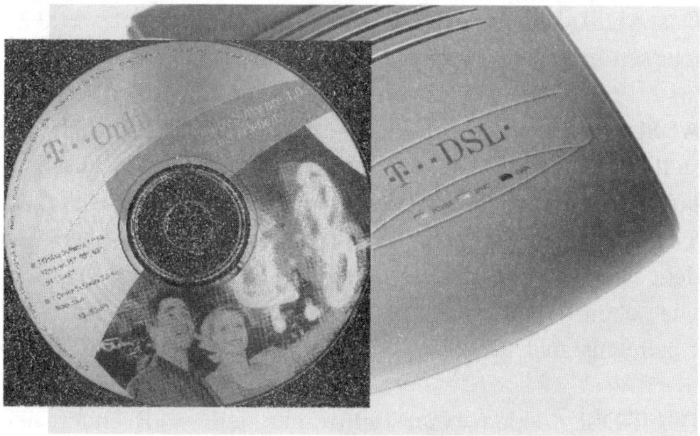

Abb. 2.5 Das T-DSL-Modem Orckit, hier mit der T-Online CD 4.0

lungsstelle und beim Teilnehmer, nicht identisch aufgebaut. So befindet sich beim Teilnehmer das T-DSL-Modem mit der technischen Bezeichnung ATU-R (ADSL Transmission Unit-Remote) und in der Vermittlungsstelle der Modemtyp ATU-C (ADSL Transmission Unit-Central Office). Das ATU-C in der Vermittlungsstelle erzeugt ein hochratiges Datensignal (Downstream-Signal) bis 8 Mbit/s. Ein Splitter in der Vermittlungsstelle kombiniert dieses mit dem Telefonsignal und sendet es auf der Anschlussleitung zum Teilnehmer. Der Splitter beim Teilnehmer trennt diese beiden Signale wieder und führt das ADSL Signal dem ATU-R zu.

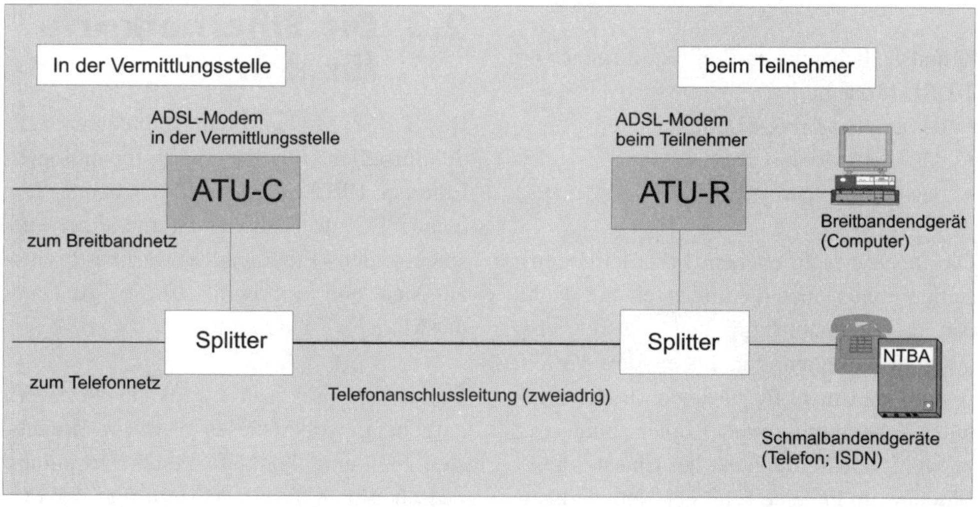

Abb. 2.6 Das Referenzmodell für ADSL

Das ADSL-Modem ATU-R beim Teilnehmer sendet dagegen ein niederratiges Signal bis 768kbit/s (Upstream-Signal) zum ADSL-Modem ATU-C in der Vermittlungsstelle (*Abb. 2.6*). Diese maximal möglichen hohen Datenströme werden jedoch bei T-DSL für den Privatmann nicht angewendet. Hier beträgt das Downstreamsignal, wie schon beschrieben, 768 kbit/s und das Upstreamsignal 128 kBit/s.

Das T-DSL-Modem beim Teilnehmer stellt folgende Schnittstellen bzw. Anschlussmöglichkeiten bereit:

- einen RJ45-Ausgang zum Anschluss an eine Ethernet-PC-Netzwerkkarte (10BaseT Standard)
- einen weiteren RJ45-Ausgang als ATM25-Interface zum Anschluss eines entsprechend ausgerüsteten PCs
- eine RJ11-Eingangsbuchse für das ADSL-Signal vom Splitter.

Über Leuchtdioden wird der Betriebszustand der ADSL-Übertragung angezeigt.

Grundsätzlich gibt es drei Bauformen von T-DSL-Modems:

- das externe Ethernetmodem
- das USB-Modem
- das PCI-Modem.

Die oben beschriebenen Ethernetmodems stellen immer noch die universellste Lösung dar, da sie unabhängig von den Betriebssystemen arbeiten. Sie haben den Vorteil, sowohl am Einzel-PC als auch im Netzwerk unter Verwendung eines Routers eingesetzt zu werden. Allerdings ist bei Einsatz dieser Modems im PC eine Ethernet-Netzwerkkarte einzusetzen. Im Mac-Rechner ist diese Netzwerkkarte bereits von Werk aus vorhanden.

Bei Verwendung des PCI-Modems entfällt natürlich das externe Modem und damit überflüssige Kabelverbindungen. Das ist ein wesentlicher Vorteil dieser Bauform. Auch kann, wie mit der Fritz!card DSL von AVM gezeigt, der ISDN-Adapter mit integriert werden.

Das USB-Modem ist besonders geeignet für all die T-DSL-Nutzer, die nur mit einem Rechner über T-DSL ins Internet gehen möchten. Eine Nutzung im Netzwerk ist mit dem Adapter nicht möglich.

Unabhängig davon wird ab 2002 der Markt für T-DSL-Modems endgültig freigegeben. Im Zusammenhang mit der Zielstellung, eine neue Schnittstelle für T-DSL-Modems mit der Bezeichnung U-R2 zu definieren, werden die T-DSL-Modems durch die Deutsche Telekom seit dem 1.1.2002 nicht mehr kostenlos beigestellt.

2.3 Die Ethernetkarte für den PC

Das T-DSL-Modem beim Teilnehmer stellt Schnittstellen für die LAN-Technologien Ethernet 10BaseT und ATM25 bereit. Der eigene PC als Endgerät ist mit einer entsprechenden Ethernet-Netzwerkkarte auszurüsten und mit dem 10BaseT-Ausgang des Modems zu verbinden.

Damit wird praktisch ein lokales Netzwerk aufgebaut, wobei dieses Netz im einfachsten Fall eine Punkt-zu-Punkt-Verbindung zwischen dem T-DSL-Modem und der PC-Ethernetkarte als einziges Endgerät dar-

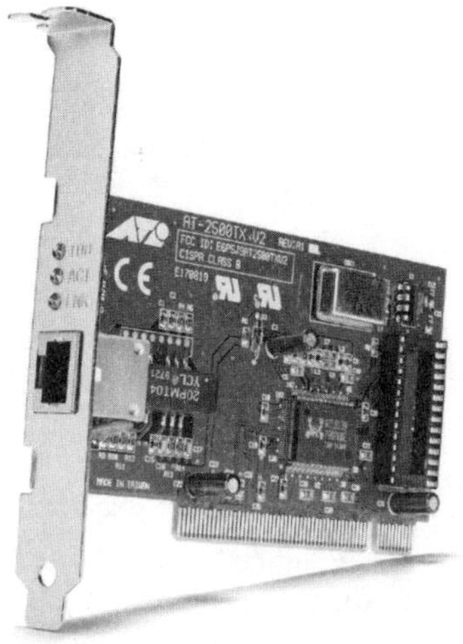

Abb. 2.7 Die Ethernetkarte AT-2500 TX für den T-DSL-Anschluss (Quelle: Allied Telesyn)

stellt. Wer keine Ethernetkarte im PC hat, muss für den T-DSL-Anschluss eine neue Karte einsetzen. Zu verwenden ist eine 10/100MBit oder 10MBit Ethernet-Karte mit 10BaseT-Anschluss. Von der Deutschen Telekom wird eine Netzwerkkarte mit der Bezeichnung **AT-2500TX PCI Ethernet Adapter Karte** für einen Preis von 25,54 € bereitgestellt (*Abb. 2.7*). Diese Karte unterstützt Datenübertragungsraten von 10 Mbit/s und 100 Mbit/s und ist somit für den Anschluss an 10BaseT und 100 BaseTX-Netzwerke vorgesehen. Natürlich kann auch jede andere geeignete Ethernetkarte eingesetzt werden.

Es werden die **Betriebssysteme**

- Microsoft Windows 95/98
- Microsoft Windows 2000
- Microsoft Windows NT 3.51/4.0
- LINUX und OS/2

sowie die **Netzwerkbetriebssysteme**

- SCO UnixWare
- SunSoft PC/NFS
- Banyan Vines Client
- DEC Pathworks
- Novell NetWare 3.x und 4.x Server

unterstützt.

2.4 Der externe USB-Adapter

Wer keine Ethernet-Netzwerkkarte in seinen PC einbauen möchte, hat die Möglichkeit, einen USB-Adapter zu erwerben. Von der Telekom wird der **Teledat Fast Ethernet USB** zum Preis von 51,10 € angeboten (*Abb. 2.8*). Es ist ein externer Adapter zum Anschluss des PC an das T-DSL-Modem. Damit entfällt das Aufschrauben und Öffnen des Rechners. Die Installation ist somit wesentlich einfacher als bei der Einsteckkarte. Der Adapter benötigt immer einen freien, aktivierten USB-Port. Er ist ebenfalls für Übertragungsgeschwindigkeiten von 10 Mbit/s und 100 Mbit/s vorgesehen; die Datenratenerkennung erfolgt automatisch. Eine separate Stromversorgung ist nicht erforderlich, die notwendige Speisung erfolgt über das mitgelieferte USB-Verbindungskabel. Im Lieferumfang sind weiterhin die Treiberdiskette und ein Benutzerhandbuch enthalten.

Der Teledat Fast Ethernet USB unterstützt die Netzwerkstandards IEEE 802.3 für 10Base T und IEEE 802.3u für 100Base TX und ist mit einem Ethernetport RJ45 ausgestattet. Über LED werden Übertragungsgeschwindigkeit sowie die Betriebsweisen

Abb. 2.8 Der externe Adapter Teledat Fast Ethernet USB der Telekom

Senden und Empfangen optisch angezeigt. Unterstützt werden die Betriebssysteme

- Microsoft Windows 98
- Microsoft Windows 98SE und
- Microsoft Windows 2000

Am eigenen PC-System wird mindestens vorausgesetzt:

- das Betriebssystem Windows 98
- ein Pentiumprozessor mit 166 MHz Taktfrequenz
- ein 16 MB RAM und ein
- aktivierter USB-Port /5/.

2.5 Die FRITZ!Card DSL-Einbaukarte

Von der Berliner Firma AVM wird die **FRITZ!Card DSL** als Einbaukarte angeboten (*Abb. 2.9*). Nach Einbau dieser Karte wird der PC direkt mit dem T-DSL-Splitter verbunden. Das externe T-DSL-Modem NTBBA wird nun nicht mehr benötigt. Die Karte vereint in sich die Funktionen des T-DSL-Modems, der Ethernetkarte und bietet zusätzlich einen ISDN-Zugang an.

Mit dieser DSL-Einbaukarte verringern sich natürlich die Installationsaufwendungen erheblich. Der Karteneinbau erfolgt analog dem Einbau der bekannten ISDN-Karte FRITZ!Card PCI. Der PC erkennt automatisch die neue Hardware, und die mitgelieferte Installationssoftware richtet die notwendigen Komponenten ein. Die beiden Programme FRITZ!web DSL und ADSL Watch erlauben einen schnellen ADSL-Start in das Internet:

- **FRITZ!web DSL** ermöglicht nach einem Klick auf den Startbutton sofortiges Surfen. Dabei blockt die sonst nur von Routern bekannte Sicherheitsfunktion IP-Masquerading (aktiver Angriff unter Vorspiegelung einer falschen Identität) ungewollte Datenverbindungen ab. IP-Masquerading bietet insbesondere bei Nutzung einer Flatrate große Sicherheitsvorteile. Auf Wunsch zeigt FRITZ!web DSL in einem eigenen Fenster die eingehenden und ausgehenden Datenmengen. Zusätzlich lassen sich verschiedene DSL-Provider leicht verwalten. Zur universellen Nutzung enthält die

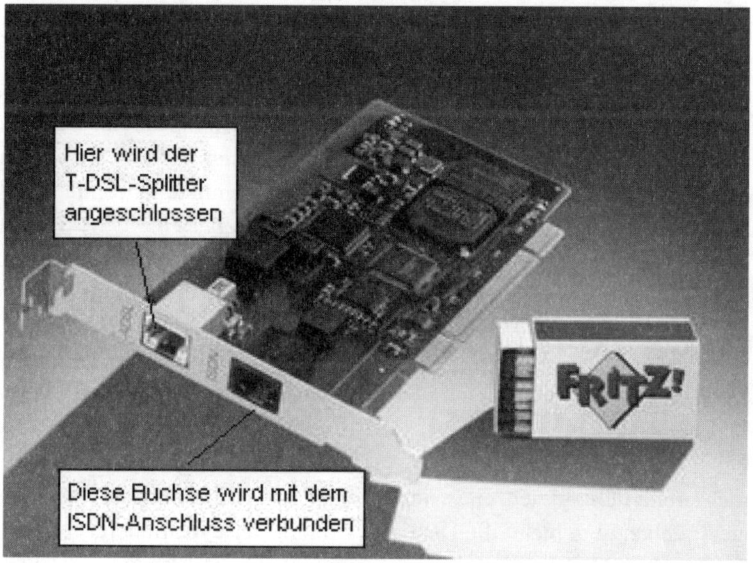

Abb. 2.9 Die FRITZ!Card DSL von AVM

FRITZ!Card DSL ebenfalls eine NDIS WAN-Schnittstelle.

- **ADSL Watch** informiert im Detail über die Qualität und Leistungsfähigkeit der T-DSL-Verbindung. Damit wird eine umfassende Transparenz der eingesetzten ADSL-Technologie erzielt. Zusätzlich werden auch die tatsächlich erreichten Datenraten, Fast-Path- bzw. Interleaving-Faktoren (Blockversatzfaktoren), das genutzte Frequenzspektrum und die verwendeten Protokolle angezeigt. ADSL Watch bietet so zu jeder Zeit einen umfassenden Überblick über die ADSL-Verbindung.

Über den ISDN-Anschluss kann nach Installation der FRITZ!-Software wie gewohnt telefoniert oder gefaxt werden. Die FRITZ!Card DSL ermöglicht auch über ein kleines Netzwerk mehreren Anwendern den gleichzeitigen Zugang ins Internet. Die Systemvoraussetzungen sind:

- Pentium II PC, 300 MHz
- Microsoft Windows 98, Windows ME, Windows 2000 und Windows NT 4.0
- Linux und Windows XP in Vorbereitung.

Zum Lieferumfang gehört neben der FRITZ! DSL-Karte

- das ADSL-Kabel für die Verbindung zwischen PC und T-DSL-Splitter
- ein ISDN-Kabel für die Verbindung zwischen PC und NTBA
- das Handbuch mit Kurzanleitung
- eine CD-ROM mit Anwendungen für die

Einzel- und Mehrplatznutzung für die Betriebssysteme Windows 98/ME, Windows 2000/NT 4.0 und
- die Anwendungen FRITZ!web DSL, ADSL Watch, WebWatch, Netzwerk-Gateway-Service und CAPI 2.0.

2.6 Die TK-Anlagen Eumex 704PC LAN und Eumex 704PC DSL

Wer mit mehreren PCs gleichzeitig ins Internet gehen möchte, dem bietet die Deutsche Telekom u.a. die Telefonanlagen Eumex 704PC LAN und Eumex 704PC DSL an. Damit ist es möglich, neben der ansonsten üblichen Methode – Vernetzung mehrerer PCs über einen ADSL-Hub – den Internetzugang nunmehr auch mit diesen beiden TK-Anlagen zu realisieren.

Die ISDN-Telefonanlage **Eumex 704PC LAN** (*Abb. 2.10*) stellt neben vier analogen Ports zusätzlich ein Ethernet-10BaseT-Netzwerk mit vier Anschlussbuchsen zur Verfügung und wird an einem ISDN-Basisanschluss betrieben.

Somit können bis zu vier PCs an die Anlage angeschlossen werden. Sie werden über drei Ethernetschnittstellen mit Twisted Pair-Kabel und über eine USB-Schnittstelle miteinander vernetzt. Der in der Eumex integrierte Router ermöglicht allen angeschlossenen PCs den gleichzeitigen Zugang ins Internet (Time-Sharing-Verfahren = Zeitanteilsverfahren). Unabhängig von der Internetnutzung kann über die TK-Anlage der normale ISDN-Telefonverkehr geführt werden. Er wird durch die T-DSL-Nutzung in keiner Weise behindert. Es sei aber noch einmal darauf hingewiesen, dass trotz Verwendung dieser T-DSL-TK-Anlage keine Wählverbindungen über T-DSL hergestellt werden können. Zum Lieferumfang gehören:

- ISDN-Telefonanlage Eumex 704PC LAN
- Steckernetzteil
- ISDN-Verbindungskabel
- PC-Verbindungskabel USB

Abb. 2.10 Die Telefonanlage Eumex 704PC LAN der Deutschen Telekom

Abb. 2.11 Die Rückseite der Eumex 704PC DSL

- CD-ROM mit Installationssoftware für Windows 98/Me/2000
- Benutzerhandbuch für die Eumex 704PC LAN.

Auf der CD-ROM befindet sich folgende Software:

- Das Setup der Treibersoftware mit Common ISDN Application Programming Interface(CAPI) sowie CapiPort, CapiControl und die Einrichtungssoftware.
- Die ISDN-Komplettsoftware Teledat RVS-COM für Win 98/Me/2000 für Datentransfer, Fax Gruppe 3 und 4, PC-Telefonie, Anrufbeantworter-Funktion.
- Die neueste Version der T-Online-Software der Deutschen Telekom.

Der Preis der Anlage beträgt mit einem T-ISDN xxl-Anschluss 175,95 €.

Die **TK-Anlage Eumex 704PC DSL** ist konzipiert für einen ISDN-Mehrgeräteanschluss und es können bis zu vier analoge Endgeräte angeschlossen werden. Zusätzlich können drei PCs über USB-Kabel mit der Anlage verbunden werden. Alle drei PCs können über einen integrierten Router gleichzeitig eine aktive Internetverbindung aufbauen. *Abb. 2.11* zeigt die Rückseite der Anlage.

Bei der Eumex 704PC DSL werden die drei PCs direkt über die USB-Schnittstelle und ohne Einbau von Ethernetkarten angeschlossen. Der Kaufpreis für diese TK-Anlage beträgt 229,95 €.

2.7 Mit Hub und Router ins Internet

Wer mit mehr als einem Rechner über T-DSL ins Internet gehen möchte, braucht neue bzw. weitere Hardwarekomponenten. Da das T-DSL-Modem nur eine 10BaseT-Schnittstelle mit einer RJ45-Buchse besitzt, können zwei oder mehrere PCs nicht direkt an das T-DSL-Modem angeschlossen werden. Abhilfe schaffen hier folgende Hardwarekomponenten der Netzwerktechnik:

- Hubs
- Routers oder
- Switches.

Alle drei genannten Geräte werden immer dann als Koppelelemente in einem Netzwerk eingesetzt, wenn mehrere PCs als Ar-

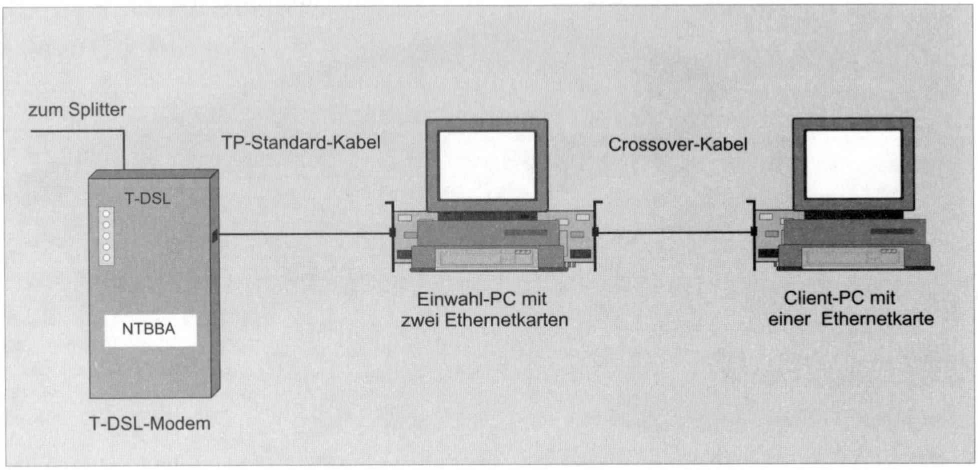

Abb. 2.12 Über zwei Ethernetkarten wird der Einwahl-PC mit dem T-DSL-Modem und mit dem Client-PC verbunden

beitsstationen miteinander zu verbinden sind. Das trifft auch bei T-DSL zu, wenn man sich mit mehreren Rechnern über T-DSL ins Internet einloggen möchte. Betrifft der Internetzugang allerdings nur zwei PCs, kommt man auch ohne diese Verteilkomponenten aus. Der erste PC wird als Einwahl-PC und der zweite Rechner als Client-PC festgelegt (*Abb. 2.12*). Der Einwahl-PC ist mit **zwei** Netzwerkkarten, der Client-PC mit **einer** Netzwerkkarte ausgerüstet. Die erste Ethernetkarte des Einwahl-PCs wird über ein Standard-TP-Kabel mit dem T-DSL-Modem verbunden. Die zweite Ethernetkarte wird über ein Crossover-Kabel mit der Ethernetkarte des Client-PC verbunden.

Der Einwahl-PC mit den zwei Netzwerkkarten teilt das Netzwerk in zwei Teilnetze auf. Der Client-PC kann aber nur dann ins Internet, wenn der Einwahl-PC als T-DSL-Server arbeitet. Dazu muss er mit einem Proxyserver- oder Routerprogramm ausgestattet sein.

2.7.1 Der Proxy-Rechner

Ein Proxyrechner ermöglicht den PCs eines lokalen Netzwerkes eine bestehende Internetverbindung gleichzeitig zu nutzen. Mit der entsprechenden Software ist es möglich, zwei oder mehrere PCs an einen einzigen Providerzugang anzuschließen. Bekannte Proxy-Programme sind u.a. *Wingate 4.2*, *Jana Server* oder *CProxy*. Das Wort „Proxy " heißt nichts anderes als *Stellvertreter.* Somit ist ein Einwahlrechner mit Lage, stellvertretend für alle weiteren angeschlossenen PCs die erforderlichen Internetfunktionen bereitzustellen. Der Proxyrechner hat direkten Zugriff auf das ADSL-Modem.

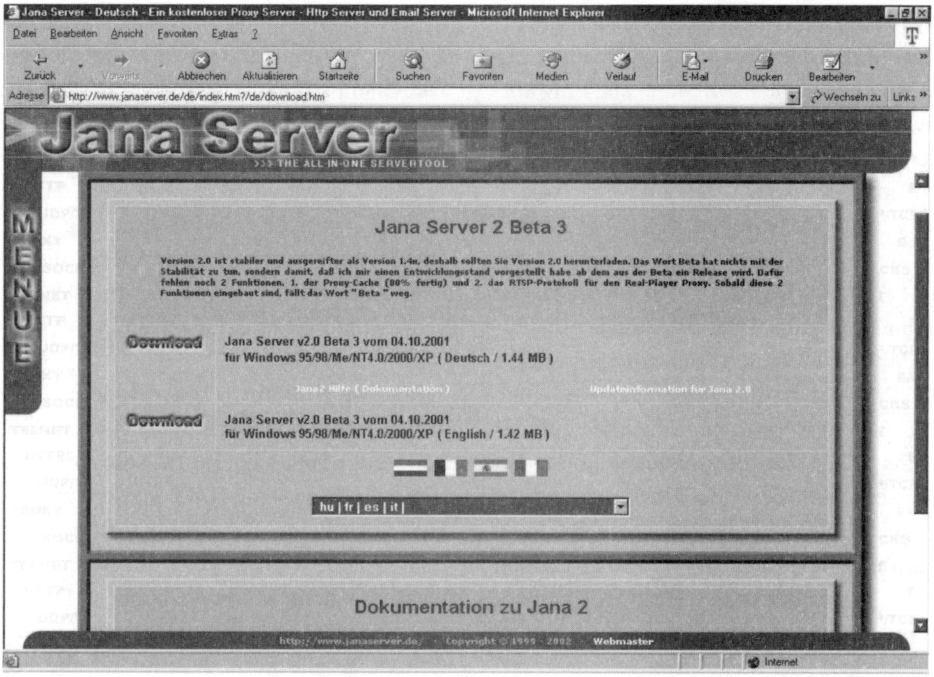

Abb. 2.13 Auf dieser Internetseite wird die Proxy-Software *Jana-Server* angeboten

Der Internet-Proxy-Server ist Teil des PC-Netzwerkes und ist von allen anderen PCs als Server erreichbar. Der Vorteil einer Proxy-Lösung besteht insbesondere darin, dass die von Netzwerkrechnern angeforderten Internetinformationen im Proxyrechner zwischengespeichert werden und somit bei Anforderungen von anderen Rechnern aus dem Netzwerk schneller zur Verfügung gestellt werden können als aus dem Internet. Das heißt, nur der erste Rechner holt direkt die Informationen aus dem Internet; die anderen Rechner erhalten sie nunmehr unmittelbar vom Proxy-Server. Angeforderte Web-Seiten werden also unmittelbar an den Client-PC weitergegeben. Dies führt zu einer bedeutenden Entlastung, aber auch zu einer günstigen Lastverteilung auf der Telefon-Anschlussleitung. Zum einen können mehrere PCs gleichzeitig über eine ADSL- oder ISDN-Verbindung ins Internet, zum anderen wird nur dann eine Verbindung ins Internet aufgebaut, wenn der Proxy-Server die Informationen nicht bereitstellen kann.

Die Funktionsweise des Internetzugangs mehrerer Rechner mit einer Proxy-Lösung ist Folgende: Vom Internet-Provider wird bekanntlich nur eine einzige IP-Adresse für den PPP-Zugang zugewiesen. Sie ist im Regelfall auch noch eine dynamische Adresse. Da die IP-Adresse nur für einen bestimmten PC bereitgestellt wird, kann sie nicht gleichzeitig von anderen Rechnern mitgenutzt werden. Deshalb wird ein Rechner mit der entsprechenden Software als Einwahl- bzw. Proxyrechner definiert. Wer mit mehreren PCs ins Internet gehen möchte, kann sich unter www.jana-server.de eine solche Proxy-Software herunterladen (*Abb. 2.13*).

Nur der Proxy-Rechner ist in der Lage, die Verbindung zum Internet-Provider herzustellen. Er ist letztlich Bindeglied zwischen dem Provider bzw. Internet auf der einen Seite und dem privaten Netzwerk auf der anderen Seite. Ein Proxy arbeitet auf der Internetseite als Client und als Server auf der Netzwerkseite. Er besitzt deshalb zwei Netzwerkanschlüsse. Mit der Proxy-Lösung ist eine Kontrolle der einzelnen PCs und deren Internetnutzung möglich.

2.7.2 Die Router-Variante

Die Router-Lösung wird dort angewendet, wo Internetdienste ohne Einschränkungen genutzt werden müssen. Entweder richtet man den Einwahlrechner als Router ein. oder man benutzt gleich einen DSL-Router. Der Router besitzt für die Internetkommunikation eine eigene IP-Adresse. Den anderen Rechnern werden IP-Adressen zugeordnet, die aber nur für das Netzwerk geeignet sind. Die Client-Adressen werden vom Router in Internetadressen umgesetzt. Das Umwandeln der Adressen nennt man das *Network Adress Translation-Verfahren NAT*, also eine Netzwerk-Adressen-Umwandlung.
Der Router empfängt und verteilt die Datenblöcke auf die Ports, an die die Netzwerkrechner angeschlossen sind.

2.7.3 Der Hub am T-DSL-Modem

Hubs sind kleine Netzknoten mit einer reinen Verteilfunktion. Die PCs als Arbeitsstationen werden über RJ45-Stecker mit dem Hub verbunden. Der Hub selbst wird mit dem T-DSL-Modem oder in einem Netzwerk mit dem Server verbunden. Er empfängt die Datenpakete und sendet bzw. verteilt sie an alle Ports. Damit sind alle Ports aktiv und nutzbar. Das bedeutet aber, dass sich die am Hub angeschlossenen PCs die gesamte zur Verfügung stehende Bandbreite teilen müssen. Nur die Verbindung zwischen Hub und Server verfügt über die gesamte Bandbreite. Bei umfangreichen Netzwerken werden mehrer Hubs miteinander vernetzt. *Abb. 2.14* zeigt den *Hub EN 104* der Firma NETGEAR.

Abb. 2.14 Ein Hub mit vier Ports der Firma Netgear

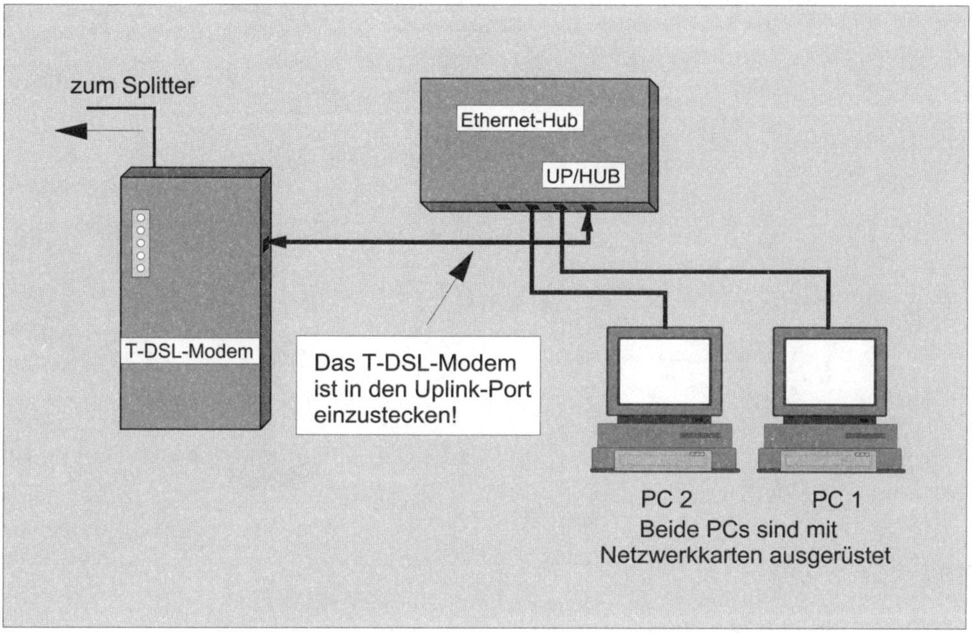

Abb. 2.15 Zwei PCs steuern über den Hub das T-DSL-Modem an

An einen Ethernethub können zwei (sinnvoller Weise ab drei) oder mehrere PCs angeschlossen werden. Der Hub wird im einfachsten Fall als DSL-Verteiler genutzt und jedem angeschlossenen PC ist eine T-DSL-Einwahl möglich (*Abb. 2.15*). Das T-DSL-Modem kann damit von jedem PC aus angesteuert werden. Wurde vom zuständigen Provider die Berechtigung für eine Mehrfacheinwahl erteilt, können beide PCs gleichzeitig im Internet surfen. Beim Anstecken des T-DSL-Modems in den Hub ist die Buchsenart des Hubs aber auch das Kabel zwischen Modem und Hub zu beachten. Beim Einstecken des Modems in eine Uplink-Buchse wird ein normales Standard-TP-Kabel verwendet. Schließt man das Modem dagegen an eine normale Buchse an, oder der Hub besitzt keine Uplink-Buchse, so muss man ein Crossover-Kabel verwenden. Das Crossover-Kabel macht aus einem normalen Port einen Uplinkport.

2.7.4 Der Netzwerkrouter

Ein Router ist ein Netzkopplungselement mit zwei oder mehr Netzwerkanschlüssen zur Verbindung oder Vernetzung unterschiedlicher LAN. Je nachdem, wie viele Protokolle ein Router in der Netzwerkschicht unterstützt, unterscheidet man Einzelprotokoll-Router und Multiprotokoll-Router. Der Router muss entscheiden, welchen Weg ein Datenpaket nehmen soll, um zum Empfänger zu gelangen. Das erfolgt mit Hilfe der sogenannten Routingtabelle.

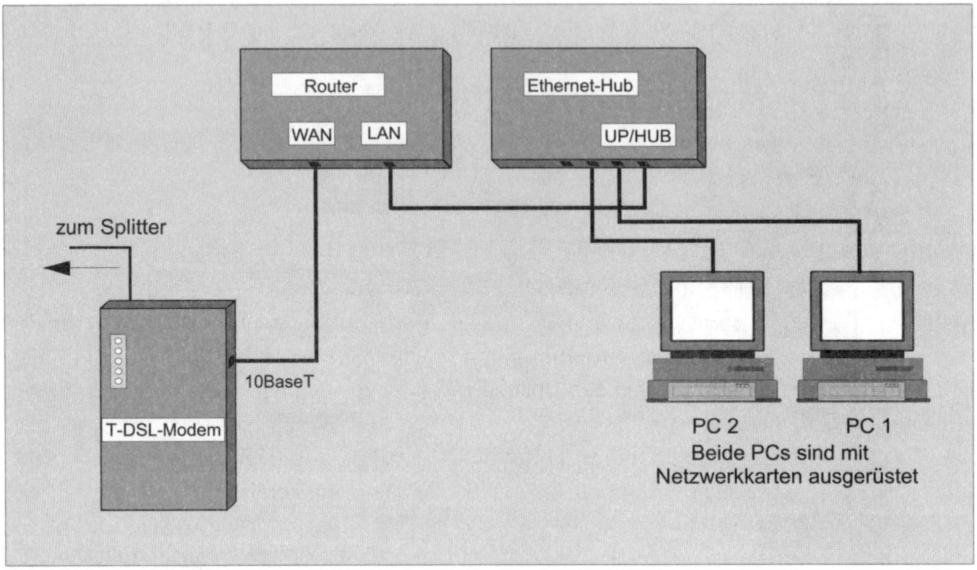

Abb. 2.16 Router und Hub am T-DSL-Modem

Sie enthält alle notwendigen Angaben, wie Netzwerkadressen, Verbindungswege zu anderen Netzwerken, die Verbindungsarten zu anderen Routern usw. Von der Deutschen Telekom wird der Router Teledat DSL Router Komfort angeboten. *Abb. 2.16* zeigt die Konfiguration mit Router, Hub und PCs.

Installationsarbeiten am T-DSL-Anschluss

3

Die für T-DSL notwendigen Installations- bzw. Montagearbeiten im Wohnbereich richten sich insbesondere nach der individuell bestellten Anschlussvariante einschließlich der eingesetzten Hardware. Sie sind aber in allen Fällen nicht besonders aufwendig und können meist ohne fremde Hilfe selbst durchgeführt werden. Prinzipiell können, neben weiteren Anschlusspaketen mit besonderer Tarifgestaltung, folgende T-DSL-Anschlussvarianten beim Netzbetreiber oder Provider bestellt werden:

- **T-DSL einschließlich eines neuen ISDN-Anschlusses (T-DSL mit T-ISDN).** Es stehen zwei Telefon- bzw. Nutzkanäle und ein separater Internetzugang zur Verfügung. Es sind Installationsarbeiten sowohl für den ISDN-Anschluss als auch für die T-DSL-Komponenten erforderlich. Eventuell Umstieg vom analogen Telefonanschluss auf einen ISDN-Anschluss.
- **T-DSL für einen bestehenden ISDN-Anschluss**. Die vorhandenen zwei Nutzkanäle werden um den separaten Internetzugang erweitert. Installationsarbeiten für T-DSL sind erforderlich.
- **T-DSL einschließlich eines neuen analogen Telefonanschlusses (T-DSL mit T-Net)**. Hier erhält der Teilnehmer einen komplett neuen Telefonanschluss. Es stehen nach der Freischaltung ein Telefonkanal und ein separater Internetzugang zur Verfügung.
- **T-DSL für einen bestehenden analogen Telefonanschluss.** In diesem Fall wird der analoge Anschluss mit T-DSL erweitert. Auch hier stehen ein Telefonkanal und ein Internetzugang zur separaten Nutzung bereit.

Nachfolgend werden Installationsarbeiten für verschiedene Anschlussvarianten sowohl im analogen Bereich als auch bei ISDN-Anschlüssen beschrieben.

3.1 Einbau der Ethernet-Netzwerkkarte

Unabhängig von der vorhandenen Netzstruktur und Anschlussart ist es notwendig, die Ethernetkarte in den PC einzubauen. Diesen Karteneinbau sollte man als erstes vornehmen, denn dann ist der PC für T-DSL ordnungsgemäß vorbereitet. Von der Deutschen Telekom kann man für 25,54 € die Netzwerkkarte **AT-2500TX PCI Ethernet Adapter Karte** des Herstellers Allied Telesyn International GmbH Berlin erwerben (*Abb. 3.1*).

Es ist eine Ethernet-Einsteckkarte für Desktop-PCs mit PCI-Bus, 32 Bit. Sie unterstützt Datenübertragungsraten von sowohl 10MBit/s als auch 100MBit/s und ist damit für den

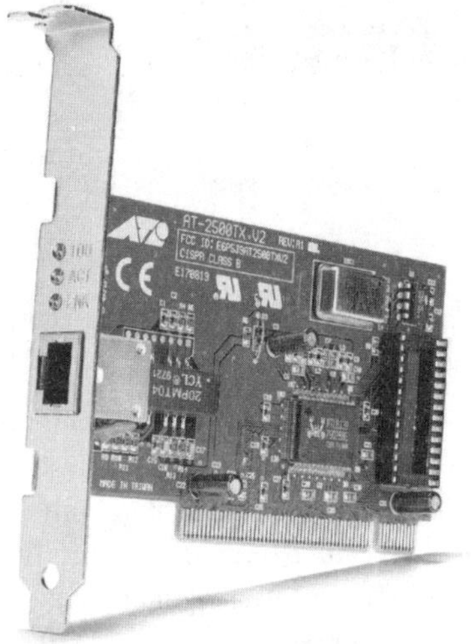

Abb. 3.1 Die Ethernetkarte von Allied Telesyn für T-DS

Anschluss an 10BaseT und 100BaseTX Netzwerke geeignet. Mit Hilfe einer Netzwerkkarte ist es möglich, in einem lokalen Ethernet-Netzwerk (LAN) eine Verbindung zu einer weiteren bzw. anderen Netzwerkkomponente aufzubauen. Im hier beschriebenen konkreten Fall handelt es sich um die Verbindung zwischen dem T-DSL-Modem und dem PC. Netzwerkkarten werden im Englischen mit *Network Interface Card* und mit der Kurzform NIC bezeichnet. Jede Netzwerkkarte besitzt eine eindeutige und nur ihr zugeordnete Ethernetadresse, die sich stets von anderen Ethernetadressen unterscheidet.

Die Ethernetkarte AT-2500TX ist eine Einbaukarte (halbe Baugröße) mit den Abmessungen 13,0 cm x 5,7 cm und ist mit dem Ethernetanschluss EIA/TIA Cat5, RJ45-Buchse, ausgestattet. Sie unterstützt die Betriebssysteme Microsoft Win3.xx, Win9x, Win NT3.51/4.0, Win 2000 und Win ME.

Für die komplette Installation wird neben der Ethernetkarte auch die Diskette mit der Treibersoftware und eventuell die CD-ROM mit dem vorhandenen Betriebssystem benötigt. Und so geht man vor:

1. Schritt:

Der PC wird ausgeschaltet und vom Stromnetz getrennt. Anschließend kann der PC aufgeschraubt werden. Die Netzwerkkarte ist nun in einen freien PCI-Steckplatz einzusetzen (*Abb. 3.2*).

Sicherheitshalber sollte man eine eventuell vorhandene eigene statische Aufladung (Körper und Werkzeuge) durch eine Berührung mit dem metallischen Gehäuse abbauen. Beim Karteneinbau ist zu beachten, dass die weißen PCI-Sockel kürzer sind als die schwarzen ISA-Steckplätze. Wenn man den Steckplatz ausgewählt hat, ist an der PC-Rückseite das Abdeckblech zu entfernen. Damit ist nach dem Karteneinbau der RJ45-Anschluss von der PC-Rückseite aus zugänglich. Die Karte ist vorsichtig, aber kräftig, in den PCI-Sockel einzustecken und anschließend festzuschrauben.

2. Schritt:

Der PC ist nach dem Einsetzen der Karte wieder zu schließen und einzuschalten. Da sich die Netzwerkkarte für verschiedene Betriebssysteme eignet, ist nun die entsprechende Treibersoftware von der mitgelieferten Diskette (CardAssistant-Diskette) auf die PC-Festplatte zu installieren. Die modernen Windows-Betriebssysteme Windows 98 oder Windows ME erkennen über Plug & Play neue Hardwarekomponenten im PC automatisch. Man kann die Installation manuell begleiten. Der Hardwareassistent von

Die Ethernet-Netzwerkkarte ist in den PCI-Sockel einzu- stecken

Abb. 3.2 Die PCI-Steckplätze im PC

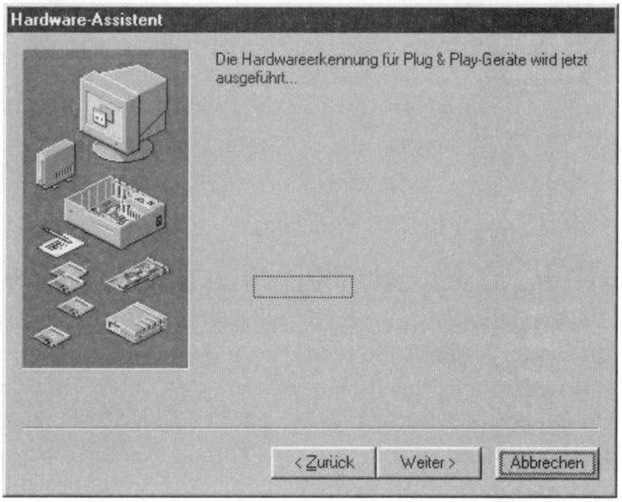

Abb. 3.3 Der Assistent startet die Hardware-erkennung

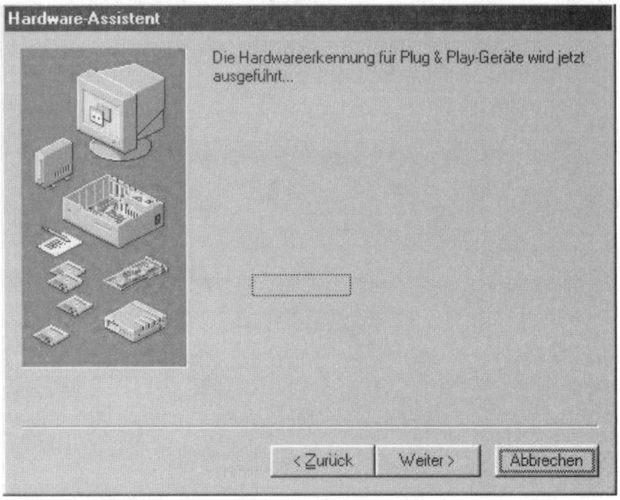

Abb. 3.4 Die Hardwareerkennung wird ausgeführt

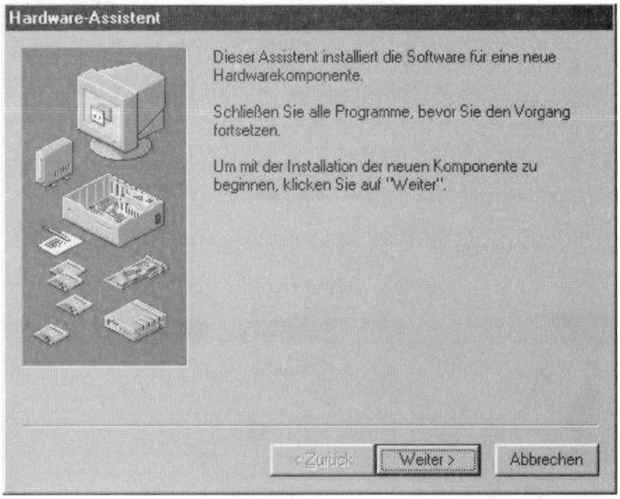

Abb. 3.5 Der Hardwareassistent installiert die neue Software

Windows 98 informiert über den Start der Hardwareerkennung (*Abb. 3.3*) und über die Installation der Software für die neue Hardware (*Abb. 3.4*). Die einzelnen Schritte werden mit einem Klick auf *Weiter* eingeleitet bzw. fortgeführt.
Mit dem Klick auf *Weiter* erscheint *Abb. 3.4* mit der Mitteilung, dass die Hardwareerkennung gestartet wird. Bitte klicken Sie auf *Weiter*.
Es erscheint das nachfolgende Fenster (*Abb. 3.5*) mit der Mitteilung, dass die Software für die neue Hardwarekomponente installiert wird.

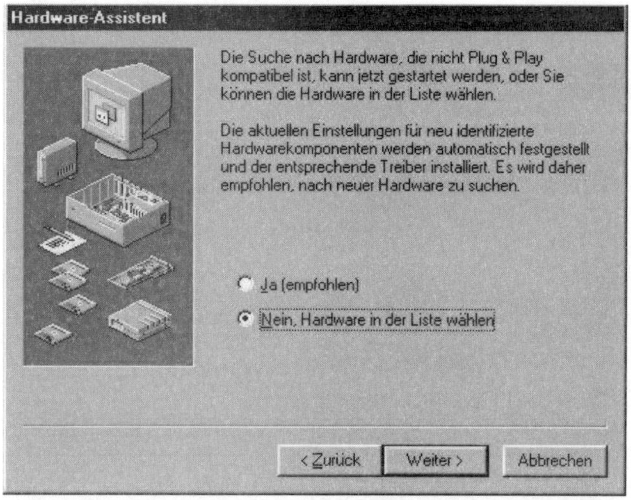

Abb. 3.6 Hier wird *Hardware in der Liste wählen* eingestellt

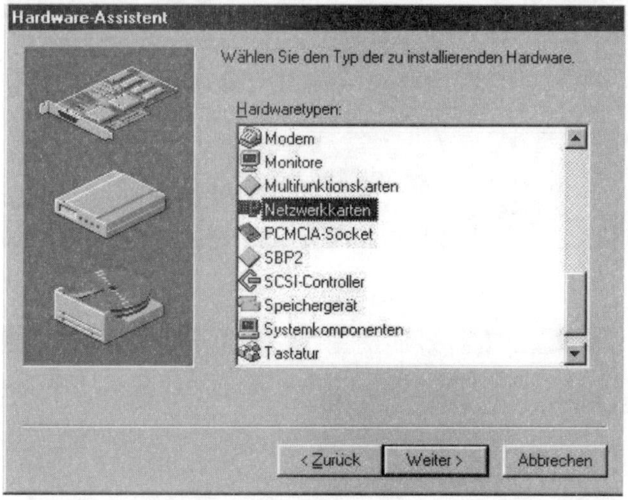

Abb. 3.7 Bei diesem Fenster ist die Komponente *Netzwerkkarten* zu aktivieren

Es ist zweckmäßig, alle Programme zu schließen. Mit einem Klick auf *Weiter* wird *Abb. 3.6* geöffnet.

Nach einen Klick auf *Weiter* ist im nächsten Fenster (*Abb. 3.7*) unter den angezeigten Hardwaretypen die Komponente *Netzwerkarten* zu aktivieren.

Es öffnet sich das Fenster (*Abb. 3.8*) mit der Aufforderung, ein entsprechendes Gerät über die Aktionsflächen *Hersteller* und *Modelle* auszuwählen.

Ist das gewünschte Modell nicht aufgeführt, klickt man auf die Schaltfläche *Diskette* und es erscheint das Fenster *Abb. 3.9* mit der Aufforderung, die Treiberdiskette einzulegen.

Es erscheint die Mitteilung, dass die Trei-

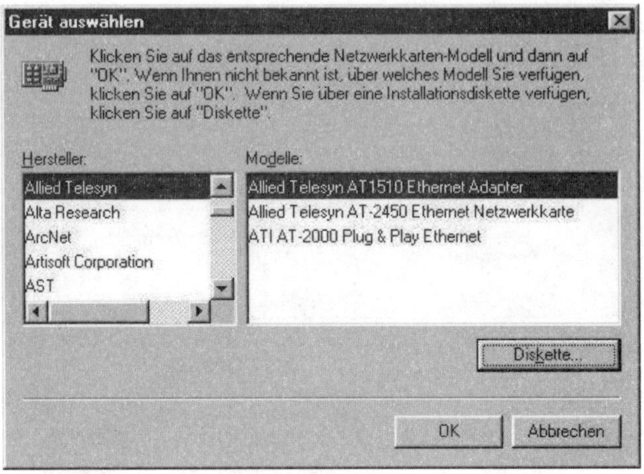

Abb. 3.8 Das Dialogfenster für die Geräteauswahl

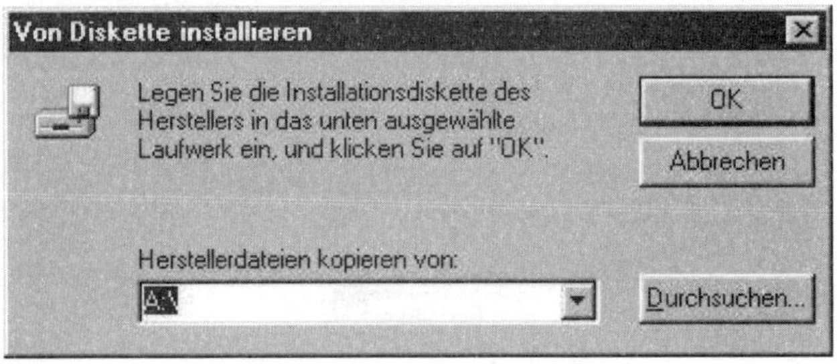

Abb. 3.9 Die Treiberdiskette ist einzulegen

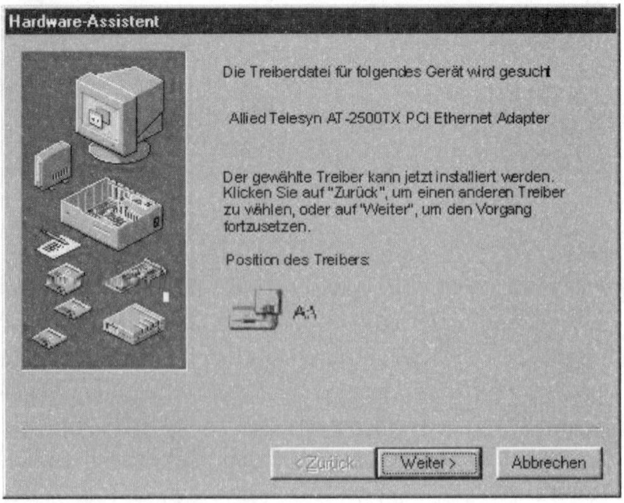

Abb. 3.10 Installation der Treiberdatei

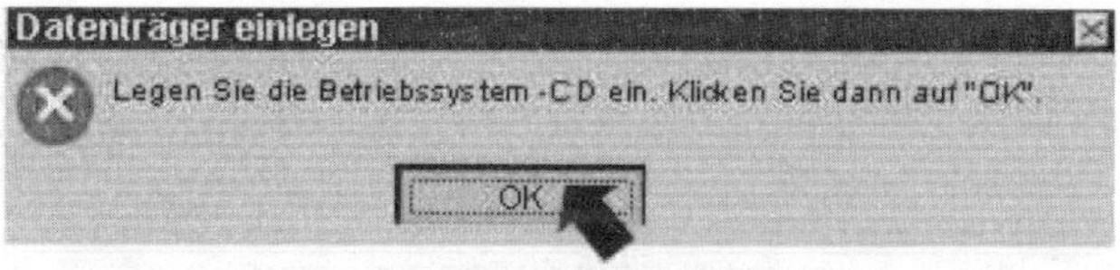

Abb. 3.11 Die Windows-CD ist einzulegen

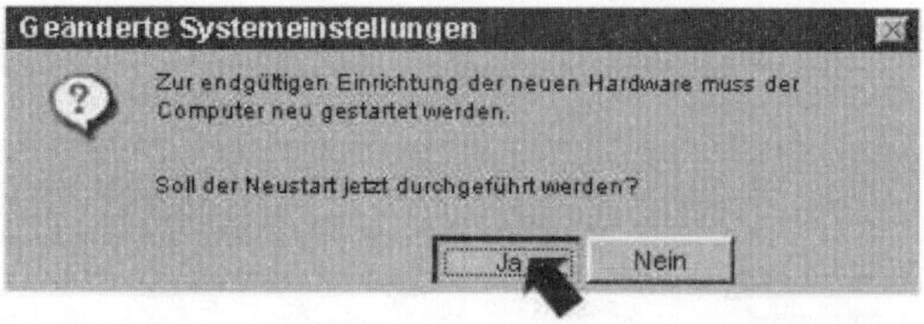

Abb. 3.12 Der PC ist neu zu starten

Abb. 3.13 So beginnt die Prüfung der ordnungsgemäßen Installation der Ethernet-Netzwerkkarte

berdatei für die Ethernetkarte gesucht wurde und nun installiert werden kann (*Abb. 3.10*). Der Treiber wird nach einem Klick auf *Weiter* auf die Festplatte installiert.

3. Schritt:

Nach dem Klick auf *Weiter* und nach Abschluss des Kopiervorganges wird man eventuell aufgefordert, die Windows-CD des Betriebssystems einzulegen (*Abb. 3.11*)

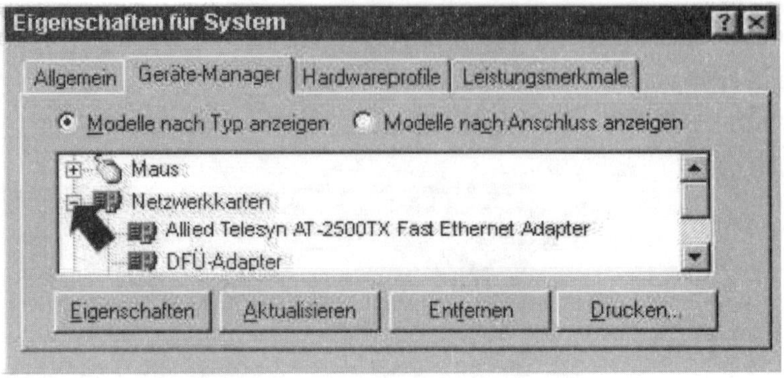

Abb. 3.14 Die Installation der Ethernetkarte ist abgeschlossen

und danach einen Neustart des Rechners vorzunehmen (*Abb. 3.12*).
Durch den Neustart werden verschiedene Dateien des Betriebssystems aktualisiert. Die Datenträger sollten vorher aus den Laufwerken entfernt werden.

4. Schritt:
Nach dem Neustart des Rechners kann man durch einen Funktionstest prüfen, ob die Ethernetkarte ordnungsgemäß installiert wurde. Diese Prüfung erfolgt im Gerätemanager. Dazu ruft man die *Systemsteuerung* (*Abb. 3.13*) und klickt auf das Symbol *System*.
Es öffnet sich das Fenster *Eigenschaften von System*. Bei Anklicken der Komponente *Netzwerkkarten* muss jetzt die installierte Karte Allied Telesyn AT 2500TX Ethernet Adapter erscheinen (*Abb. 3.14*).

3.2 T-DSL mit dem USB-Adapter

Wer seinen PC zum Einbau einer Ethernet-Netzwerkkarte nicht öffnen möchte, kann den Adapter **Teledat Fast Ethernet USB** der Deutschen Telekom verwenden. Voraussetzung dafür ist natürlich, dass der eigene PC mit einem entsprechenden USB-Port ausgestattet ist. Der Adapter benötigt keinen externen Stromanschluss und ist geeignet, Laptops, Notbooks und PCs mit USB-Schnittstellen über die beiden Kabel **USB-Kabel** und **LAN-Kabel** mit dem T-DSL-Modem zu verbinden (*Abb. 3.15*). Das USB-Kabel hat eine Länge von 1,8 m und wird mit dem Adapter mitgeliefert.
Bevor eine Entscheidung über die Verwendung eines Adapters anstelle einer Netzwerkkarte getroffen wird, ist zu prüfen, ob der eigene PC mit einer USB-Schnittstelle ausgerüstet ist. Das prüft man bei Windows 98 durch Doppelklick auf *Arbeitsplatz*, *Systemsteuerung*, *System* und letztlich öffnet

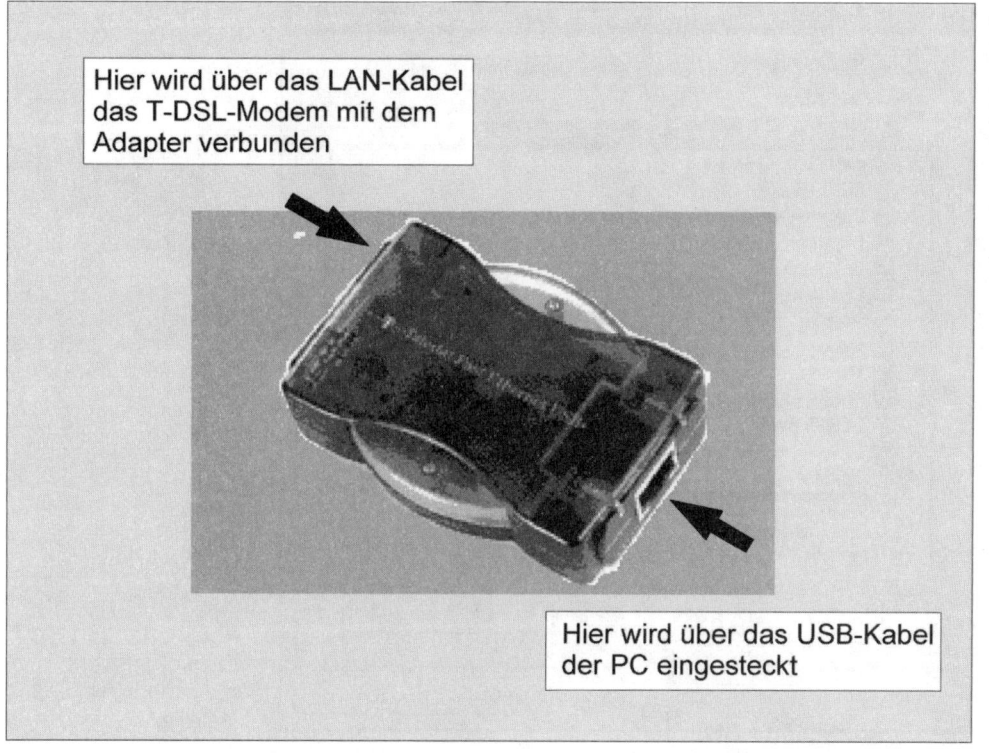

Hier wird über das LAN-Kabel das T-DSL-Modem mit dem Adapter verbunden

Hier wird über das USB-Kabel der PC eingesteckt

Abb. 3.15 Der Adapter wird zwischen PC und T-DSL-Modem eingefügt

man das Register *Gerätemanager.* Wenn im *Gerätemanager* die Hardware Universal Serial Bus Controller angezeigt wird, besitzt der PC einen installierten USB-Port (*Abb. 3.16*). Der USB-Adapter kann also verwendet werden. Im Betriebssystem Windows 2000 verfährt man ähnlich, hier klickt man allerdings auf das Register *Hardware* und dann auf *Gerätemanager*.

Systemvoraussetzungen für den Teledat USB-Adapter sind: Pentium-Prozessor 166 MHz; Arbeitsspeicher 16 MB RAM; Betriebssysteme Windows 98/98 ME oder Windows 2000.

Der Adapter kann nun an den PC angeschlossen werden. Windows erkennt die neue Hardware automatisch und es kann die Treibersoftware installiert werden. Das beginnt mit dem Hardware-Assistent, der die Installation bis zur Ende begleitet (*Abb. 3.17*).

Nach einem Klick auf *Weiter* öffnet sich folgendes Fenster (*Abb. 3.18*):

Klicken Sie auf *Weiter*, es öffnet sich *Abb. 3.19*:

Klicken Sie auf *Weiter* und Sie werden in einem Dialogfenster (hier nicht mit abgebildet) nach den verschiedenen Laufwerken

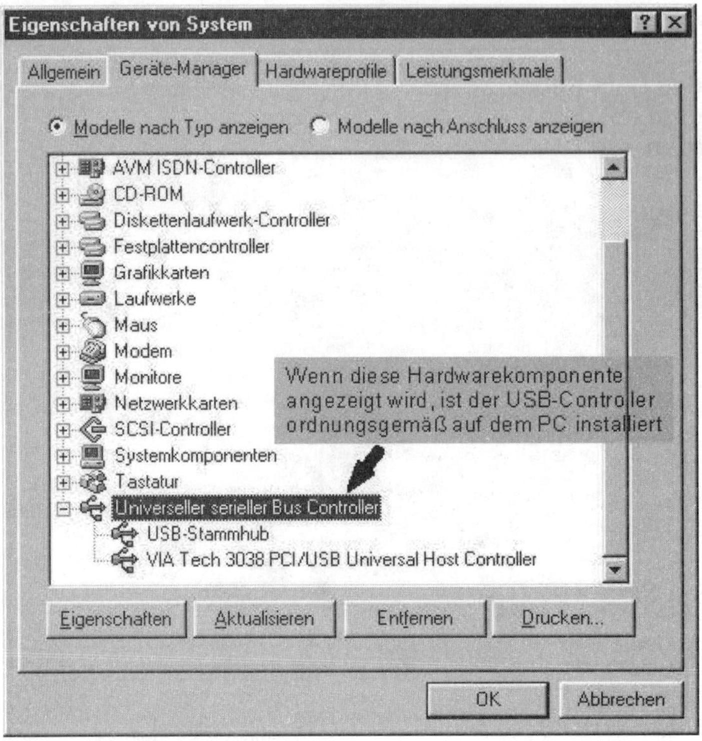

Abb. 3.16 Der USB-Controller ist ordnungsgemäß im PC installiert

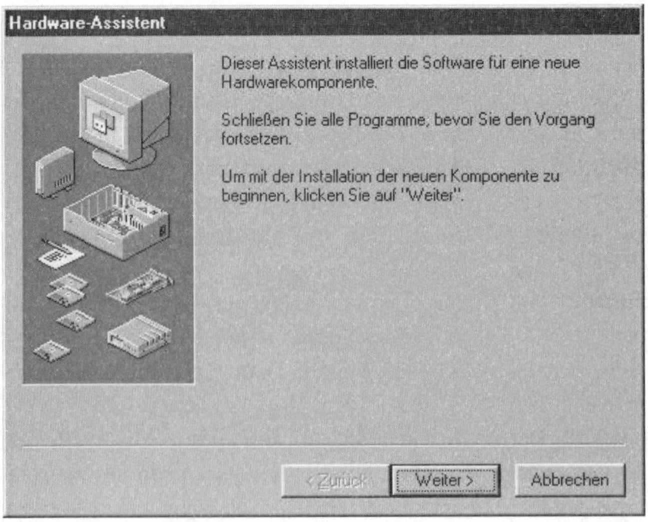

Abb. 3.17 Der Hardwareassistent führt durch das Installationsprogramm

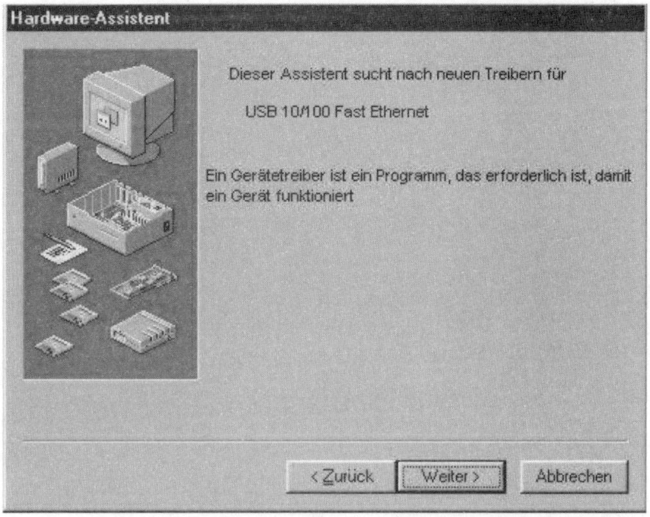

Abb. 3.18 Der Treiber für Teledat USB wird gesucht

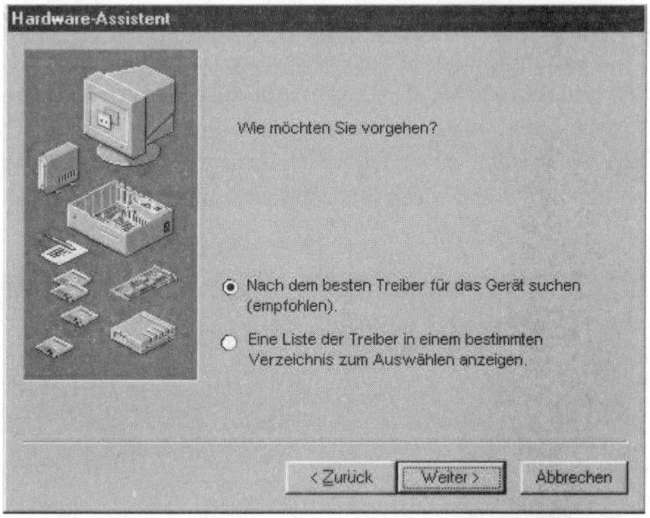

Abb. 3.19 Hier sollte man nichts verändern

bzw. Verzeichnissen gefragt. Klicken Sie auf das Kästchen Diskettenlaufwerke und es öffnet sich *Abb. 3.20*:

Klicken Sie auf Weiter und die Installation des Treibers beginnt. Nach Abschluss der Installation öffnet sich *Abb. 3.21*:

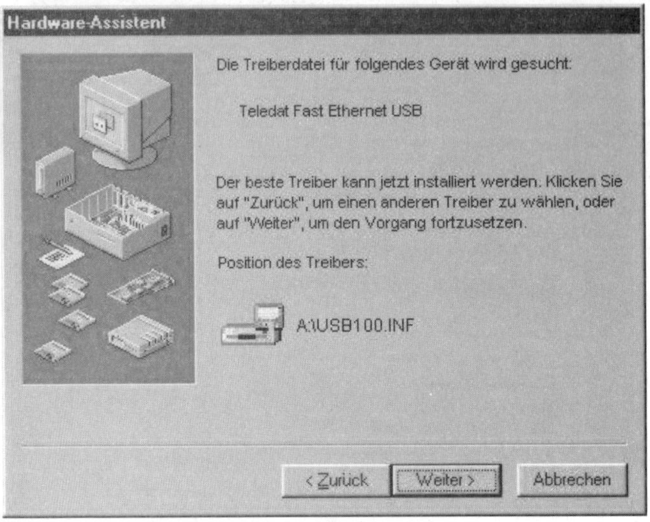

Abb. 3.20 Der Treiber für Teledat Fast Ethernet wurde gefunden

Klicken Sie auf *Fertig stellen*. Anschließend werden Sie aufgefordert, einen PC-Neustart durchzuführen (hier nicht abgebildet). Klicken Sie auf *Nein*, da erst noch im Netzwerk das entsprechende Protokoll hinzugefügt werden muss. Klicken Sie hierzu auf *Einstellungen*, dann auf *Systemsteuerung* und abschließend ein Doppelklick auf *Netzwerk*. Hier können Sie die entsprechenden Protokolle einstellen. Nun führt man den Neustart durch und das neue Gerät wird aktiviert. Jetzt kann man prüfen, ob der USB-Adapter auch ordentlich installiert wurde. Gehen Sie über *Arbeitsplatz* und *Sys-*

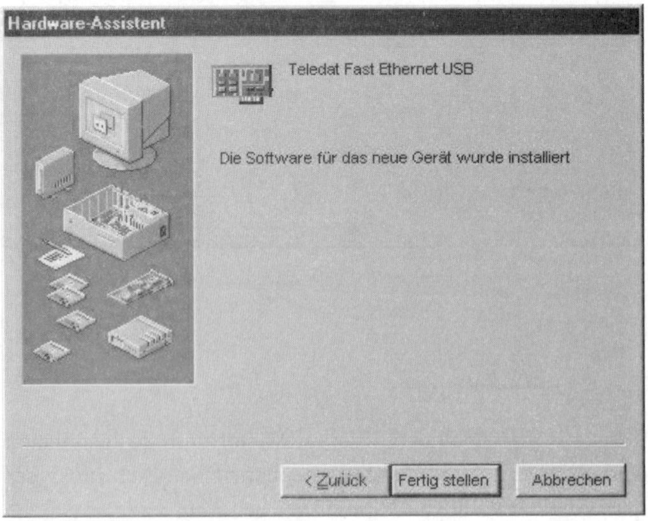

Abb. 3.21 Der Treiber für Fast Ethernet USB ist installiert

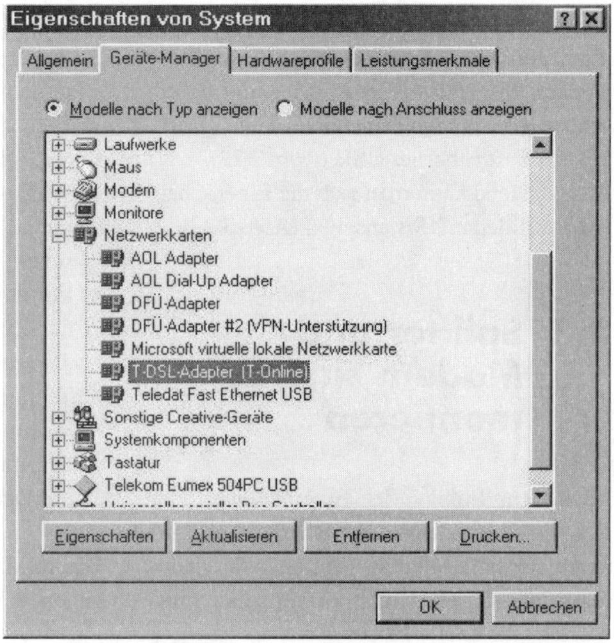

Abb. 3.22 Teledat Fast Ethernet USB ist richtig installiert

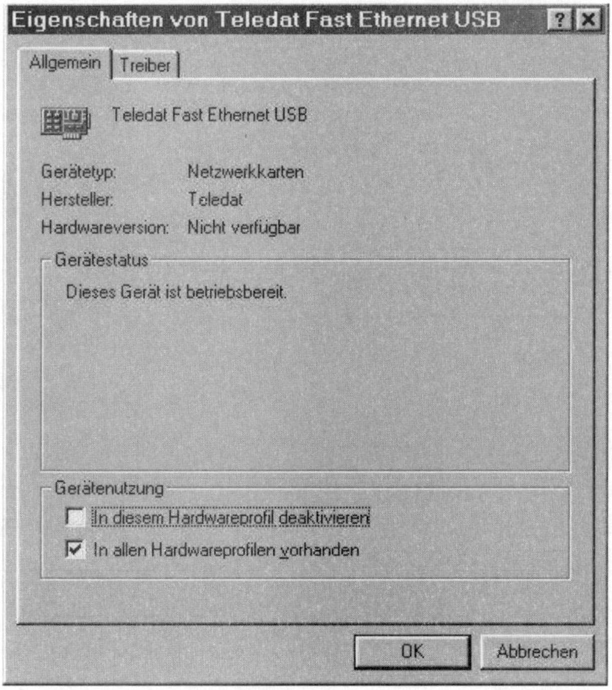

Abb. 3.23 Die Eigenschaften vom Teledat Fast Ethernet USB

temsteuerung auf *System* und klicken Sie hier auf das Register *Gerätemanager*. Klicken Sie *Netzwerkkarten* an und es erscheint bei richtiger Installation die Karte Teledat Fast Ethernet USB (*Abb. 3.22*). Abschließend kann man sich die Eigenschaften von Teledat USB ansehen (*Abb. 3.23*).

3.3 Splitter und Modem sind zu montieren

Nach dem Einbau der Ethernetkarte oder der Installation eines USB-Adapters wird nun die Installation bzw. Montage der anderen beiden T-DSL-Komponenten, also Splitter und Modem, vorbereitet. Bevor es aber an die konkrete Installation geht, hier noch drei allgemeine Hinweise, die man beim T-DSL-Anschluss der Telekom beachten sollte:

- Soll T-DSL am analogen Telefonanschluss realisiert werden, so muss es sich um einen T-Net-Anschluss der Deutschen Telekom handeln
- Für den Internetzugang sollte die T-Online Zugangssoftware Version T-Online 4.0 genutzt werden, da sie die T-DSL-Technologie optimal unterstützt
- Wählt man einen anderen Internetprovider, muss dessen T-DSL-Technologie die der Deutschen Telekom unterstützen.

Die nachfolgenden Installationsanleitungen gehen davon aus, dass als Übergabepunkt

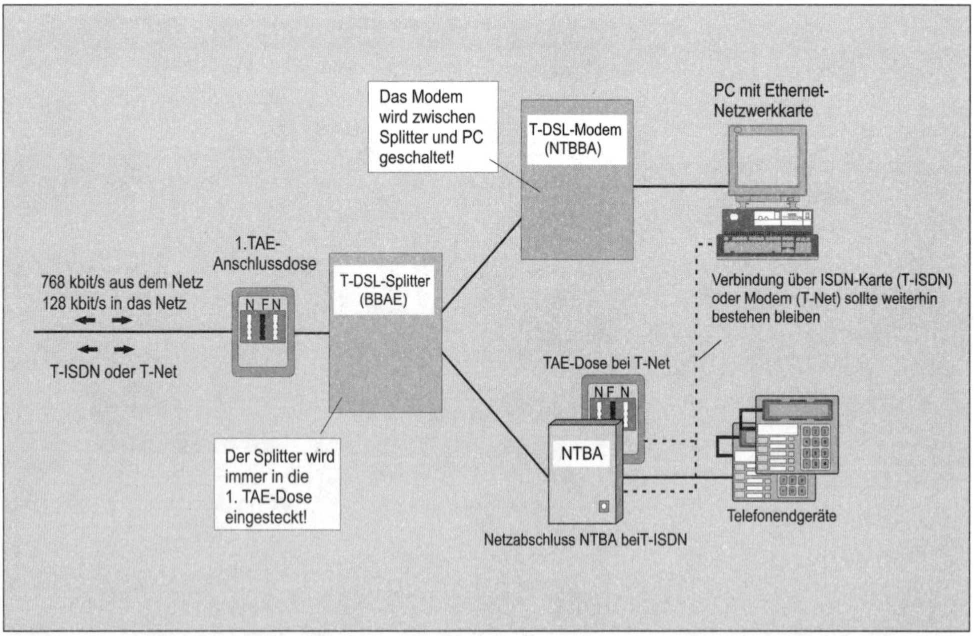

Abb. 3.24 Das Montage-Prinzipschaltbild des T-DSL-Anschlusses

Abb. 3.25 Der Umschalter am T-DSL-Splitter

zwischen Netzbetreiber und Teilnehmer die sogenannte 1.TAE-Dose vorhanden ist. Von der Deutschen Telekom werden folgende Kabel bereitgestellt:

- Das Kabel **TAE-AsK** von 1 m Länge für das Anstecken des Splitters an die TAE-Dose
- Das **UTP-Kabel** von 6 m Länge als Verbindungskabel zwischen dem PC (Ethernetkarte) und dem T-DSL-Modem
- Das Kabel **KNTBBA** von 3 m Länge zum Anschließen des Modems an den Splitter.

Das Montageprinzipschaltbild des T-DSL-Anschlusses (*Abb. 3.24*) gilt für alle Telefon-Anschlussvarianten. Es zeigt deutlich die Anordnung der einzelnen Komponenten einschließlich deren Funktionen bzw. Aufgaben bei der Trennung der ADSL-Datensignale vom Telefonsignal.

3.3.1 Montagehinweise für den T-DSL-Splitter

Der T-DSL-Splitter ist insgesamt mit folgenden Anschlusskonfigurationen und Umschaltmöglichkeiten ausgestattet:

- Eingangsseitig mit einer RJ11-Buchse für die Verbindung zur 1. TAE-Dose
- Ausgangsseitig mit einer RJ45-Buchse für das Anstecken des T-DSL-Modems und weiterhin mit einer TAE-Buchse NFN für das Anschließen eines analogen Telefons oder des NTBA beim ISDN-Anschluss.
- Mit einem Umschalter zum Einstellen der Anschlussart T-Net oder T-ISDN (*Abb. 3.25*)
- Mit zusätzlichen Klemmblöcken für die individuelle Montage des Installationskabels
- Mit einem sogenannten PPA-Schalter, der das direkte Anschließen der Anschlussleitung an den Splitter ermöglicht. Da in der 1.TAE-Dose ein „Passiver Prüfabschluss“ PPA integriert ist, muss natürlich bei Wegfall der 1.TAE-Dose ein solcher PPA nun am Splitter hinzugeschaltet werden. Damit ist auch weiterhin durch den Telekom-Service das Fernprüfen der Amtsleitung auf volle Funktionsfähigkeit jederzeit möglich. Wer also die Anschlussleitung direkt auf den Klemmenblock „a/b Amt“ des Splitter auflegt, muss diesen Umschalter auf „PPA“ schalten.

In *Abb. 3.26* sind alle Buchsen, Klemmblöcke und Umschalter am T-DSL-Splitter übersichtlich dargestellt. Für alle Anschlussbuchsen sind im Splitter die entsprechenden parallelgeschalteten Klemmblöcke vorgesehen. Wer also die steckbaren Anschlussschnüre nicht verwenden möchte, kann diese Klemmmöglichkeiten für die individuelle Installation nutzen.

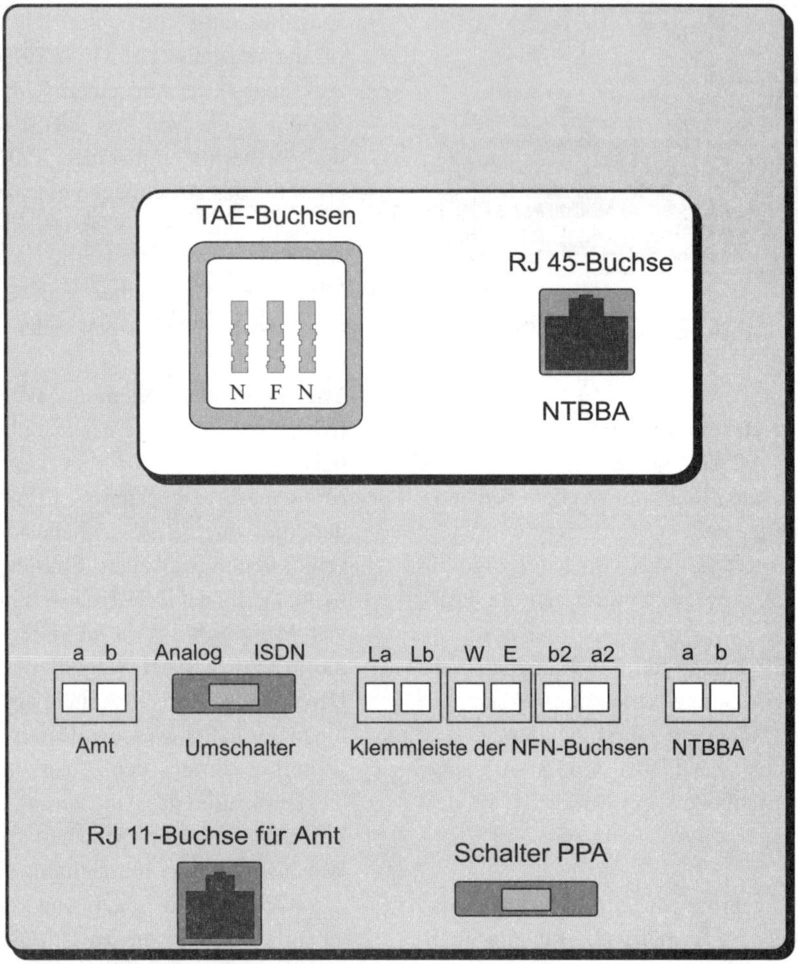

Abb. 3.26 Buchsen, Klemmleisten und Umschalter am T-DSL-Splitter

An die Klemmen a/b Amt wird die Anschlussleitung angeklemmt, am Klemmenblock der NFN-Buchsenkombination La/Lb/W/E/b2/a2 werden analoge Endgeräte oder der NTBA angeschlossen und an die Klemmen a/b NTBBA wird das Modem aufgelegt (*Abb. 3.27*).

3.3.2 Montagehinweise für das T-DSL-Modem

Das T-DSL-Modem ist in der Nähe des PCs zu montieren und kann als Wand- oder Tischgerät verwendet werden. Im Gegensatz zum passiven Splitter wird das Modem an das Stromnetz angeschlossen. Unabhän-

Bezeichnung:	Amt	TAE	NTBBA
Klemmen:	a b	La Lb W E b2 a2	a b
Es wird angeschaltet:	Die Anschlussleitung	Der NTBA oder analoge Endgeräte	Das T-DSL-Modem

Abb. 3.27 Die Anschlüsse im T-DSL-Splitter für die individuelle Installation

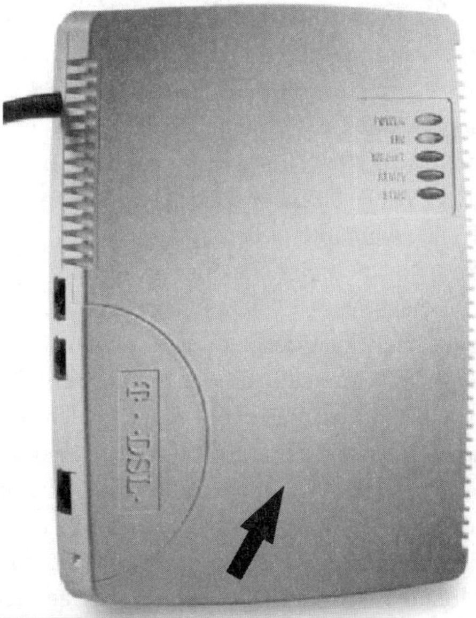

Abb. 3.28 Anschlussbuchsen und Signalisierungslampen am ECI-Modem

T-DSL-Modems besitzen LEDs zur Anzeige des Betriebszustandes: Power, Ein, 10BaseT, ATM 25 und SYNC

gig von den einzelnen Anschlussvarianten und einer noch durchzuführenden Installation anderer Anschlusskomponenten im Hausnetz kann das Modem bereits mit dem PC und dem Stromnetz verbunden werden. In diesem Fall leuchtet die Powerlampe grün und signalisiert die Anschaltung an das Netz. Nach einem Selbsttest leuchtet die SYNC-LED gleichfalls ständig. Das ECI-Modem hat zum Beispiel folgende LED-Kombination: LED für Power, LED für Ein, LED für 10BaseT, LED für ATM 25 und LED für SYNC (*Abb. 3.28*).

Das T-DSL-Modem besitzt eine Eingangsbuchse zum Anschließen des Splitters und eine Ausgangsbuchse zum Anschließen der im PC vorhandenen Ethernet-Netzwerkkarte oder des USB-Adapters mit der Schnittstelle 10BaseT. Die auch vorhandene Buchse ATM 25 soll uns bei der Einrichtung von T-DSL nicht interessieren.

Das Modem bleibt ständig am Netz; es wird also auch nachts nicht ausgeschaltet. Ein Netzschalter ist deshalb auch nicht vorhanden. Der Grund für eine ständige Betriebsbereitschaft ist die relativ lange Synchronisationszeit bis zu 15 Minuten bei Wiedereinschaltung. Es muss allerdings darauf hingewiesen werden, dass man auf Grund der Wärmeentwicklung der Modems eine Montage in der Nähe von Wärmequellen vermeiden sollte.

Im ordnungsgemäßen Betriebzustand müssen die LED: Power, Ein, 10BaseT und SYNC- grün leuchten. Dann ist das Modem betriebsbereit. Während der Synchronisationsphase blinkt die SYNC-LED grün. Liegt ein Fehler vor, leuchtet sie rot.

3.4 T-DSL am analogen Telefonanschluss

T-DSL kann am herkömmlichen analogen Telefonanschluss eingerichtet werden. Bisher wurde ja bekanntlich der Internetzugang bei einem analogen Anschluss mit dem analogen Modem realisiert. Da in diesem Fall nur ein Übertragungskanal zur Verfügung steht, ist bei aktiver Internetverbindung das Telefonieren leider nicht mehr möglich. Auch telefonische Anrufe können nicht entgegengenommen werden. Die Anrufer hören stets das Besetztzeichen. Will man selbst telefonieren, muss letztlich die Internetsitzung beendet werden. Mit T-DSL am analogen Anschluss ist es nun möglich, sowohl zu telefonieren als auch im Internet zu surfen!

3.4.1 Endgeräte in einem Raum

Da sich alle Geräte in einem Raum befinden, ist keine neue Kabelinstallation notwendig (Plug & Play-Lösung). Es werden für alle Verbindungswege die mitgelieferten Kabel des T-DSL-Anschlusspaketes verwendet. *Abb. 3.29* zeigt das Prinzipschaltbild vor und nach der T-DSL-Installation.

Wie die einzelnen Komponenten zusammengesteckt werden, zeigt das Montageschema in *Abb. 3.30*. Der Splitter wird direkt mit der F-Buchse der 1.TAE-Dose verbunden. Anschließend ist der Umschalter im Splitter auf „analog“ einzustellen. Das T-DSL-Modem wird einmal über das UTP-Kabel mit der Ethernet-Netzwerkkarte im PC verbunden und zweitens über das Kabel KNTBBA mit dem Splitter. Die Netzschnur

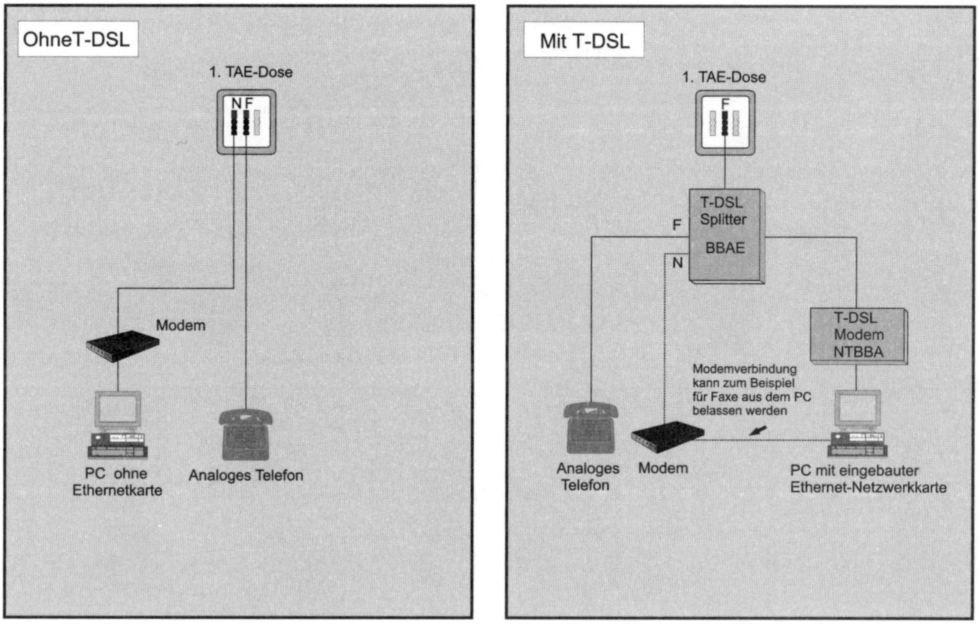

Abb. 3.29 T-DSL am analogen Anschluss; Endgeräte in einem Raum (Plug & Play-Lösung)

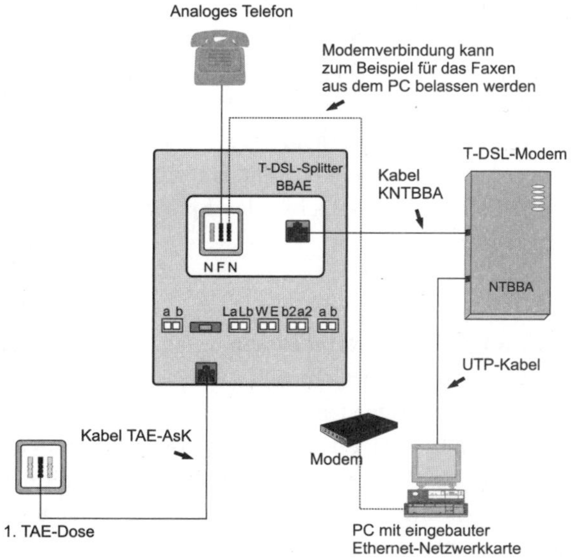

Abb. 3.30 Montageschema: T-DSL am analogen Telefonanschluss; Endgeräte in einem Raum

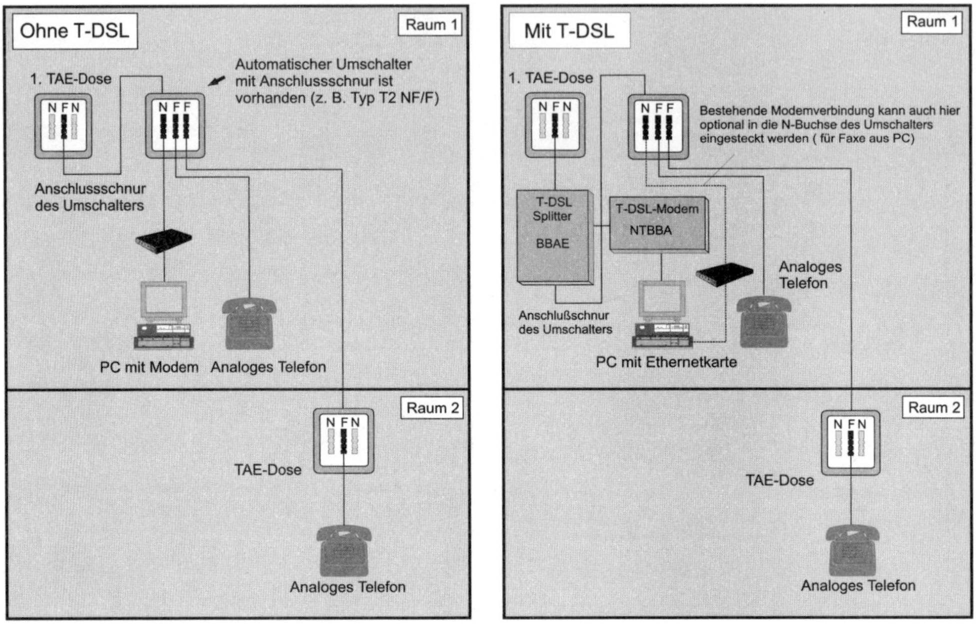

Abb. 3.31 T-DSL am analogen Telefonanschluss; Endgeräte in zwei Räumen

des Modems ist hier nicht mit eingezeichnet. Das vorhandene analoge Telefon wird in die F-Buchse des Splitters gesteckt. Die bisherige Modemverbindung kann auch weiterhin – beispielsweise zum Versenden von Faxnachrichten aus dem PC – verwendet werden. Die Modemverbindung ist in diesem Fall in die N-Buchse des Splitters einzustecken.

3.4.2 Endgeräte in zwei Räumen

Zum wechselseitigen Gebrauch zweier Telefone, die in verschiedenen Räumen untergebracht sind, wird oft ein automatischer Umschalter AMS verwendet. Damit wird das wechselseitige Benutzen der Telefone ermöglicht. Wird bei einem Telefon der Hörer abgenommen, ist das zweite Telefon automatisch gesperrt. Der AMS wird mit und ohne Anschlussschnur angeboten. Der AMS, der von der Deutschen Telekom angeboten wird, heißt T2 NF/F. Ist eine solche Installation mit einem AMS im Wohnbereich vorhanden, dann ist auch das Aufrüsten mit T-DSL ohne aufwendige Neuinstallation möglich (*Abb. 3.31*). Der Splitter wird in diesem Fall einfach zwischen 1.TAE-Dose und Umschalter eingebunden.
Die mitgelieferten Anschlusskabel können wie bei der Variante 1 verwendet werden. Mit dem Kabel TAE-AsK wird der Splitter einmal mit der 1. TAE-Dose verbunden und mit dem Kabel KNTBBA wird das Modem angeschlossen. Die Anschlussschnur des Umschalters wird in die F-Buchse des Split-

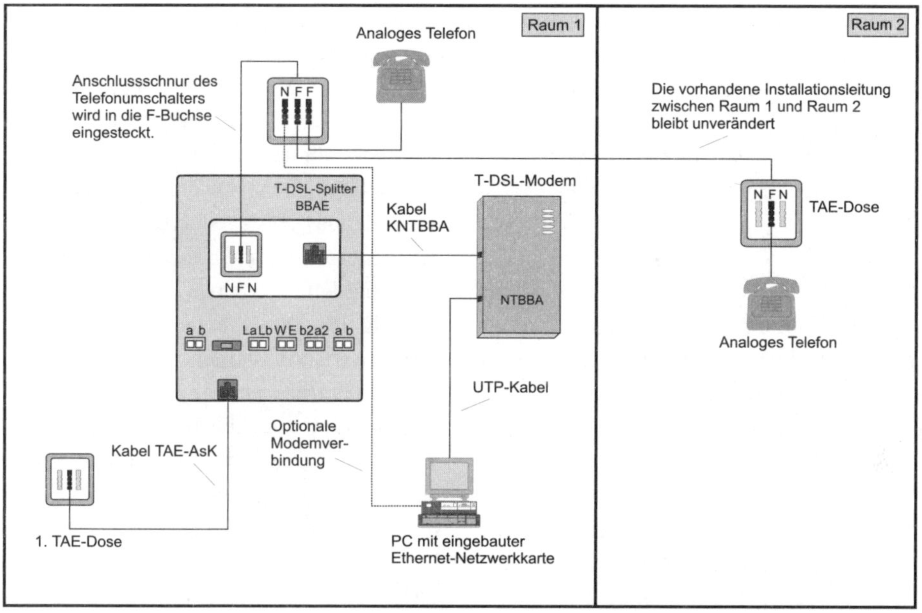

Abb. 3.32 Montageschema: T-DSL am analogen Telefonanschluss; **Endgeräte in zwei Räumen**

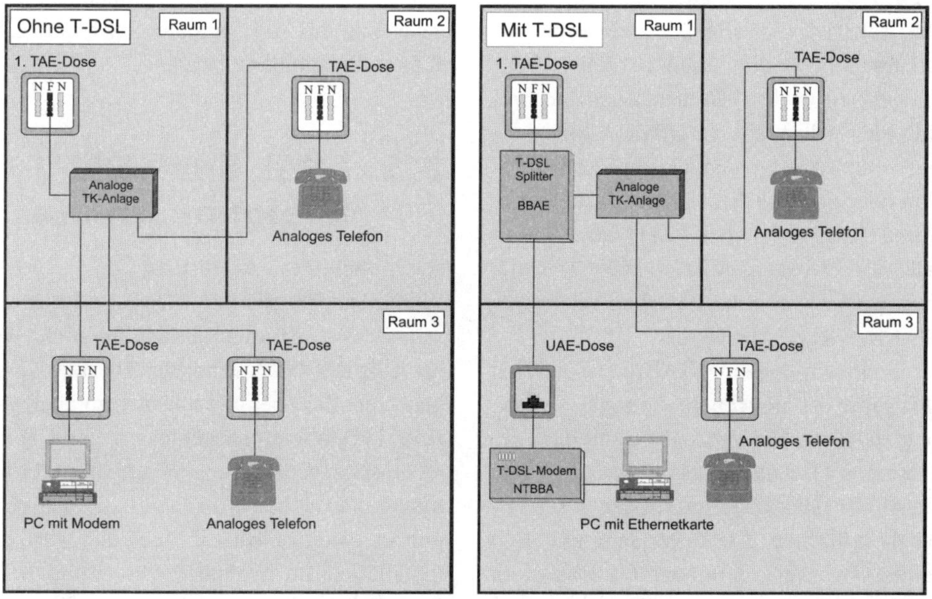

Abb. 3.33 T-DSL am analogen Telefonanschluss mit analoger TK-Anlage

ters gesteckt. Das Umschalten des Splitters auf „analog" darf nicht vergessen werden! Nun wird das Modem über das mitgelieferte UTP-Kabel mit dem PC verbunden. Damit ist die T-DSL-Installation bereits abgeschlossen. Das Montageschema zeigt *Abb. 3.32*.

3.4.3 Der PC an einer TK-Anlage

Im folgenden Beispiel werden mehrere analoge Endgeräte sowie der PC mit einem internen Modem an einer analogen TK-Anlage betrieben. Die Geräte befinden sich in verschiedenen Räumen (*Abb. 3.33*). Wie aus der Prinzipschaltung zu entnehmen ist, wird der T-DSL-Splitter zwischen die 1.TAE-Dose und TK-Anlage geschaltet. Der Umschalter des T-DSL-Splitters ist auf „analog" umzustellen. Die Verbindung zur 1.TAE-Dose erfolgt wieder mit dem Kabel TAE-AsK. Hier ist also noch keine Neuinstallation notwendig. Auch zu den Nebenstellendosen in den Räumen zwei und drei wird die vorhandene Installation beibehalten. Veränderungen sind allerdings erforderlich bei der T-DSL-Modem-Installation. Hier ist die vorhandene TAE-Dose gegen eine UAE-Dose auszutauschen. Anstelle einer UAE-Dose kann natürlich auch eine IAE-Dose verwendet werden.

Das Umrüsten von einer TAE-Dose auf eine RJ45-Dose ist notwendig, um die Verbindung zwischen Modem und PC mit dem gelieferten UTP-Kabel herstellen zu können. Für alle Installationen (außer der des UTP-Kabels zwischen T-DSL-Modem und PC) werden nur zwei Adern benötigt. Das ist zu beachten, falls man bei der T-DSL-Installation gezwungen ist, neue Anschlussdosen zu setzen. Verwendet man das herkömmliche Installationskabel J-2Y(St)Y 2x2x0,6 StIII Bd, so stehen damit bekanntlich vier Adern zur Verfügung und durch geschickte Montage können somit je zwei Adern zu unterschiedlichen Anschlussdosen geführt werden. Das Verlegen eines weiteren Kabels innerhalb des Wohnbereiches kann damit eventuell entfallen.

Wichtig ist, dass die Installation der Westerndose richtig vorgenommen wird. Wird eine UAE-Dose verwendet, so wie in *Abb. 3.35* gezeigt, sind die beiden Adern an die Klemmen 4 und 5 der Dose anzuschließen. Verwendet man dagegen eine IAE-Dose, sind die Adern an deren Klemmen 1a und 1b anzuschließen. Beim Installieren der TAE-Dosen für die Nebenstellen ist darauf zu achten, dass die beiden Adern an die Klemmen 1 und 2 der TAE-Dose angeschlossen werden. Das genaue Montageschema für die Variante 3 ist der *Abb. 3.34* zu entnehmen.

3.5 T-DSL am ISDN-Telefonanschluss

Auch bei der Aufrüstung des eigenen ISDN-Anschlusses mit T-DSL sind die verschiedensten Konfigurationen möglich. Wer noch keinen ISDN-Anschluss besitzt, sollte beachten, dass beim Wechsel vom analogen zum ISDN-Telefonanschluss grundlegende technische Veränderungen beachtet werden müssen. Das betrifft sowohl die Übertragungstechnik selbst als auch die gesamte Installation im Wohnbereich. Schon beim Installationskabel ist zu beachten, dass zum Beispiel die ISDN-Anschlussdosen nicht

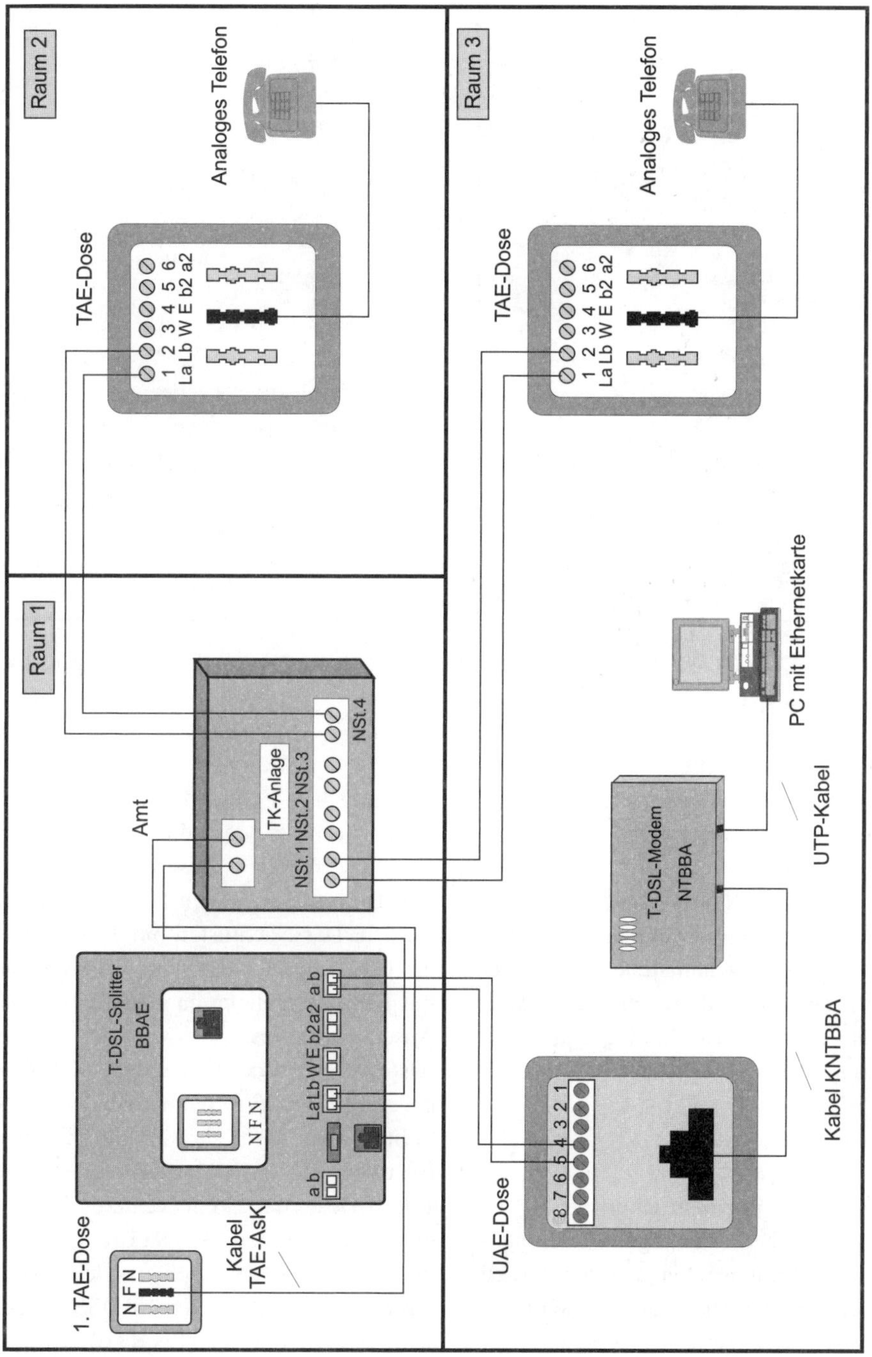

Abb. 3.34 Montageschema: T-DSL am analogen Telefonanschluss mit analoger TK-Anlage

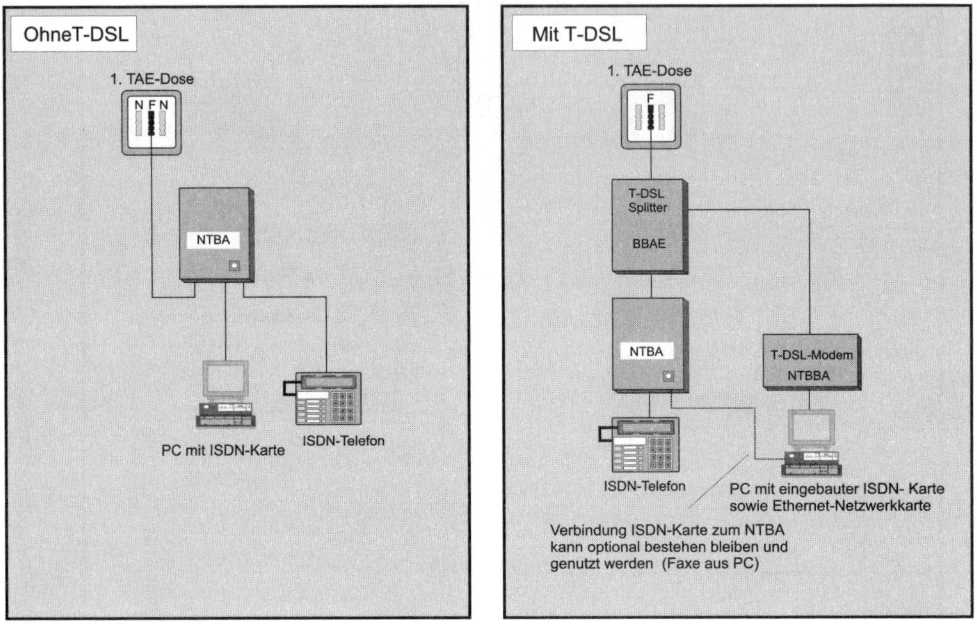

Abb. 3.35 T-DSL am ISDN-Anschluss; alle Komponenten in einem Raum (Plug & Play-Lösung)

mehr zweiadrig, sondern vieradrig anzuschließen sind. Anstelle der 1.TAE-Dose beim analogen Anschluss tritt jetzt der für ISDN notwendige Netzabschluss NTBA in Funktion. Er setzt die Zweidrahtschnittstelle in eine Vierdrahtschnittstelle um und ermöglicht damit das Betreiben der ISDN-Endgeräte an der Bustechnologie als neue Installationsform.

3.5.1 Endgeräte in einem Raum

So, wie sich beim analogen Telefonanschluss alle Komponenten häufig in einen Raum befinden, ist das natürlich auch beim ISDN-Anschluss anzutreffen (*Abb. 3.35*).

Die einfachste Form des ISDN-Anschlusses besteht ja darin, dass die ISDN-Endgeräte direkt, also ohne Zusatzinstallation von IAE-Dosen usw., in den NTBA eingesteckt werden. Das Nachrüsten mit T-DSL erfolgt deshalb auch nach der Plug & Play-Lösung mit Hilfe der gelieferten Kabel des T-DSL-Anschlusspaketes.

Als erstes wird der vorhandene NTBA von der 1.TAE-Dose getrennt und der T-DSL-Splitter über das Kabel TAE-AsK mit der F-Buchse der TAE-Dose verbunden. In die 1.TAE-Dose darf kein weiteres Endgerät eingesteckt werden. Der NTBA wird nun in die F-Buchse des Splitters eingesteckt. Nach der Montage des T-DSL-Modems wird es über das Kabel KNTBBA mit der

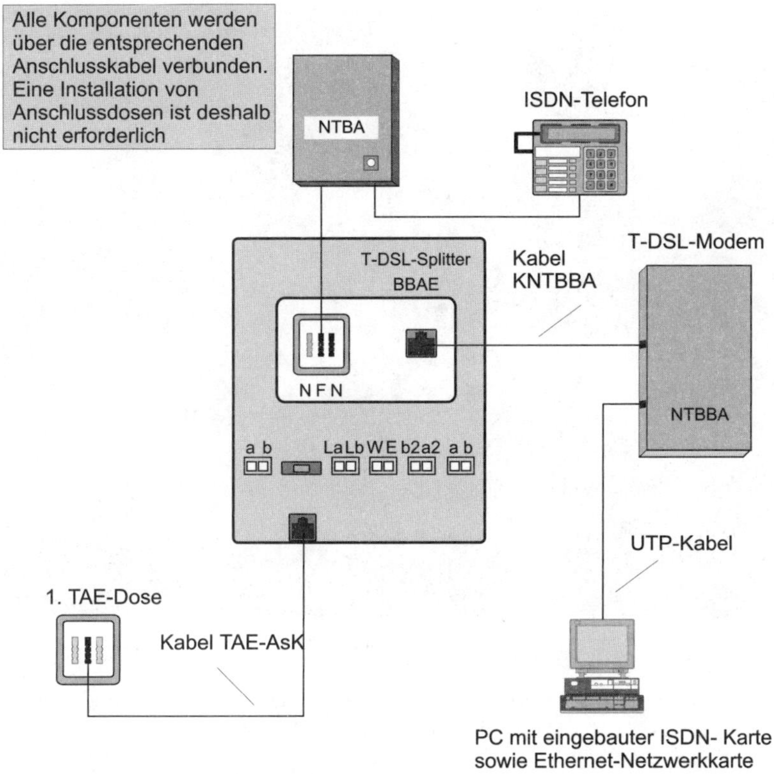

Abb. 3.36 Montageschema: T-DSL am ISDN-Anschluss; Endgeräte in einem Raum. Die mitgelieferten Kabel erlauben eine schnelle Inbetriebnahme der Komponenten

RJ45-Buchse des Splitters und über das UTP-Kabel mit dem PC verbunden. Damit ist die Installation bereits abgeschlossen (*Abb. 3.36*).

Wie die Montage der einzelnen T-DSL-Komponenten am ISDN-Anschluss vorgenommen werden kann, zeigt *Abb. 3.37*.

Da sich die Geräte alle in einem Raum befinden, ist eine schnelle Montage durch die mitgelieferten Kabel möglich. Direkt neben dem NTBA sind der Splitter und das T-DSL-Modem (hier die Siemens-Ausführung) montiert. Die Kabel besitzen alle die erforderliche Länge, um die Komponenten ohne Probleme zu verbinden.

3.5.2 Endgeräte in zwei Räumen

Befinden sich PC und Telefon entsprechend der *Abb. 3.38* in zwei oder mehreren Räumen, so sind die für ISDN notwendigen IAE- oder UAE-Dosen bereits installiert. Bei der T-DSL-Einrichtung ist genau zu prüfen, welche Dose und welches Kabel

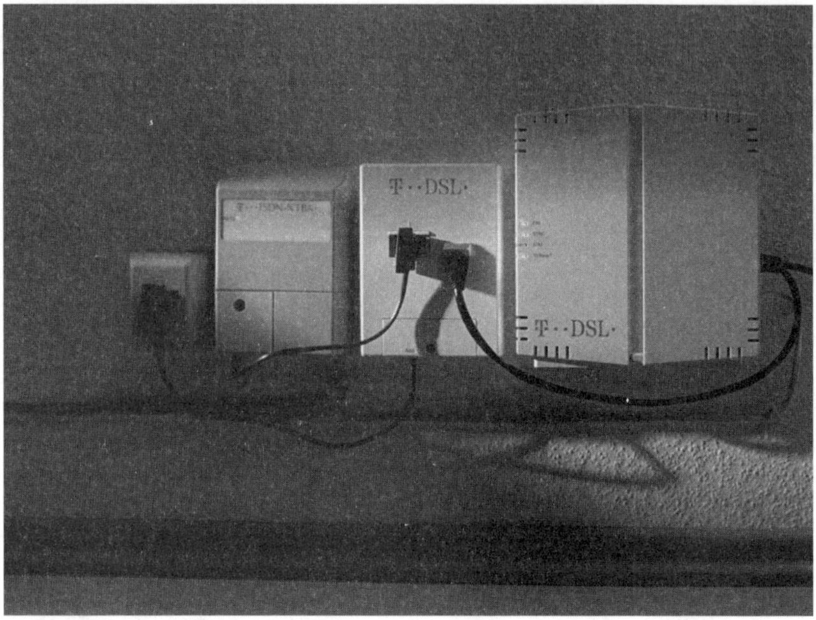

Abb. 3.37 Die fertige T-DSL-Installation am ISDN-Anschluss

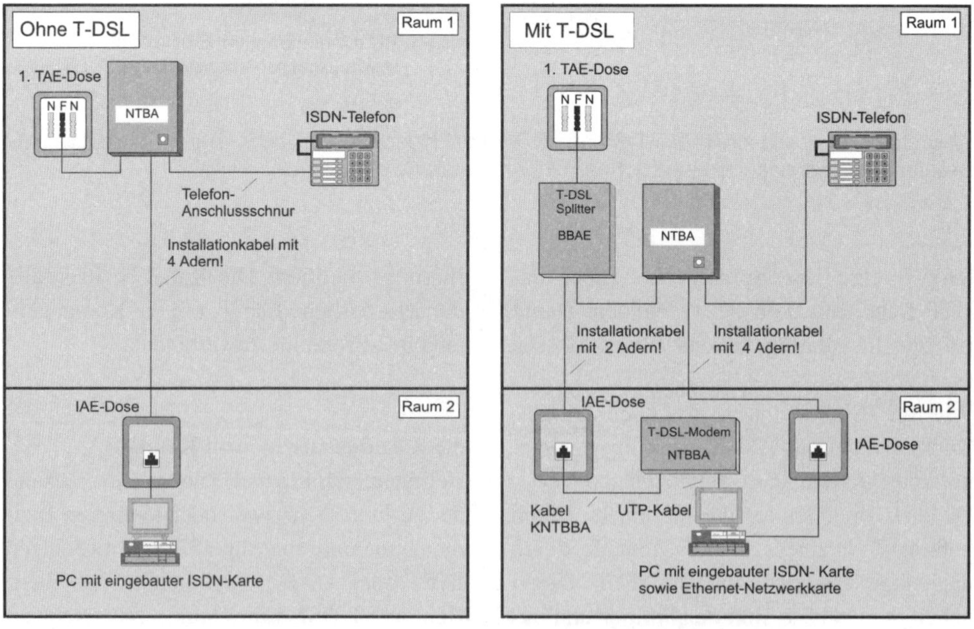

Abb. 3.38 T-DSL am ISDN-Anschluss; Komponenten in zwei Räumen

eventuell weiterverwendet werden kann. Entscheidend ist, wie viele Adern das vorhandene Installationskabel besitzt. Meist ist jedoch das Verlegen eines neuen Kabels erforderlich. Es sei denn, bei der Installation des bisherigen ISDN-Anschlusses sind die verwendeten Kabel sehr großzügig dimensioniert worden.

Das der Variante 2 entsprechende Montageschema ist in *Abb. 3.39* dargestellt. Da die einzelnen Geräte in verschiedenen Räumen untergebracht sind, ist zu beachten, dass das T-DSL-Modem in der Nähe des PCs und der Splitter neben der 1.TAE-Dose montiert werden müssen. Im Gegensatz zur Variante 1 werden also jetzt die T-DSL-Komponenten an verschiedenen Orten montiert. Das Installationskabel vom NTBA zur vorhandenen IAE-Dose im Raum 2 ist also vom NTBA zum T-DSL-Splitter zu schwenken. Es werden davon jedoch nur noch zwei Adern benötigt. Diese beiden Adern werden am Splitter (Klemmblock a/b NTBBA) angeklemmt und am anderen Ende an die Klemmen 1a und 1b der IAE-Dose angeschlossen. Zum Anschließen des T-DSL-Modems an diese IAE-Dose wird wieder das Kabel KNTBBA verwendet. Das gleiche trifft für das Anschließen des PCs mit dem UTP-Kabel an das Modem zu. Dagegen bleibt die vorhandene Verbindung zum ISDN-Telefon bestehen. Hier sind auch keine Änderungen vorzunehmen. Für die weitere Nutzung der vorhandenen ISDN-Karte ist jetzt eine Anschaltemöglichkeit zu schaffen. Das geschieht durch die Montage einer neuen IAE-Dose. Sie wird über ein 4-adriges Installationskabel an die NTBA-Klemmen (S_0-Bus) angeschlossen.

Die Anschlussschnur der ISDN-Karte ist mit dieser Dose zu verbinden. Anstelle der beiden getrennten Dosen IAE 8(4) kann auch eine Doppel-IAE-Dose IAE 8/8(4) in Raum 2 verwendet werden. Diese Dose hat vollkommen getrennte Anschlussklemmen für die beiden RJ45-Buchsen und ersetzt damit die beiden Einzeldosen. Mit der ISDN-Karte hält man sich die Möglichkeit offen, trotz T-DSL auch weiterhin über ISDN mit dem PC zu kommunizieren. So ist es jederzeit möglich, Faxe aus dem PC zu versenden. Bei der hier dargestellten Installation sind die einzelnen Endgeräte sternförmig am NTBA angeschaltet. Man spricht deshalb vom sternförmigen Bus.

3.5.3 Endgeräte in mehreren Räumen

Diese Variante behandelt die T-DSL-Installation am ISDN-Anschluss, dessen Geräte auf mehrere Räume oder Geschossebenen verteilt sind (*Abb. 3.40*). Im Montagevorschlag wird die Installation eines herkömmlichen Busses (S_0-Bus in Reihenschaltung) zum Anschalten der ISDN-Endgeräte beschrieben. Es wird davon ausgegangen, dass sich die Geräte in drei Räumen befinden. Das heißt, die T-DSL-Komponenten sind getrennt zu installieren. Der Splitter wird in die Nähe des NTBA und das T-DSL-Modem in die Nähe des PCs montiert. Man sieht im Prinzipschaltbild, dass eine zusätzliche IAE-Dose zu installieren ist, um den weiteren Anschluss der ISDN-Karte zu gewährleisten. Anstelle dieser beiden Dosen kann allerdings eine IAE-Dose 2x8(4) mit zwei RJ45-Buchsen gesetzt werden. So ist es im Montageschema (*Abb. 3.41*) dargestellt. Die inneren Verbindungswege dieser

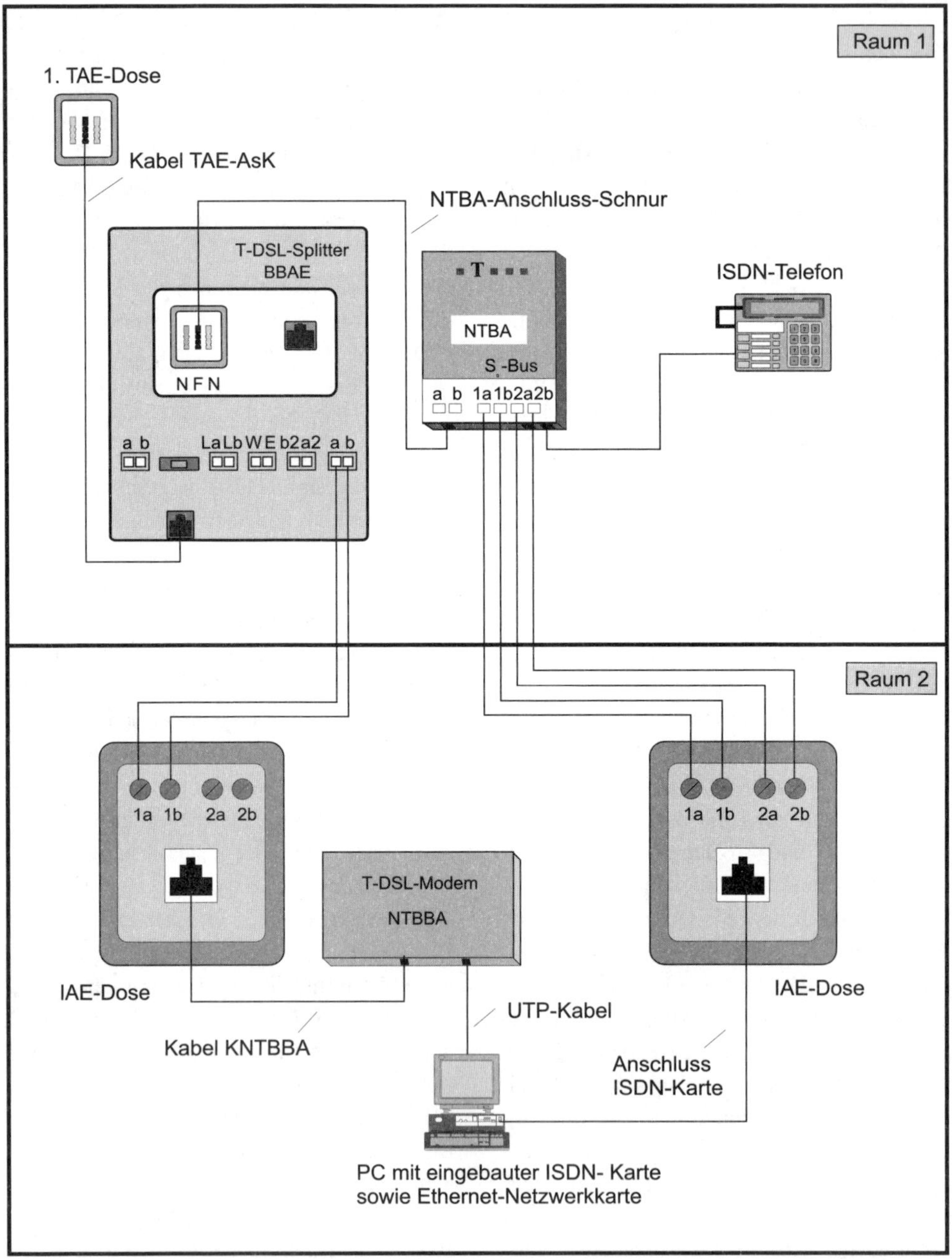

Abb. 3.39 Montageschema: T-DSL am ISDN-Anschluss und Endgeräte in zwei Räumen.

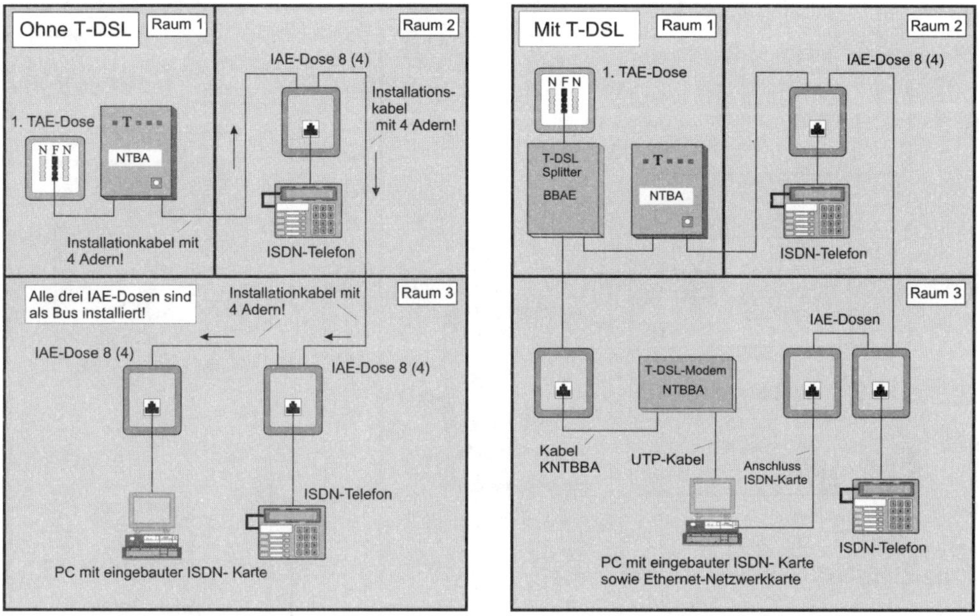

Abb. 3.40 T-DSL am ISDN-Anschluss; Komponenten in mehreren Räumen

Dose zeigen deutlich die parallelgeschalteten RJ45-Buchsen. Da sowohl Splitter als auch Modem in unmittelbarer Nähe des NTBA bzw. PCs montiert sind, können die mitgelieferten Kabel TAE-Ask, UTP-Kabel und KNTBBA verwendet werden.

Die Installation des Busses ist einfach. Ausgangspunkt sind die Anschlussklemmen 1a, 1b, 2a und 2b am NTBA. Von hier aus geht es mit dem 4-adrigen Installationskabel zur IAE-Dose 2x8(4). Hier werden die einzelnen Adern an die Klemmen mit gleicher Bezeichnung angeschraubt. Die beiden Buchsen sind im inneren parallel geschaltet. Es können das Telefon und die ISDN-Karte angesteckt werden. Von der doppelten IAE-Dose führt ein weiteres Installationskabel zur nächsten IAE-Dose in Raum 2. Natürlich kann die Installation auch in entgegengesetzter Richtung erfolgen; also vom NT-BA zuerst zur IAE-Dose im Raum 2 und dann weiter zum Raum 3. Das ist für die Funktion des Busses uninteressant. Wichtig bei der Businstallation ist, dass in der letzten Dose der Busabschluss mit zwei 100 Ohm-Widerständen vorgenommen wird.

3.5.4 Der PC an einer TK-Anlage

Viele ISDN-Teilnehmer nutzen bereits die Vorteile einer TK-Anlage und haben ihre Endgeräte einschließlich des PCs an eine solche Anlage angeschlossen. Damit können die Leistungsmerkmale im Telefondienst voll ausgenutzt werden. Telefonbuchfunktion, Gebührenauswertungen, Anruflis-

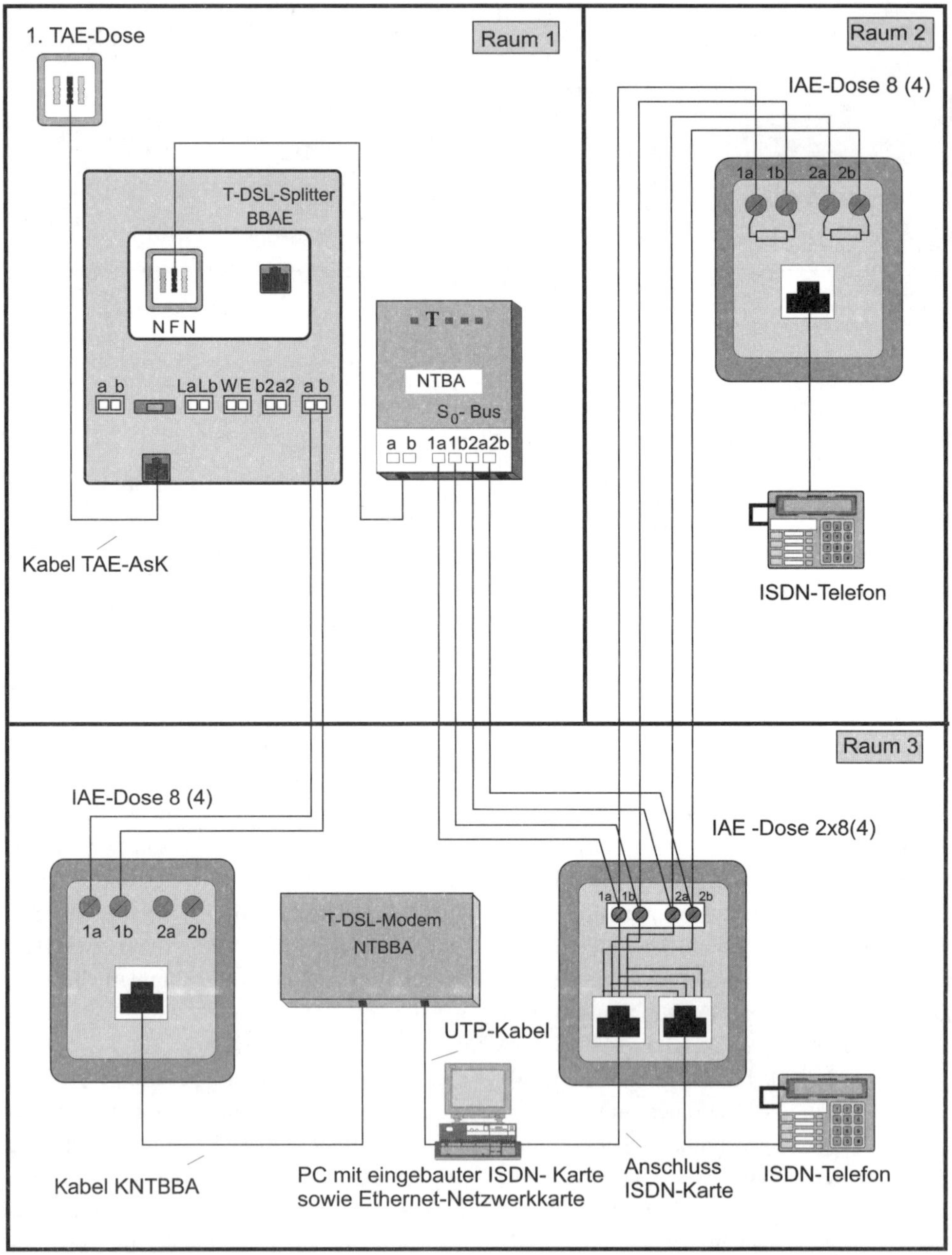

Abb. 3.41 Montageschema: T-DSL am ISDN-Anschluss und Endgeräte in mehreren Räumen

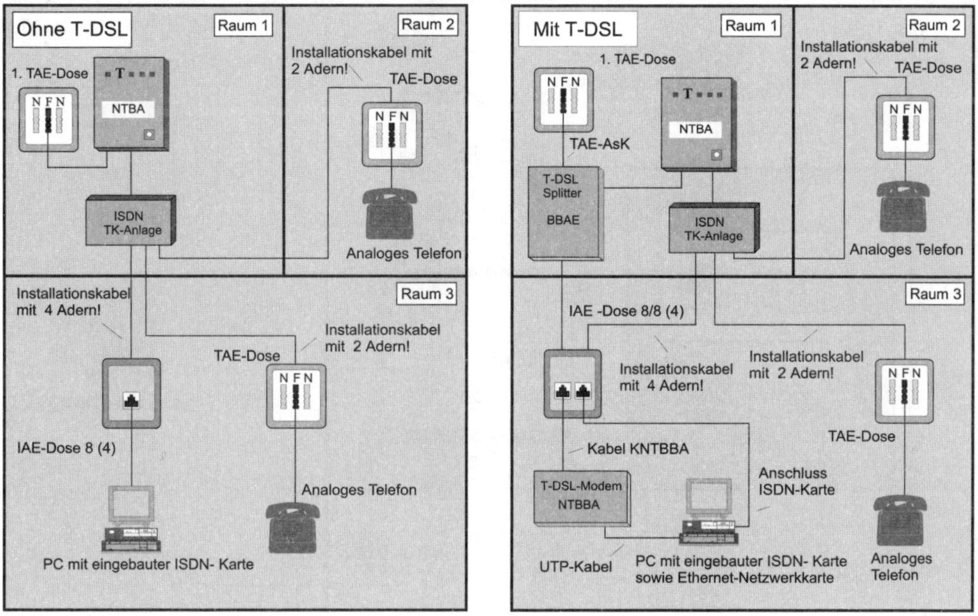

Abb.3.42 T-DSL am ISDN-Anschluss; PC an einer TK-Anlage

ten, kostenloses Telefonieren innerhalb des Geschäftsbereiches oder die Rufnummeranzeige auch an analogen Nebenstellen sind neben vielen anderen Leistungsmerkmalen einige Gründe, sich eine ISDN-TK-Anlage zuzulegen. Die Gerätekonfiguration am ISDN-Anschluss ist entsprechend den gegebenen Bedingungen unterschiedlich. So kann zum Beispiel der PC an der TK-Anlage oder am Bus betrieben werden. Beide Fälle werden bei der Installation der T-DSL-Komponenten nachfolgend beschrieben. In *Abb. 3.42* ist die Prinzipschaltung eines ISDN-Anschlusses mit und ohne T-DSL dargestellt. Der PC ist direkt an der TK-Anlage angeschlossen. Außerdem sind analoge Nebenstellen in weiteren Räumen angeschaltet.

Bei der Installation der T-DSL-Komponenten ist so vorzugehen, dass TK-Anlage, NTBA und T-DSL-Splitter in einem Raum montiert werden. Ebenso ist wieder das T-DSL-Modem in unmittelbarer Nähe des PCs zu montieren. Zu beachten ist, dass die Kabelwege von der TK-Anlage zu den analogen Endgeräten nur zweiadrig, aber zwischen TK-Anlage und PC vieradrig sein müssen. Der PC als Nebenstelle besitzt eine ISDN-Karte und stellt somit ein ISDN-Endgerät dar. Er ist deshalb an der internen ISDN-Schnittstelle der Anlage angeschlossen. Trotz T-DSL sollte der PC mit seiner ISDN-Karte an der TK-Anlage angeschlossen bleiben, um solche Vorteile, wie zum Beispiel das Faxen aus dem PC, weiterhin nutzen zu können. Das Installationsschema

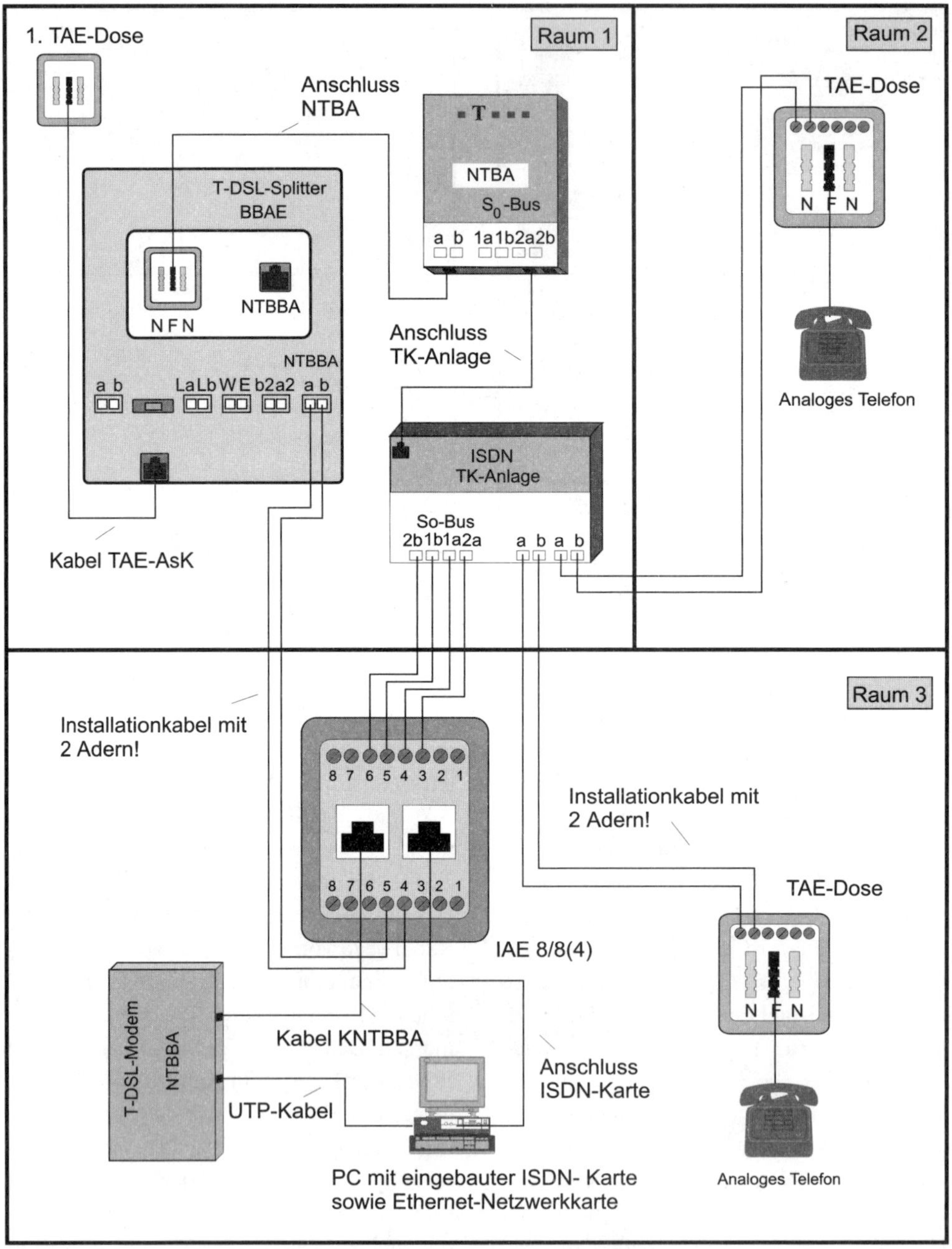

Abb.3.43 Montageschema: T-DSL am ISDN-Anschluss; PC an einer TK-Anlage

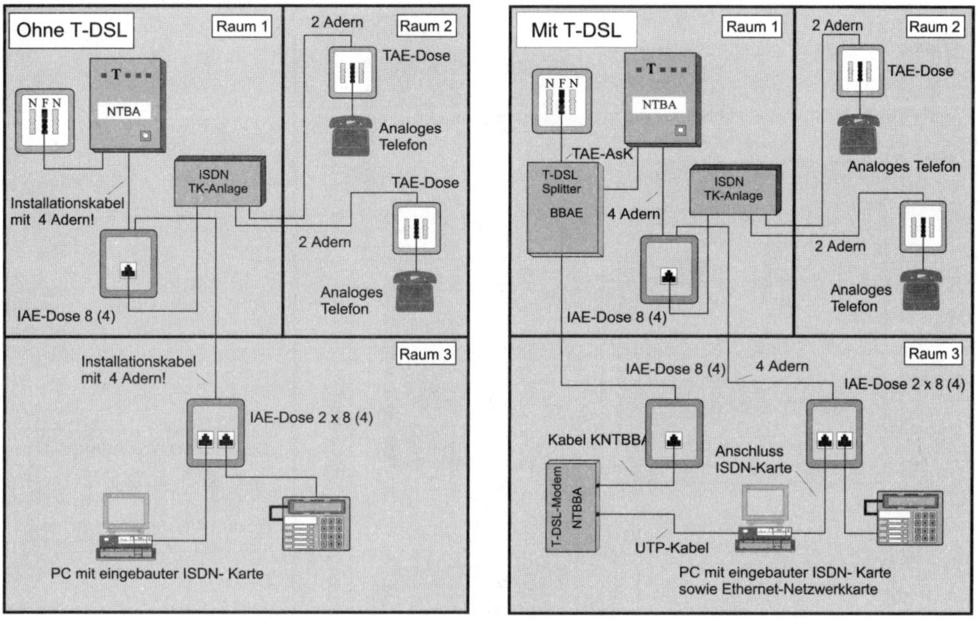

Abb. 3.44 T-DSL am ISDN-Anschluss; der PC am S_0-Bus

eines T-DSL-Anschlusses mit PC und ISDN-TK-Anlage zeigt *Abb. 3.43*.

Nach der Montage der beiden T-DSL-Komponenten wird der Splitter über das Kabel TAE-AsK mit der 1.TAE-Dose verbunden und die NTBA-Anschluss-Schnur wird in die F-Buchse des Splitters eingesteckt. Nun kann die TK-Anlage gleichfalls über ihre Anschluss-Schnur mit der RJ45-Buchse des NTBA verbunden werden.

Im PC-Raum wird anstelle vorhandener Dosen eine IAE-Dose 8/8(4) angebracht. Diese Dose hat zwei vollkommen getrennte RJ45-Buchsen und demzufolge auch getrennte Anschlussklemmen. Eine Buchse dieser doppelten Dose ist über ein vieradriges Installationskabel mit der internen ISDN-Schnittstelle der TK-Anlage, die andere Buchse über ein zweiadriges Installationskabel mit den NTBBA-Anschlussklemmen a/b des Splitters zu verbinden. Bevor man allerdings vollkommen neue Kabel verlegt, sollte man prüfen, ob eventuell im vorhandenen installierten Kabel noch freie Adern für T-DSL verwendbar sind. Das Modem selbst wird einmal über das UTP-Kabel mit dem PC (Ethernetkarte) und zum anderen über das Kabel KNTBBA mit der IAE-Dose IAE 8/8(4) verbunden. Ebenso wird die ISDN-Karte des PCs in die zweite IAE-Buchse eingesteckt. Damit die beiden Buchsen nicht verwechselt werden, sollten sie unbedingt beschriftet werden! Die Installation ist damit beendet.

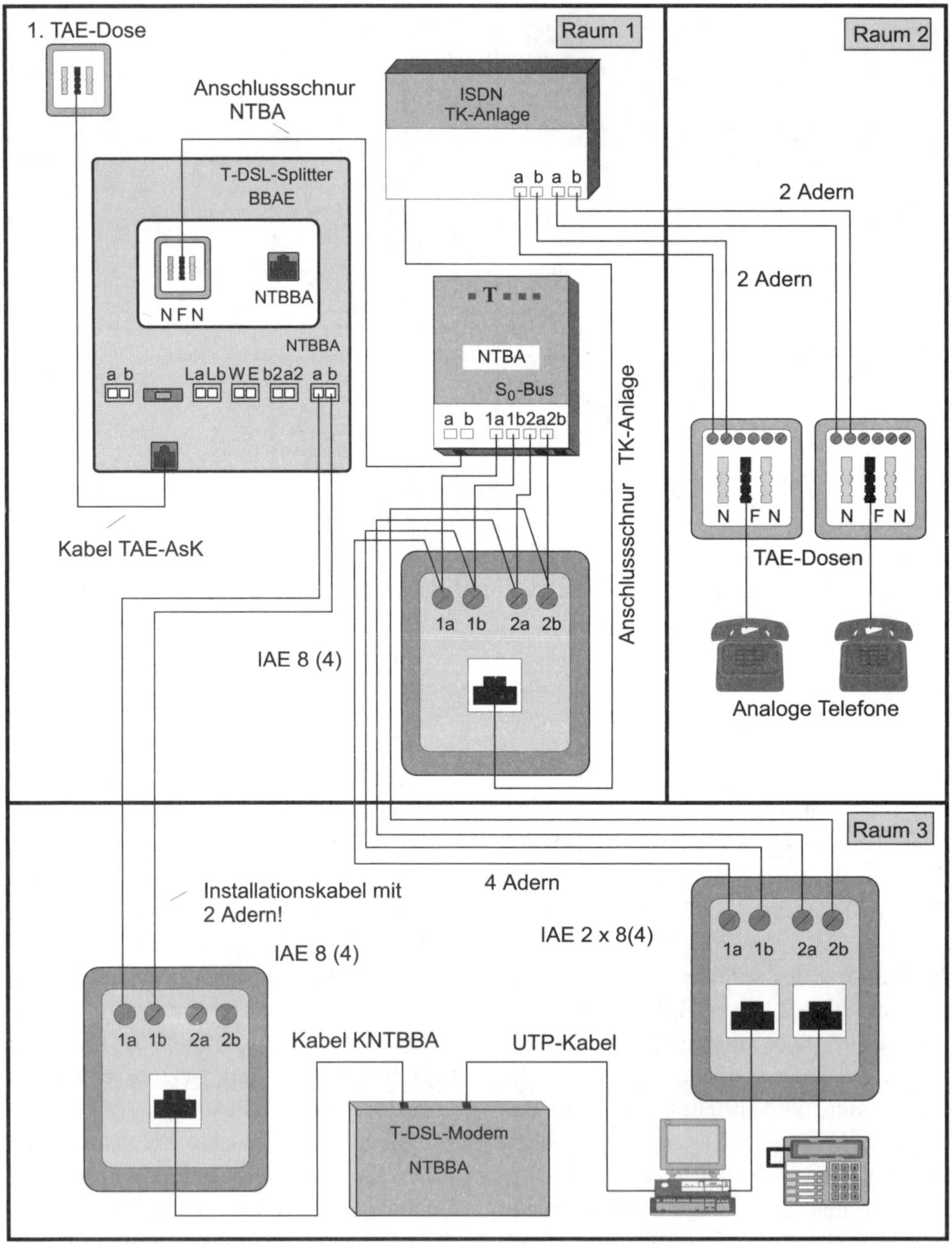

Abb. 3.45 Montageschema: T-DSL am ISDN-Anschluss; der PC am S_0-Bus

3.5.5 Der PC am S_0-Bus

Der PC ist bei dieser Variante als selbstständiges Endgerät direkt mit dem S_0-Bus verbunden (*Abb. 3.44*). Der Bus ist, ausgehend vom NTBA, mit einem vieradrigen Kabel so installiert, dass neben dem PC auch die TK-Anlage und ein ISDN-Telefon als Endgeräte am Bus angeschaltet sind. An der TK-Anlage selbst sind nur analoge Telefone über ein zweiadriges Installationskabel angeschlossen. In der Praxis sind solche Konfigurationen oft anzutreffen. Mit dem ISDN-Mehrgeräteanschluss könnten die zur Verfügung stehenden MSN-Rufnummern zum Beispiel wie folgt zugeordnet sein: Die MSN 1 erhält das ISDN-Telefon, MSN 2 wird den analogen Telefonen an der TK-Anlage zugewiesen, und der PC erhält die MSN 3.

Bei der T-DSL-Installation geht man so vor, dass der Splitter neben der 1.TAE-Dose montiert wird und dann über das TAE-AsK mit der F-Buchse verbunden wird. Ebenso ist das Modem NTBBA möglichst in der Nähe des PCs zu installieren. Über das UTP-Kabel wird das Modem mit der Ethernet-Netzwerkkarte des PCs verbunden. Der ISDN-NTBA wird dann über die NTBA-Anschlussschnur mit dem Splitter (TAE-Buchse des Splitters) verbunden. Nun ist der Stromweg zwischen T-DSL-Splitter und T-DSL-Modem festzulegen bzw. zu installieren. Dafür werden zwei Adern benötigt. Neben dem Modem wird deshalb eine IAE-Dose 8(4) installiert und mit den Anschlussklemmen a/b des Splitters verkabelt. In diese Buchse wird das Modem über das Kabel KNTBBA eingesteckt. Damit ist eine vollkommene Trennung zwischen T-DSL und ISDN-Anschluss erreicht, denn der Bus mit den Endgeräten PC, TK-Anlage und ISDN-Telefon soll ja erhalten bleiben (*Abb. 3.45*).

4 Kabel und Steckverbindungen für T-DSL

Wer am eigenen Telefonanschluss Installationsarbeiten durchführen möchte, wird recht bald mit den verschiedensten Fragen über Kabeltypen, Stecker- und Dosenbelegungen, Netzabschlüssen oder Schnittstellen konfrontiert. Neue technische Begriffe stehen im Raum und sind dem Laien noch nicht geläufig. Und wer kann sich als Neueinsteiger zum Beispiel sofort etwas unter Ethernet, Twisted Pair-Kabel und Crossover-Kabel vorstellen? Aber solche Begriffe sind bei der T-DSL-Installation alltäglich.

4.1 Kabelbezeichnungen

Folgende Kabelbezeichnungen und deren Verwendungszweck sollte man kennen:

Das symmetrisches Kabel heißt deshalb symmetrisch, weil die elektrischen Eigenschaften durch die Verseilung gleichmäßig bzw. symmetrisch auf dem Kabel verteilt sind.

Das unsymmetrische Kabel ist das bekannte Koaxialkabel, bestehend aus einem Innenleiter und dem Außenmantel.

Twisted Pair (TP) ist die englische Bezeichnung für die paarweise verdrillte symmetrische Doppelader. Diese Bezeichnung wird besonders bei der Netzwerk-Installation verwendet. Deshalb bezeichnet man auch das Kabel vom T-DSL-Modem zur Ethernetkarte im PC als Twisted Pair-Kabel.

Das Twisted Pair UTP-Kabel ist die ungeschirmte Ausführung des symmetrischen Kabels (UTP = Unshielded Twisted Pair).

Das Twisted Pair STP-Kabel ist die geschirmte Ausführung (STP = Shielded Twisted Pair). Die Qualität dieser Ausführung ist wesentlich besser als die ungeschirmte. Das Kabel erfüllt die Qualitätsanforderungen der Kategorie 5.

Das Crossover-Kabel für Ethernet ist ein Kabel, bei dem die zwei Sende- und Empfangsleitungen von zwei Netzwerkkomponenten gekreuzt sind. Im Gegensatz zum Twisted-Pair-Kabel, wo die einzelnen Adern direkt, also 1 zu 1, durchgeschaltet sind, sind hier die Adern gekreuzt. Dieses Kabel wird bei zwei Anwendungsfällen benötigt. Erstens, wenn direkt zwei Netzwerkkarten miteinander verbunden werden müssen, und zweitens, wenn zwei Netzwerkkomponenten verbunden werden sollen, aber kein Uplink-Port vorhanden ist.

Im Installationskabel sind die einzelnen Adern markiert. Diese Markierung ist notwendig, um die Adern dem richtigen Stamm zuordnen zu können und damit die richtige Beschaltung zu realisieren. Die Sternvierer sind in zwei Stämme unterteilt und besitzen folgende Farben:

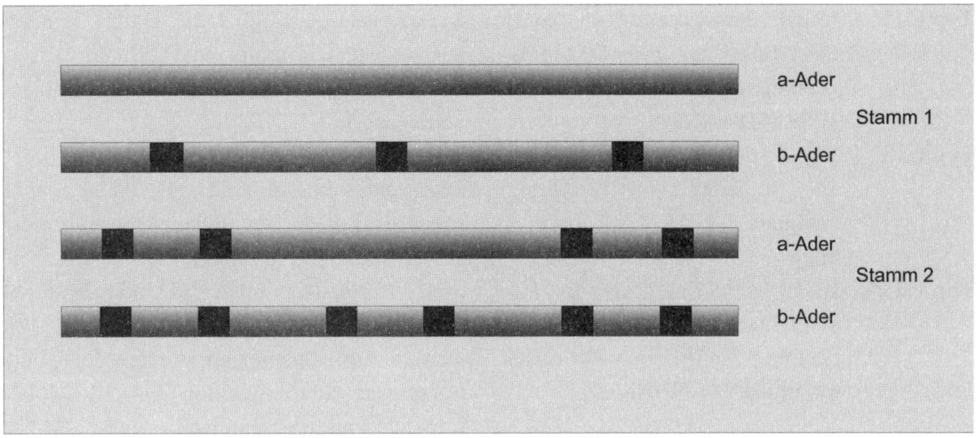

Abb. 4.1 Ringcodierung der Adern im Installationskabel

Stamm 1: a-Ader ist gelb
b-Ader ist rot
Stamm 2: a-Ader ist grün
b-Ader ist blau

Das vorwiegend von der Telekom eingesetzte Installationskabel ist mit folgender Ringcodierung versehen (*Abb. 4.1*):

Stamm 1:	a-Ader (1a):	kein Ring
	b-Ader (1b):	ein Ring mit großem Wiederholabstand
Stamm 2	a-Ader (2a):	zwei Ringe mit großem Wiederholabstand
	b-Ader (2b):	zwei Ringe mit kleinem Wiederholabstand.

Die Kennzeichnungen der einzelnen Adern bzw. Stämme sollte man sich unbedingt merken. Sie sind Vorraussetzungen für eine ordnungsgemäße Installation im gesamten Wohnbereich, insbesondere der technisch einwandfreien Beschaltung der zahlreichen Anschlusskomponenten, sei es im analogen Bereich (TAE-Dosen), im ISDN (IAE-Dosen), oder bei der Netzwerkverkabelung mit RJ-45- bzw. UAE-Dosen.

4.2 Kategorien des Twisted-Pair-Kabels

Wer sich ein kleines Netzwerk aufbauen möchte, sollte sich bei den Kabelkategorien etwas auskennen:

Typ UTP-1: Kabel der Kategorie 1 mit einer Impedanz von 100 Ohm, geeignet für die analoge Sprachübertragung.

Typ UTP-2: Kabel der Kategorie 2 mit einer Impedanz von 100 Ohm, geeignet für IBM-Verkabelung Typ 3 (Sprache)

Typ UTP-3: Kabel der Kategorie 3 mit einer Impedanz von 100 Ohm, geeignet für Ethernet 10BaseT, 100BaseT4, ISDN

Typ UTP-4: Kabel der Kategorie 4 mit einer Impedanz von 100 Ohm, geeignet für 16 Mbit-Token-Ring

Typ UTP-5: Kabel der Kategorie 5 mit einer Impedanz von 100 Ohm, geeignet für Ethernet 100Base TX und ATM-Netze

4.3 Ethernet und T-DSL

Unter einem Netzwerk versteht man ganz allgemein die sinnvolle Zusammenschaltung von Datenendgeräten zu einem Kommunikationsverbund mit dem Ziel eines ungehinderten Datenaustausches zwischen den einzelnen Teilnehmern bzw. Endgeräten. Die Konfiguration zwischen dem PC und dem T-DSL-Modem ist letztlich auch ein Netzwerk, wenn auch nur als Punkt-zu-Punkt-Verbindung. Von einem Netzwerk kann man schon sprechen, wenn zwei PCs so zusammengeschaltet sind, dass sie auf einen gemeinsamen Datenstamm zugreifen können, oder dass Endgeräte wie Drucker, Modems oder auch Leitungen gemeinsam genutzt werden. Schon für den privaten oder auch mittelständischen Bereich mit mehreren Computern können sich Netzwerke lohnen. Insbesondere auch deshalb, weil zum Beispiel die heutigen PC-Betriebssysteme wie Windows 95/98 oder Windows 2000/ME/XP mit der integrierten Netzwerksoftware jederzeit einen Netzwerkeinstieg ermöglichen. Damit können vorhandene Computer im Verbund betrieben werden. Das zahlt sich auch beim Internetzugang mit T-DSL aus.

Ethernetsysteme unterscheidet man insbesondere nach der möglichen Übertragungsgeschwindigkeit, dem einsetzbaren Kabeltyp, der Netztopologie und nach der Zahl der anschließbaren Arbeitsstationen. So werden zum Beispiel im Bereich der Übertragungsgeschwindigkeiten bis 10 Mbit/s folgende Varianten unterschieden:

- 10BaseT: Das ist Ethernet mit verdrillten Leitungen (Twisted Pair) und einer Reichweite von 100 Metern
- 10Base5: Das ist Ethernet mit dickem Koaxialkabel und einer Reichweite von 50 Metern
- 10Base2: Das ist Ethernet mit dünnem Koaxialkabel und einer Reichweite von 185 Metern
- 10BaseF: Das ist Ethernet mit Glasfaserkabel (Fiber) und einer Reichweite von 2 km.

Heute wird weitestgehend das Ethernet 10BaseT angewendet. Auch bei T-DSL wird diese Ethernetvariante genutzt, denn der eigene Computer stellt gemeinsam mit dem T-DSL-Modem ein kleines Netzwerk dar. Bei T-DSL wird die im PC eingebaute Ethernet-Netzwerkkarte über die RJ45-Buchse und ein Twisted-Pair-Kabel mit dem T-DSL-Modem verbunden. Twisted-Pair-Kabel für Netzwerke sind vier- oder achtpaarig verdrillte Adern mit einem Wellenwiderstand von 100 Ohm. Für das Ethernet mit einer Übertragungsgeschwindigkeit von 10 Mbit/s werden insgesamt vier Adern benötigt. Am RJ45-Stecker sind das die Kontaktbahnen oder Pins 1 und 2 für TXd sowie 3 und 6 für RXd (Stecker von vorn und Kontakte liegen oben). Bei Verwendung von Crossover-Kabeln können zwei PCs oder zwei Hubs direkt miteinander verbunden werden. Ab drei Stationen ist jedoch zwingend ein Hub notwendig.

Folgende technische Hinweise für Ethernet 10BaseT sind zu beachten:

- Die Installation ist möglichst nach DIN EN 50 173 („strukturierte Verkabelung") auszuführen
- Für die Übertragungsgeschwindigkeit von 10 Mbit/s sind Leitungen der Kategorie 3 ausreichend; zukunftssicher ist jedoch das S/STP-Kabel der Kategorie 5.
- Als Anschlusstechnik wird die RJ45-Technik verwendet (Westernstecker 8-polig)
- Der Wellenwiderstand der Leitungen beträgt 100 Ohm
- Die Leitungslänge beträgt maximal 100 m. Nach DIN EN 50173 ergibt sich: 90 m für die Tertiärleitung und 2 x 5 m für die Anschluss- oder Rangierleitungen
- Die Verkabelung erfolgt nach der Sterntopologie.

Mit 100BaseT und **Fast Ethernet** bezeichnet man ein Ethernet-Netzwerk nach IEEE 802.3u mit einer Übertragungsgeschwindigkeit von 100 Mbit/s. Die Arbeitsstationen werden auch hier sternförmig über Twisted Pair-Kabel UTP der Kategorie 5 an den Hub angeschlossen. 100BaseT ist eine logische Weiterentwicklung von 10BaseT. Die Kabellänge beträgt maximal 100 m.

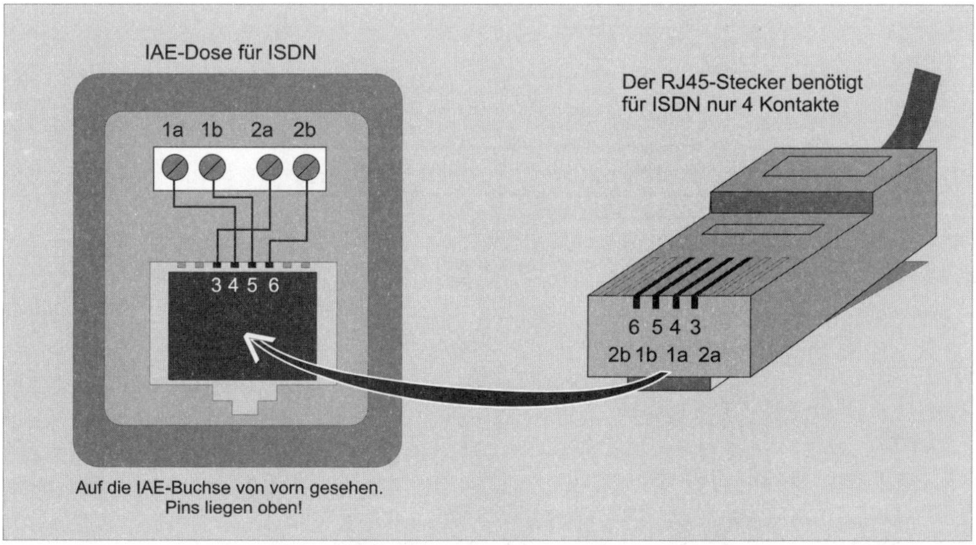

Abb. 4.2 Der RJ45-Stecker und seine Kontaktbelegung bei ISDN
ISDN benötigt nur 4 Pins

4.4 Die RJ45-Steckerbelegung bei ISDN und T-DSL

Der Western- bzw. RJ45-Stecker dient zum Anstecken oder Verbinden digitaler Endgeräte mit dem Installationsnetz. Zwischen ISDN und der Netzwerkverkabelung sind jedoch einige Unterschiede zu beachten. So werden zum Beispiel bei ISDN nur vier Kontaktbahnen benötigt (*Abb. 4.2*). Die Stecker, die ausschließlich für ISDN verwendet werden, sind deshalb auch nur mit vier Kontaktbahnen ausgerüstet. Werden Stecker mit acht Kontaktbahnen für ISDN verwendet, sind nur die vier mittleren für ISDN von Bedeutung. Es sind die Kontaktbahnen 3, 4, 5 und 6.

Die Adernpaare 3/6 und 4/5 als jeweils gemeinsame Sende- und Empfangsrichtungen sind bei der Installation des ISDN-Anschlusses bitte nicht zu vertauschen. IAE-Dosen besitzen die Anschlussklemmen 1a, 1b, 2a und 2b. Das entspricht den Pinbelegungen 4, 5, 3 und 6. *Abb. 4.3* zeigt die richtige Beschaltung einer ISDN-Dose mit dem ringcodierten Installationskabel.

Beim Installieren des T-DSL-Anschlusses wird die Ethernetkarte im PC mit dem T-DSL-Modem über das Twisted-Pair-Kabel verbunden (*Abb. 4.4*). Das Kabel besitzt an beiden Enden RJ45-Stecker. Das Kabel wird vom Netzbetreiber mitgeliefert. Wenn die Kabellänge für den Einzelfall nicht ausreicht, kann es jederzeit bis auf eine maximale Länge von 100 m verlängert werden.

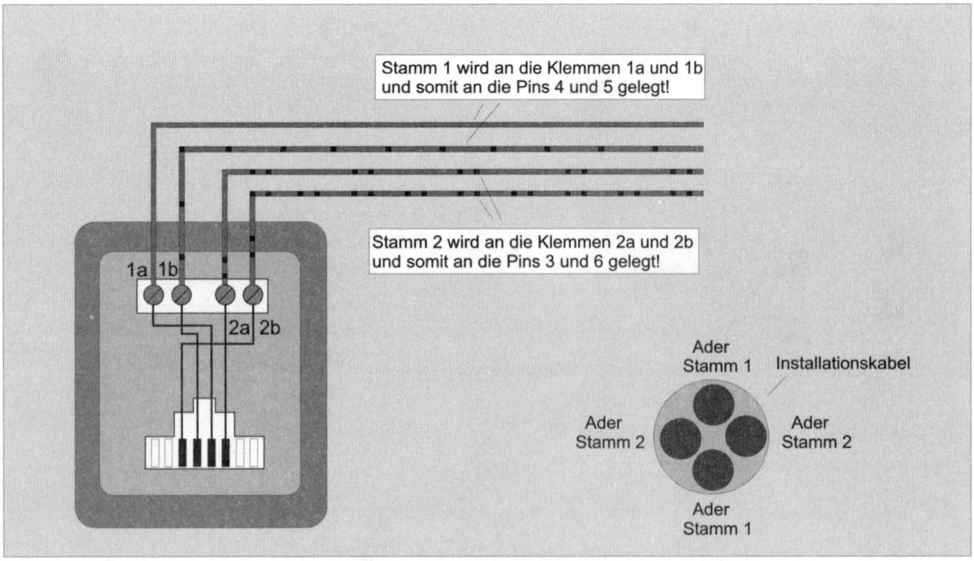
Stamm 1 wird an die Klemmen 1a und 1b und somit an die Pins 4 und 5 gelegt!
Stamm 2 wird an die Klemmen 2a und 2b und somit an die Pins 3 und 6 gelegt!
1a
1b
2a
2b
Ader Stamm 1
Installationskabel
Ader Stamm 2
Ader Stamm 2
Ader Stamm 1

Abb. 4.3 So wird eine ISDN-Dose mit dem ringcodierten Kabel beschaltet

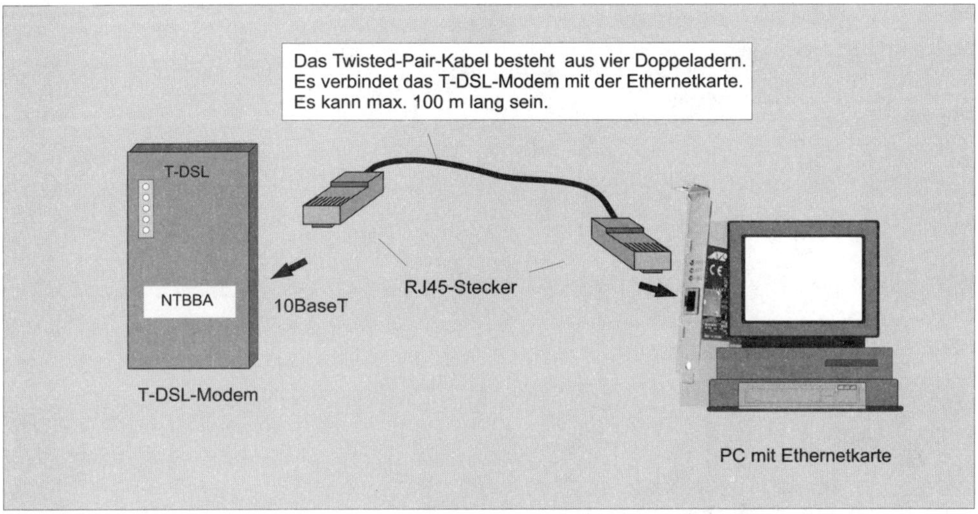

Abb. 4.4 Das Twisted-Pair-Kabel verbindet die beiden T-DSL-Komponenten Modem und Ethernetkarte im PC

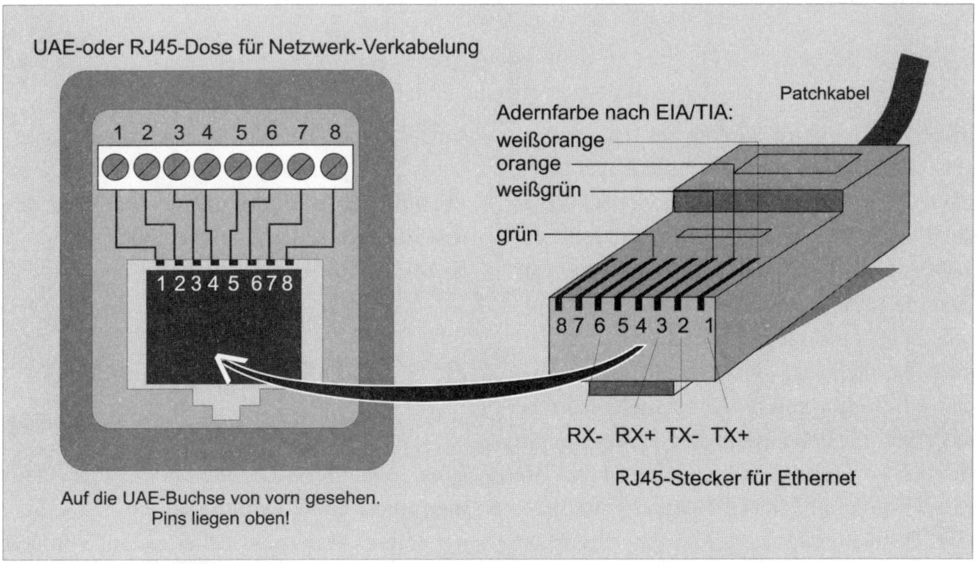

Abb. 4.5 Der RJ45-Stecker und seine Ethernet-Kontaktbelegung

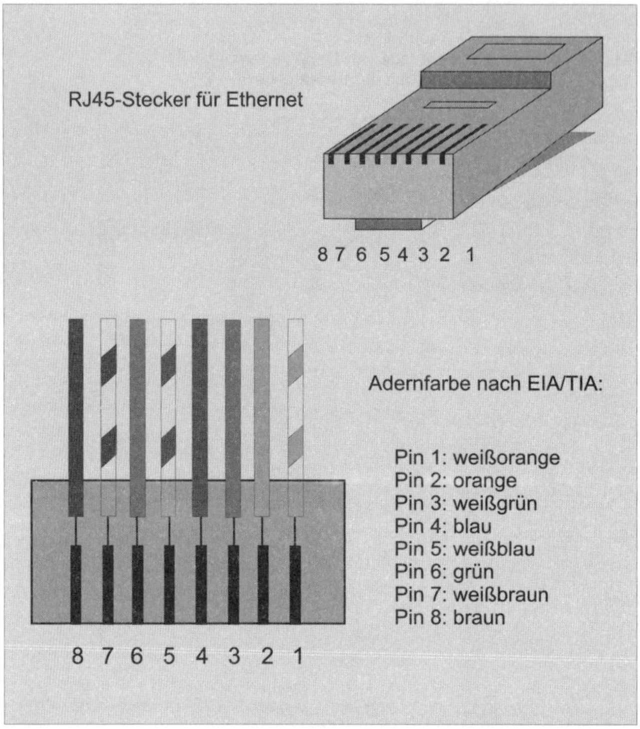

Abb. 4.6 Die Farben aller acht Adern beim RJ45-Stecker

Insbesondere beim Verlängern ist die genaue Steckerbelegung und die sogenannte *glatte* Durchschaltung, auch 1-zu-1-Belegung genannt, unbedingt zu beachten. Die acht Adern des Datenkabels sind zu vier Paaren zusammengefasst und zur Unterscheidung farblich gekennzeichnet. Die genaue Bezeichnung der Kontaktbahnen und deren Belegung mit den einzelnen Adern ist aus *Abb. 4.5* ersichtlich. Die Belegung gilt für 10BaseT und 100BaseT. Der Farbcode entspricht dem EIA/TIA-Standard 568 B.

Die Bezeichnung EIA/TIA ist abgeleitet von den amerikanischen Unternehmensverbänden **E**lectronics **I**ndustry **A**ssociation = EIA und **T**elecommunications **I**ndustry **A**ssociation = TIA, die entsprechende Standards für Ethernet entwickelt haben.

In *Abb. 4.6* ist die komplette Belegung des RJ45-Steckers nach dem Farbcodestandard EIA/TIA–568-B dargestellt.

4.5 T-DSL-Ethernetkabel selbst herstellen

Eine Ethernet-Standardverkabelung kann man auch ohne Kenntnisse von Farbcodes herstellen. Man muss dabei erstens von den Anwendungen und deren Pinbelegungen und zweitens vom Ethernet-Grundsatz ausgehen, dass jede Anschlussdose sternförmig

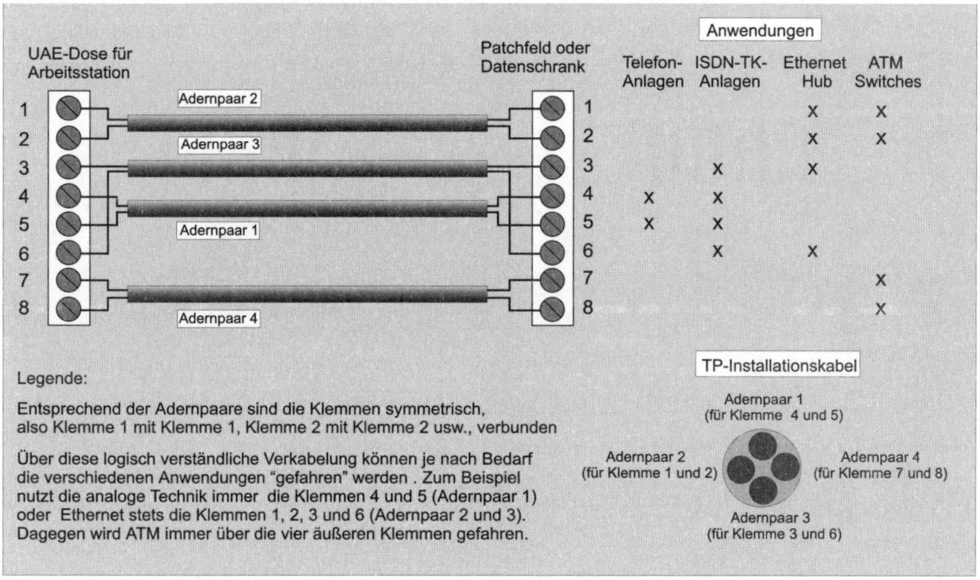

Abb. 4.7 Auch ohne Farbcodes ist die Netzwerkinstallation logisch

und ohne Aderntausch direkt mit dem Datenschrank bzw. Patchfeld verbunden werden muss. Das heißt nichts anderes, als dass genau dieselbe Ader, die an dem einen Ende zum Beispiel auf Klemme 4 aufgelegt ist, am anderen Ende auch wieder auf Klemme 4 aufgelegt werden muss! Die einzelnen Adernpaare werden ausgewählt (Stämme beachten). Man beginnt zum Beispiel mit dem Durchschalten der Klemmen 4 und 5, über die **immer** die analoge Technik geführt wird. Mit dem zweiten Adernpaar schaltet man die Klemmen 3 und 6 durch. Somit ist die **4-adrige ISDN-Verkabelung** auf den Klemmen 4 und 5 sowie 3 und 6 hergestellt. Mit dem Auflegen des dritten Adernpaares auf die Klemmen 1 und 2 sowie des vierten Adernpaares auf die Klemmen 7 und 8 ist die **Netzwerkverkabelung** für die Datenübertragung fertig gestellt. Es ist zu erkennen, dass die Übertragungsarten von langsam (analog) über ISDN bis zu immer schnelleren Anwendungen (Ethernet/ATM) von innen (Klemmen 4/5) nach außen (Klemmen 1/2 und 7/8) verlaufen. Dieses Prinzip sollte man beachten (*Abb. 4.7*). Es hilft immer bei der Verkabelung von Netzwerkkomponenten auch ohne Kenntnis des Farbcodes.

Diese Kenntnis gestattet nun auch, ohne Probleme das Ethernetkabel zwischen T-DSL-Modem und Ethernetkarte herzustellen oder zu verlängern. Es werden für Ethernet bei einer Übertragungsgeschwindigkeit von 10 Mbit/s auf der TP-Leitung vier Adern benötigt. Das sind bei den RJ45-Steckern die Pins 1/2 für Senden (TXd) und 3/6 für Empfangen (RXd). Das Kabel be-

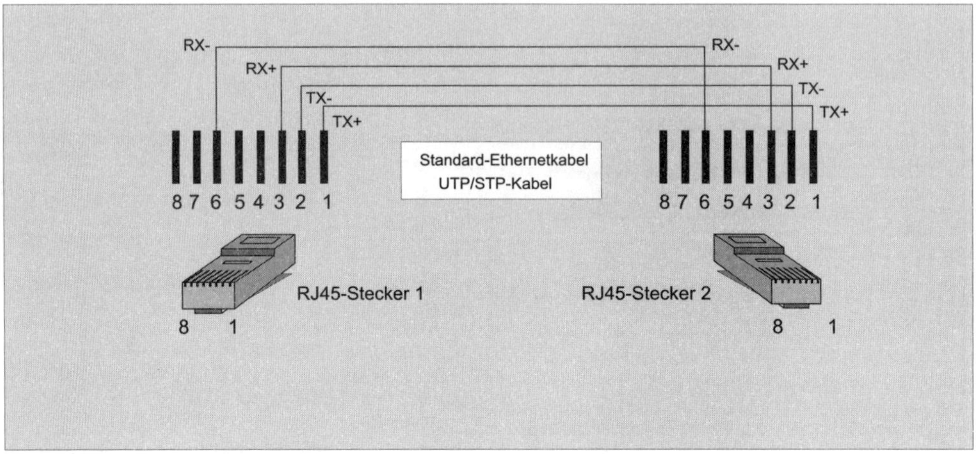

Abb. 4.8 Die Pins der beiden RJ45-Stecker an den Enden des Ethernetkabels werden 1 : 1 durchgeschaltet (*glattes* Standard Ethernetkabel)

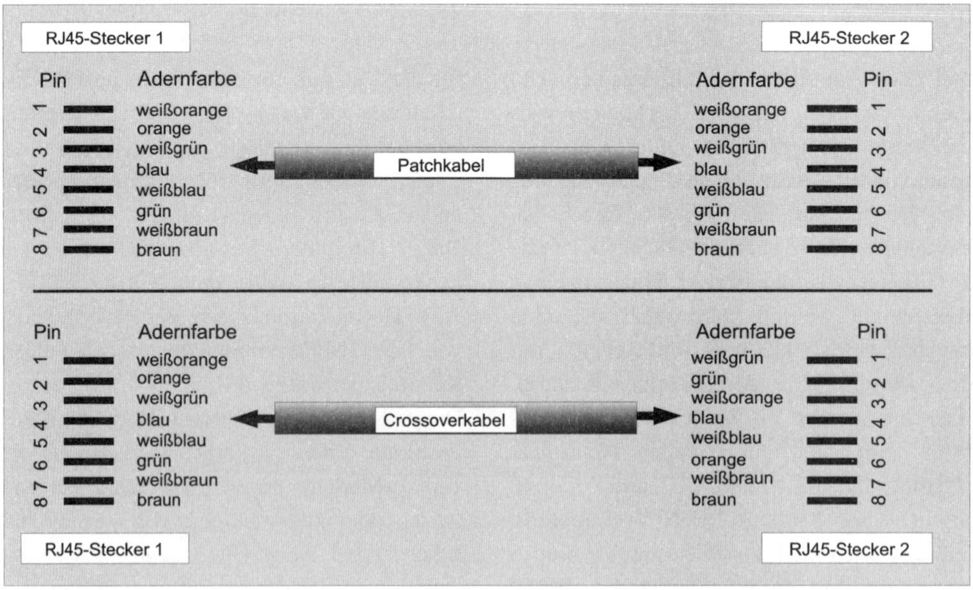

Abb. 4.9 Die Zuordnung der Adern beim Patch-Kabel und Crossover-Kabel

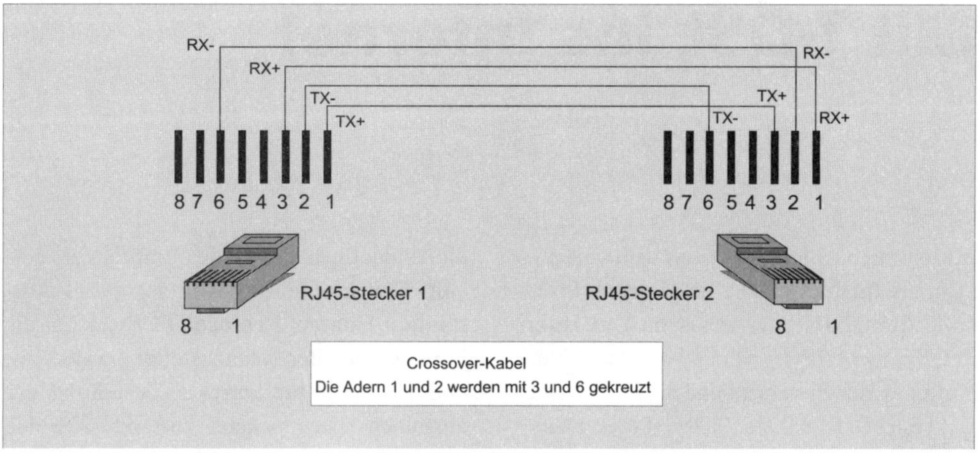

Abb. 4.10 Das Crossover-Kabel ist notwendig, wenn zwei Ethernetkarten direkt verbunden werden sollen

sitzt an beiden Enden je ein RJ45-Stecker, die miteinander 1 : 1 zu verbinden sind (*Abb. 4.8*).

Die UAE oder RJ45-Anschlussdosen werden für das Ethernetsystem 10BaseT in den beiden Kategorien 3 und 5 angeboten. Kategorie 3-Dosen sind mit Schraubklemmen, die Kategorie 5-Dosen mit Schneidklemmtechnik bzw. LSA-Technik ausgestattet. Der Begriff LSA drückt aus, dass beim Herstellen einer Verbindung keine **L**öt-, **S**chneid- und **A**bisolierarbeiten notwendig sind. Werden Dosen mit dieser LSA-Technologie verwendet, ist ein sogenanntes Anlegewerkzeug erforderlich, mit dem die Adern in die Klemmen eingedrückt werden. Es wird noch einmal darauf hingewiesen, dass die Leitungslänge zwischen T-DSL-Modem und PC maximal 100 m betragen darf. Die Zuordnung der acht Adern und deren Farben zu den Pins an den beiden Kabelenden eines Patchkabels und eines Crossover-Kabels zeigt *Abb. 4.9*.

4.6 Das Crossover-Kabel

Besteht die Notwendigkeit, zwei Rechner mit Ethernetkarten direkt über ein TP-Kabel zu verbinden, so ist das mit dem Standard-Ethernetkabel nicht möglich. Hierzu ist ein Crossover-Kabel – ein Kabel mit gekreuzten Adern – zu verwenden. Es werden die zwei Empfangs- und Sendeadern der zwei zu verbindenden Netzwerkkarten bzw. Netzwerkkomponenten, also die Adern 1 und 2, mit den Adern 3 und 6 gekreuzt (*Abb. 4.10*).

5 Mit T-DSL ins Internet

Im Internet werden die Daten weltweit über zwei als Internetsprache bezeichnete Protokolle IP und TCP ausgetauscht. Das **Internet Protocol IP** ist verantwortlich für das Aufteilen der zu versendenden Daten in viele kleine Datenpakete. Jedes dieser Datenpakete erhält zusätzlich einen Adresskopf (Header), der mit dem Adressaufkleber eines Postpaketes vergleichbar ist und der die eindeutige Adresse des Empfängers enthält. Das zweite Protokoll ist das **Transmission Control Protocol TCP**. Es hat die Funktion wie der Paketzusteller bei der Post und ist somit für korrekte Zustellung der einzelnen Datenpakete zuständig. Beide Protokolle bilden eine Einheit und werden deshalb auch immer gemeinsam genannt als **TCP/IP-Protokolle**.

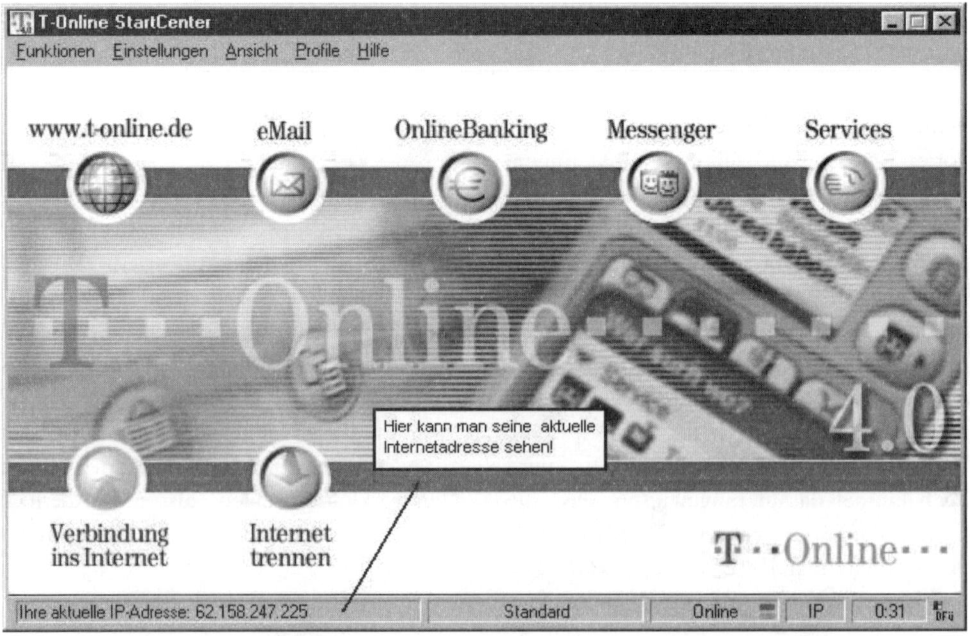

Abb. 5.1 Die eigene aktuelle Internetadresse im T-Online Startcenter

5.1 Die IP-Adresse im Internet

Damit ein Rechner im Internet erreichbar ist, benötigt er eine weltweit eindeutige Adresse. Es ist die sogenannte IP-Adresse, auch Internetadresse genannt. Grundsätzlich gibt es die Internetadressen in zwei Ausführungen:

- Als numerische Adressen mit der IP-Nummer, zum Beispiel 62.158.252.100
- Und als alphanumerische Adresse mit einem Domainnamen, zum Beispiel www.t-online.de

Die meisten Internetprovider weisen jedoch den privaten Endkunden keine persönlichen oder festen IP-Nummern zu, sondern verwalten diese dynamisch. Der Nutzer erhält dann bei jedem Verbindungsversuch eine andere dynamische Internetadresse. Wenn Sie sich zum Beispiel mit der T-Online-Software ins Internet einwählen, sehen Sie Ihre Adresse im Startcenter unten links, wenn Sie das Feld mit der rechten Maustaste anklicken (*Abb. 5.1*).

Jeder kann sich bei einer Internetsitzung diese Adresse ansehen. Sie besteht aus vier Zahlen zwischen 0 und 255. Nach diesem Zahlensystem können die einzelnen Rechner, auch Hosts genannt, eindeutig unterschieden werden. Wenn man nicht über ein Softwarepaket ins Internet geht, sondern direkt eine DFÜ-Verbindung zum Provider aufbaut (*Abb. 5.2*), kann man seine zugewiesene IP-Adresse nach Durchführung folgender Schritte gleichfalls am PC lesen

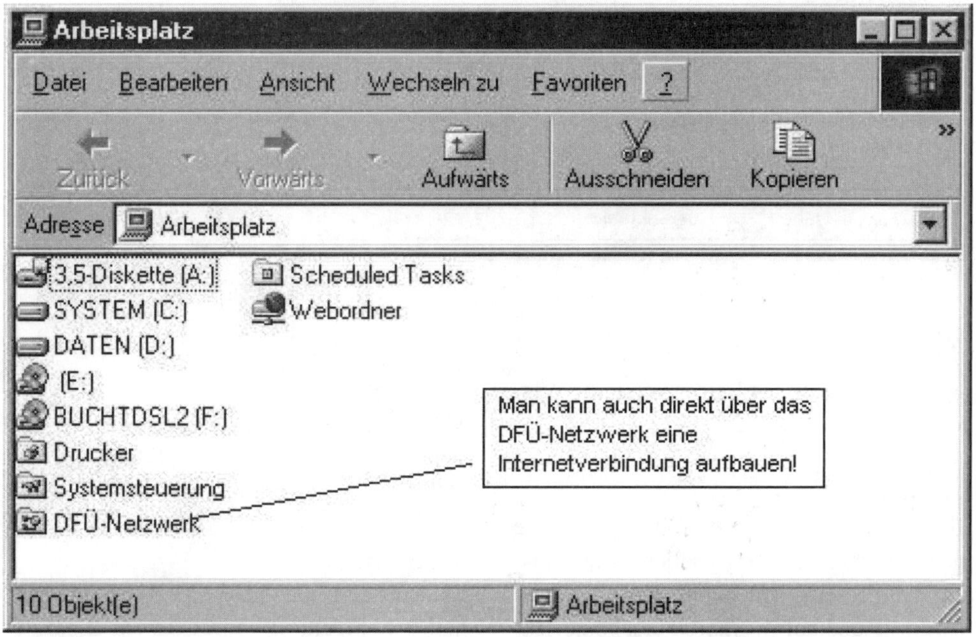

Abb. 5.2 Mit einem Doppelklick auf *DFÜ-Netzwerk* beginnt der direkte DFÜ-Einstieg ins Internet

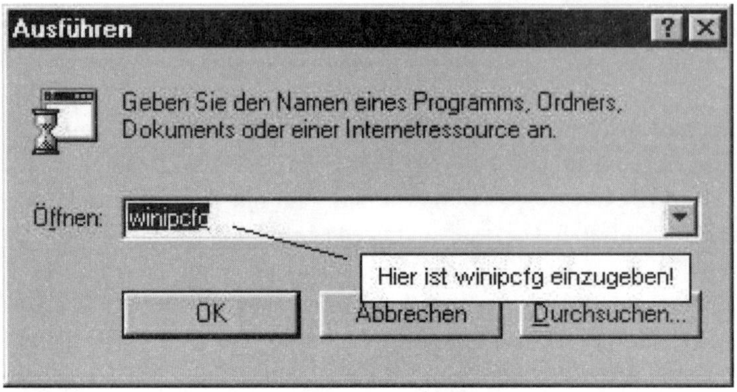

Abb. 5.3 Dieser Eintrag führt zur IP-Adresse (Windows 98)

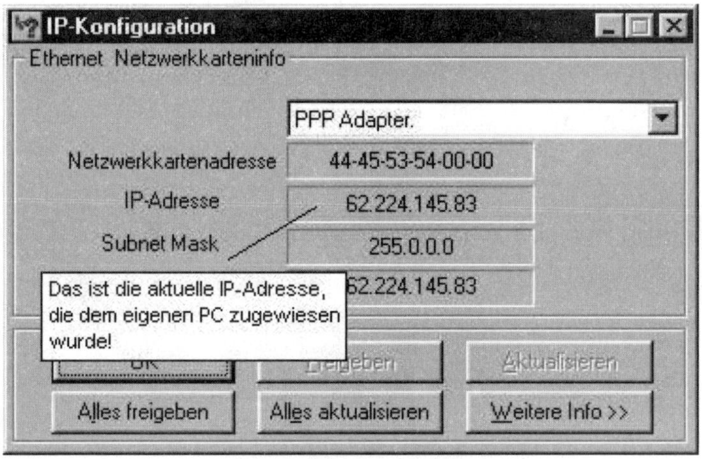

Abb. 5.4 So wird die IP-Adresse unter Windows 98 angezeigt

(hier am Beispiel des Betriebssystems Windows 98):

1. Schritt:
Über das *DFÜ-Netzwerk* (*Abb. 5.2*) ist eine Internetverbindung herzustellen. Man muss also online sein. Mit einem Klick auf die Startleiste und auf *Ausführen* erscheint *Abb. 5.3*.

2. Schritt:
Man folgt der Aufforderung, gibt den Dateinamen **winipcfg** ein und bestätigt mit *OK*.

3. Schritt:
Es erscheint das Feld „IP-Konfiguration" und die aktuelle IP-Adresse wird angezeigt (*Abb. 5.4*).

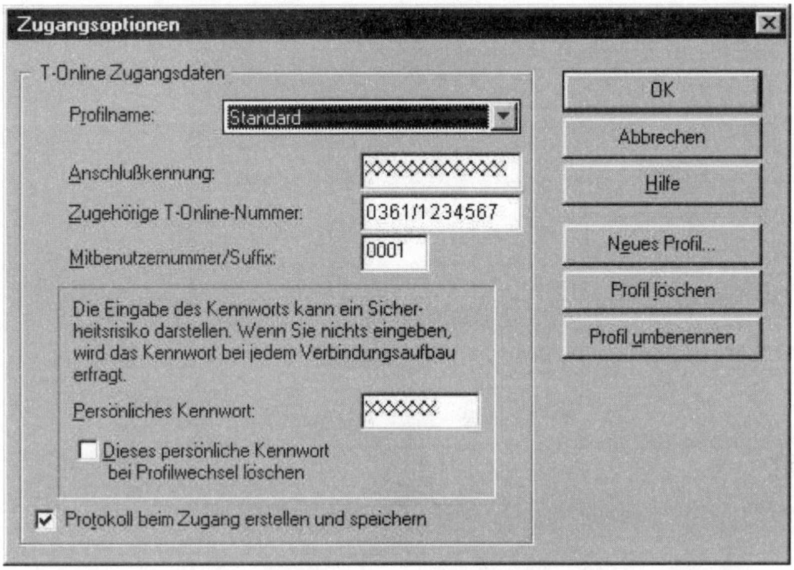

Abb. 5.5 Die Zugangsdaten werden vom Internetprovider bereitgestellt

5.2 Internetprovider und Online-Dienste

Das Wort Provider kommt aus dem englischen und bedeutet so viel wie Lieferer oder Anbieter von Leistungen und Diensten. Für den Zugang ins Internet benötigt man einen Internetprovider, der in der Regel die Anschlusskennung, das Zugangspasswort und die Rufnummer für den Einwahlnetzknoten bereitstellt. *Abb. 5.5* zeigt als Beispiel die Zugangsoptionen des Anbieters T-Online, die hier einzutragen sind.

Neben den großen Netzbetreibern, wie zum Beispiel Deutsche Telekom, Arcor oder Mobilcom, die zugleich auch Internetprovider sind, gibt es viele Provider, die als reine Zugangsanbieter und ohne eigene Netze ihre Dienste anbieten, wie zum Beispiel 1 & 1 International AG oder die T-Online GmbH.

5.3 DFÜ-Internet-Einwahl einrichten

Für die Einwahl ins Internet muss man nicht unbedingt die Software eines Internet-Providers starten. Man kann auch auf direktem Weg über das im Betriebssystem enthaltene DFÜ-Netzwerk (hier am Beispiel Windows 98) sofort eine Internetverbindung aufbauen. Für diejenigen, die noch keine große Berührung mit der DFÜ-Einwahl hatten, wird diese Einwahl ausführlich an Hand der Monitorbilder Schritt für Schritt erklärt.

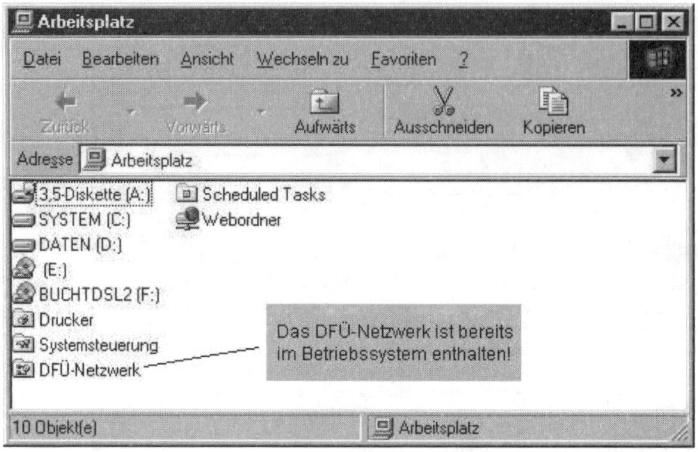

Abb. 5.6

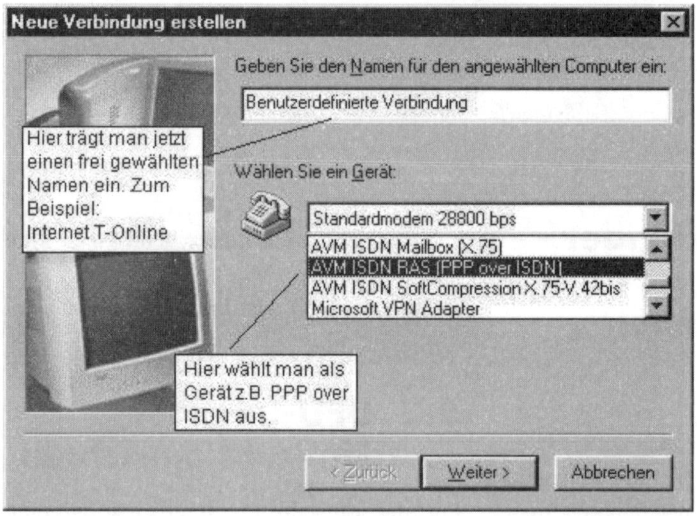

Abb. 5.7

1.Schritt: Klicken Sie auf *Arbeitsplatz* und es erscheint *Abb. 5.6.*

2. Schritt: Klicken Sie nun auf *DFÜ-Netzwerk* und das Fenster entsprechend *Abb. 5.7* öffnet sich:

3. Schritt: Wenn Sie die benutzerdefinierte Verbindung eingetragen und Ihr Gerät ausgewählt haben, klicken Sie auf *Weiter*. *Abb. 5.8* erscheint.

4. Schritt: Klicken Sie jetzt auf *Weiter* zu *Abb. 5.9.*

5. Schritt: In *Abb. 5.9* geben Sie nur die

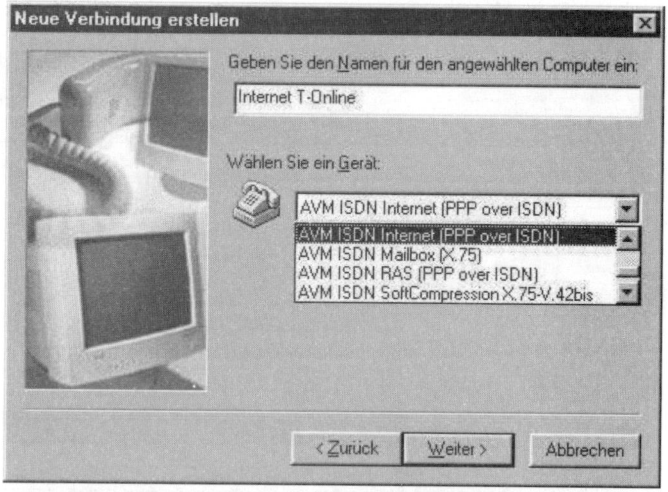

Abb. 5.8

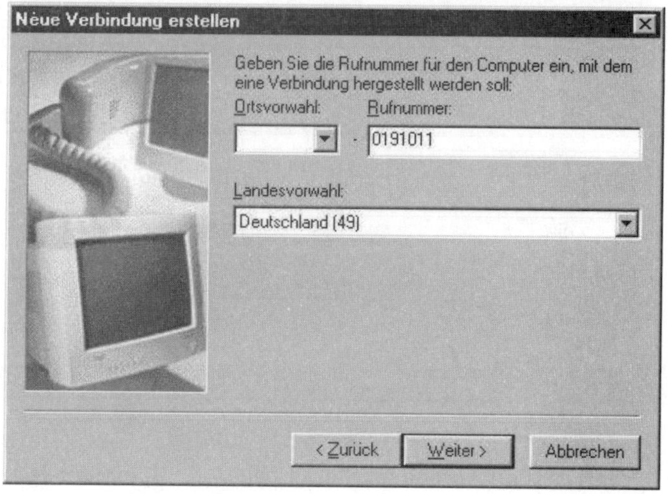

Abb.5.9

Rufnummer Ihres Providers ein. Hier ist es die T-Online-Einwahl 0191011. *Weiter* zu *Abb. 5.10.*

6. Schritt: Klicken Sie auf *Fertigstellen.* Damit wird die neue Internet-Verbindung auch im DFÜ-Netzwerk gespeichert. *Weiter* zu *Abb. 5.11.*

7. Schritt: Mit einem Doppelklick auf die erstellte Internet-T-Online-Verbindung geht es weiter zu *Abb. 5.12.*

8. Schritt: Man wird nun aufgefordert, seinen Benutzername und sein Kennwort einzugeben. Als Benutzername ist einzutragen:

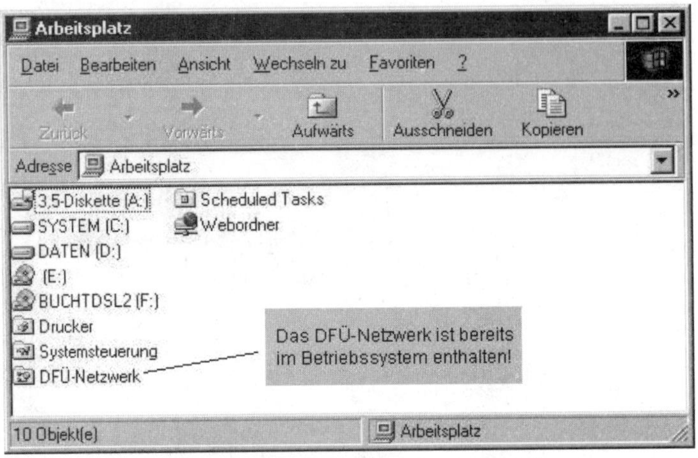

Abb. 5.10

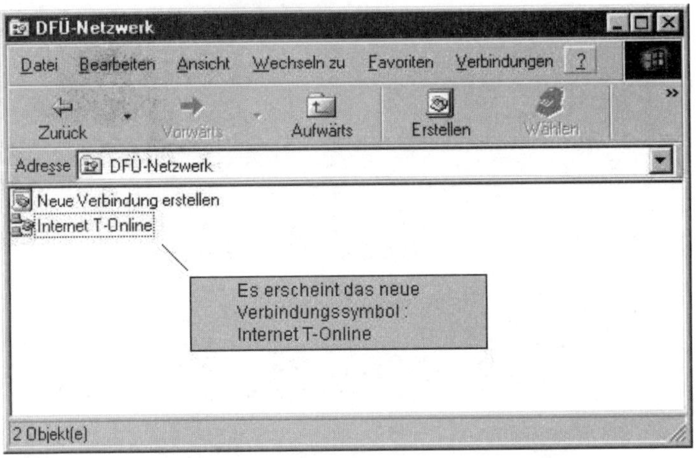

Abb. 5.11

- Die vom Provider mitgeteilte Anschlusskennung plus die
- eigene T-Onlinenummer plus
- die Mitbenutzernummer 001.

Wenn die T-Online-Nummer weniger als zwölf Ziffern besitzt, ist das Trennungszeichen # anzuhängen.
Wenn Sie Ihr Kennwort nicht auf der Festplatte speichern möchten, dann lassen Sie bitte das kleine Kästchen bei *Kennwort speichern* leer. Klicken Sie auf *Verbinden*. Weiter geht es mit *Abb. 5.13 und 5.14.*
Die *Abb. 5.14* bestätigt die Internetverbindung mit T-Online. Mit einen Klick auf *Schließen* verschwindet diese Meldung und das Verbindungssymbol ist in der Startleiste auf dem Monitor zu sehen. Klickt man dieses Verbindungssymbol an, erscheint eine Statusmeldung mit Informationen über die Verbindungszeit und über ausgetauschte Bytes (*Abb. 5.15*).

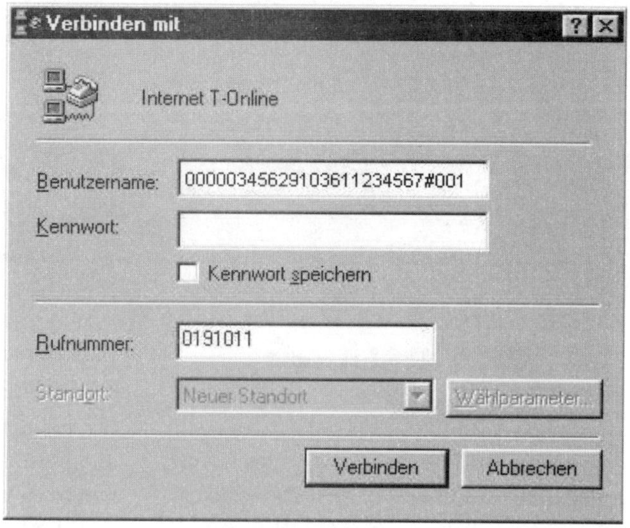

Abb. 5.12

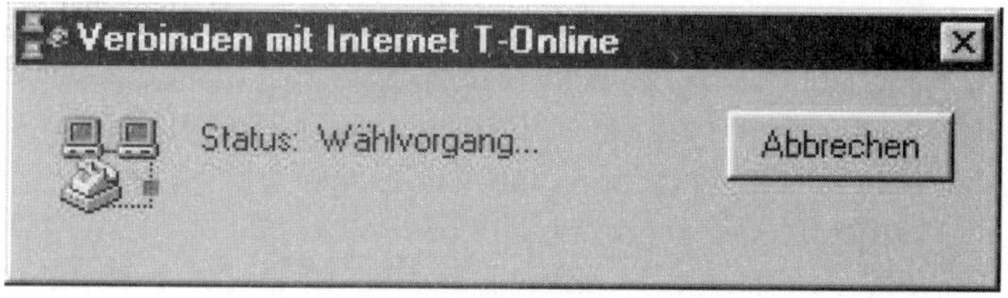

Abb. 5.13

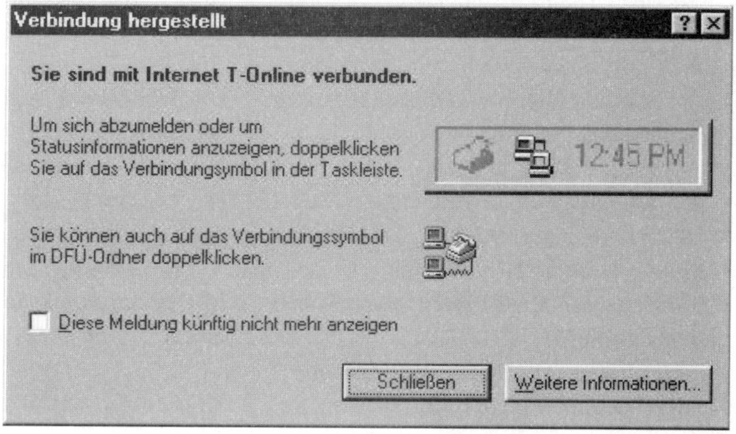

Abb. 5.14

5

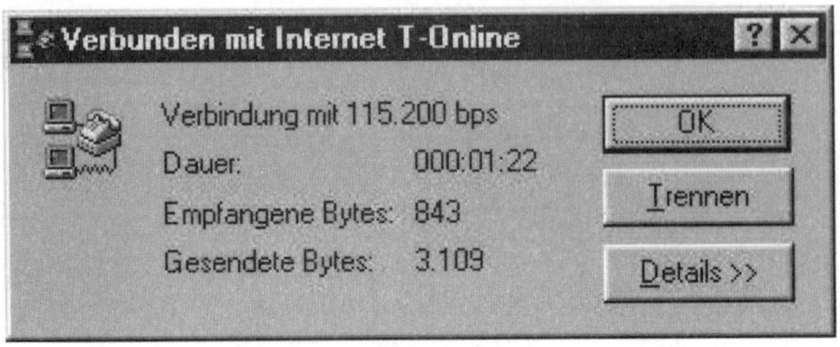

Abb. 5.15

5.4 Mit T-DSL ins Internet

Auch wenn der Internet-Zugang über T-DSL erfolgt, die Grundlage des Datenaustausches ist weiterhin das TCP/IP-Protokoll. Auch ist weiterhin das Punkt-zu-Punkt-Protokoll PPP zwischen der im PC eingebauten Ethernet-Karte und dem T-DSL-Modem NTBBA Kommunikationsgrundlage. Es ist jedoch jetzt ein spezifiziertes PPP-Protokoll und nennt sich Point-to-Point-over-Ethernet-Protokoll, oder abgekürzt PPPoE-Protokoll. Für den T-DSL-Internetzugang benötigt man also einen zusätzlichen PPPoE-Treiber, der die TCP/IP-Daten in den erforderlichen PPPoE-Standard „umwandelt". Er ist für fast alle Betriebssysteme erhältlich. Im neuen Betriebssystem Windows XP ist er schon integriert. Die bekanntesten PPPoE-Treiber für Windows sind:

- der **Engeltreiber** des Herstellers Engel KG (www.engel-kg.com) für die Betriebssysteme ab Windows 95
- der Treiber **RasPPPoE** von Robert Schlabbach (www.user.cs.TU-Berlin.de/~normanb oder www.adsl-support.de) ab dem Betriebssystem Windows 98

Der PPPoE-Treiber realisiert den Verbindungsaufbau zu T-Online oder zu einem anderen Internetprovider. Mit diesem Verbindungsaufbau erfolgt gleichzeitig die Identifizierung und es wird eine IP-Adresse für die Sitzung zugewiesen. Es ist zu beachten, das es sich auch hier um eine dynamische IP-Adresse handelt. Denn erst bei einer Standleitungsverbindung erhält man als Kunde eine feste IP-Adresse (T-DSL-InterConnect).

5.4.1 Installation der Software T-Online 4.0

Nach der Installation der T-Online-Software ist der Internetzugang über T-Online möglich.

Die Installation beginnt mit dem Einlegen der T-Online-CD in das CD-Laufwerk. Im Normalfall startet die CD automatisch und es erscheint der Begrüßungsbildschirm (*Abb. 5.16*).

Mit einem Klick auf *Software installieren* erscheint *Abb. 5.17*.

Klicken Sie auf *Weiter* und es öffnet sich *Abb. 5.18*:

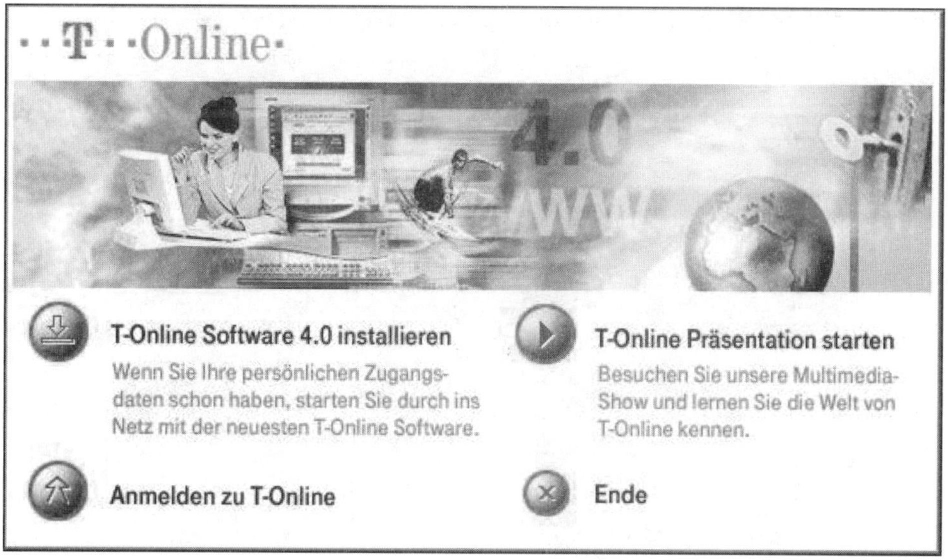

Abb. 5.16 Der Begrüßungsbildschirm der T-Online-Version 4.0

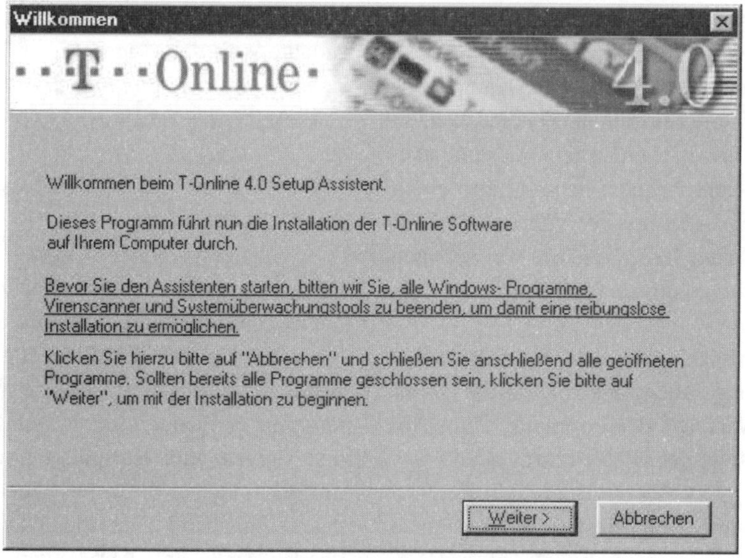

Abb. 5.17 Alle Anwendungen sind vor der Installation zu schließen

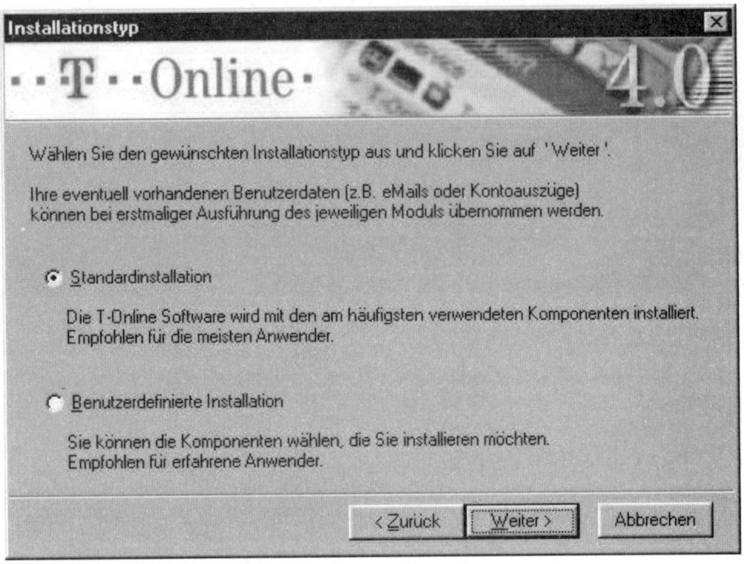

Abb. 5.18 Der Erstanwender sollte sich für die Standardinstallation entscheiden

Nach dem Klick auf *Weiter* sind die zu installierenden Komponenten auszuwählen (*Abb. 5.19*).

Die Zahlen hinter den Software-Komponenten geben die einzelnen Dateigrößen in kByte an. Das hier angezeigte Gesamtpaket der sechs Komponenten benötigt also einen freien Festplattenspeicher von ca. 80 MB. Klicken Sie auf *Weiter* und Sie werden nach dem Zielordner gefragt (*Abb. 5.20*).

Nach der Bestätigung des Zielordners beginnt die eigentliche Installation der T-Online Software auf der Festplatte. Zum Abschluss erfolgt der PC-Neustart.

Nun sind über den Einstellungsassistenten die Zugangsdaten einzugeben (*Abb. 5.21*).

Beim Zugang über ein Modem oder über den ISDN-Anschluss ist die Bestätigung so zu markieren, wie in *Abb. 5.21* gezeigt. Möchte man den Zugang über T-DSL einrichten, ist der *Zugang über ADSL* anzuklicken (*Abb. 5.22*)

Mit dem Klick auf *OK* geht es weiter zu *Abb. 5.23*.

Das Eingeben der persönlichen Zugangsdaten ist natürlich nur dann erforderlich, wenn Sie erstmalig den T-Online-Zugang installieren bzw. erstmalig T-Online nutzen wollen. Sind Sie jedoch schon T-Online-Nutzer und steigen zum Beispiel nur auf T-DSL um, so brauchen Sie keine neuen Zugangsdaten eingeben, denn die T-Online-Daten werden auch bei T-DSL verwendet. Für T-DSL gibt es also weder eine neue An-

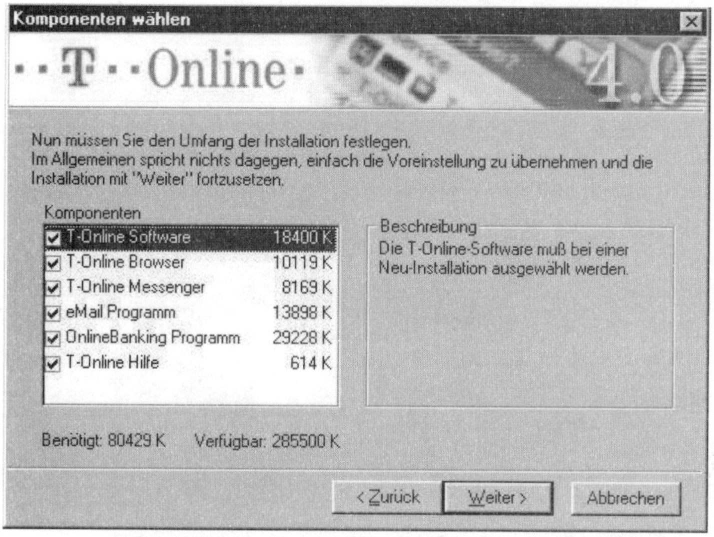

Abb. 5.19 Mit der Häkchen-Markierung legt man den Installationsumfang fest

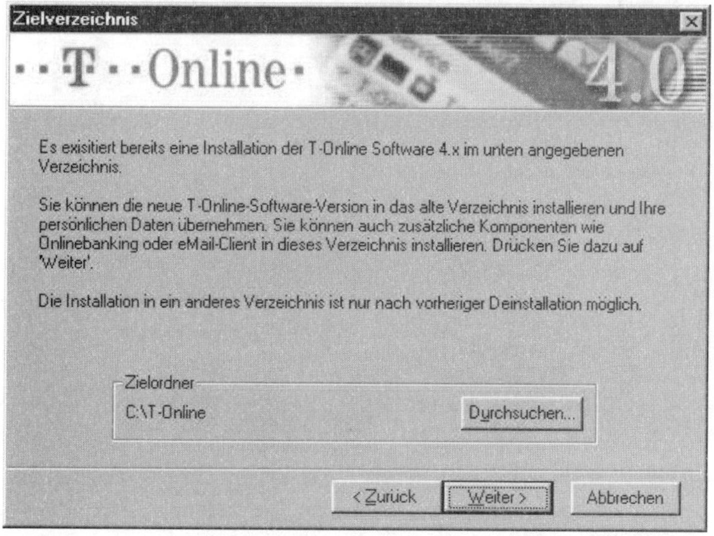

Abb. 5.20 Als Zielordner wird T-Online auf dem Laufwerk C angeboten.

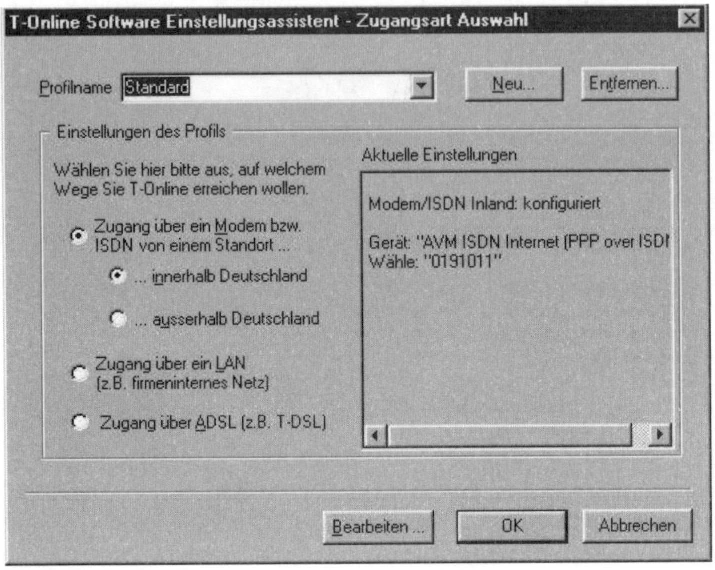

Abb. 5.21 Hier wird die Zugangsart eingestellt

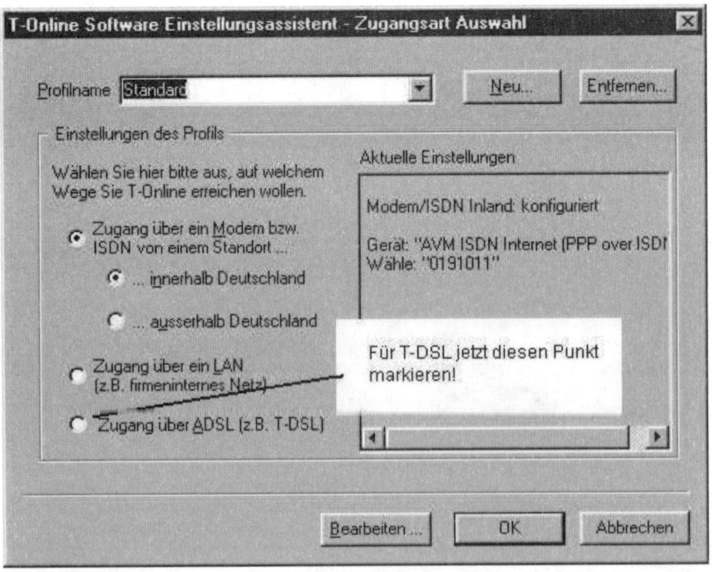

Abb. 5.22 Für die T-DSL-Einwahl ist der *Zugang über ADSL* zu markieren

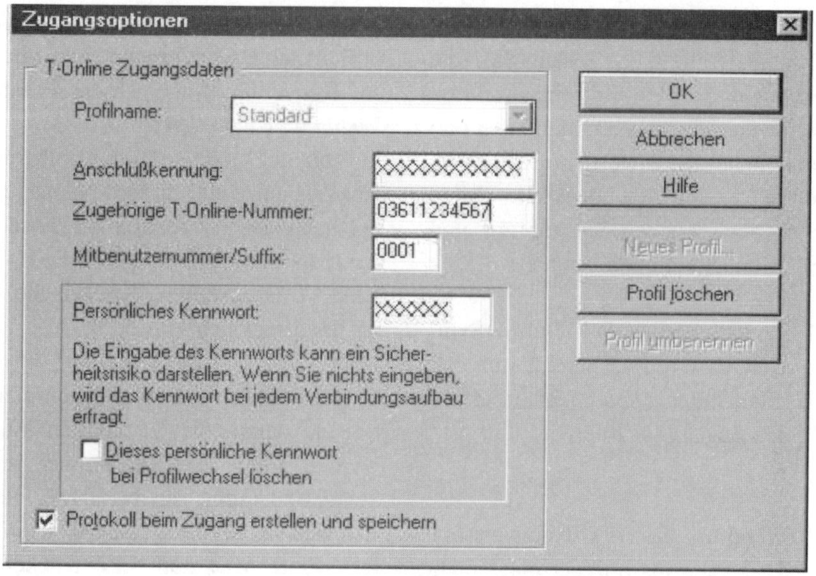

Abb. 5.23 Die persönlichen Zugangsdaten sind einzutragen

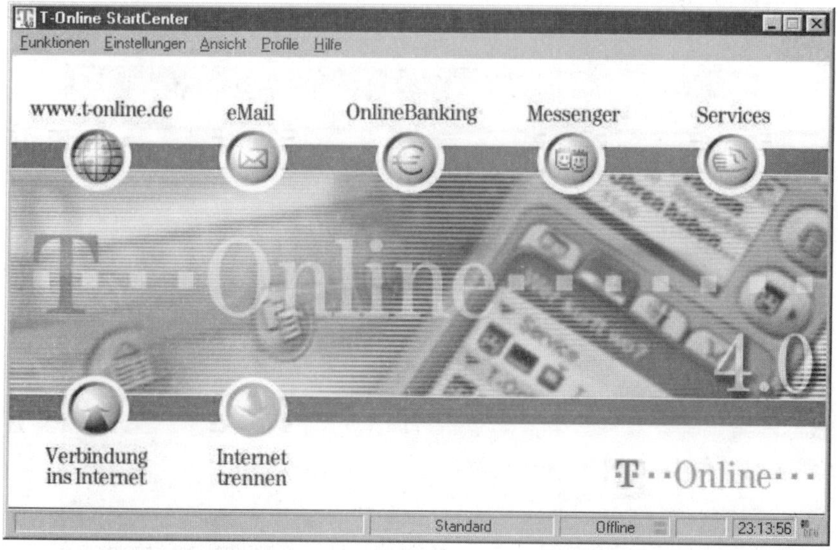

Abb. 5.24 Nach dem PC-Neustart erscheint der T-Online-Startcenter

schlusskennung noch ein neues Kennwort. Als Mitbenutzernummer geben Sie die 0001 ein, wenn Sie den T-Onlineanschluss allein benutzen. Die Anschlusskennung und das persönliche Kennwort werden verschlüsselt angezeigt. Nachdem alle Daten eingegeben sind, klicken Sie auf *OK* und die Installation ist komplett beendet.

Durch Doppelklick auf das T-Online-Symbol (auf dem Desktop) erscheint nun der T-Online Startcenter (*Abb. 5.24*) und ermöglicht den Zugang ins Internet.

5.4.2 Verwendung des DFÜ-Netzwerkes

Der T-DSL-Zugang ins Internet muss nicht unbedingt über die T-Online-Software erfolgen. Auch hier ist, wie beim ISDN-Zugang, der Weg über das DFÜ-Netzwerk möglich. Folgende Schritte sind notwendig:

1.Schritt: Gehen Sie auf *Arbeitsplatz* und öffnen Sie *DFÜ-Netzwerk* und klicken Sie auf *Weiter*. Es öffnet sich das Fenster *Neue Verbindung erstellen* (*Abb. 5.25*).
In *Abb. 5.25* ist ein frei wählbarer Name einzugeben. Unter diesem Namen zeigt der PC nach der Installation die neue Verbindung an. Als Gerät ist der **T-DSL Adapter Line 01** auszuwählen. Klicken Sie auf *Weiter*. Es öffnet sich *Abb. 5.26*.

2. Schritt: Es ist eine Rufnummer einzutragen, damit die Installation fortgesetzt werden kann. Die Rufnummer selbst hat keine Bedeutung für das T-DSL-Protokoll. Klicken Sie auf *Weiter*, es öffnet sich Fenster entsprechend *Abb. 5.27*. Klicken Sie auf *Fertigstellen*.

3. Schritt: Nach dem Klick auf *Fertig stellen* ist die neue Verbindung erstellt. Damit

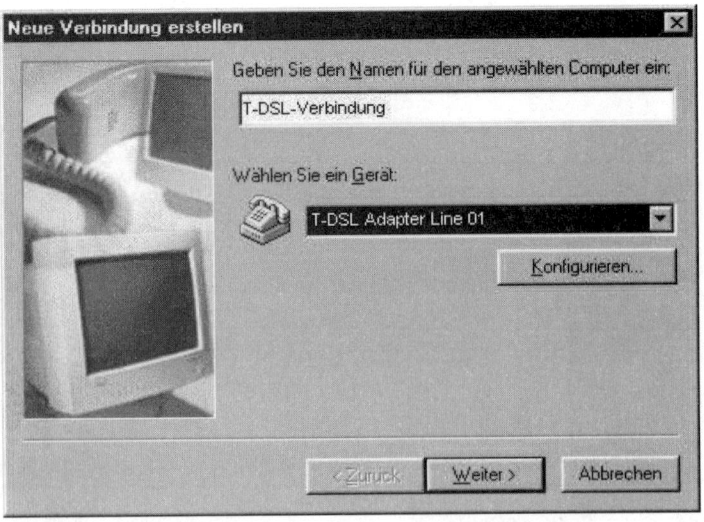

Abb. 5.25 Name und Gerät eingeben bzw. auswählen

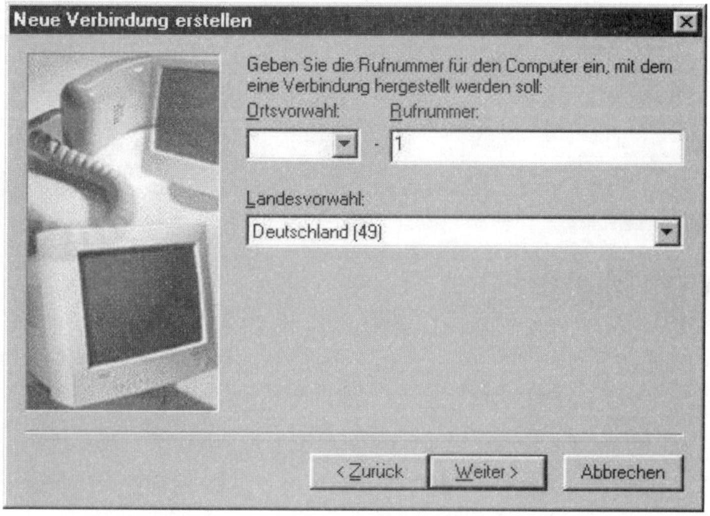

Abb. 5.26 Hier ist die Rufnummer 1 einzutragen

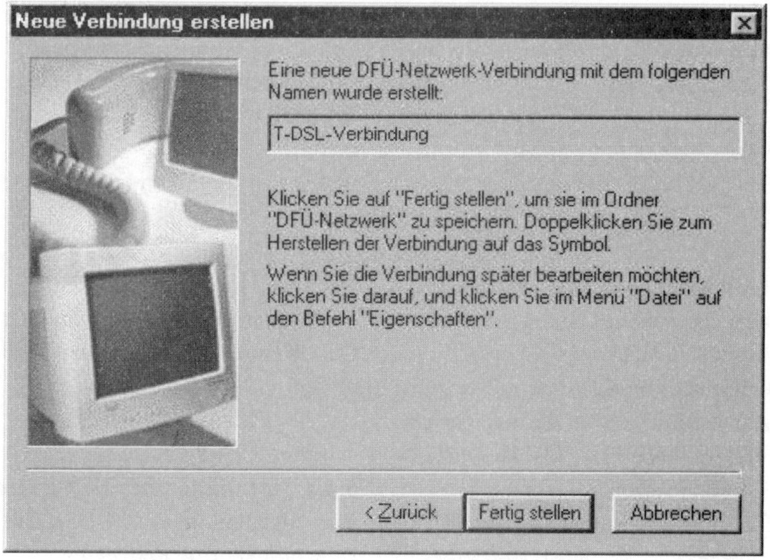

Abb. 5.27 Die neue Verbindung wurde erstellt

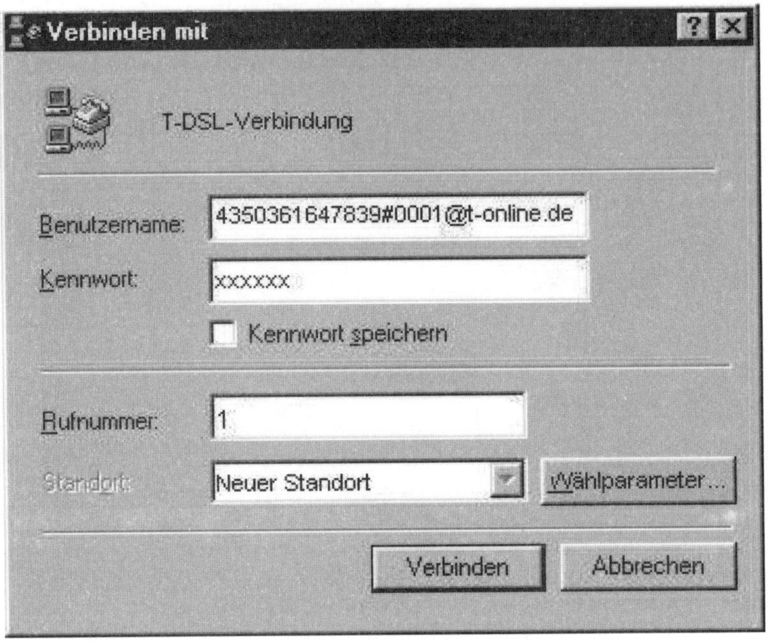

Abb. 5.28 Die Benutzerdaten sind einzugeben

man die neue Verbindung über T-DSL nutzen kann, geht man nun wieder über *Arbeitsplatz, Netzwerkverbindungen* und weiter auf *T-DSL-Verbindung öffnen.* Es öffnet sich das Fenster für die Benutzerdaten *Abb. 5.28*).

Als T-DSL-Benutzername ist einzugeben:

- die eigene Anschlusskennung. Sie besteht aus zwölf Ziffern.
- die T-Online-Nummer. Auch sie besteht aus zwölf Ziffern. Sollte sie weniger als zwölf Ziffern haben, ist als Trennungszeichen # einzusetzen.
- die Mitbenutzernummer, in der Regel 0001 und
- die Erweiterung @t-online.de.

Somit sieht zum Beispiel eine vollständige T-DSL-Benutzernummer wie folgt aus:
000013247212036112345 67#0001@t-online.de
Bitte beim Eintragen keine Leerzeichen verwenden.

Nach der Eingabe des persönlichen Kennwortes kann *Verbinden* angeklickt werden. Das Kennwort sollte man nicht einspeichern.

5.4.3 Installation des T-DSL-Treibers

Zur Installation des T-DSL-Treibers sind folgende Schritte notwendig.
Man öffnet mit je einem Doppelklick *Ar-*

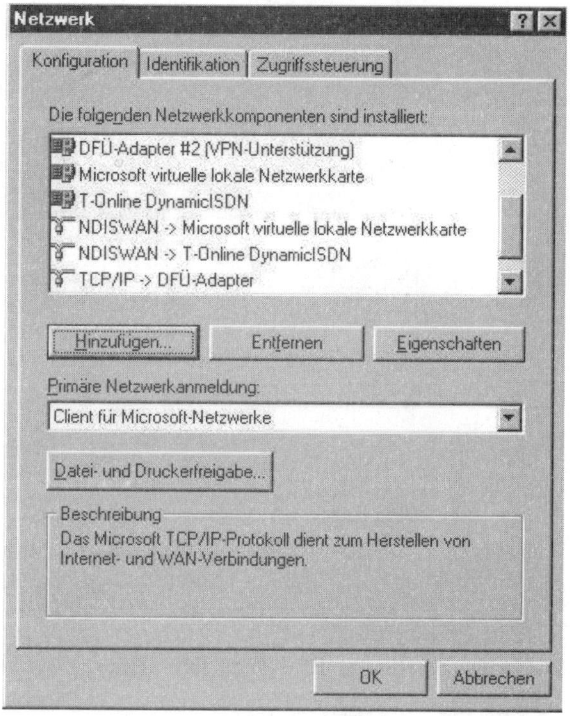

Abb. 5.29 Das Netzwerk-Fenster

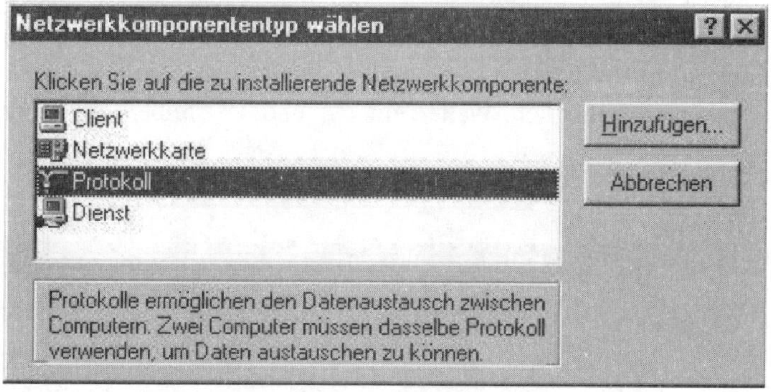

Abb. 5.30 Ein Protokoll ist zu installieren

beitsplatz, dann *Systemsteuerung* und letztlich *Netzwerk* (*Abb. 5.29*)

Es ist das Register *Konfiguration* auszuwählen und mit einem Klick auf den Button *Hinzufügen* öffnet sich *Abb. 5.30.*

In diesem Fenster wird *Protokoll* markiert und auf *Hinzufügen* geklickt.

Es öffnet sich *Abb. 5.31.*

In Abb. 5.31 ist auf Diskette zu klicken, wenn sich der PPPoE-Treiber auf einem

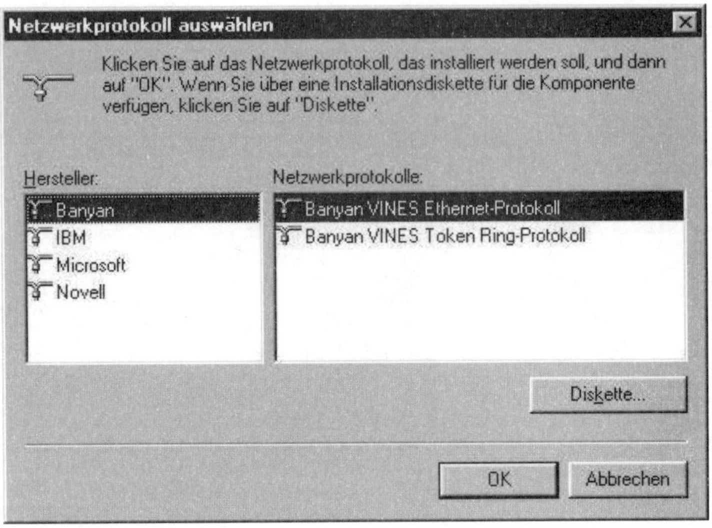

Abb. 5.31 Hier ist auf Diskette zu klicken

Datenträger befindet. Es öffnet sich *Abb. 5.32.*

Nun ist der Installationspfad der T-Online-Software einzugeben. Die Standardeinstellung ist c:\ADSL. Aber auch andere Pfadangaben sind möglich. Weiter mit *OK* und das zu installierende Protokoll T-DSL-Protocol (T-Online) ist auszuwählen (*Abb. 5.33*).

In diesem Fenster wird der Treiber bzw. das Protokoll angezeigt, das nun installiert werden soll. Es könnte aber auch jeder andere Treiber sein; zum Beispiel der schon er-

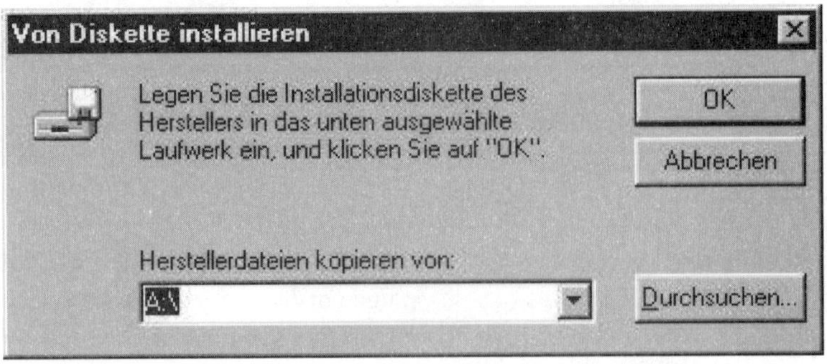

Abb. 5.32 Die Installationsdiskette ist einzulegen

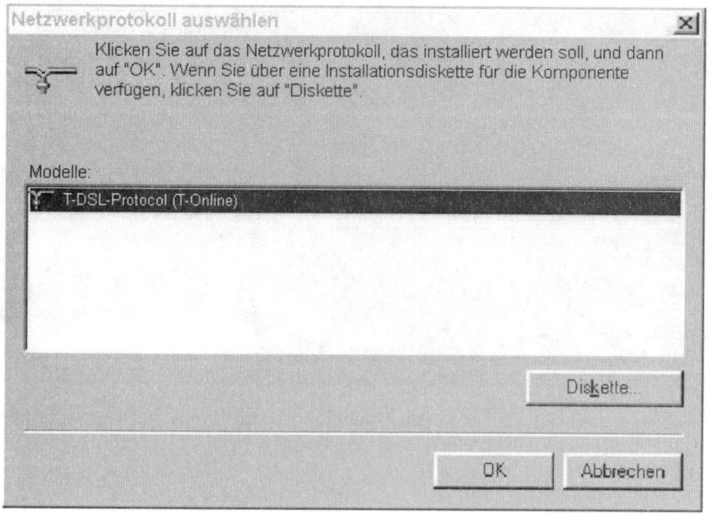

Abb. 5.33 Das T-DSL-Protokoll ist auszuwählen

wähnte RasPPPoE-Treiber. Mit dem Klick auf *OK* beginnt die geführte Installation. Abschließend ist ein Neustart des Rechners notwendig. Damit ist die Treiberinstallation abgeschlossen. Die neue Protokoll-Komponente T-DSL-Protocol (T-Online) ist nun im Netzwerkfenster zu sehen. Der T-DSL-Zugang mit der T-Online-Software ist jetzt mit einem Klick auf den Button *Internet* möglich.

5.5 Der alternative Internet-Zugang

Nicht überall ist es technisch möglich, einen T-DSL-Anschluss über die herkömmliche Telefon-Anschlussleitung einzurichten. Das betrifft insbesondere solche Telefonanschlüsse, die über Glasfasernetze geschaltet sind. Diesen Teilnehmern werden von den Netzbetreibern verschiedene Alternativen zum normalen DSL-Zugang angeboten. Dazu gehören insbesondere solche Technologien wie

- T-DSL via Satellit
- Einsatz von Kabelmodems und
- Internet aus der Steckdose.

5.5.1 DSL über Satellit

Die Deutsche Telekom bietet ab Mitte 2002 den T-DSL-Zugang via Satellit an. Der Pilotversuch mit ca. 500 Kunden läuft bereits seit vergangenem Jahr (*Abb. 5.34*).

Neben einer Satellitenschüssel und einem digitalfähigen Empfänger wird eine PC-Empfangskarte als Adapter benötigt. Wer nicht nur Daten empfangen, sondern am PC auch fernsehen möchte, sollte als PC-Karte gleich eine satellitentaugliche Karte einset-

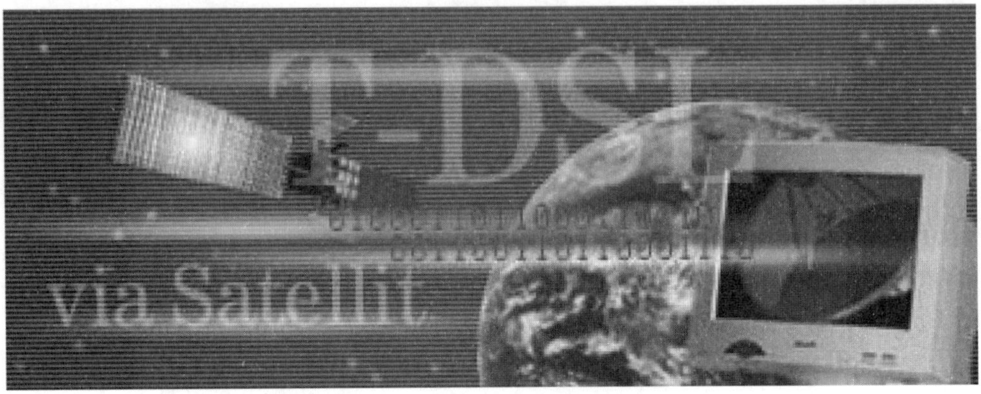

Abb. 5.34 Die Deutsche Telekom bietet ab 2002 T-DSL über Satellit an

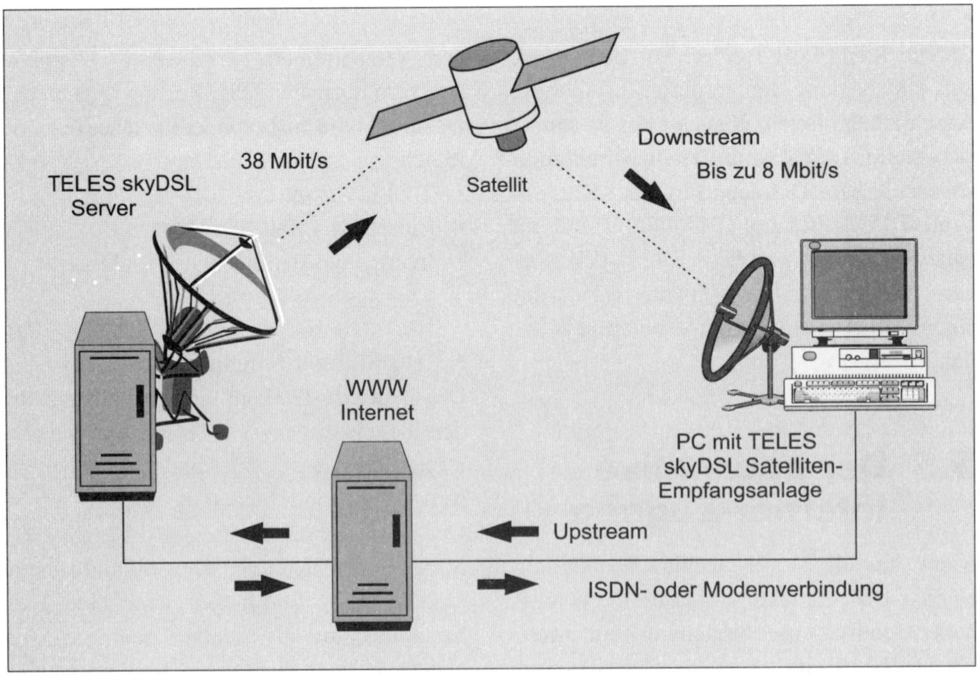

Abb. 5.35 Von der STRATO AG wird skyDSL angeboten

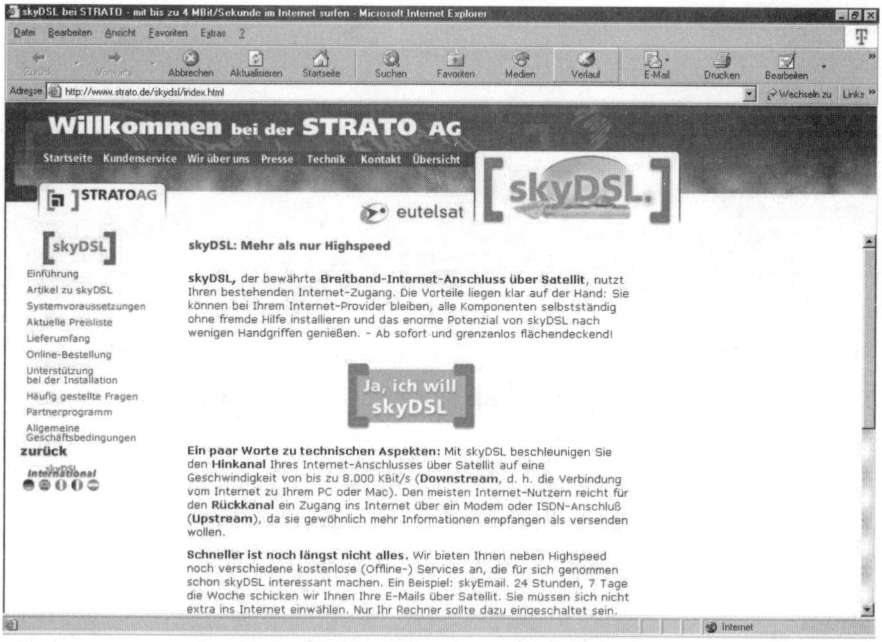

Abb. 5.36 Hier kann man skyDSL bestellen

zen (z.B. WinTV DVBs von Hauppauges). Beim Internetzugang über Satellit ist zu beachten, dass der Rückkanal nicht über die Satellitenverbindung läuft! Für den Upstream wird auch weiterhin die herkömmliche Modem- oder ISDN-Verbindung benötigt. Auch mit T-DSL über Satellit ist also der ganz normale Internetanschluss über einen Provider erforderlich.

Bereits seit längerem wird unter dem Vertriebsnamen **skyDSL** von der STRATO AG ein Breitband-Internet-Anschluss über Satellit angeboten. Die Übertragungsgeschwindigkeiten vom Internet zum eigenen PC (Downstream) betragen bis zu 8 Mbit/s. Der Rückkanal wird auch hier über eine normale Modem- oder ISDN-Verbindung abgewickelt (*Abb. 5.35*).

Das angebotene Internet-Paket für die Selbstmontage enthält den Satellitenspiegel mit digitalem LNB, die PCI-Steckkarte für den PC oder eine USB-Box sowie die notwendige Software. Die verschiedenen Angebote sind im Internet unter www.strato.de einzusehen (*Abb. 5.36*).

5.5.2 Der Internetzugang über die Steckdose

Die Übertragung von Sprache und Daten über die Niederspannungsnetze der Energieversorger, insbesondere für die betriebsinterne Kommunikation, ist seit längerem bekannt. Nunmehr wird mit dem Verfahren **Digital-Powerline-Kommunikation DPL** ein Internetzugang für jedermann angebo-

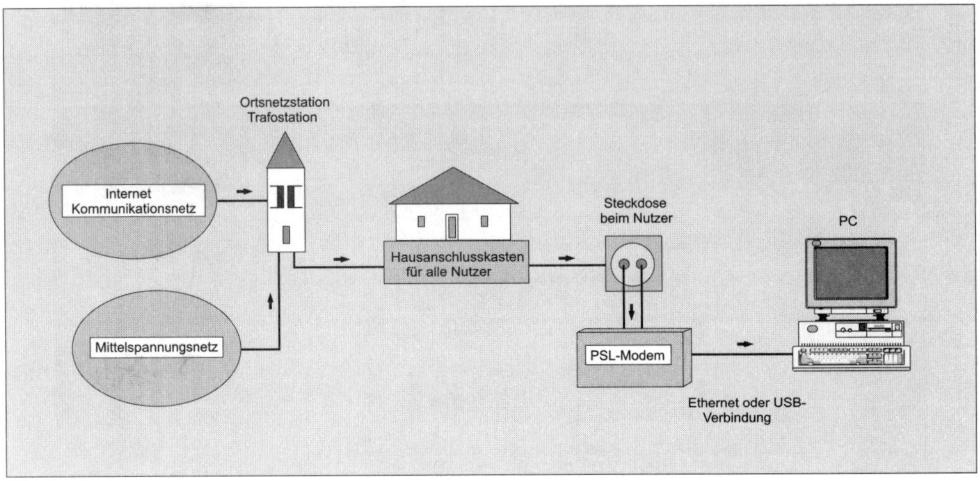

Abb. 5.37 Funktionsprinzip des Internetzugangs über die Netz-Steckdose

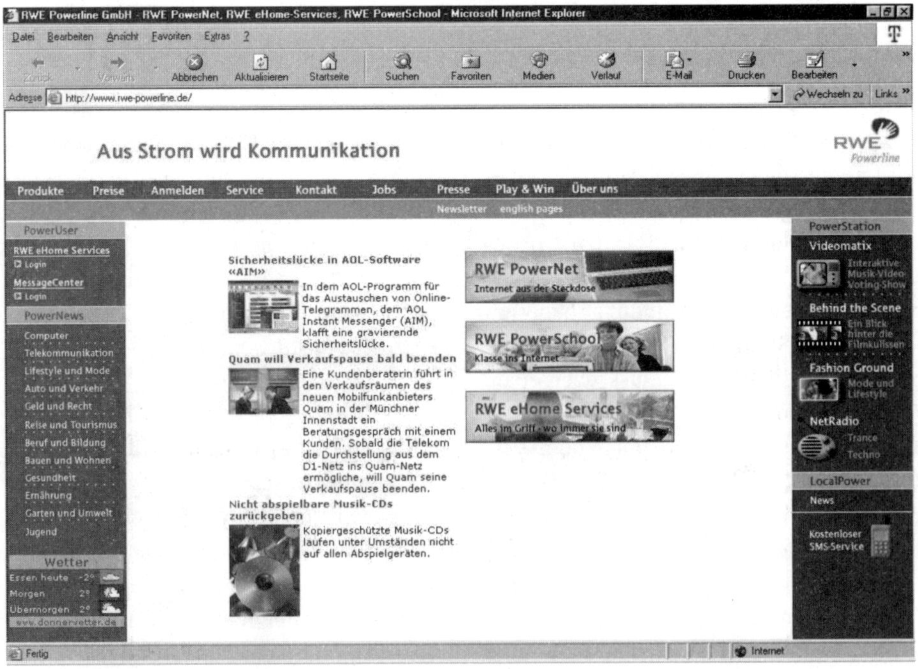

Abb. 5.38 RWE bietet den Internetzugang über die Steckdose an

ten. Powerline nutzt für die Datenübertragung die vorhandene Infrastruktur in Form der Netzhausanschlüsse einschließlich der 230-Volt-Steckdosen in jedem Haushalt aus (*Abb. 5.37*).

Bekanntester Anbieter der Powerline-Technologie ist RWE (*Abb. 5.38*) mit dem Produkt PowerNet insbesondere für Kunden in den Städten Essen und Mühlheim.

Verwendete Literatur

Führer, Detlef: Fachbuch „ADSL High-Speed Multimedia per Telefon", Hüthig Verlag, Heidelberg 2000,
ISBN 3-7785-3914-0

Schulte, Heinz: Deutsche Telekom, Unterrichtsblätter Nr. 2/2001, „Von @ bis www - Begriffe aus der Online-Welt",
ISSN 0942-7287

Kafka, Gerhard: Buch „Highspeed xDSL", Franzis Verlag Poing,,1999,
ISBN: 3-7723-5674-5

Internetadresse www.alliedtelesyn.de

Internetadresse www.telekom.de

Internetadresse www.avm.de

Internetadresse www.telekom.de/dtag/faq2/frage/

Internetadresse www.alliedtelesyn.com; Allied Telesyn International GmbH Berlin

Internetadresse www.wolf-jochen.com

Benutzerhandbuch „Die Telefonanlage Eumex 704PC DSL" der Deutschen Telekom

Benutzerhandbuch „Die Telefonanlage Eumex 704PC LAN" der Deutschen Telekom

Baer/Pinegger: Fachbuch „Netzwerke", R.v.Decker's Verlag, G. Schenk, Heidelberg 1991,
ISBN 3-7685-1091-3

Schulte, Heinz: „Deutsche Telekom", Unterrichtsblätter, Extrablatt 1995, „Von ATM bis ZZK: Begriffe aus der Telekommunikation",
ISSN 0942-7287

Unternehmen Netgear Deutschland GmbH, Internetadresse www.netgear.de

Zeitschrift „PC go!", Sonderheft Nr.1/2002, „DSL", WEKA-Verlag Poing

Cristian Peter: Fachbuch „T-DSL & ADSL", DATA Becker Verlag Düsseldor, 2000
ISBN 3-8158-2154-1

Sachverzeichnis